直升机弹药概论

主 编 裴晓龙 刘晓芹

国防工业出版社

·北京·

图书在版编目(CIP)数据

直升机弹药概论/裴晓龙,刘晓芹主编. —北京：
国防工业出版社,2024.8. —ISBN 978 – 7 – 118 – 13440 – 7

Ⅰ. TJ41

中国国家版本馆 CIP 数据核字第 2024UT4639 号

※

国防工业出版社出版发行

(北京市海淀区紫竹院南路23号　邮政编码100048)
北京凌奇印刷有限责任公司印刷
新华书店经售

＊

开本 710×1000　1/16　印张 20¼　字数 374 千字
2024 年 8 月第 1 版第 1 次印刷　印数 1—1300 册　定价 128.00 元

(本书如有印装错误,我社负责调换)

国防书店：(010)88540777　　书店传真：(010)88540776
发行业务：(010)88540717　　发行传真：(010)88540762

《直升机弹药概论》编委会

主　编：裴晓龙　刘晓芹
副主编：王天玉　孙　放
编　写：陈　伟　王宏宇　张　君
　　　　闫　逊　郭亚泽　唐晓川
　　　　董泽委　张秀华　罗　波
　　　　李　炎　刘　景　赵　凯
　　　　庄宇航　张　宇　李　雷
　　　　许葆华　李志宇　明　月
　　　　丁智虎

前 言

兵者,国之大事,死生之地,存亡之道,不可不察也。

直升机从20世纪初诞生至今已有一百多年的历史,从第二次世界大战时期FA-223直升机的7.62mm MG-15机枪,到今天的"枪炮弹箭"多种火力并举,从单纯的自卫到今天的全域攻击,历经无数战争的洗礼,在战争中发挥了重要作用。从第二次世界大战后期、朝鲜战争、阿尔及利亚战争、中东战争、越南战争、两伊战争、海湾战争、阿富汗战争、叙利亚战争直至俄乌冲突都可以看出,直升机弹药的发展依赖于直升机的发展和科技的进步。直升机及弹药在战争中的使用,又改变了作战样式,特别是武装直升机作为武器发射平台,成为"一树之高的利剑""坦克的克星""超低空的空中杀手"等,弹药发展起到了关键和先导作用。因此,世界各国都把研制新型弹药和对现有弹药升级作为提升武装直升机作战能力的重要途径。

近年来,由于新技术、新材料、新工艺等在弹药中的广泛应用,弹药结构也在不断改进,性能得到大幅度提高。常规弹药运用新技术、新原理,正在向着高精度、远射程、大威力、多功能、灵巧化和智能化方向发展,如新型航空火箭穿爆燃弹、简易制导火箭弹、子母弹等弹药的发展,使常规弹药的威力、精度等性能得到大幅提升,从数量对抗到质量对抗的趋势更加明显,弹药技术出现了质的飞跃。站在历史角度上,研究弹药发展过程,伴随着科技进步与战场运用,能够反映时代特色和战争特点,优胜劣汰、继承精华,为研究发展动向提供历史依据;站在技术角度上,研究弹药技术发展动向,无论是在原结构基础上的改造升级,还是研制新弹药,弹药发展都与技术发展密不可分,为研究提高射程、增大威力和改善精度技术等提供支撑。实践证明,完善和发展弹药技术是提高现有武器系统效能行之有效、经济节约的途径。

为适应部队作战训练和院校教学科研的需要,特别是高素质专业化军事人才培养需要,结合弹药技术发展和国际弹药最新动态,我们组织编写了《直升机弹药概论》一书,系统研究了三大问题:一是弹药基础理论,包括弹药分类、发展简史及发展趋势,炸药及火工品,弹药毁伤机理等;二是直升机弹药理论,包括航空枪弹和炮弹、航空火箭弹、机载空空导弹、机载空地导弹等弹药的发展历程、发展动向、结构特点、作用原理等;三是国内外典型直升机弹药,用大量的文字、图片,介绍了我军及美军、俄军等装备的典型直升机弹药。

本书内容丰富、重点突出、通俗易懂,具有系统性、理论性、直观性、新颖性的特点,可作为军队院校相关专业学科教材,部队军事训练理论教材,也可作为国防科普读物供大军事爱好者及学生阅读。

本书在编写过程中,参考和引用了国内专家、学者、工程技术人员发表的著作的部分内容及相关弹药图片,谨在此一并表示诚挚的感谢!同时,还参考了兄弟院校的有关教材和著作,特对原作者深致谢意。

由于编者知识水平有限,且收集材料有限、信息更新及时性不强,尽管倾注了极大的精力和努力,但书中难免有错误和不妥之处,敬请读者批评指正。

编者
2024 年 3 月

目 录

第一章　概述 ································· 1
- 第一节　弹药定义与发展简史 ································· 1
- 第二节　炸药与火工品 ································· 14
- 第三节　打击目标与毁伤机理 ································· 54

第二章　航空枪弹和炮弹 ································· 77
- 第一节　枪弹和炮弹概述 ································· 78
- 第二节　结构与原理 ································· 98
- 第三节　典型航空枪弹和炮弹 ································· 113
- 第四节　航空炮弹引信 ································· 123
- 第五节　包装与标志 ································· 146

第三章　航空火箭弹 ································· 160
- 第一节　火箭弹概述 ································· 160
- 第二节　结构与原理 ································· 172
- 第三节　典型航空火箭弹 ································· 188
- 第四节　航空火箭弹引信 ································· 208

第四章　机载空地导弹 ································· 214
- 第一节　反坦克导弹概述 ································· 214
- 第二节　结构与原理 ································· 240
- 第三节　典型直升机机载反坦克导弹 ································· 248

第五章　机载空空导弹 ································· 268
- 第一节　空空导弹概述 ································· 268
- 第二节　结构与原理 ································· 290
- 第三节　典型直升机机载空空导弹 ································· 300

参考文献 ································· 312

第一章 概　　述

武器亦称兵器,是能直接用于杀伤有生力量,毁坏敌装备、设施等的器械与装置的统称;弹药是指装有火炸药及其他装填物,能对目标起毁伤作用或实现其他用途的装置与物品。包括枪弹、炮弹、火箭弹、手榴弹、枪榴弹、地雷、航空弹药和舰艇弹药等。自从出现了战争,武器就成为决定战争胜负的重要因素。人类制造和使用武器的目的是发射或投掷弹药,最大限度地杀伤敌方有生力量及摧毁各类战术目标,或者完成某些特定战术任务。因此,从某种角度讲,战争发展史既反映武器发展史,也反映弹药发展史。

武器和弹药发展经历了漫长过程。弹药源于火药的发明和军事应用,在火药用于军事领域后,从抛石机的"砲"到"炮",从"震天雷"到"子窠",从"突火枪"到"火铳",从"带火的箭"到真正的火箭弹和导弹,发展成了今天现代战争中常见的各种弹药,其原动力来自战争需求。武器和弹药发展极大地促进了技术的发展和进步,技术的发展进步又反过来促进新武器和弹药的发展,从而改变战争形态及作战方式。这是战争与武器、武器与技术发展之间的辩证关系。

第一种专门设计的武装直升机 AH-1G"眼镜蛇",在越南战场上发挥了重要作用;20 世纪 80 年代的两伊战争中直升机的空战,将武装直升机发展带入一个新的时代;1991 年的海湾战争中,武装直升机大放异彩;进入 21 世纪后,武装直升机在伊拉克战争、科索沃战争及非战争军事行动中屡立奇功。其成为在树梢高度搏击猎物的"雄鹰",靠的是强大火力与特殊机动能力的有机结合。特别是先进的武装直升机能发射枪弹、炮弹、火箭弹、空地导弹、空空导弹等多种弹药,攻击多种目标,载弹量大,射程威力各具特色,攻击火力强,在战场上作用突出,被人们称为"超低空的空中杀手""树梢高度的威慑力量"。

第一节　弹药定义与发展简史

一、定义

国外的"弹药"一词来源于 16 世纪初的法语"munition de guerre",本意是

"战争之需",后来其含义变窄,只表示"炮兵之需"的意思。随着战争形态的演变和武器系统的发展进步,弹药的范畴也在不断地更新拓展。

弹药一般是指装有火炸药及其他装填物,能对目标起毁伤作用或实现其他用途的装置与物品。现代弹药既可军用,也可民用。民用弹药主要有用于非军事目的的礼炮弹、警用弹、反恐弹药以及灭火弹、增雨弹、射击运动用弹药等;军用弹药则是在作战中的任何一种弹药,或任何装填炸药、发烟剂、化学战剂、燃烧剂、烟火剂或任何可对目标产生作用的物质的部件,还包括任何非爆炸的或称为无害的训练弹、演习弹或教练弹。1965—1973 年,美军在越南战场上地面弹药的总消耗量是 750 万吨;1971 年的第四次中东战争中,埃及军队在战争开始后 50 天就发射了 50 万吨炮弹;1982 年的英阿马岛战争中,英军共消耗弹药 2 万多吨,日均消耗 300 吨;1991 年的海湾战争中,美军消耗了 50 万吨弹药;2003 年伊拉克战争中,美军共消耗各类导弹和炸弹 29199 枚,美国使用制导弹药共 19948 枚,包括美国海军发射的 BGM – 109 "战斧"巡航导弹 802 枚,约占弹药总量的 68%。非制导弹药包括非制导炸弹共 9251 枚、航空炮弹 328494 发、子母弹布撒器 348 发,约占弹药总量的 32%;英国使用制导弹药 672 枚(颗),占总使用弹药的 84%。

航空弹药是指专供航空器使用的各种弹药的统称,包括机载空空导弹、机载空地导弹、航空炮弹、航空枪弹、航空炸弹、航空火箭弹、鱼雷、水雷、座椅弹射弹、座舱盖抛射弹、航空信号弹等。本书主要研究直升机机载航空弹药,包括航空枪弹、航空炮弹、航空火箭弹、机载空空导弹、机载空地导弹等。

二、分类

目前,世界各国装备使用和正在发展的弹药类型有数百种。为便于研究、管理和使用,可从不同的角度对弹药进行分类。

(一) 按用途分类

1. 主用弹药

用于直接毁伤各类目标的弹药,包括杀伤弹、爆破弹、杀伤爆破弹、穿甲弹、破甲弹、混凝土破坏弹、碎甲弹、子母弹和霰弹等。

2. 特种弹药

用于完成某些特殊作战任务的弹药,如照明弹、燃烧弹、烟幕弹、信号弹、干扰弹、宣传弹、侦察弹和毁伤评估弹等。

3. 辅助弹药

供靶场试验和部队训练等非作战使用的弹药,如训练弹、教练弹和试验弹等。

(二) 按弹丸与药筒(药包)的装配关系分类

1. 定装式弹药

弹丸和药筒结合为一个整体,射击时一起装入膛内,发射速度快,容易实现装填自动化。弹药口径一般不大于105mm,如航空枪弹、炮弹、高射炮、坦克炮和反坦克炮的各种炮弹大都为定装式。

2. 药筒分装式弹药

弹丸和药筒为分体,发射时先装弹丸,再装药筒,两次装填,因此发射速度较慢,但可以根据需要改变药筒内发射药的量。弹药口径通常为122mm及以上,如122mm、130mm、152mm、155mm炮弹都为药筒分装式。

3. 药包分装式弹药

弹丸、药包和点火器分三次装填,没有药筒,而是靠炮闩来密闭火药气体,一般在岸炮、舰炮上采用该类弹药。此类弹药口径大,但射速较慢。

(三) 按发射的装填方式分类

(1) 后装式弹药,弹药从尾部装入膛内,关闭炮闩后发射。

(2) 前装式弹药,弹药从口部装入膛内发射。

(四) 按控制程度分类

从弹药的发展来看,最初出现的是无控弹药,20世纪中叶出现了导弹(包括战术导弹和战略导弹),是自动寻的弹药。随着科学技术的发展,作战任务的多样化,增大武器射程成为各国武器装备发展的重要目标。但是射程与密集度是相互制约的,在一般情况下射程增大,密集度就要变差。导弹问世之后,人们就想能否把炮弹加以控制,使其精度大幅度提高,而且成本又不要太高,从而进一步促进了灵巧弹药的问世,灵巧弹药成本比导弹低,具有导弹的功能和特点。现代弹药根据控制程度,包括弹药的探测、识别、控制、导引能力和状态等,可分为以下几种。

1. 无控弹药

整个飞行弹道上无探测、识别、控制和导引能力的弹药,包括普通的炮弹、火箭弹、炸弹等。

2. 制导弹药

在外弹道上具有探测、识别、导引能力攻击目标的弹药,部分制导弹药具有

"发射后不管"能力。

3. 灵巧弹药与智能(化)弹药

目前学术界对灵巧弹药和智能弹药的概念比较模糊,包括的弹药种类有重叠。由于国外对"灵巧"与"智能"的概念界定不清,中国兵工学会弹药分会专门召开了一次"灵巧弹药研讨会"。会议对灵巧弹药做出了比较清楚的定义:灵巧弹药是在外弹道某段上能自身搜寻、识别目标,或者自身搜索识别目标后还跟踪目标,直至命中和摧毁目标的弹药,包括末端敏感弹药和末制导弹药①。在当前发展阶段更广泛些,还可把弹道修正弹和简易控制弹包括在内。智能弹药是指具有信息获取、目标识别和毁伤可控能力的弹药,它可以自动搜索、探测、捕获和攻击目标,并对所选定的目标进行最佳毁伤。《智能化弹药》一书指出智能化弹药是传统弹药向智能弹药发展过程中的产物,具备智能弹药的部分特征,主要包括反坦克导弹、制导弹药和灵巧弹药。我们认为从弹药技术发展和未来作战需求及运用角度看,发展智能弹药是必然趋势②。智能弹药应具有信息感知与处理、推理判断与决策、执行某种动作与任务等功能,诸如搜索、探测和识别目标,控制和改变自身状态,选择所要攻击的目标甚至攻击部位和方式,侦察、监视、评估作战效果和战场态势等。主要包括末制导弹药、末敏弹、弹道修正弹药、巡飞弹等。

(1)末敏弹。末敏弹是末端敏感弹药的简称,又称"敏感器引爆弹药"或"现代末敏弹",是指在弹道末端能够探测出装甲目标的方位,并使战斗部朝着目标方向爆炸的弹药。因此,末敏弹主要用于自主攻击装甲车辆的顶装甲。末敏弹不是导弹,不能持续跟踪目标并自动控制和改变弹道向目标飞行。因此,其结构比导弹和末制导炮弹都要简单,具有作战距离远、命中概率高、毁伤效果好、效费比高和发射后不管等优点。敏感方式主要有毫米波、红外和毫米波/红外复合。典型的末敏弹有德国"SMART"末敏弹以及瑞典博福斯武器系统公司的

---

① 灵巧弹药有其特有优势,优势之一是比一般弹药的命中精度高,而成本比导弹低很多。以"铜斑蛇"末制导炮弹为例,1发"铜斑蛇"对坦克的摧毁概率大致与1500发一般榴弹或250发反坦克子母弹相当。海湾战争中,共投放88500t炸弹,其中6520t为激光制导炸弹,90%命中预定目标,而非制导弹的命中率只有25%;优势之二是提高了对目标的毁伤能力。灵巧弹药不仅可以精确攻击点硬目标,有的还可实现对坦克及装甲车辆顶装甲的攻击,从而提高了对目标的毁伤概率。如末敏弹、广域地雷以及"红土地"末制导炮弹等都实现了顶攻击。灵巧弹药可以用多种平台发射,也可以由空中载体投向目标。发射平台包括坦克、装甲车、火炮、直升机或飞机,使用灵巧弹药可以达到较高的效费比。因此,灵巧弹药是当今世界弹药发展的主要方向之一。

② 对智能弹药的理解:一是所有引入人工智能技术的弹药都属于智能化弹药领域;二是智能化水平的认识,如同人的智力水平因人而异一样,智能弹药的智能化水平也是千差万别的,只要是具备初级水平的人工智能因素的弹药都可理解为智能化弹药;三是智能弹药的评价问题,智能弹药的作战效果为其唯一评价因素,所有人工智能技术的引入都应以提高最终的作战使用效果为准则;四是智能弹药是一个发展的概念,人们对于智能的定义是随着人工智能技术的进步不断发展的。

155mmBONUS 末敏弹等。

（2）末制导炮弹。末制导炮弹是由火炮等发射,在弹道末段上实施搜索、导引、控制,使其能够直接命中目标的一种灵巧弹药。

（3）弹道修正弹。弹道修正弹是通过对目标的基准弹道与飞行中的攻击弹道进行比较,给出有限次不连续的修正量来修正攻击弹道,以减少弹着点的误差,提高弹丸对付高速机动飞行目标的命中精度或提高中大口径弹丸远程打击精度的一种低成本高精度的弹药。

（五）按稳定方式分类

旋转稳定式弹药:依靠膛线或其他方式使弹丸高速旋转,按照陀螺稳定原理在飞行中保持稳定。

尾翼稳定式弹药:弹丸不旋转或低速旋转,依靠弹丸的尾翼使空气动力作用中心（压力中心）后移,一直移到弹丸质心之后的某一距离处,从而保持弹丸飞行稳定。

（六）按投射方式分类

按投射方式分类,弹药可分为射击式弹药、自推式弹药、投掷式弹药和布设式弹药等。

1. 射击式弹药

各类枪炮身管武器以火药燃气压力从膛管内发射的弹药,包括炮弹、枪弹等,榴弹发射器配用的弹药也属于射击式弹药。炮弹、枪弹具有初速大、射击精度高、经济性好等特点,是战场上应用最广泛的弹药,适用于各军兵种。

2. 自推式弹药

本身带有推进系统的弹药,包括火箭弹、导弹、鱼雷等。这类弹药靠自身发动机推进,以一定初始射角从发射装置射出后不断加速,至一定速度后才进入惯性自由飞行阶段。由于发射时过载低,发射装置对弹药的限制因素少,所以自推式弹药具有各种结构形式,易于实现制导,具有广泛的战略、战术用途。

3. 投掷式弹药

投掷式弹药包括航空炸弹、深水炸弹、手榴弹和枪榴弹等。航空炸弹是从飞机和其他航空器上投放的弹药,主要用于空袭,轰炸机场、桥梁、交通枢纽、武器库及其他重点目标,或对付集群地面目标。航空炸弹具有类型齐全的各类战斗部,其中爆破、燃烧、杀伤战斗部应用最为广泛;深水炸弹是从水面舰艇或飞机发（投）射、在水中一定深度爆炸以攻击潜艇的弹药,也可攻击其他水中目标;手榴弹是用手投掷的弹药。杀伤手榴弹的金属壳体常刻有槽纹,内装炸药,配用 3~5s 定时延期引信,投掷距离可达 30~50m,弹体破片能杀伤 5~15m 范围内的有生力量和毁伤轻型技术装备。手榴弹还有发烟、照明、燃烧、反坦克等类型。

4. 布设式弹药

包括地雷、水雷等,采用人工或专用工具、设备将之布投于要道、港口、海域航道等预定地区,构成雷场,如美军的 UN-60 的"火山"布雷系统。

三、发展简史

兵器的发展经历了冷兵器时代和热兵器时代①。在冷兵器的发展过程中,古时用于防身或进攻的投石、弹子、箭等可以算是射弹的最早形式,利用人力、畜力、机械动力投射后依靠本身的动能击打目标。黑火药的发明可被认为是热兵器时代的开始,也就是一般意义上弹药发展的开始。热兵器战争是以火药兵器的使用为标志的,属于工业时代前期的军事变革。马克思曾说过:"火药、指南针、印刷术——这是预告资产阶级社会到来的三大发明。火药把骑士阶层炸得粉碎……"。热兵器战争后,兵器成为火药驱动弹丸的长距离发射工具,杀伤手段与兵器和士兵相分离。火枪火炮是机械制造技术和力学、化学、光学发展的产物,表明了科学技术作为人类理性的标志,已经物化于武器之中,显示了科技与武器的有机结合。人的智力渗入并放大了武器的杀伤力,利用物理能和化学能来替代人的体能,驱动着和加大了打击的距离。

(一) 萌芽阶段

火药是中国的四大发明(火药、指南针、造纸、印刷术)之一。历史发展证明,火药不是某一个人在一时一地的发明,而是由中国古代医学家、药物学家(本草学家)和炼丹家,在上千年的生产实践和科学实验积累的基础上,于唐宪宗元和三年(公元 808 年)②前发明的(图 1-1)。这种火药是用硝、硫、炭三种粉末拌和的混合火药,因其在燃烧后会生成大量的黑色烟雾而被称为黑色火药。硝石和硫黄是配制火药的关键性原料,而没有硝石的发现则根本不可能发明火药。为研究中国科技史而辛勤耕耘终生的英国科技史家李约瑟(Joseph Terence Montgomery Needham)先生,正是根据 13 世纪后期之前阿拉伯和西方国家还不知道硝石这一事实,才得出了他们不可能发明火药的结论。恩格斯在《炮兵》中

---

① 在人类社会兵器发展历史上,火药火器、蒸汽机和内燃机、计算机和微电子是三个重要节点,并以此大致形成了四个时代:冷兵器时代、热兵器时代、机械化时代和信息化时代。可以大致把武器装备近代发展阶段划分为由发射平台和弹药组成的简单武器、以信息技术为基础的武器系统、以"物联网"为基础,"无人—有人、地面—空中、远程—近程"融合一体的武器系统体系三个阶段。

② 炼丹家金华洞方士清虚子,在唐元和三年撰写成书的《太上圣祖金丹秘诀》(后选入《铅汞甲庚至宝集成》卷二)中,记载了用"伏火矾法"伏火时,将阴性药物硝石 2 两,同阳性物质硫黄 2 两和含碳物质马兜铃 3.5 两反复合炼,结果发生了烧毁房屋、烧伤人手和面部之事。最早的火药正是在这种合炼过程中发明的。

对中国古代的这一伟大发明创造给予了充分的肯定:"现在几乎所有的人都承认,发明火药并用它朝一定方向发射重物的,是东方国家……在中国,还在很早的时期就用硝石和其他引火剂混合制成了烟火剂,并把它使用在军事上和盛大的典礼中。"

图1-1 炼丹家在合炼硝硫时发生了爆炸现象与灾祸

黑火药是10世纪开始用于军事,作为武器中的传火药、发射药及燃烧、爆炸装药,在弹药的发展史上起着划时代的作用。黑火药最初以药包形式置于箭头被射出,或从抛石机①抛出(图1-2)。13世纪,中国创造了可以发射"子窠"的竹制"突火枪"②(图1-3),不但在南宋末期发挥了良好的作战效果,而且也是元代创制金属管形射击火器—火铳的先导。突火枪的创制,受到后世各国火器史研究者的重视,公认它为世界上最早运用射击原理制成的管形射击火器,堪称世界枪炮的鼻祖。"子窠"可以说是最原始的子弹。

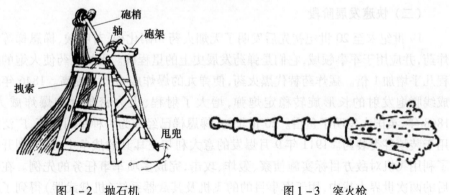

图1-2 抛石机　　　　　　　图1-3 突火枪

---

① 抛石机,又名单梢砲。砲表示抛射石弹的抛石机,炮表示抛射火球的抛石机。宋代以前写作"砲",后写作"炮"。

② 开庆元年(公元1259年)寿春府(今安徽寿县)火器研制者创制的突火枪。据记载,突火枪"以巨竹为筒,内安子窠,如烧放,焰绝,然后子窠发出,如炮声,远闻百五十余步"。突火枪的具体形制,虽因记载过简而不能确知,但它已经具备了管形射击火器的三个基本要素:一是身管,二是火药,三是弹丸(子窠)。

随后出现了铜或铁制的管式火器,用黑火药作为发射药。由于竹制的突火枪容易被火药烧焦,使用寿命不长,因此改用金属铸造,这就是古代的"火铳"。火铳有大有小,后来小的铳向枪的方向发展,大的铳向火炮的方向发展。在元代(公元1279年—1368年)初期,中国已掌握了用青铜铸造火铳的技术。火铳是以火药燃气为动力的金属管形射击火器,主要由身管、药室和发火装置三部分组成,其构造原理同现代火炮的原理相同,都是利用火药能量将弹丸发射出去杀伤敌人。因此,人们一般将火铳称为最早的火炮。陈列在中国历史博物馆的元至顺三年(公元1332年)铜火铳(图1-4),是世界上现存的最古老的火铳,其口径105mm,重6.94kg,长35.3cm。此炮身上刻有"至顺三年二月吉日,绥边讨寇军,第三百号马山"等字样。"绥边讨寇军"是使用者,"马山"是制造者。从编号看,此前同类炮已开始大量制造和使用。

图1-4 元至顺三年铜火铳

黑火药和火器技术于13世纪经阿拉伯被传至欧洲。早期的火器是滑膛结构,发射的弹丸主要是石块、铁块、箭,以后普遍采用了石质或铸铁的实心球形弹,从膛口装填,依靠发射时获得的动能毁伤目标。16世纪初出现了口袋式铜丸和铁丸的群子弹,对集群的人员、马匹的杀伤能力大大提高。16世纪中叶出现了一种爆炸弹,由内装黑火药的空心铸铁球和一个带黑火药的信管构成。17世纪出现了铁壳群子弹。

(二) 快速发展阶段

19世纪末至20世纪初先后发明了无烟火药和硝化棉、苦味酸、梯恩梯等猛炸药,并应用于军事领域,它们是弹药发展史上的里程碑。无烟火药使火炮的射程几乎增加1倍。猛炸药替代黑火药,使弹丸的爆炸威力大大提高。1846年制成线膛炮发射的长形旋转稳定炮弹,增大了射程、火力密集度和爆炸威力。1868年,英国人发明了鱼雷。20世纪初,梯恩梯已经成为一种军用炸药,广泛应用于装填各类装药。1911年9月爆发的意大利与土耳其的战争中,意大利开创了利用飞机对敌方目标实施侦察、轰炸、攻击,完成多项军事任务的先例。在随后的两次世界大战中,用于军事目的的飞机及其武器系统(机载武器)得到了广泛应用和迅速发展。第一次世界大战期间,深水炸弹开始被用于反潜作战,化学弹药也开始被用于战场。随着飞机、坦克投入战斗,航空弹药和反坦克弹药得到发展。第二次世界大战期间,各种火炮的弹药迅速发展,出现了反坦克威力更强的次口径高速穿甲弹和基于聚能效应的破甲弹。航弹品种增加,除了爆破杀伤弹外,还有反坦克炸弹、燃烧弹、照明弹等。反步兵地雷、反坦克地雷以及鱼雷、水雷的性能得到提高,分别在陆战、海战中被大量使用。第二次世界大战后期,制导弹药开始被用于战争,除了德国的 V1 飞航式导弹和 V2 弹道式导弹以外,德国、英国和美国还研制并使用了声自导鱼雷、无线电制导炸弹。但是,当时的制导系统比较简单,命中精度也较低。

(三)全面向智能化过渡阶段

第二次世界大战结束后,电子技术、光电子技术、火箭技术和新材料等高新技术的发展,成为弹药发展的强大推动力。制导弹药,特别是20世纪70年代以来各种精确制导弹药的迅速发展和在局部战争中的成功广泛应用,是这个时期弹药发展的一个显著特点。近100年来,军用飞机及机载武器一直是世界各国优先发展的兵器之一,特别是机载制导武器自第二次世界大战诞生起,就显示出了惊人的作战效能,并受到各军事大国的高度重视,发展尤为迅猛。精确制导弹药除了有命中精度很高的各种导弹外,还有制导炸弹、制导炮弹,制导地雷、鱼雷、水雷等。为了提高对装甲目标的打击能力,进一步发展了侵彻能力更强的长杆式次口径尾翼稳定脱壳穿甲弹,以及能对付反应装甲的串联式聚能装药破甲弹。除了传统的钨合金弹芯穿甲弹外,还发展了贯穿能力更强的贫铀弹芯穿甲弹;为了满足轰炸不同类型目标的需要,发展了集束炸弹、反跑道炸弹、燃料空气炸弹、石墨炸弹、钻地弹等新型航弹;为了适应高速飞机外挂和低空投弹的需要,在炸弹外形和投弹方式上都做了改进,出现了低阻炸弹和减速炸弹;火箭弹品种大量增加,除了地面炮兵火箭弹以外,还发展了航空火箭弹、舰载火箭弹、单兵反坦克火箭弹以及火箭布雷弹、火箭扫雷弹等。随着微电子技术、信息技术、材料技术、人工智能技术等新技术发展及应用,弹药经历了较大的发展变化,特别是在新技术、新原理、新材料的推动下,弹药正在向高精度、远射程、大威力、多功能、灵巧化和智能化的方向发展,出现了一系列在作用原理、结构、功能和使用效能上与常规弹药相区别的新型弹药。其中,"远程攻击、精确制导、高效毁伤"是重要发展方面,也就是常说的"远、准、狠"。同时,新概念的发展体现了战争从数量对抗到质量对抗的趋势,使得弹药技术出现了质的飞跃。

四、发展趋势

从近年来发生的海湾战争、科索沃战争、伊拉克战争看出,现代战争中,信息技术是现代战争取得胜利的关节,战场信息化、数字化成为现代战争的主要特征之一。战场成为交战国家高新技术武器弹药的对抗试验场。谁拥有高新技术武器,谁就能掌握战争的主动权。同时,随着战场目标的改变,武器装备的发展,对最终完成对各类目标毁伤功能的弹药提出了新的更高的要求,促进了弹药向"远程、精确、高效、智能化"方向发展。

（一）提高射程（远程化）

现代战争要求弹药在更远的距离上歼灭敌人，因此增大射程成为各国弹药发展的首要目标。为了实现这一目标，发展并运用了各种各样的技术：如增大炮管长度，采用高能发射药并增大发射药量提高弹丸的初速；改善弹丸的弹形，增加弹丸的端面比重，减小在飞行过程中所受的空气阻力；提高飞行稳定性；采用底部排气、固冲发动机增程①、火箭增程、滑翔增程②以及复合增程等先进技术，如20世纪90年代出现的底排火箭复合增程技术，主要应用于大口径炮弹领域，155mm炮弹的最大射程可达到50km以上，远远高于现役的底排增程弹和火箭增程弹；二次点火固体火箭发动机增程技术③。此外，还在不断地研究新型发射技术以增加弹丸的射程，如电热化学炮、电磁炮等。美国研制的2.75kg的电热炮弹，在60mm口径电热化学炮上发射，可达到200发/min，速度达3000m/s，其弹丸可击穿任何轻、重型装甲目标。

（二）提高射击精度（精确化）

在机动作战、立体攻击的信息化战场上，精确打击可起到无法估量的作用，能够以极少的伤亡代价换取决定性的胜利，所以提高射击精度④和发展精确智能弹药是弹药发展必然趋势。如美军联合直接攻击弹药（JDAM）采用了全球定

---

① 固冲发动机增程技术：20世纪70年代末，美国以AFFS炮射增程弹、坦克训练弹和SPARK动能弹为应用背景开了应用研究，在203mm炮弹上采用冲压喷气推进装置后，其射程达到了70km。目前，俄罗斯正在研制射程80km的152mm冲压增程炮弹，美国正在研制射程80km的155mm冲压增程炮弹，南非也正在研制射程70km的155mm冲压增程炮弹。

② 滑翔增程技术：对炮弹弹体进行优化设计，使其具备良好的气动力学结构，当炮弹进入下降弹道阶段后，弹丸近似水平滑翔，从而达到增程的目的。该项技术的优点是技术较成熟，容易应用到炮弹增程中；缺点是滑翔阶段飞行速度慢，飞行时间相对较长，易受干扰。目前，国外大多数增程炮弹采用火箭助推+滑翔增程技术，如美国ERGM弹药和法国超远程"鹌鹏"炮弹，射程普遍达到100km左右。

③ 基本原理是弹丸在快要爬升到弹道顶点时，由控制系统将弹体后部的固体火箭发动机点火启动，使炮弹再向上爬升一段，这样会使弹道顶点更高，目的是让带滑翔功能的炮弹在弹道降弧上飞行更远，从而大大延长炮弹射程。如美国海军127mm增程弹药的火箭发动机在弹道升弧段的最佳时机点火，使弹体获取10MJ的附加能量，射程将超出117km。

④ 射击精度包括准确度和密集度两方面。对于一组射弹的射击结果，其弹着点的平均位置常被称为散布中心，各弹着点偏离散布中心的程度被称为密集度，而散布中心偏离目标（瞄准点）的程度被称为准确度。通常，准确度与瞄准、指挥、射击操作等因素有关，而射击密集度则反映了武器系统本身的射击性能，因而常用射击密集度来评定武器的技术性能。密集度是指弹丸落点彼此密集（或散布）的程度，是弹丸的主要技术指标之一，对射击精度有着极其重要的影响。通常用中间误差来表示，包括距离中间误差E_x、高低中间误差E_y和方向中间误差E_f。弹丸落点之所以有散布，主要是弹丸存在质量偏心、气动力外形上的不对称、弹重不完全相同、发射药量不完全相同、火药的性质、火药的燃烧情况、炮膛温度、炮膛的磨损情况不完全一样、外界条件（空气温度、密度、气压、风向）时刻变化等诸多随机因素引起的。但总的散布是：散布基本呈椭圆形，散布中心密集，边缘稀疏，散布分布对称，并服从正态分布规律。

位系统(GPS)+惯性导航组合制导技术,命中精度可达10m。目前,各国都在积极运用制导技术、弹道修正技术等先进技术提高弹药射击精度。一是运用激光制导技术提高命中精度。目前这种技术比较成熟,广泛运用于各种导弹、炮弹、火箭弹、航空炸弹中,具有制导精度高、抗干扰能力强、结构简单、武器系统成本低等特点,但不具备"发射后不管"能力。二是脉冲发动机修正弹道技术。通过弹体头部或中部安装通过火药气体产生推力脉冲的小型助推器,凭借喷流的反作用力为弹丸提供控制力以改变弹体飞行姿态修正弹道。弹道修正系统使用的是一次性小型助推器,能够形成脉冲推力,具有响应极快、零件数目少、构造简单之特征,但是每个小型助推器一次燃烧后便不能再次使用,所以当在同一方向再次发生推进力时就要使用另外的助推器,因此,采用这种控制方式的弹丸一般都采用旋转稳定的飞行方式。这种弹道修正方法具有反应时间短、无活动部件和伺服机构、无气动控制面、简单易行、成本低、效率高、具有实时姿态控制和弹道修正能力等特点,但作用时间有限,命中精度相对较低。三是简易弹道修正技术。简易弹道修正技术是一种能根据火控系统指令,在飞行过程中对弹丸进行简易控制的技术。火控雷达发现目标,由火控系统提供一个提前量,对来袭目标未来交汇点进行射击,并跟踪弹丸的飞行轨迹,同时对目标飞行参数和弹丸飞行轨迹进行解算,计算出弹丸弹道高低修正参数和方向修正参数,根据计算出的修正量,编码后传送给弹上指令接收装置,由弹载处理器根据接收到的信息和弹丸飞行姿态信息解算出执行指令,执行机构动作,产生侧向控制力,从而达到修正弹道,实现炮弹对目标精确打击的目的。

(三)提高毁伤效能(高效化)

威力是指弹丸对目标毁伤作用能力的大小,由于各种弹丸的用途不同,对目标的毁伤作用机理不同,所以衡量不同类型弹丸威力的方法也不同,如杀爆弹要求杀伤半径和杀伤面积大,成型装药破甲弹、穿甲弹要求穿孔深,照明弹要求照度大、作用时间长等。相应地,杀爆弹用密集杀伤半径和杀伤面积来表示威力,穿甲弹等反坦克弹药用穿甲厚度来表示其威力。完成同样的战斗任务,增大弹丸威力可减小弹药的消耗量或所需火炮的数量,缩短完成任务的时间。为了提高弹丸的威力,除了研究新材料、新工艺、新结构、优化引战配合使其发挥最大效能外,还必须研究新的毁伤机理和作用原理的弹药,寻求提高威力的新途径。一是多模战斗部技术。多模战斗部也叫可选择战斗部(Selectable Warhead),可根据目标类型的不同自适应起爆,形成对目标最佳毁伤元来毁伤目标,包括多模式爆炸成型弹丸(Explosively Formed Projectile,EFP)战斗部和多模式聚能装药

(Shaped Charge,SC)战斗部①。目前研制中的多功能巡飞弹(如美国未来战斗系统中的 LAM 巡飞弹以及 LOCAAS 等)则采用了三模式战斗部。多模式战斗部可将弹载传感器探测、识别并分类目标的信息与攻击信息相结合，通过弹载选择算法确定最有效的战斗部输出信号，使战斗部以最佳模式起爆，从而有效对付所选定的目标。主要特点是可远距离摧毁目标(约150m)，受反应式装甲影响少，且侵彻孔大②，靶后效应高，杀伤成本低。二是大长径比 EFP 技术。对于给定质量和速度的 EFP 弹丸而言，侵彻深度和侵彻孔的容积主要取决于弹丸的长度，弹丸形状的影响是第二位的，且侵彻深度和侵彻孔的容积与弹丸的动能成正比，因此，发展大长径比的 EFP 弹丸是 EFP 战斗部技术的重要研究方向。三是伸出式新型穿甲弹技术。伸出式穿甲弹的穿甲部分由芯杆、套筒两段组成，发射前芯杆缩于套筒中，发射后芯杆从套筒伸出，根据穿甲机理的研究，除了芯杆有正常的侵彻穿甲作用之外，套筒也具有同样相当杆长的侵彻穿甲能力，从而达到增大穿甲能力的目的。试验表明，伸出式穿甲弹侵彻装甲板深度比普通穿甲弹的增加25%以上。四是横向增效穿甲弹技术。横向增效穿甲弹(Penetrator with Enhanced Lateral Effects, PELE)是一种具有穿甲弹和榴弹特点的新型弹药，兼其穿甲弹的穿甲效应和杀爆弹的破片杀伤效应。由于无须引信和装药，具有结构简单、安全性好、成本低廉等特点。弹丸的作用原理基于弹丸的内芯和外层弹体使用不同密度的材料的物理效应。外层弹体由钢或钨重金属制成，对付钢板时有良好的穿透性能;内芯用塑料或铝制成，不具有穿透性能。在侵彻过程中，低密度装填材料被挤压在弹坑和弹体的尾端部分之间，导致压力升高，低密度装填物材料周围的弹体膨胀，因此扩大了弹坑直径，并最终使高密度的外层弹体分解为破片。五是易碎穿甲弹技术，其关键在于易碎弹体材料技术。易碎弹体材料技术是通过控制弹体材料的成分和工艺，实现对弹体材料破碎性能的控制，在撞击装甲目标时利用冲击波在弹体中的作用使易碎弹体材料形成均匀破片，不需开

---

① 一般有六种作用模式：分段/长杆式 EFP(或射流)模式，形成射流或呈线状飞行的金属段或延长的弹丸，可近距离对付重型装甲目标；飞行稳定 EFP 模式，形成一个或几个飞行稳定的 EFP，可远距离攻击轻型装甲目标；定向破片模式(或多枚 EFP)，在特定方向上形成破片群，可对付武装直升机、无人机、战术弹道导弹等目标；全方位破片模式，可形成大范围破片，有效杀伤地面人员；掩体破坏模式，形成扇状射流或长径比小的 EFP 侵彻体，用于破障和攻击混凝土工事目标。目前，欧美多发达国家都在该领域开展相关研究。其中，多模式 EFP 战斗部采用平盘状药型罩，一般形成分段/长杆式 EFP，飞行稳定 EFP 和多枚 EFP 三种模式；而多模式 SC 战斗部采用锥形、喇叭形和半球形罩，一般形成射流和破片两种模式。这类战斗部已用于产品的研制中，主要是双模式战斗部(射流和破片、长杆式 EFP 和场行稳定式 EFP 等形式)和三模式战斗部(长杆式 EFP、多枚 EFP 和飞行稳定 EFP)两种类型。

② 美国"萨达姆"灵巧子弹药在目标上方 150m 处起爆时，形成 EFP 对装甲目标的侵彻深度达到了 1 倍装药直径。俄罗斯 Motiv-3M 形成的 EFP 以 30°的倾角攻击目标时，可击穿 70mm 厚的轧制均质装甲；德国"灵巧 155"形成的 EFP 长径比达到了 5，带有尾裙，气动力学性能优异，飞行稳定性好。

槽或破片预制。这种高密度破片在弹丸自旋离心作用下,能够以膨胀的破片群形式攻击目标,通过破片冲击和侵彻作用毁坏目标及其部件。六是复合侵彻战斗部技术。主要由前置聚能装药、随进杀伤爆破钻地弹和灵巧引信系统等组成,配用于巡航导弹。复合战斗部的前置装药在碰撞到目标防护层或距离防护层一定的高度上先行起爆,产生金属射流在目标防护层内穿孔,为随进杀伤爆破钻地弹钻入目标内部开辟通路。当随进杀伤爆破钻地弹进入目标内部后,其所配用的引信经预定延期后起爆,重创目标。七是复合材料(自锐钨合金)穿甲弹技术。贫铀弹芯因贫铀材料撞击标靶时,弹芯头部形状具有自动磨锐的特性,因此能够得到良好的侵彻威力。但贫铀材料具有放射性,会使环境受到污染,因此贫铀弹的使用会受到限制。而传统的钨合金弹芯撞击靶板时,弹芯头部变形为蘑菇状,使侵彻孔径变得很大,其侵彻深度(长度)有限。近年来,美国等国正在开展新的研究,利用纳米材料(由1~100nm等级的粒子构成的材料)制造技术,用钨合金纳米材料制作弹芯,当弹芯撞击靶板时其头部的形状也可做到自动磨锐。通过应用这种技术,新材料的钨合金弹芯的侵彻能力得到大幅提高,用钨合金弹芯来取代贫铀弹芯是可取的。八是分段杆式弹芯技术。在分段杆式动能战斗部中,杆式穿甲弹芯由许多有间隔的小段组成,与相同质量的整体杆式弹芯相比,分段杆式弹芯的穿甲能力要高出1倍。

(四) 提高智能化水平(智能化)

智能弹药强调可以自动搜索、探测、捕获和攻击目标,并对所选定的目标进行最佳毁伤。智能化弹药是传统弹药向智能弹药发展过程中的产物,具备智能弹药的部分特征。从20世纪70年代到90年代初,冷战过程中两大阵营的装甲集群对抗加速了智能化弹药的发展,直升机发射的空地导弹、大口径火炮发射的末制导炮弹、弹炮一体防空武器相继问世。近些年,精确制导弹药已经成为局部战争中主要使用的弹药,制导火箭弹、无人机发射的空地导弹问世,GPS/INS制导等新技术得到广泛应用,反坦克导弹、空地导弹、制导炸弹、制导炮弹均实现升级换代,美、俄基本建成了各自的对地精确打击智能化弹药装备体系。在反坦克导弹方面,美国换代装备了红外成像自动导引的"标枪"单兵反坦克导弹,俄罗斯不仅列装了激光驾束制导的"短号"-3,还列装了以步兵战车为底盘的射程6km、毫米波跟踪、激光驾束制导"菊花"-C自行多用途导弹,以色列列装了光纤图像制导的"长钉"系列反坦克导弹。在制导火箭方面,美国列装了由多管火箭炮发射,GPS/INS制导的XM30、XM31制导火箭弹,俄罗斯列装了由多管火箭炮发射的300mm简易控制火箭弹。在直升机机载空地导弹方面,美国换代了列装了毫米波制导的AGM-114L"长弓-海尔法";俄罗斯换代列装了射程15km、惯性+无线电指令+激光半主动制导的"赫尔墨斯"-A空地导弹;美国还列装了无人机发射的 AGM-114P"海尔法"空地导弹。智能弹药的发展需要综合运用各种先进技术，如协同技术、目标智能识别技术、智能制导技术、结构智能技术等，来提升弹药的高抗干扰能力、智能化毁伤能力等。抗干扰能力主要是采用在干扰背景下和在多目标条件下目标的智能识别、分配、选择及再瞄准等，有效分清敌我，能够分析战场态势，准确打击目标要害部位，提高复杂环境下智能弹药的抗干扰能力。智能化毁伤能力主要是可以根据不同目标的特点、遭遇条件、环境条件等进行要害部位的智能化判断和毁伤程度控制，以适应多样化毁伤要求并满足不断变化的现代战争需求。如多模战斗部是智能化毁伤的锥形，其在不改变聚能装药结构的情况下，通过起爆方式改变或添加可抛掷装置的途径实现多种毁伤元之间的转换，既能形成横向效应增强型侵彻体，又能形成串联爆炸成形弹丸。

第二节　炸药与火工品

炸药是炮弹、火箭、导弹及引信中的重要组成部分，炸药的性质直接影响弹药的使用方式和作战效果。炸药的使用、维护、保管和处置是否得当，决定了其威力是否能够有效发挥，以及弹药勤务工作安全[①]。2001 年 5 月 21 日 16 时 20 分，某装备仓库危险品库突然发生燃爆，将半地下库炸塌。库内存放枪弹发射药 160kg、子弹、手榴弹、底火、发火件等 21 种共计 5955 发。事后查明事故原因是器材混放，加之库内温度达到 40℃ 以上，在高温下发射药的热分解速度比常温快 30 倍，加速了安定剂的迅速失效和大量放热，由于木箱散热差，热积累使药温不断升高，最终导致发射药自燃。为了使用安全，必须严格落实弹药及爆炸物品安全管理的有关规定。

黑火药是中国古代四大发明之一，13 世纪传入欧洲。19 世纪中叶之前，黑火药是唯一的猛炸药和发射药，但其威力小、引发慢，无论在开矿、修路还是军事领域，都显得力不从心，时代的发展迫使人们去发明新的炸药。公元 1848 年，意大利人索勃赖洛(Soblero)发明了硝化甘油。瑞典发明家诺贝尔于 1864 年发明了雷管，之后不久，他又找到了用硅藻土吸收硝化甘油的办法，制成了运输和使用更为安全的硝化甘油炸药，命名为代拿买特(dynamite)，其中含硝化甘油 75%、硅藻土 25%。代拿买特的发明对现代炸药发展有重要的贡献。1875 年诺

---

① 炸药保管维护注意事项：一是由于炸药内部分子结构不稳定，在外界能量作用下容易分解，产生爆炸。所以，在保管和运输弹药过程中必须注意防止震动和碰撞；二是炸药受高温作用和受潮后会产生分解，使炸药性质发生改变，所以要注意防高温和防潮湿；三是炸药与酸、碱作用，会使炸药爆炸或失效，所以要注意防止与酸、碱接触；四是硝化甘油类火药遇低温会冻结、降低其机械强度，所以要注意防冻。

贝尔进一步改进了硝化甘油炸药,把硝化纤维素溶解于硝化甘油,生产出了"爆胶",它是现代胶质炸药的基础。1887 年,诺贝尔用等量的硝化棉和硝化甘油,加入 10% 的樟脑,制成了巴力斯特火药(ballisitite)。1889 年,英国火药专家艾贝尔将巴力斯特稍加改进,制成了一种新型炸药,因其被挤成绳(cord)状,因此被命名为柯达火药(cordite),或称"线状无烟火药"。进入 20 世纪以来,炸药发展大致经历了四个阶段:以梯恩梯为代表的传统炸药的广泛应用(20 世纪初),以黑索金(RDX)、奥克托金(HMX)为代表的高能炸药的出现和应用(20 世纪 30 年代),以三氨基、三硝基苯(TATB)为代表的钝感炸药的应用(20 世纪 60 年代),实验与理论计算相结合寻找新型钝(低)感高能炸药的新阶段(20 世纪 80 年代)。

一、炸药的性质及分类

(一) 炸药的性质

炸药的种类很多,性质各有不同。有的很敏感,用羽毛扇动就会爆炸,有的却很迟钝,用枪弹射击也不会爆炸;有的爆炸时破坏力很大,有的很小;有的易变质,有的长时间内不变质。炸药爆炸的速度从几厘米/秒至几千米/秒。爆炸速度比较慢的通常称为燃烧,燃烧速度从几厘米/秒到几米/秒不等,燃烧速度介于几百米/秒到几千米/秒的一般称为爆炸,而爆炸速度达到数千米/秒以上的有时也称爆轰[①]。炸药的这些性质可以用感度、安定性、威力和猛度等来衡量。

1. 感度

在外能的作用下炸药发生爆炸变化的难易程度称为感度。感度是炸药本身的一种性质,是炸药能否实用的关键性能之一,是炸药安全性和可靠性的标度。能够引起炸药发生爆炸变化的外能有多种形式,常见的外能有热能、机械能(冲

---

① 燃烧是一种剧烈的发光发热反应。它与一般缓慢化学变化的主要区别在于燃烧不是在整个炸药内进行,而是在某一局部发生,而且燃烧是以化学反应波的形式在炸药中按一定的速度一层一层地自动进行传播。燃烧过程比较缓慢,燃速一般在几毫米至数百米每秒,且随外界压力的升高而显著增加,不伴有任何显著的声效应。但在有限容积内,燃烧进行得较强烈,此时压力会较快上升,且其气态燃烧产物能做出抛射功。爆轰是炸药化学反应的最激烈形式,是以爆轰波形式沿炸药高速自行传播的现象,速度一般在数百米到数千米每秒,爆压可达几十吉帕,爆温可达几千摄氏度,且传播速度受外界条件的影响很小。爆轰时,炸药释放能量的速率也很快,因此可产生很大功率。高压、高温、大功率决定了炸药做功的强度。在爆炸点附近,压力急剧上升,其爆轰产物猛烈冲击周围介质,从而导致爆炸点附近物体的碎裂和变形。燃烧和爆轰是两个本质不同的过程,但两者又互有联系,在一定条件下,前者会转变为后者。由于燃烧产物聚集,使反应区压力不断增加,燃速也相应增加,当燃速达某一临界值后,原来稳定均匀的燃烧可突跃地转变为爆轰。炸药燃烧产生的气体使火焰区急剧膨胀,当来不及排除这部分气体时,后面新产生的气体会不断挤压先前产生的气体,形成冲击波。此外,悬浮于气态反应产物中的炸药颗粒发生热爆炸后,也产生冲击波。当这些冲击波强度达某一临界值时,这些气体首先爆轰,同时冲击炸药也使其爆轰。

击、摩擦、针刺、高速破片的打击或侵彻等)、电能(静电作用、高压火花放电等)、光能(激光等)、冲击波或爆轰波能量等。在相同外能作用下,不同的炸药发生爆炸的难易程度是不同的,如碘化氮(NI_3)只要羽毛轻轻触动就能爆炸,而梯恩梯通常用枪弹穿射也不会爆炸。而如果外能不同,那么,同一种炸药发生爆炸的难易程度也会不同,如史蒂酚酸铅对火焰作用特别敏感,但机械感度相对雷汞和氮化铅要低。为衡量炸药对不同外能的敏感程度,常常把这些感度分别称为热感度、冲击感度、摩擦感度、针刺感度、静电感度、激光感度、起爆感度等。直升机航空弹药勤务工作中常用的有热感度、冲击感度、摩擦感度、针刺感度和起爆感度。

2. 安定性

炸药的安定性是指炸药在长期使用、保管中,受温度、湿度及其他条件影响,保持其性质不发生改变的能力,这种能力越强,炸药的安定性越好,反之,炸药的安定性就差。炸药的安定性可分为物理安定性和化学安定性。

1) 物理安定性

物理安定性是指炸药保持物理性质不变的能力,包括吸湿性、挥发性、机械强度等。

吸湿性是指炸药在一定的温度和相对湿度条件下,自身吸收和保持一定水分的能力。在同样条件下,由于各种炸药的性质和结构不同,其吸湿性有大有小,如硝酸铵炸药的吸湿性大,平时保管时会受潮结块。炸药吸湿后,会改变其性质,如胶体火药吸湿后将使弹道性能改变。所以,一般要求炸药的吸湿性越小越好。

挥发性是炸药内部水分和溶剂等成分因挥发而减少的性质。例如,硝化棉火药中含有的水分及溶剂会因挥发而减少,硝化甘油中的硝化甘油含量也会因挥发而不断减少,这些变化同样会使弹道性能改变。

炸药在保管过程中,由于炸药的吸湿和挥发,以及温度变化引起膨胀和收缩等,会使炸药裂纹和强度减低,也会在一定程度上影响弹药的正确使用。

2) 化学安定性

炸药的化学安定性是指炸药在保管过程中受外界影响保持化学性质不变的能力。炸药化学安定性的好坏,主要决定于炸药的化学结构,同时外界条件对炸药的化学安定性也有影响,杂质、温度、湿度的影响较大。其中,炸药的热安定性对炸药的制造、存储和使用具有重要的实际意义。炸药的热安定性是炸药本身的一种性质,炸药热安定性的好坏是不同炸药在相同条件下比较出来的,因而是相对的。例如,特屈儿的热安定性比梯恩梯的热安定性差,而比硝化甘油的热安定性要好。

炸药的热分解速度与一般化学反应速度有共同的规律,但随着温度的升高,炸药反应速度比一般化学反应要快,温度升高到一定值时,炸药的分解速度可能超过一般化学反应的速度,甚至引起自燃或自爆。一般化学反应速度随温度升高的变化规律是温度每升高10℃,反应速度增加2~4倍。而梯恩梯的热分解速度,根据理论计算,温度由27℃升高到37℃时,热分解速度增加17.8倍,温度在27~77℃范围内,每升高10℃时,热分解速度增加9~18倍。这是由于分解产物中的NO、NO_2对炸药的分解具有催化作用,加快了炸药的分解速度,温度升高较大时,会由于热及催化共同作用而急剧加速,就可能引起炸药的自燃或自爆。

炸药的热分解是放热反应,放出的热就可以加热炸药本身,使药温升高,分解速度加快,这是"得热"方面。另外,炸药由于热传导和热辐射等因素散失热量,使药温降低,分解速度减慢,这是"失热"方面。炸药在长期贮存中,分解能否自行加速,能否由分解转化为自燃或自爆,决定于"得热"与"失热"这一对矛盾。如果炸药处在绝热条件上,也就是说炸药分解放出的热量没有任何损失,全部都用来加热炸药本身,其温度不断升高,反应速度加快,在较高的温度下,只需要经过较短的时间就能爆炸。但是,如果炸药处于散热良好的条件下,也就是炸药分解放出的热量全部散失,那么炸药的反应永远不能自动加速进行。在一般的温度下,炸药的自燃或自爆就不能发生。

由以上分析不难得出这样的结论,如果炸药的得热处于优势地位,炸药就会自燃或自爆,如果炸药的失热处于优势地位,炸药就不会自燃或自爆。因此,在保管炸药过程中,要避免炸药的自燃或自爆的发生,应积极地创造良好的散热条件,同时还可以减少炸药因热分解而引起的部分变质,从而延长炸药的使用期限。

3. 威力和猛度

炸药对周围介质的抛掷和破坏作用的能力,决定于炸药的威力和猛度,两者都表示炸药近距离的爆炸作用。一般要求炸药的威力大、猛度高,即消耗少量的炸药而完成较大的爆炸作用。但由于应用不同,有时仅要求威力大,有时仅要求猛度高。

1) 炸药的威力

炸药的威力就是炸药的作功能力。炸药爆炸时所产生的气体生成物被强烈地压缩和加热到高温,当其膨胀时便做功,这种膨胀功称为炸药的做功能力。例如,1kg 硝铵炸药爆炸后能释放出 3800~4900kJ 的热量,产生 2400~3400℃ 的高温,爆力达 230~350ml[①]。

[①] 爆力表示炸药在介质内实际作功的能力,其大小主要取决于炸药爆炸时生成气体量和热量的多少。爆力的相对指标,通常采用铅铸法来测定,测定时将10g炸药放入铅铸体内的小孔中,其上以细砂充填,用8号雷管起爆。爆炸后以炸药本身使铅铸小孔被扩大的体积(cm^3)表示炸药的爆力值,以 ml 为单位。大小与爆炸时释放的能量成正比,炸药爆力越大,破坏力越强,破坏的范围和体积就越大。

2) 炸药的猛度

炸药爆炸时粉碎与其相接触的物体或介质(如弹壳、混凝土、金属物、矿山的石层等)的能力,称为炸药的猛度或炸药的猛炸作用。猛炸作用仅表现在离炸点很近的距离上,当炸药装药与障碍物在爆轰波传播的方向直接接触时,猛炸作用最大,因为此时爆炸产物的能量、压力和密度都最大。随着距离的增大,爆炸产物的能量、压力和密度等陡然下降,爆炸的机械效应也就大大降低。弹药的杀伤(破片)作用,爆轰生成物的穿甲作用以及其他一些由于装药爆轰所造成的障碍物的局部破坏,都可以解释为炸药的猛炸作用的结果。

(二) 炸药的分类

1. 按用途分类

炸药按用途可分为火药、猛炸药、起爆药和烟火剂四类。其中,火药的主要变化形式是燃烧,所以用来作发射药或推进剂;猛炸药的爆炸变化形式主要是爆轰,由于比起爆药钝感,所以用作装填弹体和其他爆破器材;起爆药的爆炸变化形式是由燃烧转为爆炸,由于它很敏感,所以用作火帽、雷管的主要装药。除此之外,还有一类化学药剂,也属于弹体装药里的一种,其化学反应主要形式是燃烧,而且在燃烧时能产生光、焰、烟等特殊烟火效应,故称这类炸药为烟火剂,如燃烧剂、照明剂、信号剂、曳光剂、发烟剂等。

2. 按组分分类

炸药按组分分类可分为单质炸药和混合炸药。

只含有一种化合物的炸药称为单质炸药。如硝基化合炸药,指硝基与碳原子直接结合,如梯恩梯;硝铵化合炸药,指硝基与氮原子,如黑索金;硝酸脂化合炸药,指硝基通过氧原子与碳原子,如硝酸甘油、太安;还有其他化合炸药,主要包括硝酸盐,如硝酸铵;叠氮化合物,如叠氮化铅;雷酸盐,如雷汞;重氮化合物,如二硝基重氮酚等。

由两种或两种以上不同的化学成分组成的炸药称为混合炸药。如普通混合炸药、含铝混合炸药、高分子黏结炸药(塑料黏结炸药)和特种混合炸药。其中,普通混合炸药是指由两种或两种以上的化合炸药或炸药与非炸药成分组成,如梯黑炸药由梯恩梯和黑索金混合而成;钝化黑索金由黑索金和钝化剂混合而成;含铝混合炸药是指在化合炸药中添加铝粉就组成含铝混合炸药。铝粉是一种高能的金属可燃物,这类炸药爆热高,威力大,用途广泛。例如,黑铝炸药主要由黑索金和铝粉组成,梯黑铝炸药主要由梯恩梯、黑索金和铝粉组成;高分子黏结炸药(塑料黏结炸药)是指以粉状高能炸药为主体,添加黏结剂、增塑剂及钝感剂等成分所组成,主体炸药多用黑索金、奥克托金等,黏结剂多为高分子化合物,它品种繁多,应用很广,是破甲弹、导弹比较理想的炸药装药;特种混合炸药是指以化合炸药为主体,添加适当的附加成分,使炸药具有某种特殊性能的一种炸药,如塑性炸药(在低温下也具有很好的塑性)、橡皮炸药(具有很好的绕性和弹性)、耐热炸药(具有良好的耐高温性能),这类炸药用于某些特殊性能要求的炸药装药。

二、火药

目前常用的火药,可分为机械混合火药和胶体火药两类。机械混合火药分为黑火药(简称黑药)和高分子复合火药,胶体火药分为硝化棉火药和硝化甘油火药等。在军事上主要是利用它的燃烧特性做各种发射药和抛射药。

火药是中国古代四大发明之一,是现代炸药的鼻祖,至今令炎黄子孙引以自豪。辞典中这样记载:火药——中国人发明,是一种硫黄、硝酸钾、木炭的混合物,最早被中国人用作焰火、爆竹和火箭的纵火剂。揭开了火药的秘密,在现代人眼里或许不以为然,但当科学尚处在蒙昧之中时,火药却是神秘之物。《太平广记》中记述了一则故事:有位名叫杜子春的年轻人,为寻求炼丹之术,去一个遥远僻静的地方拜见一位炼丹老人。天色已晚,老人叫他在炼丹的地方歇息,并告诉他千万不可乱说乱动。夜里,杜子春一觉醒来,发现炼丹炉着火了,火焰呼呼往上蹿,他记着老人的告诫,一动不动,眼睁睁看着火苗燃到屋顶,把房子烧了。据此人们可想象出"火药"这个名字,意思就是"着火的药",这是人们认识火药的第一种性能——燃烧。又因为火药中的主要成分硝和硫黄在西汉时就被当作药品,用来治病,而且古代炼丹家为炼制"长生不老药",终年隐居深山,精心选配各种药物原料,反复提炼,多方试验。在他们的辛勤努力下,虽然没有得到长生不老的仙丹,却发明了许多鲜为人知的东西,火药就是出自炼丹家之手的一大成果。那时正处在盛行"仙道"学说的时代,由此火药便因药得名。约在10世纪初,黑火药开始步入军事应用,使武器由冷兵器转变为热兵器,这是兵器史上一个重要的里程碑,为现代武器的发展奠定了初步基础,具有划时代意义。

(一) 黑火药

1. 黑火药的成分

黑火药是由硝酸钾(氧化剂),木炭(可燃物)和硫(黏合剂,兼有可燃物的作用)混合而成。这种混合火药是黑色的,故称黑火药,见图1-5。

黑火药具有许多特性,所以在军事上一直被广泛使用,成为许多弹药中重

图1-5 黑火药

要的组成部分。因其用途不同,成分的比例也就不同①。常用几种黑火药的组成成分,如表1-1所列。

表1-1 常用几种黑火药的组成成分

成分	硝酸钾	木炭	硫黄
军用一般黑药	75%	15%	10%
导火索芯药	78%	12%	10%
普通引信用药	73%~75%	14.5%~17.5%	9.5%~15%

2. 黑火药的用途

黑火药燃烧时一般可生成一氧化碳、二氧化碳、氮、氢、甲烷、硫化氢等气体和碳、硫、碳酸钾、硫酸钾、硫化钾等固体产物。其中气体生成物约占44%,固体生成物约占55%。黑火药在燃烧时能生成大量的固体物质分散在火焰中,由于固体生成物密度大,贮热量就大,所以黑火药燃烧时,火焰的点燃能力很强。黑火药主要用途如下:

(1)点火药(传火药)。点火药是用来加强点火具(火帽)的点燃能力,以保证能迅速点燃全部发射药。

(2)发射药。现已用的很少,只有56式40火箭弹等极少数弹药采用黑火药作为发射药。

(3)抛射药。多数特种弹如信号弹、燃烧弹、照明弹、宣传弹等都用黑火药瞬时燃烧所形成的气体压力,将装填物从弹体内抛出,这种黑火药称为抛射药。例如,装在信号弹底火帽上面的黑火药,其作用就是发射和引燃信号剂。

(4)引信药剂。

① 时间药剂:将黑火药用一定的压力压装在时间药盘内,使其具有一定的装填密度和燃烧速度,在发射后能按规定时间引爆雷管或点燃抛射药。

② 扩焰药:扩焰药装于时间药剂或延期药的下方,用来扩大火焰,使其能确实点燃抛射药或点爆雷管。

③ 延期药:装在火帽与雷管之间,当弹头碰到目标时,火帽发火,点燃延期药,延期药具有一定的密度和燃速,按规定时间点燃扩焰药或点爆雷管。延期药与时间药剂的区别,只是延期药的时间较短,一般压成延期药柱的形式。除使用黑火药作延期药外,还使用耐水药和微烟药作延期药。

注意事项:由于黑火药易受潮,受潮后点火困难,燃速降低,使抛射能力和作

---

① 13世纪,黑火药传入欧洲。15世纪末,西方出现了大型火炮,战争中普遍使用黑火药作为发射药。16世纪,墨西哥建立第一个美洲黑火药工厂,开始大量生产黑火药,从那时起,黑火药配方固定在硝酸钾75%、木炭12.5%~15%、硫黄10%~12%。

用时间准确性变差,严重时甚至不能发火,故在仓库保管中,必须严格控制湿度,在保管时不得任意破坏密封。另外,由于黑火药的火焰及机械感度均较大,所以装有黑火药的器材,应避免明火或温度较高的热源,并且防止大的冲击、摩擦等机械作用,以免发生危险。

(二)胶体火药

1. 胶体火药分类和成分

将硝化棉与溶剂及其他附加物混合在一起,用一定方法制成的胶体物质,称为胶体火药。因为它燃烧时几乎不产生烟,所以习惯上又称为无烟火药,见图1-6。由于胶体火药质地均匀、结构致密,遵循平行层燃烧规律,有良好的弹道性能等优点,所以,从1884年发现硝化棉火药至今,它一直被作为理想的发射药而得到广泛应用。

图1-6 胶体火药

1)分类

胶体火药按成分可分为硝化棉火药和硝化甘油火药两类。硝化棉火药是用混合溶剂溶解并胶化硝化棉而制成,其能量来源为硝化棉,故称为单基火药。又因为所用的溶剂具有很强的挥发性,因而这类火药又叫挥发性溶剂火药;硝化甘油火药是用硝化甘油溶解并胶化硝化棉而制成,其能量来源为硝化棉和硝化甘油,故称双基火药。又因起溶剂作用的硝化甘油较难挥发,所以又叫难挥发性溶剂火药。

2)成分

硝化棉火药是将硝化棉经酒精、乙醚溶解后,并加入二苯胺、樟脑、石墨等附加物制成的火药。硝化棉火药的成分和作用如表1-2所列。

表1-2 硝化棉火药的成分和作用

成分名称	枪用药	炮用药	作用
混合硝化棉	94%~96%	94%~96%	能源
醇醚溶剂	0.7%~16%	0.8%~2.0%	胶化剂
二苯胺	1.0%~2.0%	1.0%~2.0%	安定剂
石墨	0.2%~0.4%	—	消除静电
樟脑	0.9%~1.8%		调节燃速
水分	1.0%~1.8%	1.0%~1.8%	减小吸湿性

硝化甘油火药是将硝化棉经硝化甘油溶解后,并加入二硝基甲苯、中定剂、苯二甲酸二丁酯、凡士林等附加物制成的火药。硝化甘油火药的成分和作用如表1-3所列。

表1-3 硝化甘油火药的成分和作用

成分名称	迫击炮用药	大口径炮用药	作用
硝化棉	40%	54%~57%	能源
硝化甘油	58.7%	23%~29%	能源、胶化剂
二硝基甲苯	—	9%~15%	胶化剂、减温剂和增塑剂
中定剂	1.0%	2.0%~3.5%	中性安定剂
苯二甲酸二丁酯	—	4.5%~7%	增塑剂
凡士林	0.3%	1.0%~2.0%	润滑作用、减温剂

2. 胶体火药的物理安定性

火药的物理安定性表现很多,如火药的吸湿性,挥发性溶剂的挥发,难挥发性溶剂的汗析和晶析,火药的老化等。

1) 火药的吸湿性

吸湿性在一定的大气条件下取决于火药本身的性质。当火药中含有降低火药吸湿性的物质(如硝化甘油、二硝基甲苯、苯二甲酸二丁酯等)时,可减少火药的吸湿性。火药的吸湿性还与火药的表面状态及结构致密程度有关。例如,用石墨处理的硝化棉火药比未用石墨处理的硝化棉火药吸湿性要小,多孔性火药就比结构致密的火药吸湿性要大。空气中相对湿度变化时,火药中水分含量也会有相应的变化。例如,空气相对湿度在40%~90%变动的保管条件下,硝化棉火药水分含量改变大于1%,硝化甘油火药水分含量改变为0.4%~0.8%,故相对湿度对火药(特别是硝化棉火药)的含水量影响很大。

挥发性溶剂火药中的含水量约为1.5%,是一个变化量,也取决于火药的吸湿性。吸湿性严重的火药,会使其点火困难,燃速减慢,膛压、初速降低,影响射击精度。不仅影响战斗使用,甚至会发生事故。

2) 残余溶剂的挥发

硝化棉火药中醇醚溶剂是挥发性较强的物质,在长期保管过程中,挥发是不可避免的。当装药的密封性愈差,保管时间愈长,保管温度愈高,以及空气相对湿度愈大时,残余溶剂的挥发就愈多。当火药中残余溶剂挥发较多时,药柱内部的细小孔隙增多,并且削弱了硝化棉分子之间的联结。这样。不仅增大了燃烧面积,而且火药的强度也会下降,在膛内燃烧时药粒可能破裂,严重时能引起炸膛。另外,在钝化火药中,钝化剂樟脑也有挥发性,在长期保管中钝化剂不但向外挥发,而且还会向内渗入。钝化剂的这种重新分布,也会破坏火药原来的燃烧规律性,使弹道性能发生改变。

3) 汗析和晶析

硝化甘油火药在长期保管中,硝化甘油从药粒内部渗到药粒表面,在火药表面呈现出液态硝化甘油的现象称为汗析或渗油。硝化甘油渗出在火药表面,由于其摩擦、冲击感度都很大,可能会增加处理和运输的危险性,同时火药表面有硝化甘油会增大火药的燃速,可能造成膛压的骤然升高,改变火药的弹道性能,因此应尽力避免渗油现象。

产生汗析的原因主要有两个:一是在长期保管中,硝化甘油和硝化棉之间的结合越来越松弛,使硝化甘油由药粒内部逐渐渗到表面(也就是由于火药老化所造成);二是保管过程中部分挥发的硝化甘油逐渐凝结成很小的油珠附着在药的表面上。保管条件对汗析也有很大影响,当温度变化剧烈时,会加速火药的老化,使渗油较容易。

一般硝化甘油含量较大的火药,汗析比较明显,而硝化棉黏度越大,汗析现象越小。在火药中加入二硝基甲基苯等成分,能够增加硝化甘油和硝化棉的结合量。与汗析现象相类似,一些加入火药中的固体成分在长期保管过程中,逐渐在火药表面呈结晶状态析出,这种现象称为晶析,也叫结霜。例如,含有硝基衍生物(如三硝基甲苯、二硝基甲苯)的硝化甘油火药,在渗油过程中,火药表面含有这些硝基衍生物的硝化甘油溶液,硝化甘油逐渐挥发后,硝基衍生物就结晶在火药表面上,中定剂也会在这一过程中被带到表面析出。晶析也会使火药成分的均匀性受到破坏。

4) 火药的老化

火药老化会使它的能量降低和安定性变坏。火药老化的主要原因是火药中的高分子物质受到光、热、水气和氧的作用,发生氧化、热解和水解等作用,使大分子的聚合度降低,甚至局部变为低分子物质,因而降低了火药的强度。火药和其他高分子化合物一样,长期贮存时其性能会变坏,主要表现为火药产生裂缝,机械强度的显著降低,严重时火药发脆或发黏。由于火药的强度降低以及产生裂缝,就可能造成火药在药室内燃烧压力过高,造成爆炸事故。对于火箭火药来讲,比一般火炮用药更为重要。因为火箭火药的药型尺寸大,温度变化时,内外温差大,老化后特别容易产生裂缝。火药的物理安定性变差后,对火药的弹道性质会产生不良的影响,因此应该采取各种措施使火药具有良好的物理安定性。在保管方面的措施,就是严格控制保管的温度、湿度,避免光照以及保持火药的密封性等。

3. 胶体火药的化学安定性

胶质火药的化学安定性差,因为其主要成分硝化棉、硝化甘油属于硝酸酯类,在结构上的特点是硝基通过氧与碳结合($C-O-NO_2$),这种结合是不牢固的,较易分解变质。胶质火药分解的三种具体方式为热解、自动催化和水解。

1）热解

胶质火药受热作用后,成分中的硝化棉、硝化甘油等,就会因热的作用,而使少数分子中的不稳定基($O-NO_2$)发生分解。常温下,受热较少,分解的分子很少,因此,分解缓慢。温度越高,受热越多,分解速度就越快。经实验,温度每升高10℃,硝化棉及硝化甘油的热解速度平均会增加3倍。但由于火药在热解的同时,还存在着水解和自动催化作用,而且三者都是放热反应,因此在实际保管过程中,温度升高10℃时,发射药实际分解速度的增加,要超过3倍还多。

2）氧化氮的自动催化作用

胶质火药在热解时,其分解生成的二氧化氮和一氧化氮,一部分扩散到周围介质中去,一部分则存在于火药之中。二氧化氮具有较强的氧化能力,因此存在于火药中的二氧化氮就与火药(主要是硝酸酯)起氧化作用,较迅速的氧化火药而使火药进一步分解。二氧化氮起氧化作用后,本身还原成一氧化氮。一氧化氮的氧化能力较弱,对火药的氧化作用很小。但一氧化氮能与进入火药中的空气发生作用,生成二氧化氮。这样一氧化氮不但本身能直接与火药作用,而且还能结合空气中的氧去氧化火药,本身再还原为一氧化氮。由于这种作用的循环进行,因此对火药分解的影响极大。而且它的危险也较大,发射药的自燃,主要是由于这种作用引起的。氧化氮对火药分解的加速作用,是由于火药分解时,本身所产生的生成物而形成的,因而称为氧化氮的自动催化作用。

火药实际分解速度远大于热解速度,就是由于自动催化作用的缘故。例如,压实的硝化棉,其安定性比松散的硝化棉的安定性更差一些,就是因为压实的硝化棉分解生成的氧化氮不易扩散逸出,而加剧了自动催化作用。

3）水解

硝化棉、硝化甘油和硝化二乙二醇都是硝酸酯类,因此能水解。硝酸酯的水解又称脱硝。实际上,纯水对硝化棉、硝化甘油等的水解作用是很小的,但在水中有酸存在时,水解作用可以大大加快。胶质火药中并没有酸,只含有少量水分。但由于胶质火药在热分解时能生成二氧化氮,二氧化氮能与水作用生成硝酸与亚硝酸。另外,胶质火药在水解时也能生成各种酸,所以发射药在保管过程中,就存在了产生酸的条件和可能,也就有可能促进发射药的水解。由于发射药在保管过程中,热解、氧化氮自动催化、水解这三种方式是同时进行的,而且互相影响着。安定剂只能在一个时期内大大减缓发射药的自动催化和水解作用,但不能制止发射药的热解。目前所制造的发射药,虽然加入了安定剂,一般也只能存放 25~35 年。发射药保管在潮湿空气里的寿命比保管在干燥空气中要短得多。

总之,发射药中虽有安定剂,但仍有一定保管期限。要延长发射药的保管期限,严格控制保管的温度和湿度,保持弹药有良好的密封性十分重要。对保管时间较长的发射药,应按规定时间,取样品进行化验,以确定其是否能继续保管和使用,以免发生自燃事故。

(三) 火药变质特征和危害

1. 火药严重变质后的外部特征

(1) 打开药箱或从药筒中取出装药时,能嗅到二氧化氮的臭味,甚至可看到红棕色的二氧化氮气体。

(2) 二氧化氮及其所形成的酸,能使药袋变黄、褐色,并使药袋变脆,使铜质药筒的内壁产生铜绿、能使浸湿的蓝色石蕊试纸变红。

(3) 由于安定剂不断和火药的分解产物作用(主要是和氧化氮作用),生成稳定的化合物,所以安定剂含量不断减少,火药的颜色也随之发生改变,一般来说火药的颜色变化愈深,则说明安定剂消耗得愈多,火药分解就愈严重,甚至变为废品。如含有二苯胺的硝化棉火药颜色变化的特点,开始是褐色,以后逐渐变为浅绿色,最后几乎变为黑色,有时还会出现黄色的斑点。硝化甘油火药的变化特点是透明性变差,机械强度下降而发脆。

根据以上特征,可以初步判别火药质量变化情况,但是,不能以此作为处理火药的根据,对有废坏特征的火药,必须进行化验,然后,根据化验结果和规定才能处理。根据外部特征差别认为分解严重有自燃危险的火药,应及时采取隔离措施,并及时上报有关部门。

2. 火药变质后的危害

火药变质后会使火药各种性能改变,如机械强度降低、点火困难、燃速改变、能量降低、弹道性能(如膛压、初速)变坏、使射击精度变差,同时使火药的保管期限缩短,分解严重时还会发生自燃。保管时温度高、湿度大、密封性不好等因素会加速火药的分解,火药的加速分解会带来许多不良后果。例如,使火药含氮量下降,即能量下降,这是导致射击时产生近弹的主要因素之一,由于分解反应是放热的,如果散热不良,则药温升高,药温升高又会加速分解,这样反复加剧,最后可能导致自燃。相反,如果使用时药温高,溶剂和水分减少,会使燃速增大,最大膛压和初速也随之增大,这是产生远弹的主要因素之一,严重时还会产生炸膛。经验证明,一般装药温度改变 1℃,最大膛压改变 0.36%,初速改变 0.11%,挥发成分含量改变 1%,燃速改变 12%,最大膛压改变 15%,初速改变 4%,硝化棉含氮量下降1%,燃速减少23.5%。

(四)炮用发射药牌号和双基固体推进剂的命名

1. 炮用发射药牌号

单孔或多孔粒状药,如10/1或4/7,分子表示燃烧层近似厚度(单位为mm),分母表示药粒孔数。七孔颗粒火药和管状火药结构,见图1-7。

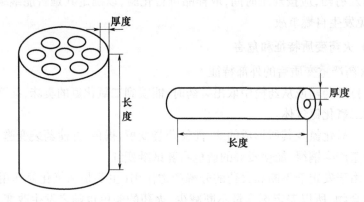

图1-7 七孔颗粒火药和管状火药

辅助标记主要有"高""低""樟""石""蜡石""花""松""钾"等,分别表示:

(1)"高""低"表示含氮量高低。

(2)"樟"表示樟脑钝化处理。

(3)"石"表示石墨光泽处理,"蜡石"表示除石墨光泽处理外,还包含降温剂地蜡成分。

(4)"花"表示花边形。

(5)"松"表示含有松香。

(6)"钾"表示含有硫酸钾。

制造批号、年号、工厂代号表示制造批号/制造年号-工厂代号。如3/72-35。

2. 双基固体推进剂的命名

如双铅-2,特征组分为铅化合物,定型序号为2的双基推进剂。

如双乙醛-1,特征组分为硝化二乙二醇、聚甲醛,定型序号为1的双基推进剂。

如改铵铅-1,特征组分为高氯酸铵、铅化合物,定型序号为1的改性双基推进剂。

如双石-2A,第一次改进,特征组分为石墨,定型序号为2的双基推进剂。

三、猛炸药

猛炸药是在一定的初始冲能作用下,能够发生猛烈的爆炸变化,放出大量的热和气体,具有很大的破坏作用,能够粉碎周围的各种障碍物的一类炸药。主要用以装填枪炮弹、航弹、鱼雷、火箭弹、导弹和其他弹药的战斗部,以及制造爆破器材。可分为单质猛炸药和混合炸药两大类。

(一)单质猛炸药

1. 梯恩梯(TNT)

梯恩梯属于芳香系炸药,化学名称为三硝基甲苯,化学名称为:2、4、6 - 三硝基甲苯,分子式为 $C_6H_2(NO_2)_3CH_3$,分子量227。

1)物理性能

黄色结晶,工厂生产为鳞片状或粉状,见图1-8。

图1-8 梯恩梯

纯梯恩梯的熔点为80.2℃,含量二硝基甲苯的梯恩梯熔点略低。梯恩梯含杂质越多,质量越差,所以生产时需要进行精制。军事上使用的梯恩梯要求熔点不低于80.2℃,战时熔点也不低于79℃。梯恩梯的熔点不高、熔化时不分解,所以可采用注装法装填弹体。先用热水或蒸汽加热梯恩梯使之熔化,然后注入弹体内,冷凝成药柱。注装梯恩梯的密度在 $1.54 \sim 1.57 g/cm^3$ 之间。同样,对于废旧的装梯恩梯的弹药,可采用熔化法进行倒空,以便利用炸药和弹壳。熔化倒空比采用挖出的办法效率高得多,而且比较安全。普通梯恩梯的密度1.663g/cm^3;装填密度随压药压力而变,压药压力为3000kg/cm^2时,装填密度可达 $1.58 \sim 1.6 g/cm^3$。

梯恩梯易溶于四氯化碳、酒精、乙醚,易溶于三氯甲烷、苯、甲苯、丙酮等有机溶剂中。梯恩梯能溶解在浓硫酸和浓硝酸中,温度升高溶解度也增大,梯恩梯在这些酸中的溶解在100℃以下是稳定的,冷却或稀释就可以析出梯恩梯。梯恩梯难溶于水,吸湿性也很小,在正常条件下含水量仅仅是0.03%。因此,梯恩梯可用于水下爆破。由于梯恩梯能溶于有机溶剂,所以在弹药修理时,若需清除炸药面上或弹口螺纹处的梯恩梯药粉,可用有机溶剂进行擦拭。

梯恩梯炸药或者含有梯恩梯成分的混合炸药的装药,在保管中会产生一种黏稠的油状物,这种油状物称为梯恩梯油。产生流油后,会使炸药的物理状态改变,故物理安定性较差。梯恩梯油颜色为黑色或褐色,手捻时能染黄,舌尝时先甜后苦再辣。熔点较低(30~35℃),易挥发,微溶于水,能溶于酒精。向梯恩梯油的酒精溶液中加入氢氧化钠溶液,会生成血红色沉淀,可以用此法区别梯恩梯油和炮弹油,因为炮弹油难溶于酒精,加入氢氧化钠溶液后呈紫色。

梯恩梯虽经精制,但仍会有少量的二硝基甲苯等杂质,这些杂质与梯恩梯以及杂质与杂质之间会形成低熔点的共同结晶物。在保管温度较高时,共同结晶物就熔化成油状物,逐渐向装药表面渗出,严重时会从弹口处流出。梯恩梯含杂质越多,形成的低熔点共同结晶物就多,产生流油的可能性越大。梯恩梯虽有流油性,但能否流油及流油程度,还取决于保管条件。保管温度高,通风不好,保管时间长均会使流油严重。试验证明,流油弹药一般不影响使用,但仍是弊病之一,长期保管也可能发生变化,故应根据"用旧存新、用零存整"的原则,尽量提前使用,同时在保管中就将库房温度控制在要求的范围内,对露天存放的弹药,要防止曝晒,注意散热。

2)化学性能

与重金属及其氧化物不起作用,因此可以直接装入弹体使用。

常温和稍高温度下,不与水及强酸作用。

梯恩梯与氢氧化钠、氢氧化钾、氢氧化铵、碳酸钠等碱性物质及其水溶液或酒精溶液发生激烈作用,生成相应的碱金属盐。这种盐极为敏感,其冲击感度几乎与雷汞和氮化铅类似,受冲击作用极易爆炸。热安定度也极小,如熔化的梯恩梯与氢氧化钾混合在160℃时,立即发生爆炸。梯恩梯与氢氧化钠的混合物,加热至80℃就发火。因此,严禁梯恩梯与碱性物质接触。

梯恩梯在阳光照射下,会逐渐变为棕褐色,这是由于紫外线的作用生成了敏感的化合物,虽然该化合物像保护层一样,可保护不再向内部蔓延,但仍影响梯恩梯的质量,使梯恩梯凝固点下降,冲击敏感度升高。例如,日光照射450h,凝固点下降为76.7℃,冲击感度增至32%。因此在运输、贮存、使用过程中,要避免阳光直射。

热安定性很好。100℃以下,保持熔融态不发生变化,130℃加热100h不发生分解。高于150℃才开始分解,在200℃分解0.8%需加热385min。

3) 梯爆炸性能

(1) 爆炸变化。梯恩梯在空气中点燃只能缓慢燃烧而不爆炸,在密封器内或数量特别多(超过一吨)并且堆在一起时,则燃烧可能转为爆轰。由于梯恩梯是负氧平衡,含氧不足,不论在燃烧或爆炸时,均产生大量黑烟(碳)。梯恩梯突然加热到240℃时也可能发生爆炸,所以熔化、倒空梯恩梯时,均采用间接加热法,严禁用火直接加热。装药密度为 $1.53g/cm^3$ 时,爆热4563kJ/kg,爆温为3350K,当装药密度为 $1.5995g/cm^3$ 时,爆速6856m/s,爆容为700L/kg。

(2) 感度。梯恩梯的机械感度比较钝感,标准落锤试验的爆炸百分数为4%~8%。梯恩梯即使用枪弹贯穿也不会燃烧或爆炸,摩擦感度为4%~6%,因而运输使用较为安全。有适宜的起爆感度,压装的梯恩梯用八号雷管即可顺利起爆。注装药具有较大的硬度和弹性,起爆能作用时,能量容易沿药体传播而不易集中。注装的梯恩梯较钝感,单用八号雷管有的也不能完全起爆。

4) 使用和销毁

梯恩梯制造较容易,原料充足,价格较便宜,所以是目前最主要的弹体装药。梯恩梯还可以和很多炸药及可燃物组成混合炸药,如梯萘炸药、硝铵炸药、梯黑铝炸药等。梯恩梯可采用缓慢燃烧进行销毁,也可用 Na_2SO_3 或 Na_2SO_4 处理。

2. 特屈儿

特屈儿属于氮硝基系炸药,它的化学名称为2、4、6-三硝基苯甲基-N-硝胺,分子式为 $C_6H_2(NO_2)_3NNO_2CH_3$,分子量287。

1) 物理性能

纯品特屈儿为白色结晶,一般产品为浅黄色结晶,较梯恩梯鲜艳。熔点为127.9℃以上,在熔化时发生分解,不能注装,室温下不挥发。密度为 $1.73g/cm^3$,装药密度为 $1.6g/cm^3$。易溶于丙酮、醋酸乙酯、溶于苯、二氯乙烷,微溶于四氯化碳、乙醚、乙醇、三氯甲烷、二硫化碳,几乎不溶于水,吸湿性极小,仅为0.015%。

2) 化学性能

特屈儿不与金属发生作用,在硝酸中是不发生变化的,在稀硫酸中也无作用,但在浓硫酸中则被分解成为氧化氮,且特屈儿在苯胺的苯溶液中,常温下即可生成2、4、6-三硝基二苯胺和甲基硝胺,长期与水共同煮沸少量分解。与碱性溶液(如碳酸钠溶液)一起加热也有少量分解,生成苦味酸钠。

特屈儿在常温下是安定的,在100℃以上时才有明显分解,150℃半分解期为211min,可见热安定性比梯恩梯稍差。

3) 爆炸性能

(1) 爆炸变化。燃烧时冒少量黑烟。装药密度为 $1.68g/cm^3$ 时,爆热为

5065kJ/kg,爆温为3950K,爆速随装药密度而变：装药密度为1.692g/cm^{3}时,爆速为7502m/s；装药密度为1.70g/cm^{3}时,爆速为7860m/s,爆容为748L/kg。特屈儿的威力和猛度都比梯恩梯大。

（2）感度。特屈儿的感度比梯恩梯高。热感度爆发点为257℃/5s(燃烧),冲击感度为48%,摩擦感度为16%。特屈儿被枪弹射击时能发生爆炸。

4）使用和销毁

特屈儿的价格昂贵,为梯恩梯的四倍,机械感度又大,所以一般不用作弹药的爆炸装药。特屈儿的感度高、威力较大,利用它的这个特点主要用于航弹、炮弹、火箭弹、导弹及其他弹药的传爆药,并用于导爆索及复式雷管的次发药。将特屈儿慢慢加入13%硫化钠溶液中,进行搅拌即可使之慢慢分解。

3. 黑索金(RDX)

黑索金属于氮硝基系炸药,它的化学名称为环三次甲基三硝胺,分子式为(CH_2NNO_2)3,分子量222。

1）物理性能

黑索金为白色结晶的粉状物质。工业品熔点为201℃,纯品为203℃,室温下不挥发,由于其熔点高,并且熔化时感度增大,还出现分解现象,所以不适于熔化注装。密度1.816g/cm^3,装药密度1.63~1.7g/cm^3。易溶于丙酮、浓硝酸、热苯胺、酚中,微溶于醇、苯、氯仿、二硫化碳中,难溶于水、醋酸乙酯、四氯化碳中。由于黑索金易溶于丙酮、浓硫酸,因此可用丙酮、浓硝酸作为重结晶的溶剂。黑索金不吸湿,它在水中极钝感,所以可在水中贮存。

2）化学性能

不与金属作用,在日光照射下也不分解。

在低温下溶于浓硝酸时不分解,用水稀释即能从硝酸中析出,与浓硫酸相遇,可使其溶解并发生分解,稀硫酸或稀苛性碱与粉状黑索金共同煮沸较长时间,可使黑索金发生水解作用,一个当量的苛性碱在60℃与黑索金共同加热5h,可使黑索金全部分解。在常压下用水煮洗不发生水解作用,只有在高压釜中,煮洗温度高于150℃时才发生水解。

热安定性和贮存安定性稍次于梯恩梯,但比特屈儿还好,在50℃下长期贮存不分解,190℃下半解期为270min。

3）爆炸性能

（1）爆炸变化。少量黑索金在空气中能完全燃烧,大量黑索金在急速加热情况下分解并可能导致爆炸。装药密度为1.796g/cm^{3}时,爆速为8741m/s；装药密度为1.755g/cm^{3}时,爆速为8660m/s；装药密度为1.0g/cm^{3}时,爆速为6080m/s。爆热为5442kJ/kg,爆温为4150K,爆容为907L/kg,黑索金的威力比梯恩梯大约大50%以上,是目前最常用的威力最大的猛炸药之一。

(2) 感度。热感度爆发点为230℃/5min,260℃/5s,冲击感度为80±8%,摩擦感度为76±8%。被枪弹射击时发火而燃烧,在连续射击时能爆炸。黑索金的感度比梯恩梯大得多,特别是机械感度大。

4) 使用和销毁

黑索金具有感度大、猛度高、安全性好、制造方法简单等优点,但也存在机械感度高、熔点高的缺点,所以黑索金不适于单独直接装药。经过钝化或与其他炸药、高能添加剂混合后的黑索金应用非常广泛,如钝化黑索金、钝铝黑、梯黑、梯黑铝等混合炸药,广泛装填航弹、炮弹、火箭、导弹战斗部、鱼雷、地雷等中。总之,黑索金混合炸药是目前直升机机载弹药中使用最广泛的混合炸药。黑索金的销毁方法:可用20份5%的氢氧化钠溶液使之分解。

4. 太安(PETN)

太安属于硝酸酯系炸药,化学名称为四硝酸季戊四醇,分子式$C(CH_2ONO_2)_4$,分子量316。

1) 物理性能

太安为白色结晶物质,和黑索金比较,晶粒大而发亮。熔点为141~142℃,熔化时分解,所以不能用于熔化注装,室温下不挥发。密度是$1.77g/cm^3$,装药密度当压药压力为$400 \sim 500 kg/cm^2$时,为$1.6g/cm^3$。溶于丙酮、乙酸乙酯,微溶于苯、甲苯、甲醇、乙醇、乙醚、二氯乙烯、环乙烷、汽油。不溶于水,不吸湿,在水中钝感,可放在水中贮存。

2) 化学性能

太安是中性物质,不与金属起作用。

酸可以使太安分解,所以含酸的太安很不安定,在干燥或长期贮存时可能自燃。因此太安中不能含酸。

与碱长期作用时,会起皂化反应,与苛性碱或氯化亚铁共煮,太安可迅速分解。太安还可以被Na_2S溶液所分解,将太安溶于丙酮中,然后以Na_2S分解,实验室销毁太安常用此法。

太安的安定性不如梯恩梯好,但比特屈儿还好,在常温下是安定的,放置12年无显著变化,当加热到熔点以上时会分解,在长期加热到175℃以上时,会冒黄烟而分解,温度达190~200℃以上时,能引起自行分解而发火。

3) 爆炸性能

(1) 爆炸变化。易点燃,少量点燃后能平静燃烧,但重量超过1kg时,点燃后可能转变为爆轰。在密闭器中点燃,即使量少也会发生爆炸。装药密度为$1.6g/cm^3$时,爆速为7920m/s;$1.723g/cm^3$时,爆速为8083m/s;$1.77g/cm^3$时,爆速为8600m/s。爆热为5986kJ/kg,爆温为4330K,爆容为780L/kg。

(2)感度。热感度爆发点为225℃/5s,冲击感度爆炸百分数为100%,摩擦感度为92%,枪弹射击试验也是100%爆炸,在粗乳钵中研磨也可发生爆炸。它的机械感度是四种常用猛炸药中最敏感的。爆轰感度比特屈儿敏感得多,压装的特屈儿要0.02~0.025g的氮化铅才能起爆,而压装的太安只需0.01g氮化铅就能起爆,由于太安感度高,所以一般使用的太安都是经过钝化的。

4)使用和销毁

由于机械感度大,成本高,使用范围受到限制。目前主要作导爆药芯、传爆药柱、雷管的副药及旋翼控制器的抛射药,钝化后的太安也用于小口径炮弹。销毁方法:将太安溶于丙酮中,燃烧销毁。

(二)常用的混合炸药

1. 普通混合炸药

1)钝化黑索金

钝化黑索金是由95%黑索金和5%的钝化剂混合组成,见图1-9。钝化剂成分为精制地蜡60%、硬脂酸38.8%、苏丹红(或油溶黄)1.2%。钝化剂的作用:地蜡起钝化、增塑和黏结作用,硬脂酸起钝化和使地蜡易于包覆黑索金的作用,苏丹红是着色剂,起区别外观及鉴别钝塑均匀程度的作用。

图1-9 钝化黑索金

钝化黑索金已大量用作传爆药柱,部分用于破甲弹,橙红色,熔点为201.9℃;热安定性好,70℃加热3000min,分解标准状态气体体积为0.49mL/g。装药密度为1.64g/cm³时,爆速为8271m/s;装药密度为1.67g/cm³时,爆速为8498m/s。爆热4810kJ/kg,威力127%梯恩梯当量;装药密度为1.65g/cm³时,猛度为143%梯恩梯当量,冲击感度为32%(也有测得为10%~20%),摩擦感度28%。威力、猛度比黑索金稍低,但仍比梯恩梯高得多,而机械感度则比黑索金降低很多。

2)梯黑炸药

梯黑炸药由梯恩梯和黑索金混合组成,比例有(梯/黑)40/60、50/50,(钝梯/黑)50/50。梯黑炸药的威力和猛度比梯恩梯大,比黑索金小,机械感度也介于梯恩梯和黑索金之间,而且便于注装。

梯黑 40/60:由 40%的梯恩梯和 60%的黑索金组成,为淡黄色。装药密度为 1.726g/cm³ 时,爆速为 7888m/s;装药密度为 1.69g/cm³ 时,威力为 112.2 梯恩梯当量;装药密度为 1.69g/cm³ 时,猛度为 115% 梯恩梯当量。热感度爆发点为 280℃/5s,冲击感度爆炸,当药为粉状时是 40%,药为片状时是 0,摩擦感度为 3%。梯黑 40/60 主要用于火箭弹战斗部和破甲弹装药。

梯黑 50/50:由 50%的梯恩梯和 50%的黑索金混合组成,为黄色。装药密度为 1.69g/cm³ 时,爆速为 7636m/s;装药密度为 1.695g/cm³ 时,爆速为 7752m/s,威力为 130% 梯恩梯当量,猛度为 115% 梯恩梯当量。热感度爆发点为 220℃/5s,冲击感度为 50%,摩擦感度为 36%。

3) 梯胍 60/40

由 60% 梯恩梯和 40% 硝基胍组成,为淡黄色。装药密度为 1.576g/cm³ 时,爆速为 6820m/s,冲击感度为 32%~44%,摩擦感度为 0。梯胍 60/40 主要用于装填炮弹和航弹。

4) 梯萘炸药

梯恩梯和二硝基萘比例(梯/萘)有 10/90、30/70、50/50、70/30、80/20、90/10,代号分别为梯萘 90、梯萘 70、梯萘 50、梯萘 30、梯萘 20、梯萘 10。

梯萘炸药的性质,取决于梯恩梯与二硝基萘的性质及含量。为黄色,不吸湿,不与金属作用,热安定性好,爆炸性质因比例不同而不同。梯萘 -50 与梯萘 -20 的性能比较见表 1-4。

表 1-4 梯萘 -50 与梯萘 -20 的性能比较

名称	爆炸百分数	爆速/(m/s)	威力
梯萘 -50	24	5919(密度 1.45g/cm³)	相当于梯恩梯的 75.3%
梯萘 -20	6	6600(密度 1.40g/cm³)	相当于梯恩梯的 76.8%

梯萘炸药爆速和威力随二硝基萘的含量增高而下降,冲击感度随二硝基萘的含量增大而增大,主要用于迫击炮弹弹体装药和航杀弹弹体装药。

2. 含铝混合炸药

含铝混合炸药属于一种高威力混合炸药,即是一种高爆热、高比容、作功能力大,爆速并不太高的炸药。以爆破作用为主的弹种,装填这种炸药能提高爆破效果。因为爆破作用与炸药的爆热、比容和容量有关。装填高爆热炸药的杀伤弹,破片温度高,用以对付飞机、轻型装甲车辆等目标时,能引燃内部的油箱,水下武器弹药装填高威力炸药时,由于爆炸产物中留存有更多的能量,有利于气泡扩张,因而更有效地摧毁舰艇的装甲。

1) 钝铝黑炸药

钝铝黑炸药由80%钝化黑索金和20%的铝粉混合制成。我国代号为"黑铝",苏联为"A-IX-2",外观为灰色。主要成分是经过石蜡(5%)钝化的黑索金,所以机械感度要比纯黑索金小得多,其冲击感度爆炸百分数为40%,摩擦感度为16%,热感度爆发点为314℃/5s。

钝黑铝炸药是由威力较大的黑索金和高热效的铝粉组成。铝粉在黑索金爆炸时与爆炸生成物进行燃烧反应,放出大量的热,并产生固态物氧化铝。因此不但威力大,而且还能产生强烈的燃烧作用。

钝黑铝装药密度为 1.70g/cm³ 时,爆速为7300m/s;装药密度为 1.77g/cm³ 时,爆速为8089m/s,威力为150%~155%梯恩梯当量,猛度为116.2%梯恩梯当量。钝铝黑炸药威力和猛度较大,燃烧能力强,机械感度较黑索金低,目前主要用于小口径对空杀伤爆破弹,如航空炮弹的弹头装药和部分航空火箭弹战斗部的装药均采用钝铝黑炸药。

2) 梯黑铝炸药

梯黑铝炸药由(60±5)%的梯恩梯、(24±3)%的黑索金、13%的粗铝粉、3%细铝粉混合组成,为灰色。装药密度为1.752g/cm³时,爆速为7054m/s;装药密度为1.77g/cm³时,爆速为7119m/s。热感度爆发点为270℃/5s,冲击感度为26%,摩擦感度为22%,威力为147%梯恩梯当量,热安定性较好。

3) THLD-5炸药

苏联代号为TTΦ-5,由37.5(±5)%的梯恩梯、40.5(±3)%的黑索金、18(±3)%的粒状细铝粉、4.0(+0.5~-0.1)%的精制地蜡、0.1%的尿素组成,外观为灰色。装药密度为1.74g/cm³时,爆速为7399m/s,机械感度较低,冲击感度为4%,摩擦感度为12%,威力为132.5%梯恩梯当量,猛度为107.2%梯恩梯当量。

3. 铵梯炸药

铵梯炸药指硝酸铵和梯恩梯组成的混合炸药,它是重要的战时代用炸药。其性质主要取决于硝酸铵以及梯恩梯的性质,为浅黄色粉状或细粒状物质,装入弹体经长期贮存后有时会变成黄棕色。

铵梯炸药(如铵80)的冲击感度比梯恩梯高,原因是成分中的硝酸铵颗粒比较坚硬,在炸药中起敏感作用。起爆感度比梯恩梯低,主要是硝酸铵难于起爆,需要使用较多的传爆药。其威力大于梯恩梯,而猛度小于梯恩梯,梯恩梯与铵梯炸药的主要性能比较如表1-5所列。

表 1–5　梯恩梯与铵梯炸药的主要性能比较

炸药	爆热/(kJ/kg)	爆温/K	爆速/(m/s)	冲击感度(爆炸百分数)
梯恩梯	4563	3350	6800	4%~8%
铵80	4353	3280	5300	20%~30%

铵梯炸药的主要问题是吸湿和结块。硝酸铵吸收 0.1%~0.5% 的水分后，其表面形成硝酸铵的饱和溶液，当外界水蒸汽压力大于其结晶表面溶液的饱和蒸汽压力时，就从外部将水分通过表面吸入，反之则放出。结块是当硝酸铵吸湿后，在其表面形成一层饱和溶液膜，使各晶体间互相联结起来，当温度下降或水分蒸发时，即形成坚硬密实硝酸铵细小结晶，将颗粒间牢固地结合在一起，出现结块现象。

吸湿后的装药，由于水分增多，成分不均匀，或装药变得坚硬，会使装药难以起爆，在使用中可能产生半爆或不爆现象。为了减少铵梯炸药的吸湿和结块，在制造上曾采用以下措施：采用熔合制造法，即将梯恩梯熔化后，再与硝酸铵混合，使硝酸铵表面包覆一层不吸湿的梯恩梯，在铵梯炸药中，混入适当的石蜡、油脂等抗水物质，在弹口装上一层梯恩梯，即所谓梯恩梯塞。这样不仅可以起到密封防潮作用，而且使装药较易起爆。上述措施，只能减少而不能阻止铵梯炸药的吸湿和结块，因此在保管中应注意控制库房的温度和湿度，保持良好的密封性。

此外，硝酸铵分解或与金属作用而生成氨气，遇到水会变成氢氧化铵。氨气和氢氧化铵若长期与梯恩梯接触，便会与梯恩梯作用，生成一种对热和机械作用比较敏感的爆炸物。因此在处理长期贮存的装有铵梯炸药的弹药时，应特别注意防止撞击。

四、起爆药

起爆药是一类较敏感的炸药，在简单的起爆冲能作用下能迅速燃烧和爆炸。主要用于火帽、雷管等火工品中，作用是使弹药中的火药燃烧、猛炸药起爆或与其他结构互相配合完成某种协作。

起爆药与猛炸药相比，具有很多特点：一是感度高，即起爆药可以用较小的、简单的起爆冲能引起爆轰，这是区别起爆药和猛炸药的重要标志。各种起爆药对不同形式的初始冲能具有一定的选择性。例如，氮化铅机械感度比史蒂酚酸铅大，而热感度比史蒂酚酸铅小。起爆药选择主要依据不同火工品的战术技术要求。二是爆轰成长期短。爆轰成长期（又称诱发期）是指炸药受起爆冲能引燃后达到爆轰所需要的时间。起爆药之所以能被较小的冲能引起爆轰，其主要原因是这类炸药爆炸变化加速度大,也就是起爆药由开始燃烧转变为稳定爆轰所需要的时间(或所需要的药柱长度)较猛炸药由开始燃烧转变为爆轰所需的时间(或所需要的药柱长度)要短得多。所以起爆药的诱发期比猛炸药要短,诱发期是起爆药非常可贵的特性,是起爆药的必要条件之一。三是生成热小。猛炸药的生成热大多数为正值,即生成时有热量放出,而起爆药的生成热则大多数是负值,即生成时要吸收热量,为吸热化合物。负的生成热是造成感度大、爆轰成长期短的有利条件之一,因为在形成该物质时吸收能量愈大,内能就愈高,也就愈不稳定,所以感度大。在激发后放出的能量也愈大,导致燃速增长率必然较大,即爆轰成长期短。四是爆速低、爆热小。起爆药与猛炸药相比,一般来讲,起爆药的爆速低、爆热小、比容小,因此起爆药的威力、猛度也小。加之起爆药的感度大,所以起爆药不适宜用作弹药的爆炸装药和爆破药柱。在选用起爆药时,要求它具有较大的起爆能力,足够的安定性和合适的感度。

(一)单质起爆药

主要有雷汞、氮化铅、史蒂酚酸铅、特屈拉辛等。

1. 雷汞

雷汞,又名雷酸汞,1999年E. C.霍华德制造出来后,1814年开始被用于制造火帽,成为最早被人们发明的起爆药。由于雷汞的机械感度大而起爆力仅为中等,因此炮弹、火箭弹等用雷管中均已被氮化铅所取代。目前主要是与氯酸钾($KClO_3$)和三硫化二锑(Sb_2S_3)组成击发药,用于枪弹底火的火帽中;与特屈儿或黑索金装成8号雷管,供军事工程或民用矿山爆破;与特屈儿和石蜡混合,作为导爆索的药芯。

销毁时需用硫代硫酸钠溶液处理。雷汞将逐渐被淘汰,这是因为汞为稀贵金属,另外生产1kg雷汞需要近25kg粮食。在产品性能上,压药性不好,压力过大会出现瞎火。在适当的温、湿度下会转化为雷酸亚汞,造成火工产品大量瞎火。雷汞型击发药爆炸后对枪膛有腐蚀性,汞对人有毒性。

2. 氮化铅

氮化铅是氮氢酸的铅盐,化学名称为迭氮化铅。氮化铅的起爆力较雷汞大很多,可以适应新式武器的缩小雷管尺寸的要求并可用来起爆较钝感的炸药,因此军事应用广泛,如装制电雷管;与针刺药和猛炸药装制针刺雷管,与针刺药、延期药和猛炸药装制延期雷管;与史蒂酚酸铅和猛炸药制火焰雷管。

销毁时用5倍量10%的氢氧化钠溶液混合,放置16h,将浮在上层的迭氮化钠溶液倾出,并排至土壤中;溶解在10%的醋酸铵溶液中,并加注10%的重铬酸钠或重铬酸钾溶液,直至铬酸铅沉淀为止;用500倍量的水浸湿,慢慢加入12倍量的25%的亚硝酸钠,搅拌后再加入14倍量的36%的硝酸或冰醋酸,加氯化铁溶液产生红色时,说明迭氮化铅还存在。

3. 史蒂酚酸铅

三硝基间苯二酚铅是三硝基间苯二酚的铅盐,通常称为史蒂酚酸铅。主要用作火焰雷管第一层炸药,制造点火药,制造无腐蚀性击发药。

销毁。溶解于 40 倍量的 20% 氢氧化钠或 100 倍量的 20% 醋酸铵中,并加入半倍量的重铬酸钠和 10 倍量的水所组成的溶液;用浓硝酸处理。

4. 特屈拉辛

特屈拉辛化学名称脒基亚硝胺脒基四氮烯,简称四氮烯。主要用作击发剂及针刺剂中的一个成分,与其他药剂相互取长补短,如用作针刺雷管的刺发剂和弹壳火帽的无腐蚀击发药中的敏感剂。由于猛度低,适用于延期引信的击发火帽中。

5. 四种常用起爆药的主要特性和用途比较

(1) 冲击感度和针刺感度:特屈拉辛>雷汞>氮化铅>史蒂酚酸铅,火焰感度:史蒂酚酸铅>雷汞>特屈拉辛>氮化铅。

(2) 起爆力:氮化铅>雷汞>史蒂酚酸铅>特屈拉辛。

(3) 安定性:吸湿性均很小,在常温下都很安定,氮化铅不溶于水,特屈拉辛难溶于水,雷汞、史蒂酚酸铅均稍溶于水,史蒂酚酸铅与任何金属都不起作用,氮化铅除镍、铝、铅外均起作用,雷汞除镍外均起作用。雷汞与浓硫酸接触会立即爆炸。

(4) 压药压力:氮化铅不受压力影响,其他均能被"压死"。

(5) 用途:由于起爆力和感度不同,四种起爆药的用途各有差异。如氮化铅的感度低,起爆力大,广泛用于针刺雷管、火焰雷管。史蒂酚酸铅对火焰、电热非常敏感常用作装有氮化铅的火焰雷管的上层用药,特屈拉辛对冲击、针刺最敏感,常用作装有氮化铅的针刺雷管的上层用药,以弥补氮化铅针刺和火焰感度低的缺陷。

(6) 注意事项:起爆药是最敏感的一类炸药,很容易受冲击、摩擦及热的作用而引起爆炸,有的与强酸强碱相遇时,容易引起分解,甚至发生爆炸事故。因此,在维护使用时,特别要注意防火、防撞、防震,切忌将装有起爆药的弹药与酸、碱及其他化学药品混放在一起。

(二) 混合起爆药

通过将单质起爆药混合起来应用,取长补短,更有利于胜任多种多样的任务要求,而且还可简化装药步骤、节省贵重原材料等。混合起爆药按制作方法不同,可分为机械混合起爆药和共同结晶起爆药。

1. 机械混合起爆药

1)雷汞击发剂

常用雷汞击发剂的成分和比例如表1-6所列。

表1-6 雷汞击发剂的成分和比例

成分	底火帽击发药	引信火帽击发药
雷汞($Hg(ONC)_2$)	16%~35%	25%~50%
氯酸钾($KClO_3$)	37.5%~55.5%	25%~27.5%
三硫化二锑(Sb_2S_3)	25%~37.5%	24%~45%

击发药中各成分的作用如下：

雷汞为敏感剂，它使击发药具有较强的感度，保证确实发火。同时雷汞易分解且分解时放热，这样容易使其他成分分解和互相作用，从而产生强烈的火焰。

氯酸钾为氧化剂，分解时放出氧，供三硫化二锑及雷汞分解时产生的一氧化碳燃烧。有些引信用火帽，除氯酸钾外，还加部分硝酸钡作氧化剂。

三硫化二锑为可燃物，燃烧时能生成高温气体及融熔固体(Sb_2O_3)并放出热量。这样会使火焰温度高，持续时间长，从而增强火焰的点火能力。同时三硫化二锑为坚硬的固体，还能使击发药机械感度适当增大。

该击发药具有足够大的感度和较强的点火能力，同时制造简单，使用安全，安定性好。但缺点是具有一定的吸湿性，击发药受潮后，火帽就会产生"迟发"或"瞎火"现象。因此，保管时要防止火帽受潮。

击发药的燃烧反分解产物中的CO_2、SO_2、N_2等因比重小，容易被发射药带出。而汞在高温下呈蒸气状态，比重较大不易带出，冷凝后附在膛壁上与金属生成汞齐。由于汞齐极易脱落，从而腐蚀了膛壁。另外氯化钾在高温下也易附在膛壁上，当其冷却后吸收空气中的水分，成为电解质溶液，而对膛壁起电化学腐蚀作用。尤其是对膛壁面积小、射击次数多的各种枪支，这种作用就较火炮更大。因此，为避免上述腐蚀作用，可用无腐蚀性击发药，这样可提高武器的使用寿命和射击精度，并使弹壳可重复使用。

2)无腐蚀性击发剂

无腐蚀性击发剂即无雷汞击发剂。一般以史蒂酚酸铅与特屈拉辛混合代替雷汞。史蒂酚酸铅的机械感度低，但能量大，点火能力也强。特屈拉辛能量虽小，机械感度却高，两者配合有良好的感度和点火能力。此外，也有用氮化铅和特屈拉辛或者用史蒂酚酸铅、二硝基重氮酚和特屈拉辛配合代替雷汞的。无腐蚀性击发剂成分、比例如表1-7所列。

表1-7 无腐蚀性击发剂成分和比例

成分名称	1#	2#	3#	4#	5#	6#	7#	8#
史蒂酚酸铅	27%	15%		22%±1.5%	余量	50%	38%	30%
特屈拉辛	5%	5%	3%	4%±1.0%	4%~4.6%	3%	3%	1.5%
氮化铅	9%	8%	13%					
氯酸钾		35%	42%	34%±2%				
硝酸钡	18%				20%±1.5%	32%	40%	50%
硫化锑	41%	37%	42%	40%±1.5%	25%±1.5%		10%	
铝						15%		18.5%
硅化钙						9%		

2. 共同结晶起爆药

由于机械混合起爆药均匀性不好,各种成分之间的密接性也不理想,因此考虑采用化学的共同结晶法,以达到满足产品性能和质量的要求。

1) 混晶法

这种方法是由一种溶液中加入另一种成分作晶核,再加入另一溶液,使在原有的晶核上析出另一成分的结晶。

制造混晶药,如雷汞和史蒂酚酸铅的混合物,先在容器中加入硝酸铅溶液及晶核用的雷汞,搅拌使之保持呈悬浮状,在40~45℃下注入氮化钠及史蒂酚酸钠的溶液,保温一定时间,经过滤、洗涤后,予以烘干而得成品。

这种混晶药火焰感度、起爆能力均大,而冲击感度小于雷汞。由于要求不同,可调整各成分比例。当增加史蒂酚酸铅时,则火焰感度增加,但起爆能力下降,爆轰延滞期较长。若氮化铅较多时,则起爆能力增大,爆轰延滞期较短,但火焰感度低。

2)"共晶"法

为避免雷管装配上的工艺繁琐,生产效率低,劳动条件差,危险工序多等一系列问题,专门研制了一种"共同"结晶起爆药。这是在制药工艺上采取措施,使氮化铅和史蒂酚酸铅在化合时,按一定比例共同沉淀下来,所得产品保留了起爆能力大(氮化铅的优点)和火焰感度好(史蒂酚酸铅的优点)的特点,同时要求颗粒度、流散性、假密度等性能都能满足雷管装配和雷管性能上的要求。

由于起爆药对冲击、摩擦及热作用很敏感,因此广泛用来装填雷管和火帽,用以引燃或引爆其他炸药,是弹药中不可缺少的部分。

五、烟火剂

烟火剂是在燃烧时产生光、热、烟等特种效应的药剂。根据燃烧时所产生的特种效应和用途,烟火剂可分为燃烧剂、照明剂、信号剂、曳光剂、发烟剂等。一般情况下,烟火剂只燃烧不爆炸,燃烧时能产生特种效应,因此在军事上用作燃烧弹、照明弹、信号弹、烟幕弹的弹体装药以及曳光管装药和其他烟火器材的装药。有些烟火剂在一定的条件下反应很快,且在反应时生成大量的气体,放出大量的热,因而也能爆炸。

(一) 基本成分及作用

1. 烟火剂的一般成分

烟火剂一般由氧化剂、可燃物和黏合钝化剂组成。氧化剂与可燃物是最基本的成分,两者的混合物是组成烟火剂的基础。也有不含氧化剂的烟火剂,可燃物完全靠空气中的氧进行燃烧。

2. 各成分的作用

(1) 氧化剂,在一定的温度下分解放出氧,供可燃物燃烧。有些氧化剂还能使火焰产生一定的有色光,起到染色剂的作用。常用氧化剂如表1-8所列。

表1-8 常用氧化剂

氧化剂		应用范围
氯酸盐	$KClO_3$	发光信号剂、发烟剂
	$Ba(ClO_3)_2$	绿光信号剂
硝酸式盐	KNO_3	传火药、点火药剂
	$NaNO_3$	黄光信号剂、照相剂
	$Ba(NO_3)_2$	照相剂、曳光剂、燃烧剂、绿光信号剂
	$Sr(NO_3)_2$	曳光剂、红光信号剂
金属氧化物	Fe_3O_4	铝热剂
	Fe_2O_3	铝热剂
过氧化物	BaO_2	点火药剂

(2) 可燃物,燃烧时放出热,产生光、烟等特种效应。常用燃烧剂如表1-9所列。

表1-9 常用燃烧剂

类别		名称
无机物	金属	镁、铝、镁铝合金等
	非金属	磷、硫、木炭、石墨

续表

类别		名称
无机物	硫化物	P_3S_3、Sb_2S_3、FeS_2等
有机物	烃类	汽油、松节油、苯、煤油等
	碳水化合物	木屑、淀粉、糖等
	其他	树脂等

(3) 黏合钝化剂。

① 作可燃物,使烟火剂燃烧时生成的气体量增多。

② 作黏合剂,使烟火剂易压成一定形状,便于装填弹体。使药柱具有足够的机械强度,保证一定的燃速和良好的烟火效应。

③ 起钝化剂作用,减慢燃速。在药剂颗粒表面形成薄膜,改善烟火剂的理化性质,降低烟火剂的机械感度。

(二)燃烧剂

燃烧剂在燃烧时产生高温,借助这种高温的作用,烧毁敌人的工事设施、武器弹药等装备,杀伤敌人的有生力量,具有较大的燃烧能力(燃烧温度高、火焰大、赤热熔渣多),有一定的燃烧作用时间并且难以扑灭,常被用于航燃弹、各种燃烧炮弹、燃烧枪弹等装药,以及各种燃烧器材的装药。燃烧剂可分为含有氧化剂的燃烧剂和不含氧化剂的燃烧剂两种。

1. 含有氧化剂的燃烧剂

1) 以金属氧化物与金属可燃物为主要成分的燃烧剂

最常用铝热剂成分为氧化剂 Fe_3O_4 或 Fe_2O_3 76%,可燃物铝粉24%,黏合钝化剂树脂或松香外加适量。

铝热剂的优点是燃烧放热大,因此生成物温度高达2500~3000℃。高温能使产物变成灼热的熔渣,能使难燃的物质燃烧,也可使钢铁熔化。另外具有不易熄火,量大时可在水中燃烧等优点。

铝热剂的缺点是发火点高(1300℃),所以不易点燃。另外,燃烧时仅黏合钝化剂生成气体,所以火焰小,作用范围不大。为了使铝热剂易点燃并增大火焰,故常加入硝酸钡与金属可燃物(镁粉或铝粉)的混合物,其成分大致为铝热剂40%~80%,硝酸钡与金属可燃物的混合物20%~60%,黏合钝化剂5%以下。

2) 以金属可燃物与含氧盐为主要成分的燃烧剂

金属可燃物为镁、铝或镁铝合金,含氧盐为硝酸钾、过氯酸钾、硝酸钡等,这类燃烧剂多用于枪弹及小口径燃烧炮弹。如目前我国燃烧枪弹用7号燃烧剂成分为硝酸钡(占50%)、镁铝合金(占50%)。此类燃烧剂的优点是易点燃、火焰温度高(2500℃以上),能形成较大的火焰。

2. 不含氧化剂的燃烧剂

这种燃烧剂的主要成分是可燃物或者是可燃物和黏合钝化剂,成分中不含氧,依靠空气中的氧进行燃烧。

(1)黄磷。可单独使用或溶于二硫化碳、汽油等溶剂中使用。优点是有附着性,能产生大量白烟,对敌人可同时起精神威胁作用;缺点是燃烧温度不高(1000℃以下),火焰不大,装填弹体困难。

(2)凝固燃料。液体有机可燃物(如汽油、煤油)经过凝固(常用的凝固剂有脂肪酸钡、脂肪酸铝)处理,即可制成凝胶状的凝固燃料。优点是燃烧热值大(如1kg煤油燃烧时能放出1000kCal的热,而同重的铝热剂燃烧热为831kCal),容易点燃,火焰大,价廉,原料丰富。但与铝热剂相比缺点是燃烧生成物中无灼热熔渣,燃烧持续时间短,故燃烧能力比铝热剂小得多,通常用于燃烧易燃物质。为了增大凝固燃料的燃烧能力,可将凝固燃料与铝热剂混合使用。

(三)照明剂

照明剂主要用来装填航空照明弹、照相弹及各种照明枪炮弹,用于夜间作战。可空投照明弹预先照亮地面目标,便于轰炸以及配合炮兵射击。可空投航空照相弹在夜间进行空中摄影,用以检查轰炸效果或侦察。地面部队在夜间也广泛使用各种照明枪、炮弹。

照明剂燃烧时,能产生温度很高(2500~3000℃)的火焰,同时火焰中含有大量的固体、液体灼热的微粒(主要是氧化物颗粒),这些灼热的固体、液体微粒能够辐射出不同的波长的光,由于这些不同波长的光是混合在一起的复色光,所以眼睛看到的是白色光。照明剂一般由40%~60%的氧化剂,40%~60%的可燃物,5%左右的黏合钝化剂等组成。

(四)信号剂

信号剂用于装填信号弹。信号弹用于进行各兵种、各部队间的联系和指挥员在近距离发布信号、传达命令、指示目标,以及一些特殊情况下地面与地面、空中与地面的联系。目前使用的信号剂,有发光信号剂(多用于夜间)和发烟信号剂(多用于白天)两种。

发光信号剂的主要成分为氧化剂、可燃物、黏合钝化剂和染焰剂四种。一般以黏合钝化剂兼作可燃物,氧化剂兼作染焰剂。有的则加入钠盐、钡盐、锶盐等作染色剂。有些发光信号剂除以上成分之外,还加入提高颜色纯度、提高燃烧温度和色光亮度的其他物质。

几种常用发光信号剂的成分如表1-10所列。

表1-10 几种常用发光信号剂的成分

颜色	成分及含量
红色信号剂	$KClO_3$:56%;$SrCO_3$:44%;依其岛儿:14%
	$Sr(NO_3)_2$:57%;镁粉:23%;聚氯乙烯:20%
绿色信号剂	$Ba(NO_3)_2$:66%;镁粉:14%;依其岛儿:6%;六氯苯:14%
黄色信号剂	$Ba(NO_3)_2$:57%;镁粉:40%;依其岛儿:8%;冰晶石:14%;$SrCO_3$:5%
白色信号剂	$Ba(NO_3)_2$:53%;镁粉:40%;沥青石:7%

发烟信号剂都用于白天,一般由氧化剂、可燃物、有机染料及黏合钝化剂组成。

目前常用的发烟信号剂是干胶状硝化棉(用醇醚溶剂溶解胶化)中加入有机染料,制成有色的硝化棉。硝化棉起着氧化剂和可燃物的作用,它燃烧时放出热量,使有机染料升华而成有色烟。26mm 日用信号弹发烟剂成分如表1-11所列。

表1-11 26mm 日用信号弹发烟剂成分

颜色	成分及含量
红色硝化棉火药	硝化棉:56%;脂肪橙:44%
	硝化棉:70%;脂肪橙:30%
蓝色硝化棉火药	硝化棉:56%;脂肪橙:44%
	硝化棉:65%;脂肪橙:35%

(五)曳光剂

曳光剂用来装填曳光枪、炮弹,或装于航训弹及导弹上,当曳光剂作用以后产生明亮的火焰,以显示弹道轨迹及弹着点,便于及时修正射击和检查投弹命中率。曳光剂在燃烧时产生的光迹,无论是白天或者黑夜都能看到明亮或具有鲜明颜色的光迹。常用的曳光剂有白色及红色两种。

曳光剂一般由氧化剂(兼作染焰剂)、金属可燃物及黏合钝化剂组成。氧化剂一般用硝酸钡,红光曳光剂则用硝酸锶;金属可燃物为镁或镁铝合金;曳光剂中常用的黏合钝化剂一般为虫胶、树脂酸钙、干性油、人造树脂等,这些黏合剂加入时,可以增大曳光剂的机械强度,减缓药剂的燃烧。几种常用曳光剂成分如表1-12所列。

表 1-12　几种常用曳光剂成分

种类	成分及含量	说明
红色曳光剂	$Sr(NO_3)_2$:40%；镁粉:52%；虫胶:8%	
	$Sr(NO_3)_2$:40%~50%；镁粉:25%~35%；树脂酸钙:10%~15%；铝粉:10%	
	$Sr(NO_3)_2$:60%；镁粉:23%；依其岛儿:11%；镁铝合金:6%	曳光枪弹用
白色曳光剂	$Ba(NO_3)_2$:40%；镁粉:52%；虫胶:8%	
黄色曳光剂	$Ba(NO_3)_2$:40%；$Na_2C_2O_4$:20%~25%；镁粉:30%~35%；地蜡:1.5%~2%	

（六）发烟剂

发烟剂被广泛用于各种发烟弹及发烟器材的装药,当其发生作用时产生浓密的烟雾,在战斗中能掩蔽部队的行动和军事目标,迷惑敌人。可分为升华、蒸发发烟剂和燃烧发烟剂两类。

升华、蒸发发烟剂由氧化剂(一般用 $KClO_3$、KNO_3)、可燃物(木炭或其他有机物)及发烟物质(为化合物或混合物)组成。其发烟物借氧化剂及可燃物燃烧时放出的热量而升华或蒸发,产生大量的固体或液体微粒。

燃烧发烟剂中的发烟物质有可燃性,同时起到燃烧作用。目前最常用的是黄磷,航空弹药如 100-1 航烟弹所装填的发烟剂就是黄磷。

黄磷为黄色蜡状物,其化学性质很活泼,在空气中能与氧化合放出热量,其热量使黄磷温度升高,当温度升高 45~60℃ 时,就可发火和燃烧。燃烧生成五氧化二磷,五氧化二磷遇水分成固体磷酸,固体磷酸继续吸水就形成磷酸水溶液微粒。由于黄磷燃烧生成五氧化二磷,磷酸的固、液微粒,因而形成烟雾。

黄磷发烟剂的优点是生成的白色烟雾不易扩散,单位重量的黄磷,产生的烟雾多,掩蔽能力强,有燃烧作用,附于皮肤不易去掉,有强烈的烧伤作用,可有效直接杀伤敌人。缺点是黄磷有毒,遇空气能自燃,所以装填弹体困难。黄磷熔点较低,保管温度高时,会熔化流出弹口,接触空气就可燃烧。因此保管这种弹药时,必须经常检查,发现有黄磷流出或冒烟的弹,应立即投入水中或用砂掩盖,以防燃烧。

因黄磷熔点较低,所以废旧的黄磷可放在热水中倒空,但应防止与空气接触时间过长,并避免与皮肤接触。

六、火工品

武器从发射到毁伤整个作用过程均是从火工品首先作用开始的,几乎所有的弹药都要配备一种或多种火工品。火工品亦称火具,是指装药火药或炸药,在一定的初始激发作用下容易产生燃烧或爆炸,用于点火或做机械功的小型组件或装置的统称。包括火帽、底火、点火管、导火索、延期件、雷管、传爆管、导爆索、切割索、爆炸开关、爆炸螺栓等。《中国军事百科全书》中,火工品的定义是装有火药、炸药等药剂,在较弱外界能量作用下就会发生燃烧或爆炸,以引燃火药、引爆炸药或作为某种特定动力能源的一次性使用的元器件或装置的总称。GJB 102A—1998《弹药系统术语》中对火工品进行了明确的界定,即可用预定刺激量激发其中装药,并以装药爆炸或燃烧产生的效应完成点燃、起爆功能及用作某种特定动力能源等的器件及装置。

(一) 基本特点

火工品是弹药中最小的爆炸元件,是一切武器弹药、燃烧爆炸装置的初发能源。火工品素有"热兵器心脏"之称。正因为如此,世界各国都高度重视火工品的科研生产及先进技术的保密工作。例如,美国从 1990 年起开始把火工品技术列入国防关键技术发展规划和能源部技术发展规划。而且,在世界各国的军事合作中,火工品一直都是为数不多的不转让、不解密的"高科技"。火工品的特点是能量密度大、可靠性高,瞬时释放能量大,在较小的外界冲能作用下即可激发,而且激发后反应速度快,并具有相当的功率和威力。一般火工品的体积比较小,结构简单、使用方便、应用广泛。火工品应满足一定的技术要求,应有适当的感度和输出能量,并具有使用安全性、储存安定性和生产经济性,其可靠性与安全性直接影响弹药爆炸的威力。在军事上,是各种常规弹药、核武器、导弹及其他航天器的点火与起爆元件;在民用领域,多用于矿山开采、爆炸成形、切割钢板、合成金刚石、深井采油、石油勘探及各种工程爆破中。

(二) 应满足的基本要求

1. 具有适当的感度

火工品的感度是指火工品内装药对外界冲能作用的敏感程度。为了保证火工品在使用、生产、运输、勤务处理及储存时的安全或可靠发火,必须具有适当的感度。它既要保证使用时在一定外界冲能作用下可靠发火,又要保证在生产、运输及储存时的安全。

2. 具有适当的威力

火工品在接受外界冲能作用激发后,要有适当的输出威力。它既可引起下一级爆炸或燃烧元件的可靠作用,又不致使相邻元件受到毁坏,所以火工品的输出威力过大或过小对使用都是不利的。

3. 安定性和安全性好

要求火工品在一定条件下储存时,火工药剂本身或各组分之间,以及药剂与其接触的材料之间,仅发生战术技术要求允许的物理化学变化,不能发生变质与失效,不能早爆。要保证火工品在储存过程中及储存后使用的安定、安全和可靠。

4. 具有抵抗外界诱发作用的能力

火工品在生产、运输、储存、勤务处理及使用过程中,可能遇到各种环境力(如热、气压、静电、辐射、杂散电流及机械作用等)的作用。在受到环境力作用时,火工品不能产生性能衰变甚至失效,也不能敏化引发,以保证安全可靠和作用可靠。

5. 适宜的经济性

要求火工品在满足使用要求时,应尽可能使结构简单,符合标准化和通用化要求。

(三)发展简史、现状和趋势

1. 发展简史

火工品旧称火具,是伴随火器出现的,中国四大发明之一的黑火药就是最早用来装填火工品的火工药剂。

公元8—9世纪,在中国就出现了古老的火工品。当时,利用软纸包住火药粉做成纸捻,形成火信或火线,点燃古代火器中的火药,用以发射火器中的铁砂。我国宋代《九国志》记载的公元904年使用"飞机发火"时采用的引线,是火工品的雏形。当时的火工品有在纸管中用散装黑火药制成的引火烛,也有用细粉黑火药包在软纸中搓成小纸绳的引火线,用引火线引燃引火烛。

在1480—1495年间,意大利著名科学家达·芬奇发明了轮发燧石枪机,用燧石的火花点燃火药池,再由火药池点燃火药,将弹丸发射出去。火药池是继火线或火信后的又一种火工品。以后随着枪机的改进,火药池也逐渐变成了火药饼,这就是底火的雏形。这一时期,也有将散装细火药粉装在纸管内制成引火烛的,用火线引燃引火烛,再引燃火药,达到发射弹丸的目的。

18世纪,欧洲人把细黑火药(火药)粉装入纸壳、木壳或铁壳内,制成传火管,这又是一种古代火工品。

早期的火工品作用可靠性很低,常常发生瞎火现象。随着火工药剂的发展,也促进了火工品的发展,特别是1799年英国科学家E·霍华德发明了雷汞,1807年苏格兰人发明了以氯酸钾、硫、碳混合的第一种击发药,为火工品的发展历史翻开了新的一页。1814年,美国首先试验将击发药装于铁盂中用于枪械。1817年,美国人艾格把击发药压入铜盂中,从此火帽诞生了。同年,第一个带火帽的枪械引入了美国。

1840—1842年,这种火帽被用于枪弹和炮弹中,火帽的应用对后膛装填射击武器的发展具有十分重要的意义,并获得了迅速发展。火帽主要用于金属子弹药壳的中心,由枪机撞击发火,现代自动武器的枪弹仍采用这种结构。19世纪末,将撞击火帽装入传火管,用此组合件点燃药筒中的发射药。1897年火帽和点火管组合件发展成撞击底火后,更换了19世纪前半期点燃火炮中发射药的摩擦式传火管。19世纪初,法国人徐洛首先利用电流使火药发火,制成了电火工品。1830年,美国人M·肖取得了火花电火工品的专利,首先用于纽约港的爆破工程,到20世纪初开始用于海军炮。电火工品的出现促进了兵器和爆破技术的进步。1831年,英国人W·毕克福德发明了导火索,外壳用皮、布和纸制成,药芯为火药,这是我国古代信线(管)的进一步发展。1908年法国最先研制出金属导火索,当时药芯为梯恩梯;发展到20世纪60年代,药芯装药已经有太安、黑索金等;20世纪70年代瑞典发明了塑料导爆管。现代导火索的药芯装药为黑火药或烟火药,外壳用棉线、纸条、玻璃纤维、塑料等包缠。

由于19世纪末至20世纪初相继出现了叠氮化铅、四氮烯及三硝基间苯二酚铅等起爆药,为火工品改善性能和增加品种提供了有利条件,对身管武器和弹药的发展起了决定性的作用。第二次世界大战期间,由于火箭弹、反坦克破甲弹、原子弹等新型弹药的出现和发展,也促进了电雷管、电点火管的发展。这一时期,世界各国对长期用作延期药的黑火药也进行了大量的研究,解决了因吸湿和气体产物多致使延期时间不准确的缺点。美、英等国研制出了硅和铅丹的混合延期药,而后又相继出现了众多的微气体延期药。

中国明代《武备志》等史书中所记载的枪炮、地雷和水雷中所使用的点火具、导火索、火槽及点火药构成的组合体就是爆炸序列的雏形。18世纪,在机械触发引信中出现了无隔爆件的爆炸序列,促进了弹药的发展,但其感度过高,易发生膛炸,使弹丸初速受到了限制。19世纪90年代将其改进为隔爆式爆炸序列,提高了安全性,奠定了现代弹药爆炸序列的基本结构。1949年中华人民共和国成立时,我国的火工品基础工业相当薄弱,当时生产工业雷管和工业导火索的工厂只有3家。1950年工业雷管生产厂增加到5个,当年生产的工业雷管仅为4152万发,工业导火索仅为905万米,工业雷管的品种主要是火雷管,辅以瞬发电雷管和秒延期雷管。1953年初步试制成功了工业导爆索;1960年前后开发生产毫秒电雷管;1980年前后研制开发了塑料导爆管和导爆管雷管;到20世纪90年代将其改进为隔爆式爆炸序列,提高了安全性,奠定了现代弹药爆炸序列的基本结构。

2. 发展现状

当前世界各国在配装底火及引信中的火工品时,尽量使同一种火工品适用于多种弹药的底火及引信。这样,不仅容易实现火工品的系列化、标准化和通用化,而且有利于优化火工品,促进火工品的发展。

美军在51种炮弹引信中所配用的雷管只有7种,即针刺雷管4种(M55式、M61式、M94式及M99式),微型电雷管1种(M100式),破甲弹引信电雷管2种(M69式、MK96式)。一种火工品又能同时配用多种类型的引信,如美国的M55式针刺雷管现用于时间引信、触发引信、近炸引信、弹底引信及多用途引信等19种引信中;M100式微型电雷管现用于电子引信、近炸引信、时间引信及多用途引信中;MK96式电雷管用于弹底起爆引信等9种引信中。俄罗斯的TAT1式火焰雷管现用于航弹、杀伤爆破弹、反坦克炮弹等多种弹药引信中。此外,有些火工品还用于专门用途的弹药中,如美国的MK510式电雷管专门用于MK15式深水炸弹、MK590式水雷等水中弹药及MK1式火箭弹引信中;MK700式电雷管用于MK461式小型反潜鱼雷战斗部引信中;一些微型电雷管多配用于具有特殊用途的弹药及小口径弹药引信中,如美国M100式微型电雷管外用于激光制导炸弹引信中;M57A1式针刺雷管配用于25mm、30mm、35mm、37mm及40mm等小口径弹药的多种引信中。

总之,越来越多的弹药引信中采用同一种火工品是现代装备火工品的突出特点,不仅提高了火工品的通用化程度,也为生产、储存及勤务处理带来很大方便。火工品在民用方面主要用于工程爆破,许多毫秒级工业电雷管普遍用于工程爆破,微秒级工业电雷管用于地探、深井采油等,同时在爆炸做功方面也大量采用了工业雷管。

3. 发展趋势

现代火工品的发展与起爆药的发展是分不开的,所以现代火工品也是向高起爆力、钝感和安全性等方向发展。火工品应用十分广泛,其中一些新型火工品正在突破传统火工品的概念,如双金属点火管、双金属延期元件、流体起爆器、飞片雷管、电子延期雷管和激光火工品等。

1) 钝感火工品

钝感火工品是指在1A、1W条件下,5min不发火的火工品,其中最主要的是钝感电雷管,即采用细化和钝化猛炸药代替雷管中的起爆药,从而起到钝感作用。到20世纪末,这种雷管得到了广泛使用,有望取消引信传爆序列中雷管与导爆管或传爆管之间的隔离装置。此外,还有钝感点火具、爆炸线、激光火工品、液体发射药点火系统等。随着无壳弹的发展,可燃底火也将取代某些品种的传统金属壳底火。

2) 薄膜桥丝电雷管

当前,英、美等国正在研究将金属铬蒸镀于基片上,形成几微米厚的薄膜桥丝,然后再制成薄膜桥丝电雷管。这种雷管对低压电源和压电晶体提供的冲能特别敏感,并能承受高过载,适用于要求小型雷管和低发火能量的高速炮弹引信。

3) 无起爆药雷管

无起爆药雷管是近年来发展最快的一种新型火工品,它包括低压飞片雷管、冲击片雷管、装填某些钴配位化合物起爆药的雷管以及等离子体加速雷管等。无起爆药雷管中只装细化和钝化的猛炸药(起爆炸药),雷管可以与主装药对正使用而不必隔离,生产和使用都安全可靠,并曾在水雷中使用。今后导弹及大口径炮弹、火箭弹的引信中都会采用无起爆药雷管。

4) 智能火工品

随着微电子技术的发展,微型计算机正在进入火工品,从而出现了对目标或引爆信号有识别能力的智能火工品,如美国研制的半导体桥电子雷管,由微电子线路、薄膜电阻和起爆药组成。不仅能在低电压、低能量输入时快速点燃和起爆下一级装药,而且还具有静电安全性能。在发火线路中加入微型计算机,使其具有了智能性。

5) 新型非电火工品

这类火工品包括柔性导爆索、封闭型导爆索、铠装柔性导爆索、隔板起爆器等。未来某些导弹战斗部可利用封闭型柔性导爆索来控制作用效果,既能远距离高速传爆,还不会在作用时损坏邻近部件。

6) 装填集成电路的火工品

随着集成电路技术的迅速发展,可以将具有某些功能的集成电路装入雷管中,未来有可能大量使用装有集成电路的精密段发雷管、电子延时雷管。

7) 爆炸逻辑网络

爆炸逻辑网络近年来发展迅速,许多国家都在积极研究并已取得显著进展,现在已经装备某些产品,其主要特点是兼有某些引信器件的功能,这是火工品技术的重大突破。

(四) 分类和命名

1. 分类

按用途分,主要有引燃用火工品(包括火帽、底火、导火索、点火具等)、起爆用火工品(包括雷管、导爆索、传爆管等)、动力源用火工品(包括很多完成某种特定动作的小型启动器,如切割器、爆炸螺栓、抛射管、推力器、爆炸阀门等)。

按激发能源的形式分,主要有机械作用、火焰作用和电能作用的火工品等。

按输出特性分,主要有引燃火工品(包括火帽、底火、点火管、导火索等);引爆火工品(包括雷管、导爆索、导爆管、传爆管等);其他火工品(包括延期装置、切割装置、爆炸分离装置、驱动器等)。

此外,还有军用火工品和民用火工品之分。当然,每种分法还可以再细分,如由于输入的激发能不同,雷管又可细分为电雷管、针刺雷管及火焰雷管;火帽还可细分为撞击火帽、针刺火帽和电火帽等。

2. 命名

我国火工品的命名包括四个部分,各部分用途及含义如表1-13所列。

表1-13 火工品命名方法

项目	第1部分	第2部分	第3部分	第4部分
用途	按输出分类	按输入分类	表示用途	表示威力大小
含义	L-雷管 H-火帽 D-底火 J-点火具	Z-针刺 H-火焰 D-电能 J-撞击 M-摩擦	G-工程雷管专业	用阿拉伯数字表示,数字越大,威力越大

注:LZ-1表示一号针刺雷管;LDG-1表示一号工程电雷管;HJ-3表示三号撞击火帽;DD-1表示一号电底火;JD-1表示一号电由点火具。

(五) 结构和作用原理

火工品中的炸药或火药,可由多种形式的能量,如机械能(针刺、撞击、摩擦等)、热能(火焰)和电能等引发。为了保证使用安全并能适时可靠地引燃或引爆弹药,在弹药中往往以多种火工品组成一定的序列,称为传爆序列或传火序列。在使用当中,根据实际需要往往要将以上多种不同作用的火工品,按其感度递减的次序组合成一定的序列。最终输出爆轰波的称为传爆序列,输出火焰的称为传火序列,总称为爆炸序列。例如,在引信和药筒中的火工品一般按感度递减、威力递增的原则排列,最后以较大的能量输出,适时可靠地引发弹丸主装药或药筒发射药。在引信的传爆序列中,火工品组件的种类和数量取决于对引信的战术技术要求。如弹丸的主装药量较大时,可在传爆药柱与主装药之间安置一个药量稍大的辅助传爆药柱;火帽与雷管之间距离较远时,可在其间安置接力药柱。电引信传爆序列的首发组件需用电雷管或电点火管等。

火工品的结构主要由外壳、发火件和火工药剂等组成。火工药剂是火工品的能源,一般包括起爆药、猛炸药、黑火药等。火工药剂对火工品的敏感性、输出威力、储存安定性、勤务处理安全性及作用可靠性等有很大影响。常用的火工品有火帽、底火、雷管等。

1. 火帽

火帽①是重要的点火器材,其用途很广泛。火帽是能产生火焰用于引燃或引爆的敏感元件,通常由金属壳内装击发药组成,常用作爆炸序列中相当小而灵敏的起始元件。衡量火帽的性能参数是适当的感度、火焰长度和点火距离。

火帽由机械能(撞击、针刺或摩擦)引发后,喷出火焰,可引燃延期药、点火药、发射药或火焰雷管等。典型的火帽,由金属壳内装击发药剂构成,见图1-10。可以针刺、撞击或摩擦等方式发火,以爆燃形式将能量传递给序列中的下一个元件。针刺火帽用于引信中,由引信的击针刺击发火。由于对引信小型化及瞬发性的要求,火帽在引信传爆序列中有被针刺雷管取代的趋势。撞击火帽用于枪、炮弹丸药筒的底火中,由枪、炮的撞针撞击发火;针刺火帽用于引信,由击针刺入而发火,然后点燃后续火工品;摩擦火帽用于拉发手榴弹,由火帽中的摩擦子摩擦发火,引燃延期药,再引爆火焰雷管。火帽中的击发药主要由可燃物、氧化剂和起爆药混合而成,也可附加其他成分以改进其性能。药剂的成分、配比、粒度和装药密度,都影响火帽的感度和引燃能力。

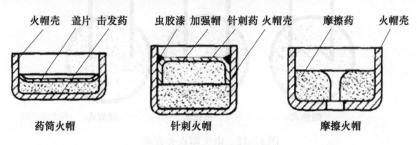

图1-10 火帽结构图

在航空引信中火帽常用来点燃延期药、雷管或时间药盘,在炮弹发射时则用来点燃底火中的黑火药,再由黑火药点燃发射药,或者在枪弹发射时点燃发射药。用于引信中的火帽称为引信火帽,用于炮弹底火内或枪弹弹壳上的火帽称为底火帽。国产火帽的命名,都采用拼音字。例如,HZ-5,H表示火帽,Z表示针刺作用,5表示产品排列顺序号,全称读作5号针刺火帽。火帽一般由火帽壳、击发药和盖片(或加强帽)组成,见图1-11。

电火帽是用电能引燃的火帽。电火帽根据电能转变为热能的方式不同可分

---

① 最早的火帽制于1807年,是一种以氯酸钾、碳和硫的混合物为击发药的撞击火帽。二战时,使用的击发药为硫化锑、氯酸钾和雷汞的混合物,由于它对枪膛有腐蚀作用,故称为腐蚀性击发药。二战后出现了无腐蚀性击发药,其主要成分是硫化锑、四氮烯、三硝基间苯二酚铅和硝酸钡。针刺火帽的针刺药主要成分与击发药相类似,但针刺感度较高。

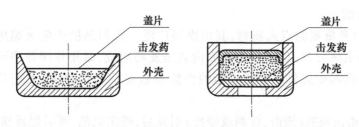

图 1-11 火帽

为灼热式、火花式、间隙式三种,点火方式见图 1-12。灼热式火帽是利用电阻丝(镍铬合金丝)通电产生的灼热来点燃起爆药;火花式火帽是利用断开电路触点,在通有较高电压时产生火花而点燃起爆药的;间隙式火帽的点火方式介于上述两种之间。在断开的电路之间装填点火药,点火药由导电微粒和炸药混合组成。这样,在导电微粒之间有一些很小的间隙,成为灵敏的火花隙,在互相接触的导电微粒间组成灵敏的灼热电阻。所以通电后,以灼热和火花的种形式点燃火帽,这种电火帽不需要很高的电压就可以发火。

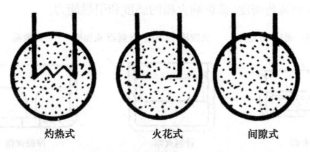

图 1-12 电火帽点火方式

2. 底火

底火是用以引燃发射装药的复合点火装置,用于输出火焰引燃发射药或传火药包,是发射装药或传火序列的第一级火工品。当炮弹的口径增加时,所装的发射药量增加,单个火帽的火焰就难以使发射药正常燃烧,以致造成初速和膛压下降,影响射击精度。所以一般口径较大的炮弹发射药点火系统的火焰应加强。通常的方法是增加黑火药或点火药来增加火焰。这种药可以散装,也可以压成药柱。为了使用方便,通常将火帽和黑火药(点火药)结合成一个组件,就形成了底火。通常由火帽或其他发火元件、点火药及其他零件构成,见图 1-13。可由撞击能或电能引发,要求其具有适当的感度、合适的点火能力以及足够的耐压强度。一般底火由火炮撞针撞击发火,而电底火则由电能激发,用于绝大部分导弹战斗部和部分火箭弹战斗部,可以大大提高火炮的射速及齐发同步性,其结构见图 1-14。现在还有电、击两用底火。为了加强点火能力,有时在底火上装有多孔的长传火管,插入发射药中间,管中装传火药,火焰从管壁孔喷出,点燃发射药。其中的闭气锥体用以防止火炮发射后火药燃烧气体从底部逸出,烧蚀炮闩镜面。

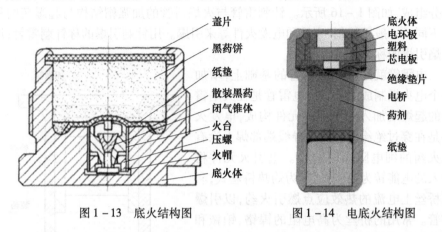

图 1-13　底火结构图　　　　图 1-14　电底火结构图

3. 雷管

雷管用于起爆猛炸药,是在较小的外界冲能激发后输出爆轰能量,能够引爆炸药的管状爆炸元件[①]。雷管是现在品种最多、使用最广的基本起爆火工品,如工业用火焰雷管和电雷管,见图 1-15。

 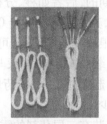

图 1-15　工业火焰雷管和电雷管

---

①　雷管是随火炸药和爆破技术而发展起来的。在 19 世纪 60 年代,代那迈特发明不久后,人们在实践中发现,雷汞的爆炸作用能可靠地引爆代那迈特,使后者产生爆轰现象。这些发明和发现是炸药应用历史上的一个转折点,为炸药在工程爆破及弹药中广泛使用提供了可能性。1865 年,瑞典化学家诺贝尔发明了雷汞雷管,用来引爆硝化甘油。1907 年,维列尔在德国取得用氮化铅代替雷汞装填雷管的专利。最早的电雷管出现于 19 世纪 80 年代。电雷管的应用为多发同时起爆和远距离起爆提供了可能性。因为电火工品易受外界电能的影响,所以某些电火工品必须具有防静电、防射频、防杂散电流和防高压感应电流的能力。因此,除在电路上采取屏蔽措施外,研制了能防静电、防射频的电雷管。为适应其他各种技术要求,还研制了无起爆药雷管、耐高温雷管等特种雷管。由于现代各种射频电磁波的强度不断增加,爆破现场的电力、电子设备数量多、功率大,要求电雷管本身具有一定的防静电、防射频和防杂散电流的能力。因而出现了多种抗静电、抗射频和抗杂散电流等的钝感型电雷管,如 20 世纪 60 年代在研究爆炸丝现象后,接着出现的爆炸桥丝雷管。这种雷管不装起爆药,直接利用桥丝发生物理爆భ时形成的强冲击波使炸药起爆,这样更安全。

（1）雷管根据作用构造及原理不同，可分为火焰雷管、针刺雷管和电雷管。

火焰雷管和针刺雷管的构造是大同小异的，一般由雷管壳、加强帽和药剂三部分组成，如图1-16所示。针刺雷管与火焰雷管的加强帽结构与起爆药的种类不同。一般用针刺、火焰和电发火件等来引爆。用针刺引爆的称针刺雷管；用火焰引爆的称火焰雷管。

电雷管就是在一般雷管的基础上，增加一个电火帽制成的。工业电雷管是在火焰雷管的起爆端加入一电引火元件构成，电发火件是在穿过绝缘塞的两根导线端部焊上涂有发火药的细电阻丝（桥丝）。电引火元件将输入的电能转为热能，通常为灼热桥丝式，利用桥丝上电流的热效应点燃引火药，以引爆雷管。常用的桥丝为高电阻的镍铬、铂铱和康铜细合金丝，电阻通常为 $1\sim2\Omega$，发火电流约为1A，安全电流约为0.05A。引火药为氧化剂与可燃物的混合物或某些单质弱起爆药。由于实际爆破的需要，工业电雷管又分

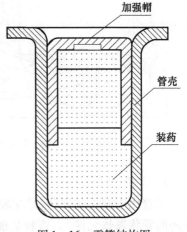

图1-16 雷管结构图

为瞬发的和延期的，后者如秒、分秒、毫秒延期电雷管。电雷管的管壳由铝制成，内装炸药1.3g，其中史蒂酚酸铅 0.1 ± 0.02g，氮化铅 0.2 ± 0.002g，太安1g。

（2）雷管根据其装药不同，可分为单式雷管和复式雷管。

单式雷管，装纯雷汞或雷汞与氯酸钾（3%～17%）的混合物组成的雷管。其机械感度大，起爆能力小，装药量多，使用、运输、保管危险性大。因此，目前在军事上使用较少。

复式雷管，装有三层药剂的雷管，是常用的雷管。第一层是发火药，有较高的感度，最先接受外界刺激而发火；第二层是中间装药或过渡装药，在接受第一层装药产生的爆燃能量后迅速转变为爆轰，多采用叠氮化铅等起爆药；第三层是底部装药或输出装药，用以增强爆轰输出能量，保证雷管的起爆能力，多采用猛炸药。

由于所有的雷管被激发后均输出爆轰能量，以引爆下一级爆炸元件或装药，所以衡量雷管的性能参数有雷管的感度、起爆能力等。复式雷管的感度主要决定于上层的装药，起爆能力主要决定于底层装药，而中间的一层药其缩短雷管爆轰成长期的作用。

第三节　打击目标与毁伤机理

直升机从20世纪初诞生至今已经有一百多年的历史，经历无数战争的洗礼，在战争中发挥了重要作用。军用直升机特别是武装直升机需要武器系统发

射弹药来达到特定作战目的,特别是在信息化战争中,目标种类多,需要武装(攻击)直升机执行多种作战任务,如攻击以坦克为主的各类装甲目标,对地面部队进行近距离火力支援,争夺超低空制空权等。必须按照"武器系统—打击目标—毁伤机理"的技术路径研究其作战需求与技术保障、作战运用模式和方法手段创新等问题。

一、武装直升机及机载武器发展现状

武装直升机是指装备有机载武器系统,专用于攻击地面、地下、水面、水下和空中目标的直升机,其实质是一种低空、超低空武器平台,可携带多种武器。其攻击目标的效果取决于武器系统的威力和火控系统的性能。武器系统是利用弹药的能量去摧毁目标,而火控系统的功用是指挥与控制武器投射,其性能的优劣是衡量武装直升机作战能力的重要指标之一,其先进性是衡量武装直升机先进性的重要指标,两者完美的配合才能达到有效攻击目标的目的。自从武装直升机问世以来[1],各国都在努力提升武器系统的作战能力。目前,随着世界各国部队信息化建设速度的加快,军用直升机在增强原有火力、机动力、防护力的基础上又发展出了电子战、数据链、武器链、战术互联和态势感知等能力,并大力向增强隐身性能,提高指挥控制无人机、战场机器人、"蜂群"作战等方向发展。

---

[1] FW-61直升机诞生不久,第二次世界大战就爆发了,虽然德国在1940年将其投入了生产,但由于官方的意见分歧和战时的生产困难,原定的生产计划未能实现,直到1945年仅生产出3架飞行性能良好的FA-223直升机样机。德军虽然在FA-223直升机样机上安装了一挺7.62mmMG-15机枪,但其目的只是为了保护自身的安全,并没有想到要将其用于对地面的攻击。在直升机进入批量生产时期后,人们就已经对用直升机运载和投射武器产生了极大兴趣。当时就曾有人提出把直升机改作三维空间运动的武器平台的设想。美国陆军提出用机炮武装西科斯基公司的R-5直升机的计划,并于1942年开始研制和设计R-5直升机的20mm机炮。同年,英国在购买的R-5直升机上安装了雷达和深水炸弹。不过,由于当时直升机普遍存在着稳定性差、振动水平高等缺陷,终于使这一设想没有能够付诸实现。第二次世界大战结束后,美、英等国军队开始研究直升机的战术使用,并进行了一些作战试验,从而为直升机的大发展和军事应用开创了新的道路。很快,直升机就在战争中派上了大用场。1950年6月25日,朝鲜战争爆发,在这场战争中,直升机开始有规模地投入军事应用中,在朝鲜部署的直升机从初期的500架,发展到1953年战争结束时近1000架的规模。1951年9月19日,美军在山地进攻作战中出动了12架西科斯基H-19直升机"契卡索人"(美国海军和海岸警卫队型号编号HO4S,美国海军陆战队型号为HRS,美国陆军型号为CH),将228人的战斗群和8吨弹药运送到前方,但由于地形限制,士兵们只能进行绳降着陆,然后投入战斗。据记载,美军在战争中还曾为H-19直升机安装过14具22管火箭发射器,进行了对地攻击能力的试验,但是,由于直升机飞行稳定性太差,严重影响了火箭射击的准确性,试验并没有成功。直升机此后的大规模运用发生在阿尔及利亚战争期间(从1955年最初参战的4架直升机发展到1962年的600余架),法军除了使用美国波音直升机公司的前身伏托尔飞机公司弗兰克·比亚塞琪设计的纵列双旋翼CH-21"飞行香蕉"、西科斯基的CH-34和法国宇航公司(现为"空客直升机公司")SE3160"云雀"Ⅲ等直升机用于运输、侦察、救护等任务外,还把地面战斗用的普通机枪搬到CH-34直升机舱内,又在CH-21直升机舱门口和起落架滑撬上安装了机枪和火箭弹用于对地攻击。法军在阿尔及利亚的这种尝试,为武装直升机的问世及其战术运用开创了先例。

(一) 美国的武装直升机

1. OH-58D"奇奥瓦勇士"武装直升机

OH-58D是贝尔直升机公司研制的双座侦察、攻击直升机,公司编号为贝尔-406,见图1-17。1981年9月,OH-58D在"陆军直升机改进计划"的竞争中获胜,1983年10月首飞,1985年开始交付。据报道,中国台湾地区订购了12架,主要装备"毒刺""海尔法"导弹,12.7mm航空机枪,70mm火箭发射器,其主要战技指标见表1-14。该机于1987年11月开始交付。

图1-17 OH-58D侦察、攻击直升机

表1-14 OH-58D直升机主要技术指标

武器系统和射程	导弹射程("海尔法"):8000m 火箭弹射程("九头蛇"70mm):6600~9000m 航枪射程(12.7mm):4200m		
光学	夜间飞行,飞行员使用AN/AVS-6飞行员夜视成像系统		
	热成像系统	电视传感器	激光探测、指示
	探测:不低于10km 识别:6~7km 鉴别:3km	探测:不低于8km 识别:7km 鉴别:4~6km	最大测距离:9.99km 发射一已知激光点用于更新导航系统 最大指示距离仅限于通过热成像系统和电视传感器
导航装备	通过姿态和航向系统(或"罗密欧"模拟器)中的嵌入式全球定位系统/惯性导航系统的辅助,操作者能在枪杆式瞄准具输入坐标		
飞行性能	最大飞行速度:125kn(232km/h) 巡航速度:80kn(约148km/h)		
附加性能	空中目标交接系统能够将目标数据(加密或非加密)从载机传送给先进的野战炮兵战术数据系统		
使用限制	威胁鉴别、红外重叠、不利天气可能抑制"海尔法"导弹交战(导引头必须有能力看到激光指示点); 高温、密度高度能够显著降低弹药携带量		

2. AH-64"阿帕奇"武装直升机

AH-64"阿帕奇"武装直升机是美国陆军主力武装直升机,是1973年提出

的"先进武装直升机计划"(Advanced Attach Helicopter,AAH)的产物,由麦道飞机公司制造,作为AH-1"眼镜蛇"攻击直升机的后继机种。AH-64从1984年起正式服役,1986年7月达成初始作战能力;1989年,美国入侵巴拿马时,AH-64首次投入实战。在多场战争中充当了重要角色,包括海湾战争,以及在阿富汗的"永久自由"行动和在伊拉克的"持久自由"行动。目前已被世界上多个国家和地区使用,包括日本、中国台湾、印度和以色列等国家和地区。AH-64以其卓越的性能、优异的实战表现,自诞生之日起,就一直处于世界武装直升机综合排行榜前列,主要战术技术指标见表1-15。

表1-15 AH-64直升机主要战术技术指标

武器系统和射程	导弹射程("海尔法"):8000m 火箭弹射程("九头蛇"70mm):6600~9000m 航炮射程(30mm穿甲弹、高爆弹):4200m	
光学	目标截获和指示系统/电视传感器(能见度低、白天) 探测:不低于10km 识别:8~10km 鉴别:5~7km	现代目标截获和指示系统/前视红外(白天、夜晚、天气) 探测:不低于10km 识别:8~10km 鉴别:90~1200m(依靠条件)
导航装备	双嵌入式GPS全球定位、导航系统,多普勒雷达,自动测向仪	
飞行性能	巡航速度:120kn(约222km/h)	
附加性能	AH-64可以配置一个230加仑(约870.6L)油箱,用于在执行攻击任务时拓展其航程,或者携带4个230加仑油箱执行空运或转场任务	
使用限制	威胁鉴别、红外重叠、不利天气可能抑制"海尔法"导弹交战(导引头必须有能力识别激光指示点); 水上行动会严重降低导航系统性能; 飞行夜视系统不能探测到电线或其他小型障碍	

AH-64"阿帕奇"主要型号如下。

(1) AH-64A型:AH-64A型为AH-64的基本型双座攻击直升机,引擎为两部通用电气T700涡轮轴发动机,安装在旋转轴的两旁,排气口位于机身较高处。座位是一前一后,正驾驶员在后上方,副驾驶员兼火炮瞄准手在前。固定武器为一门30mmXM230链式机关炮。两侧的短翼上有四处武器挂载点,可搭载激光制导AGM-114"海尔法"反坦克导弹,"九头蛇"70mm火箭,或AIM-92"毒刺"导弹。

(2) AH-64B型:原为美国海军陆战队所设计的改良型,以作为AH-1W"海眼镜蛇"攻击直升机的后继机种,但未实际进入量产。1991年"沙漠风暴"

行动后,原定将254架AH-64A升级为AH-64B。整个升级计划包括换装新的主旋翼、全球定位系统(GPS)、改良后的导航系统及新的无线电系统。

(3) AH-64C型:1991年后期美国国会追加拨款为AH-64A升级至AH-64B。随后更多的拨款将升级增至AH-64C。AH-64C为改进了武器系统的改良型,之后加装了毫米波雷达而改称AH-64D。

(4) AH-64D型:AH-64D"长弓阿帕奇"(Apache Longbow)搭载了"长弓"毫米波雷达,采用先进的传感、动力与武器系统,大幅度改进了其操作性能、生存能力、通信能力与导航能力,可搭载毫米波制导AGM-114L"海尔法"导弹,见图1-18。

图1-18　AH-64D"长弓阿帕奇"武装直升机

(5) AH-64E型:美国陆军于2012年10月表示,AH-64E型将是该系列中的最新型号,AH-64E武装直升机在单机性能上比AH-64D武装直升机更强,尤其是高原作战能力更加强悍。按照美国官方的数据表示,AH-64E设有4个翼下挂架,对陆探测距离从过去的8km提升到了16km,同时探测精度也有了明显增加。按照美国方面的估算,一架AH-64E的作战效能,是过去AH-64D的1.6倍,提升十分明显。

"阿帕奇"武装直升机的机身两侧各有一个短翼,每个短翼各有两个挂载点,每个挂载点能挂载一具M-261型19管"九头蛇"70mm火箭发射器(或是M-260型7管70mm火箭发射器)、一组挂载AGM-114"海尔法"反坦克导弹的四联装M-299型导弹发射架,以便各种条件下发射空地导弹。主要任务是使用"海尔法"导弹摧毁高价值的目标,还可以使用XM230 30mm链式机关炮和

"九头蛇"70mm 火箭有效地攻击各种目标。"阿帕奇"配备了全面的直升机生存设备,重要部位可以承受从子弹到 23mm 弹片的打击。其中,AH-64D 配备了先进的"长弓"毫米波雷达系统。这套系统能够对战场上的目标进行定位、确认并进行分级,将这些信息传输给该地区的其他直升机,随后发起精确打击。这些目标可以在最远 8km 外被确认并被摧毁。AH-64D 进一步巩固了"阿帕奇"令人敬畏的声誉,它将摧毁目标的概率提升了 400%,将生存能力提升了 720%。现在所有型号的"阿帕奇"直升机都升级到了 AH-64D"长弓阿帕奇"的标准。

(二) 俄罗斯的武装直升机

1. 米-24"雌鹿"武装直升机

米-24"雌鹿"是米里设计局设计的一款载重量较大,兼具运输功能、性能全面的攻击直升机,见图 1-19。米-24 于 20 世纪 60 年代后期开始研制,1972 年底试飞并投入批生产,1973 年装备部队。米-24 是在米-8 的基础上研制的,采用了米-8 的传动和发动机系统,通过加装类似于米-6 的大安装角、后掠角和下反角短翼,并缩减了旋翼直径,使该机型的震动水平极佳,飞行速度也得到大幅提升(海平面平飞速度可达 335km/h),同时米里设计局还对该机型进行了窄机身设计,保留了缩窄版的货舱,使得正面受弹面积更小。尽管米里设计局后来又推出了更新的米-28 和米-28N(俄文为 H)直升机,但米-24 至今仍是俄罗斯陆军航空兵和世界许多国家陆军和空军的主力。米里设计局仍继续以米-28 的技术对米-24 进行改良,以达到现代化的标准。甚至一向使用西方武器的以色列,也为了争夺市场而推出米-24 的改进型,从中不难看出米-24 在武装直升机中的重要地位。

图 1-19 米-24"雌鹿"武装直升机

米-24 型号众多(包括该型的米-35),各种型号的机体构架、动力装置和传动系统基本一样,只有武器、作战设备和尾桨位置有所不同,火力配备有 AT4、AT-6 导弹、ЯкБ12.7mm 四管机枪炮塔、双管 23 航炮吊舱(型号 UPK-23-250,配 GSh-23L 双管 23mm 航炮)、32×57mm、20×80mm 火箭发射器和 500kg 以下各型炸弹等武器。米-24的装甲防护力很强,在飞行员座舱、机身发动机和油箱侧翼等关键位置均安装有内置钛合金装甲,可抵抗23mm穿甲弹的攻击,座舱玻璃为防弹玻璃,可抗击12.7mm普通枪弹,因此米-24也被誉为真正意义上的"空中坦克"。米-24曾在阿富汗战争中大量使用,但由于直升机本身仍然属于慢速目标,因此在高原地带,阿富汗游击队通过RPG火箭筒、肩扛式地空导弹和大口径机枪对尾梁、尾桨和座舱的杀伤,致使该机被大量击落。

2. 米-28"浩劫"武装直升机

米-28是苏联米里设计局研制的单旋翼带尾桨全天候专用武装直升机,北大西洋公约组织(以下简称北约)给其绰号为"浩劫"(Havoc),见图1-20。该机于1980年开始设计,原型机1982年11月首飞,1987年开始投入使用。90%的研制工作于1989年6月完成,后来第3架原型机参加了巴黎航展,1992年后量产。米-28沿用了米-24"空中坦克"的设计思想,在驾驶舱和发动机舱采用双陶瓷防弹外装甲,内置钛合金装甲,装甲防护能力可抗20mm口径炮弹和导弹碎片的毁伤,座舱玻璃采用防弹玻璃,可抵御12.7mm枪弹的毁伤,主旋翼叶片,可以抵御30mm火炮的弹片。除此之外,所有机体重要部件和系统都装有防弹屏蔽。虽然米-28放弃了部分米-24独特设计,如能装载8名步兵的运兵舱、气泡形风挡等,但其结构布局、作战特点和武器系统都借鉴了常规专用武装直升机的设计,是一款攻击和防护能力很强武装直升机。

由于米-28和卡-50都是为竞争新一代俄罗斯战斗直升机的合同而开发的,两者一出生就是死敌。卡-50凭借独特设计首先占了上风,米里设计局也不甘示弱,一面攻击卡-50只有一个乘员,无法应付艰险的低空战斗;一面大力改进米-28,研制出了米-28N,见图1-21。米-28N又被称为"黑夜浩劫",于1996年8月19日首次展示,10月进行了首次飞行,并于1997年4月30日在莫斯科郊外的米里直升机制造厂进行了首次正式飞行表演。米-28N吸收了米-28直升机的优点,有大推重比发动机和很强的战斗生存力,在夜间和恶劣环境下的战斗力大大提高。

图1-20 米-28"浩劫"武装直升机

图1-21 米-28N"黑夜浩劫"武装直升机

米-28的主要武器包括机头下方炮塔内的一门单管2A42改进型30mm机炮,备弹300发,炮塔活动方位角为±110°,上仰13°,下俯40°,对空射速900发/分,对地射速300发/分;每侧短翼的均有2个挂点,两侧可以各悬挂一具AT-6/AT-9或AT-12/AT16导弹发射装置,也可挂载IGLA"针"式空空导弹发射装置,32管57mm、20管80mm、5管122mm火箭发射器,双管23航炮吊舱(型号UPK-23-250,配GSh-23L双管23mm航炮)或500kg以下各型炸弹等,尾部还装有红外干扰弹和箔条干扰弹。

3. 卡-50/52武装直升机

卡-50是俄罗斯卡莫夫设计局研制的世界上首架单座近距支援、共轴双转旋翼武装直升机,北约组织给予绰号"噱头"(Hokum),还被称作"狼人"或"黑鲨",见图1-22。卡-50于1977年完成设计,原型机于1982年7月27日进行首次飞行,1984年首次公布,1991年开始交付使用,1992年底初步具备作战能力。1993年,卡-50出现在世界著名的法思伯勒航空展上,这是俄罗斯卡莫夫设计局的新型武装直升机首次公开亮相。早在1984年,该直升机就被苏联确定为新一代武装直升机的主力机型。

图1-22 卡-50武装直升机

它的机身较窄,具有很好的流线型,机头呈锥形,机头前部装皮托管和为火控计算机提供数据的传感器。卡-50结构的35%由碳纤维复合材料组成。就整体性能来说,卡-50采用单座设计使飞行员兼顾导航、驾驶和攻击任务,人机工程设计非常优异;共轴双旋翼布局使其具备出色的悬停能力,能够在保持飞行方向的前提下,具有向各个方向射击的能力。除此之外,其旋翼的所有重要部件都有轻装甲进行保护,可抵抗12.7mm子弹的打击。防爆油箱和独创的火箭牵引救生座椅可显著提升飞行员在战场上的生存率。为了提高卡-50的生存能力,驾驶舱还装有混合钢装甲,座舱玻璃采用55mm厚抗高压玻璃,使驾驶舱具有很强的抗毁伤性。油箱内装有泡沫填充物,油箱外敷有自密封保护层,机内装有防火设备,发动机装有热排气屏蔽装置。

它的机身右下侧短翼下炮塔内装一门单管 2A42 型 30mm 机炮。短翼上武器配置与米-28基本相同,初始设计中,可以使用性能更为出色 R-73 空空导弹,后被 IGLA"针"式空空导弹取代。该机的所有技术指标均超越了米-24,拥有强大的火力,具备全天候飞行能力,可用于与敌进行直升机空战,摧毁坦克、装甲和非装甲技术装备、低空低速飞行目标,以及敌战场前沿或纵深的有生力量。还可用于执行反舰、反潜、搜索和救援、电子侦察等任务。

尽管卡-50出色的人机设计使1个飞行员足以完成2个飞行员的全部操作,但俄军方考虑到战场的复杂和飞行员失能的可能性,还是放弃了卡-50的采购。为此卡莫夫设计局将卡-50进行了双座布局改装,于是诞生了卡-52。卡-52的特征是并列式双驾驶员布局,保留了侧面机炮和六个外挂点的设计,见图1-23。卡-52又被称作"智能"型武装直升机,具有最新的自动目标指示仪和独特的高度程序,能为战斗直升机群进行目标分配,以充分发挥卡-52武装直升机的作用和协调其机群的战斗行动。

图1-23 卡-52武装直升机

(三) 其他国家典型武装直升机

1. 欧洲"虎"式武装直升机

欧洲的"虎"式武装直升机,欧直编号 EC-665,由欧洲直升机公司研制(该公司由法国航宇公司和德国 MBD 公司联合组成),见图1-24。"虎"式计划是1984年正式开始的,法德两国政府签订了一项谅解备忘录,内容是研制取代"小羚羊"和 BO105P(PAH-1) 直升机的轻型攻击直升机[①]。备忘录对该武装直升机所提出的战术技术要求,能够满足德国陆军的要求,为此,德国陆军中止了购买美国 AH-64"阿帕奇"武装直升机的计划。从修改上述备忘录到两国的制造商正式达成研制协议,花了整整5年的时间,该协议把要研制的轻型武装直升机正式命名为"虎"(OGER)。该型直升机总共有三个型号,即法国的火力支援/空战型 HAP、反坦克型 HAC 和德国的反坦克型 UHT。1996年初,欧直又决定将"虎"式直升机的基本构型分为使用桅杆式瞄准具的 HCP 型(反坦克型 HAC 和

---

① 在20世纪70年代,随着专用武装直升机在局部战争中出色的发挥,该机种成为各国军队竞相研制装备。当时法国装备了"小羚羊"武装直升机,德国装备了 BO105P(PAH-1) 武装直升机,但两者都是从轻型多用途直升机改进而来的。因此两国谋求以合作形式,研制一种专用武装直升机。

UHT)和使用顶置瞄准具的 U – TIGER 型(火力支援/空战型 HAP)。"虎"式攻击直升机的造型类似其他的反坦克直升机,是纵列双座的狭长低短造型,以减少正面面积,利于隐身,减少被发现的机会,也利于运输。机身中段两侧,加装了一对短翼,可提供 4 个挂架,可挂载武器。机身下方为耐冲击自封式油箱,油箱容量为 1360L。其机体结构追求安全性,即使自封式油箱在遭到射击后,仍能飞行 30min,机身可抵御 7.62mm 与 12.7mm 机枪的射击。在设计上,首先突出了高速、敏捷和精确的操作品质,技术水准比"阿帕奇"更胜一筹。

图 1 – 24 "虎"式武装直升机

1)法国"虎"HAP/HCP/HAD 型

HAP/HCP/HAD 型(支援护送直升机/多用途战斗直升机/支援型攻击直升机)中,HAP 和 HCP 是为法国陆军制造的中型空对空战斗和火力支援直升机,均配备有机头下 30mm 炮塔,装备一门基亚特(GIAT)M781 30mm 口径转膛炮,翼下可搭载 22 管、68mmSNEB 非制导火箭发射器或 20mm 的机炮用于火力支援,也可挂装 MBDA"流星"空对空导弹。而 HAD 为 HAP 型的升级款,升级后发动机(MTR390,1464 马力)功率提高了 14%,配备了原为德国 UHT 型开发的 TRIGAT – LR 远程"崔格特"反坦克导弹,AGM – 114"海尔法"系列导弹,并也可配备有以色列 Spike 中程"长钉"导弹。

2)德国"虎"UHT 型

UHT 型(虎式支援直升机),是中型多用途火力支援直升机,用于装备德国联邦国防军,见图 1 – 25。该机可以携带 TRIGAT – LR 远程"崔格特"反坦克导弹和/或 HOT3"霍特"3 反坦克导弹以及"九头蛇"70mm 火箭。两侧机翼各装备 2 个 AIM – 92"毒刺"导弹,用于空对空作战。与 HAP/HCP 不同的是没有集成炮塔,但可以根据需要加装 12.7mm 机枪炮塔。

3)澳大利亚"虎"ARH 型

ARH 型(武装侦察直升机)由澳大利亚陆军订购,以取代 OH – 58"奇奥瓦勇士"侦察直升机和 UH – 1"大盗"攻击直升机。ARH 型是在 HAP 型基础上的

图1-25 德国"虎"UHT反坦克型

修改和升级,加装了升级的MTR390发动机,安装了激光指示器以发射AGM-114"海尔法"导弹,SNEB非制导火箭也被比利时FZ公司制造的70mm火箭发射器代替。

"虎"式直升机拥有多种的型号,既能执行战斗支援和护卫任务,又能实施反坦克作战以及与敌方直升机空战等任务。它配有多功能的座舱仪,其观察瞄准系统具备较高的运动范围,而且飞行员与射手都分别拥有独立的观察装置。机头的前视红外仪以热成像为飞行员提供夜间飞行视力,影像投影在飞行员所戴的头盔显示器上。供射手使用的壳顶瞄准仪系统,包括一具热成像摄影机、一具电视摄影机、一具追踪"霍特"导弹的光电定位器。而最新型无源瞄准系统和远程火力系统的应用,又使"虎"式攻击直升机的作战效能大大提高。

2. 日本OH-1"忍者"武装直升机

OH-1"忍者"(Ninja)是川崎重工于20世纪90年代初开始研制的一种轻型武装侦察直升机,用于替代日本陆上自卫队现役的OH-6D轻型武装侦察直升机,见图1-26。该机是日本自行研制的第一种军用直升机。1996年8月6日,原型机进行了首次飞行,1997年5—8月,共有4架飞机装备部队,1999年开始批量生产,日本海上自卫队计划定购180~200架OH-1,但到2013年只交付了4架原型机和34架量

图1-26 OH-1"忍者"武装直升机

产型共38架直升机,2015年2月17日曾发生过一架OH-1飞行过程中双发故障坠毁的事故,导致该机型全部停飞,直至2019年3月1日,经设计改进的新型

OH-1开始恢复飞行训练。

OH-1"忍者"武装直升机采用纵列式座舱布局以及用来搭载武器的短翼,在座舱棚顶安装了前视红外电子侦察、电视和激光测距设备,座舱内装有平视显示器。OH-1机身两侧的短翼,可挂载空空导弹及副油箱,两个挂点各装一个双联空空导弹发射器,共能带4枚东芝-91型近距空对空导弹(由肩扛式防空导弹改进而来),载弹量可以达到600kg以上,据报道,新改进的OH-1加装了M197型20mm口径加特林机炮、70mm火箭发射器以及"陶"式重型反坦克导弹,见图1-27。

图1-27　改进型OH-1"忍者"武装直升机

OH-1使用了大量复合材料,采用无磨损旋翼系统,4片碳纤维复合材料桨叶/桨毂、无轴承/弹性容限旋翼,可抵御12.7mm枪弹毁伤。采用涵道式尾桨,8片尾桨桨叶采用非对称布置,既降低了噪声,同时减少了震动,最大设计速度为280km/h,起飞重量为3.5~4t,作战半径可达200km以上,机动性能良好,噪声低,且采用吸震座椅和乘员的装甲保护,战场隐蔽性和生存能力较强。

3. 印度LCH武装直升机

LCH武装直升机是印度斯坦航空有限公司(HAL)研制和生产的一种轻型武装直升机,是印度首次尝试自行研制的武装直升机[1],见图1-28。LCH直升机机长16m,翼展3.55m,主螺旋桨直径13.3m,尾桨直径2.054m,巡航速度275km/h,最大航速330km/h,最大作战升限5500m,正常作战航程700km,最大起飞重量5.5t。据悉,LCH可在海拔3000m的机场起飞,在5000m的高度正常使用机载武器系统,并在不超过6500m的高度遥控无人驾驶飞行器执行任务。根据这些战术数据来分析,LCH就可以在印度北部绝大多数的高海拔机场使用。

LCH可携带20mm机炮、集束炸弹、火箭弹、空空或空地导弹等武器,可用于摧毁或杀伤敌方坦克、运兵车队、边境工事和交通枢纽等典型目标和地面有生力

---

[1] 美国根据LCH研制进度和印度军方的需求,适时为印度提供了AH-64E型武装直升机及其生产线。据报道,该生产线每年可以组装生产48架直升机,目前AH-64E已经装备印军部队。因此,后续LCH的命运取决于印度官方的态度。

图 1-28　LCH 武装直升机

量。该机采用多个彩色大屏幕多功能显示器用于综合显示,机头还装有前视红外探测器、激光测距仪、激光指示器、雷达警告接收机、激光警告接收机、头盔显示器等系统。从外形上看,该机设计考虑了隐身能力。总之,LCH 是一款可以在复杂气候和天气条件使用现代化武器执行作战任务,具有一定高海拔作战能力、战场生存能力和隐蔽突防能力的现代化直升机。

4. 意大利 A-129/土耳其 T129 武装直升机

1) 意大利 A-129 武装直升机

意大利总参谋部针对欧洲战场可能出现的大规模坦克作战,在 1972 年试探性提出研制一种专用反坦克直升机,这在欧洲是第一家[①]。1978 年 3 月,阿古斯塔公司同意大利陆军共同投资发展新型武装直升机,即 A-129"猫鼬"(Mangusta),见图 1-29。意大利陆军的基本要求是采用"陶"式导弹,直升机最大任务重量超过 3800kg,巡航速度 250km/h,海平面爬升率 10m/s,无地效悬停高度 2000m,续航时间 2.5h。

---

① 当时意大利有两个选择,购买现成的直升机(如 AH-1)或者改进一种本国现有直升机。为此,意大利进行了 AB-205 直升机挂载"陶"式导弹的试验,但是试验的结果却并不能让意大利陆军满意,而如果购买 AH-1 又价格不菲,也令意大利航空工业难以接受。权衡之下,意大利陆军航空兵决定联合阿古斯塔公司,转向对 A-109 直升机进行大幅度升级改型,项目名称为 ELECC 轻型巡逻、反坦克直升机。意大利陆航与此相对应的另外一个计划是研制中型多用途直升机家族,包括战场支援、运输、C3 和侦察搜索型直升机。结果,由于资金问题,最终只有第一个反坦克型直升机项目得以继续。

图1-29 A-129武装直升机

A-129"猫鼬"主要攻击地面的装甲目标,能够在白天、黑夜和各种气候条件下执行任务。该型直升机也可以配备专门用于空对空作战的武器,并且在"猫鼬"的基础上还开发出了A-129"国际"型,满足了当今武装部队对多任务战斗直升机的需求,具备出色的性能和生存能力,同时只需要相当低的维护成本。虽然与诸如AH-1"眼镜蛇"和AH-64D"长弓阿帕奇"等直升机相比在火力和技术方面仍处于劣势,但是毫无疑问是一种性能出众的直升机,而且价格低得多。

2) 土耳其T129武装直升机

阿古斯塔公司于2007年赢得土耳其新型武装直升机项目的竞标,将为土耳其提供新型T129武装直升机,这种直升机A-129"猫鼬"武装直升机改型而来。土耳其和意大利于2008年6月24日正式启动了该项目,为土耳其武装部队制造T129武装直升机。由于土耳其陆军对该机的需求非常迫切,所以在2010年11月又签署了价值4.5亿美元的9架T129的采购合同。这批直升机被编号为T129A,换装了两台CTS800-4A涡轴发动机,并拥有新的变速箱和尾桨。该机的武器仅限于20mm机炮和70mm非制导火箭,瞄准和导航设备是ASELF-LIR-300T FLIR,而更现代化并具有全部作战能力的生产型直升机则被命名为T129B,见图1-30。

图1-30 T129B武装直升机

T129B将被分成两个批次生产,分别称为TUC-1(土耳其独特配置-1)和TUC-2。30架TUC-1批次直升机的正式编号T129B1,配备AGM-114"海尔法"Ⅱ和"长钉"-ER导弹;TUC-2批次(T129B2)的20架将安装全国产化航电系统,配备UMTAS导弹和CIRIT激光制导火箭。T129的固定武器为机头下方的20mmM197加特林机炮,该机短翼的四个挂架上可挂载多种武器,其中包括70mmCIRIT激光制导火箭弹、UMTAS导弹、空对空"毒刺"(ATAS)导弹、70mm无制导火箭弹和机枪吊舱,见图1-31。

图1-31　T129武装直升机及挂载的UMTAS导弹

二、打击目标分类及特性

武装直升机主要是在作战中遂行空中攻击、空中机动、空中保障等任务,其主要攻击目标包括各种低空、超低空飞行器,地面及水面目标等。影响目标毁伤程度的主要因素是目标自身的易损性和弹药的威力(使目标失去战斗功能的能力),其中与目标本身的位置、状态、易损性等有很大关系。

(一)目标分类

弹药和目标是一对互相对立而又紧密联系的矛盾统一体。弹药的选择和设计,首先考虑武器的战术用途和它所要对付的目标。对不同的目标,应当采用不同的打击方法,既包含弹种的选择问题,也包含毁伤机理的选择问题。目标的多样性,决定了弹药的多样性。弹药毁伤效率的提高,迫使目标抗弹性能不断发展;而目标的发展与新型目标的出现,又反过来促进弹药的不断发展和翻新。目标分类方法很多,如按照目标所在位置,可分为空中目标、地(水)面目标和地(水)下目标;按照目标的范围,可分为点目标和面目标,进而按照目标的防御能力再分为"软"目标和"硬"目标;按照目标运动情况,可分为固定目标和运动目标。

点目标通常是指一个目标单元占据一个位置的目标。这类目标是根据这样的假设确定的,用目标的大小同武器与目标之间的距离相比,或者与战斗部的有效毁伤半径相比,目标显得比较小。例如,敌方的一辆坦克,就是点目标,而一座桥梁也可能是一个点目标。

面目标通常是指那些要求杀伤和破坏效果遍及某一区域的目标。这种目标是二维的或者说是分布在一个区域内的一批不同类型的目标单元,如部队集结区、防御工事地带、工业区和各种基地等。

点目标和面目标的概念是相对的,它们的区别取决于在给定区域内目标单元的数目和它们的配置。同一目标,对某一个武器系统而言可以将其划为点目标,而对另一个武器系统来说则可将其定为面目标。

目标的"软""硬"之分,主要是以目标的防护能力来区别的。诸如人员、卡车、吉普车、建筑物、布雷区等,由于其防护能力较弱,故被称为软目标;而坦克、装甲车、舰船、潜艇、水坝、飞机跑道等,由于其防护能力较强,故被称为硬目标。

(二)目标特性

1. 空中目标特性

直升机对付的空中目标主要是旋转翼军用飞机、精确制导弹药、低小慢目标等。

空间特征:空中目标是点目标,其入侵高度和作战高度从几米到几千米不等,作战空域大。

运动特征:空中目标的运动速度高,机动性好。

易损性特征:空中目标一般没有特殊的装甲防护,某些军用飞机驾驶舱的装甲防护约为 12mm。武装直升机在驾驶舱、发动机、油箱、仪器舱等要害部位有一定的装甲防护。

空中目标区域环境特征:采用低空或超低空飞行,即掠海、掠地飞行,利用雷达的盲区或海杂波、地杂波的影响,降低敌方对目标的发现概率。

空中目标对抗特征:为了提高空中武器系统的生存能力,需要采取一些对抗措施,如电子对抗、红外对抗、隐身对抗、烟火欺骗、金属箔条欺骗等。

2. 地面目标特性

地面目标主要包括地面机动目标和地面固定目标。地面机动目标包括坦克、自行火炮、轻型装甲车辆及有生力量等,属于点目标或群目标;地面固定目标大多是建筑物、永备工事、掩蔽部、野战工事、机场、桥梁、港口等。

位置特征:地面固定目标不像空中目标、海上目标或地面机动目标那样具有一定的运动速度和机动性,地面固定目标有确定的空间位置。

集群特征:地面固定目标一般为集结的地面目标。

防护特征:对于纵深战略目标,都有防空部队和地面部队防护。

易损性特征:对于为军事目的修建的建筑和设施,都有较好的防护,采用钢筋混凝土或钢板制成,并有覆盖层,抗弹能力强。

隐蔽性特征:地面固定目标一般采用消极防护,如隐蔽、伪装等措施。

3. 海上目标特性

海上目标主要指的是海面上的各种作战舰艇、运输补给舰以及水下潜艇等。

空间特征:海上目标属于点目标。舰艇再大,相对于海洋和舰载武器的射程而言也很小,加之海洋航行之间需保持一定距离,故属于点目标。

防护特征:舰艇具有较强的防护能力,包括间接防护和直接防护两种能力。直接防护是指被来袭反舰武器命中后如何不受损失和少受损失,而间接防护是指如何防止被来袭的反舰武器命中。

火力特征:海上目标具有较强的火力装备。在各种舰艇上装备有导弹、火炮、鱼雷、作战飞机等现代化的武器进行全方位的进攻和自卫。

运动特征:海上目标具有很强的机动性能,如目前大量应用的轻装甲、高速度、导弹化的护卫舰、驱逐舰等。

易损性特征:海上目标具有较大的易损要害部位,如舰载燃油、弹药、电子设备、武器系统等。

三、弹药毁伤机理

为适应现代战争的需要,作为最终完成对各类目标毁伤功能的弹药必须具有一定能力①,这些能力决定于弹药的威力和弹药毁伤机理。弹药威力的首要因素是其终点效应,而终点效应的性质和大小又与毁伤方式密切相关。弹药对目标的毁伤一般是通过其在弹道终点处与目标发生的碰击和爆炸作用,将自身动能或爆炸能及其产生的杀伤元(破片、射流等)对目标进行机械的、化学的、热力效应的破坏,使之暂时或永久地部分丧失或完全丧失其正常功能,失去作战能力。一是目标毁伤机理,即弹药对目标的作用原理,主要有冲击、侵彻、爆炸、能束照射及软毁伤等。如破片对有生力量的杀伤机理,冲击波超压对装备的破坏机理,穿甲弹、破甲弹对装甲目标的侵彻机理等。对人员进行杀伤主要依靠破片和冲击波这两种毁伤元。破片对人体的杀伤取决于弹丸产生的最大破片杀伤面

---

① 一是精确打击能力。为减少不必要的附加损伤,要求弹药必须具有精确打击能力,故现代弹药正在向制导化、可控化、灵巧化、智能化的方向发展,出现了末敏弹、弹道修正弹、智能雷等新型弹药。例如,美国的"萨达姆"(SADARM)末敏弹、德国的"灵巧"(SMART)末敏弹等,实现了"发射后不管"的目标,是弹药技术领域的一次飞跃。二是远程压制能力。实践表明,拥有远程压制能力的一方可使己方在敌方火力圈之外打击敌方目标,掌握战争主动。因此,提高弹药射程始终是弹药发展的目标之一,也是弹药技术发展的一个主要方向。三是高效毁伤能力。现代战争要求弹药能够有效对付地面设施、装甲车辆等目标,也要求能够有效对付武装直升机、巡航导弹以及各类高价值空中目标。同时,由于弹药是在战争中大量消耗的装备,作战效能高的弹药可以大大降低作战成本。因此,现代战争要求弹药具有对各类目标的多功能高效毁伤能力,可以根据不同的目标进行不同类型的毁伤,以适应现代战争的特点。提高弹药的高效毁伤能力,除提高装药性能外,研制新型多功能子母弹药已成为弹药技术领域重点发展的关键技术之一。四是信息钳制能力。要想实现对战场态势的快速响应,就要求弹药必须具有快速获取战场信息并迅速反馈的能力,同时还必须具有对敌方获取信息能力的阻断和反制能力。因此,研制具有战场态势获取控制能力的弹药,也是目前弹药技术的一个新的发展方向。目前,世界各国已经开始研制具有战场信息感知获取能力,甚至兼具攻击能力的信息化弹药。

积以及人体防护情况。破片侵彻不同部位时,由于各部位密度不同,破片弹道会发生偏转,侵彻路线和致伤情况不同。当破片击中穿着避弹衣的人体时,只有穿过避弹衣后才能产生对人体致命的杀伤,因此在破片速度较低时,避弹衣中的薄板将产生变形和背面隆起现象,避弹衣会有一定的防护作用。但当破片速度较高时,在击穿避弹衣中的铝片或钢片时会产生充塞,此充塞会进入人体并加重对人体的毁伤。另外,在高速条件下,破片在穿过避弹衣时产生的变形也会加重对人体的致伤作用,也就是说,在特定的条件下,避弹衣也有副作用。一般的避弹衣由纤维外罩、铝合金板和多层尼龙布等组成;冲击波作用于人体时,肺是最易遭受直接伤害的致命器官,耳是最易遭受直接伤害的非致命器官。当冲击波的能量达到一定程度时,肺伤害可以直接导致死亡,耳伤害可导致耳鼓膜破裂。同时,在冲击波超压和爆炸气流作用下,整个人体被抛入空中并发生位移,在飞行中与其他物体发生撞击会产生位移伤害效应。二是目标的毁伤模式,即目标受弹药攻击之后产生的破坏形式。它取决于弹药的作用单元和目标本身,常见的毁伤模式主要有机械损伤(包括结构变形、破坏、防护层被贯穿等)、可燃物燃爆、电气设备短断路、光电子设备失效、有生力量死伤等。由于目标毁伤机理的多样化及结构复杂化,目标毁伤模式也呈多样化的特性。三是目标的毁伤准则,即判断目标被攻击受到一定程度的毁伤后,是否失去或部分失去原有功能的标准。建立这样一种标准,能为衡量目标被毁伤的程度,判断武器弹药是否实现了对目标的毁伤提供依据。

(一)破片杀伤作用

破片杀伤作用是指弹药爆炸时形成的破片对目标的毁伤效应,表征杀伤弹药的威力。破片在空气中运动时虽有速度损失,但仍具有足够的动能碰击并毁伤目标,形成较大的毁伤作用,包括对人员杀伤作用和对装备及建筑物的击穿作用、纵火作用和引爆作用。毁伤作用(杀伤作用)的大小取决于破片的分布规律、目标性质和射击(或投放、抛射)条件。因而破片效应成为体现弹丸、战斗部威力的主要手段之一,形成机理,见图1-32。一般距爆炸中心2~3倍口径,这时破片速度达到最大值,称为破片初速。

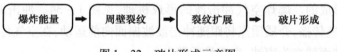

图1-32 破片形成示意图

现代弹丸和战斗部采用的破片形式有自然破片、预控破片、预制破片、杆式(有离散杆和连续杆之分)破片、自锻破片等,后两者多用于导弹战斗部。破片的分布规律包括弹药爆炸时所形成破片的质量分布(不同质量范围内的破片数量)、速度分布(沿弹药轴线不同位置处破片的初速)、破片形状及破片的空间分布(在不同空间位置上的破片密度),其空间分布规律,见图1-33。而这些特性则取决于弹体材料的性质、弹药结构、炸药性能以及炸药装填系数等参量、射击条件等。通常,爆炸物品爆炸后,弹体上下的破片比较稀疏,约占破片的10%;向四周飞散的破片比较密集,约占破片的90%。射击条件包括射击的方法(着发射击、跳弹射击和空炸射击)、弹着点的土壤硬度、引信装定和引信性能。当引信装定为瞬发状态进行着发射击时,弹药撞击目标后

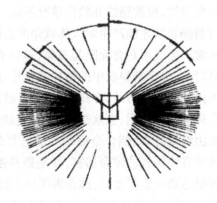

图1-33 破片的空间分布规律

立即爆炸。此时破片的毁伤面积是由落角(弹道切线与落点水平面的夹角)、落速、土壤硬度和引信性能决定的。落角小时,部分破片进入土壤或向上飞而影响杀伤作用;杀伤作用随落角的增大而提高。引信作用时间越短,杀伤作用越大;弹药侵入越深,则杀伤作用下降越快;当进行跳弹射击(通常落角小于20°,引信装定为延期状态)时,弹药碰击目标后跳飞至目标上空爆炸。跳弹射击和空炸射击时,如果空炸高度适合,则杀伤作用有明显提高。

(二) 爆破作用

装填猛炸药的弹丸或战斗部爆炸时,形成的爆轰产物和冲击波(或应力波)对目标具有破坏作用。一是爆轰产物的直接破坏作用。弹丸爆炸时,形成高温高压气体,以极高的速度向四周膨胀,强烈作用于周围邻近的目标上,使之破坏或燃烧。由于作用于目标上的压力随距离的增大而下降很快,因此它对目标的破坏区域很小,只有与目标接触爆炸才能充分发挥作用。二是冲击波的破坏作用。冲击波的破坏作用是指弹丸、战斗部或爆炸装置在空气、水等介质中爆炸时所形成的强压缩波对目标的破坏作用,是爆炸时高温高压的爆轰产物,以极高的速度向周围膨胀飞散,强烈压缩邻层介质,使其密度、压力和温度突跃升高并高速传播而形成的。爆炸空气冲击波的形成机理,见图1-34。冲击波是强扰动波,以超声速传播,介质质点将跟随冲击波波振面向前运动,在空气传播过程中,会逐渐衰减而转变为声波,直至最后消失。

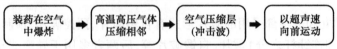

图1-34 冲击波形成示意图

爆炸空气冲击波对人体的危害形式主要有超压、摔碰伤、物体碎片三种形式,对人的损伤程度见表1-16。因此,确保人员至爆心的水平距离大于最小允许距离,即人员所处位置的超压小于0.002MPa①;当遇到炸毁量较大时,可采取微差分段起爆,分段时间间隔控制在500ms~1s。

表1-16 爆炸空气冲击波对人的损伤情况

超压 ΔP/MPa	0.002~0.003	0.003~0.005	0.005~0.01	0.01	0.0244~0.031	0.031~0.038	0.038~0.045
损伤等级	轻微	中等	严重	很严重	十分严重	极度严重	
损伤程度	轻微挫伤	听觉器官损伤,中等挫伤,骨折	内脏严重挫伤,可能有死亡	出现死亡	出现致命的概率/%		
					1	50	100

爆炸空气冲击波对建筑物的破坏形式主要是超压,破坏等级见表1-17。因此,应依据建筑物自身允许破坏程度的超压值和单次销毁的炸药量,调整爆心位置,使距建筑物的距离大于安全允许距离;应依据建筑物自身允许破坏程度的超压值和爆心距建筑物的实际距离,调整单次销毁的炸药量,满足安全要求。

表1-17 爆炸空气冲击波超压破坏等级

破坏等级	1	2	3	4	5	6	7
等级名称	基本无破坏	次轻度破坏	轻度破坏	中等破坏	次严重破坏	严重破坏	完全破坏
超压/10⁵Pa	<0.02	0.02~0.09	0.09~0.25	0.25~0.40	0.40~0.55	0.55~0.76	>0.76

爆炸及燃烧除了对有生力量身体的损伤、烧伤等外,还能产生有害气体,如一氧化碳、二氧化氮等,使有生力量中毒,危害情况见表1-18。

表1-18 有害气体对人体的危害

有害气体	特性	生理特征	中毒症状
一氧化碳	无色无味,比空气轻,常态下不能与氧结合	一氧化碳与红血球中的血红素的亲和力比氧气的亲和力大250~300倍,被吸入人体后,阻碍了氧和血红素的正常结合,使人体各部组织和细胞产生缺氧现象,引起中毒以致死亡	轻微:耳鸣、头痛、头晕、心跳;严重:再加肌肉疼痛、四肢无力、呕吐、感觉迟钝、丧失行为能力;致命:丧失知觉、痉挛、心脏及呼吸骤停

① 一次起爆装药量≤20kg,人员在掩体的最小允许距离 $R = 25 Q^{\frac{1}{3}}$;一次起爆装药量>20kg,超压 $\Delta P = 14 \dfrac{Q}{R^3} + 4.3 \dfrac{Q^{\frac{2}{3}}}{R^2} + 1.1 \dfrac{Q^{\frac{1}{3}}}{R}$。

续表

有害气体	特性	生理特征	中毒症状
二氧化氮	褐红色，有强烈窒息性，比空气重，与水结合成硝酸	对眼睛、鼻腔、呼吸道、肺部有强烈的刺激作用。吸入人体后，二氧化氮与水结合成硝酸，破坏肺部组织，引起肺部浮肿	6h后才有症状，最初呼吸道受刺激，咳嗽；20～30h后，发生严重的支气管炎，呼吸困难，吐淡黄色痰液，肺水肿，呕吐以致死亡；中毒症状是手指及头发发黄

（三）燃烧作用

弹药燃烧作用是指燃烧弹等弹药通过纵火对目标的毁伤作用，即利用纵火剂火种自燃或引燃作用，使目标毁伤以及由燃烧引起的后效，如油箱、弹药爆炸等。燃烧弹以及穿爆燃弹药或具有随进燃烧效果的破甲弹，其纵火作用都是通过弹体内的纵火体（火种）抛落在目标上引起燃烧来实现的，目标通常指可燃的木质建筑物、油库、弹药库、土木材以及地表面的易燃覆盖层等。不同种类的燃烧弹，其火种温度在1100～3000K范围内，因而对于燃点为几十至数百度的木材和汽油等可燃物，是完全可以引燃的。可燃物燃烧所放出的热量，部分向周围空间散发，其余热量能使其周围尚未燃烧的可燃物烘干、升温或汽化并继续加热到燃点以上，这是火势能够在目标处蔓延开来的必要条件。燃烧弹纵火的效果与燃烧弹爆炸后火种的数量、分布密度、燃烧温度、火焰大小、持续时间以及目标的物理性质（燃点、湿度、温度等）和堆放情况等因素有关。

目前采用的燃烧剂基本有三种：金属燃烧剂，能做纵火剂的有镁、铝、铀和稀土合金等易燃金属，多用于贯穿装甲后，在其内部起纵火作用；油基纵火剂，主要是凝固汽油一类，其主要成分是汽油、苯和聚苯乙烯，其温度较低（790℃左右），但它的火焰大（焰长达1m以上），燃烧时间长，因此纵火效果好；烟火纵火剂，主要是用铝热剂，其温度高（2400℃以上），有灼热熔渣，但火焰小（不足0.3m）。一些纵火剂也可以混合使用。

（四）穿甲、破甲和碎甲作用

弹药穿甲作用是指弹丸等以自身的动能侵彻或穿透装甲，对装甲目标所形成的破坏效应。弹丸着速通常为500～1800m/s，有的可高达2000m/s以上。在穿透装甲后，利用弹丸或弹、靶破片的直接撞击作用，或由其引燃、引爆所产生的二次效应，或弹丸穿透装甲后的爆炸作用，可以毁伤目标内部的仪器设备和有生力量。高速弹丸碰击装甲时，可能发生头部微粗变形、破碎或质量侵蚀及弹身折断等现象。钢质装甲被穿透破坏的主要形式有韧性扩孔、花瓣型穿孔、冲塞、破碎型穿孔和崩落穿透等。实际上，钢质装甲板的破坏往往由多种形式组合而成，但其中必以一种破坏形式为主。此外，弹丸还可能因其动能不足而嵌留在装甲板内,或因入射角过大而从装甲板表面跳飞。在工程上,弹丸穿透给定装甲的概率不小于90%的最低撞击速度,称为极限穿透速度,常用以度量弹丸的穿甲能力,其大小受到装甲板倾角、弹丸和装甲材料性能、装甲厚度及弹丸结构与弹头形状等因素的影响。

弹药破甲作用是指破甲弹等空心装药爆炸时,形成高速金属射流,对装甲目标的侵彻、穿透和后效作用产生毁伤效应。当空心装药引爆后,金属药型罩在爆轰产物的高压作用下迅速向轴线闭合,罩内壁金属不断被挤压形成高速射流向前运动。由于从罩顶到罩底,闭合速度逐渐降低,所以相应的射流速度也是头部高而尾部低。例如,采用紫铜罩形成的射流,头部速度一般在 8000m/s 以上,而尾部速度则为 1000m/s 左右。整个射流存在着速度梯度,使它在运动过程中不断被拉长。

弹药碎甲作用是指以炸药装药紧贴装甲板表面爆炸,使装甲背部飞出崩落碎片并毁伤装甲目标内部人员与设备的破坏效应。主要是利用高猛度塑性炸药与装甲板接触爆炸的爆轰波能量,转化为向板中传播的强冲击波能量来破坏装甲的。当装甲板表面的强冲击波(强度为 40~45GPa)向板内传播,到达装甲板背面时,入射压缩波在自由界面产生反射拉伸波,与入射压缩波合成,使背部产生拉应力区。当某截面上的拉应力达到装甲板的临界断裂强度时,便产生首次崩落碎片。一般对单层、中等厚度金属装甲板的崩落效果较好,常从背部撕剪下一块碟形碎片(简称碟片),并以 30~200m/s 或更高一些的速度飞离背部。其直径为装药直径的 1.25~1.5 倍。如入射压缩波的剩余强度仍然较高,还会产生二次或多次崩落,继续有一些较小的碎片飞出这些飞出的碎片,可毁伤装甲目标内部的人员和设备。碎甲作用对钢质装甲板的破坏,一般不出现透孔;在混凝土墙系统接触爆炸时,墙的前、后表面将出现较多、较长、较深的裂纹和大面积的破坏,从背部飞出大量的碎块,但无完整的碟片。由于其杀伤效果主要来自碟片的动能,所以,影响碟片及其他碎片动能的因素都是碎甲效应的影响因素。在炸药方面有爆速、密度及其堆积高度和直径;在靶板方面有其密度、厚度、倾角、波速及其材料的力学性质,如剪切模量、屈服强度等。崩落碎片(主要是碟片)的质量和速度越大,则碎甲威力越大。一般情况下,斜着靶的碎甲威力大于垂直着靶,碎甲弹的着角和着速对炸药堆积效果有影响。一般宜在着角 60°~65°时使用,主要是由于炸药堆积面积增大,使碟片的直径、厚度增大所致,但如着角过大则碎甲威力反而下降。薄装甲、间隔装甲、屏蔽装甲和复合装甲通常不产生碎甲作用。

(五) 软杀伤作用

弹药的软杀伤作用包括对人员的非致命杀伤效应和对武器装备的失能效

应。软杀伤作用是针对武器系统和人员的最关键且又是最脆弱的环节(部位)实施特殊的手段,使之失效且处于瘫痪状态。由于针对的关键且脆弱的环节不同,所以形成了各种各样的软杀伤机制和效应。

对人员的软杀伤主要是生物效应和热效应。生物效应是由较弱能量的微波照射后引起的,它使人员神经紊乱,行为错误,烦躁,致盲,或心肺功能衰竭等。试验证明,当飞机驾驶员受到能量密度为 $3\sim10W/cm^2$ 的微波照射后,就不能正常工作,甚至可能造成飞机失事;热效应是由强微波照射引起的,当微波能量密度为 $0.5W/cm^2$ 时,可造成人员皮肤轻度烧伤;当微波能量密度为 $20\sim80W/cm^2$ 时,照射时间超过 1s 即可造成人员死亡。目前,弹药对人员的软杀伤作用主要有激光致盲毁伤、次声波毁伤和非致命化学战剂毁伤等形式。

对武器装备的毁伤主要有高功率微波辐射和电磁脉冲毁伤、激光毁伤、碳纤维弹毁伤等形式。高功率微波战斗部作用时定向辐射高功率微波束,电磁脉冲弹作用时发出混频单脉冲,微波辐射和电磁脉冲对军械电子设备的作用都是通过电、热效应实现的。强电场效应不仅可以使武器装备中金属氧化物半导体电路的栅氧化层或金属化线间造成介质击穿,致使电路失效,而且会对武器系统自检仪器和敏感器件的工作可靠性造成影响。热效应可作为点火源和引爆源,瞬时引起易燃、易爆气体或电火工品等物品燃烧爆炸,可以使武器系统中的微电子器件、电磁敏感电路过热,造成局部热损伤,导致电路性能变坏或失效。激光毁伤模式采用强激光直接照射可以摧毁空间飞行器(卫星和导弹)和空中目标,由激光弹药发生的弱激光作用,可以破坏武器装备的传感器、各种光学窗口、光学瞄准镜、激光与雷达测距机、自动武器的探测系统等。碳纤维弹毁伤主要是通过碳纤维丝的导电性和附着力作用,附着到变压器、供电线路上,当高压电流通过碳纤维时,电场强度明显增大,电流流动速率加速,并开始放电,形成电弧,致使电力设备熔化,使电路发生短路,若电流过强或过热会引起着火,电弧若生成极高的电能,则造成爆炸,由此给发电厂及其供电系统造成毁灭性的破坏。

第二章　航空枪弹和炮弹

枪弹俗称子弹,是指从枪膛内发射的弹药,口径通常小于20mm;炮弹是指供火炮发射的弹药,口径通常大于或等于20mm,主要完成杀伤、爆破、侵彻、干扰等战斗任务。

直升机诞生后,为了进行自卫,最早使用了航空机枪(航枪)和航空机炮(航炮),并演变成对空作战、对地攻击的重要武器,从而改变了直升机的作战方式。航枪和航炮统称为航空自动武器,又称航空射击武器,能自动连续完成开膛、抽壳、抛壳、进弹和击发射击循环,通常安装在直升机机头下方、机头侧面、机腹或短翼下方等位置,是武装直升机空空作战和对地攻击的主要武器,具有射速高(每分钟可发射数百发甚至数千发弹药)、可靠性好、重量轻、操纵简便、构造复杂、命中精度较好和造价低等特点。按机枪(炮)的管数可分为单管式和多管式;按完成连发循环动作采用的能量方式,可分为内能源式和外能源式,其中内能源式是以武器发射时产生的火药气体为能源作驱动进行连发射击,外能源式是以外加电机或液压马达为能源作驱动进行连发射击。例如,美国的XM230链式航炮主要装备在美国陆军的AH-64A"阿帕奇"直升机上,还可装备AH-1S"眼镜蛇"、500MD"防御者"武装直升机,见图2-1。目前,世界各国装备的武装直升机基本都配备有航枪和航炮,也就配用各种型号的航空枪弹和炮弹,口径从12.7mm到30mm,主要用于攻击空中目标和地面目标。

图2-1　AH-64A"阿帕奇"安装的XM230链式航炮

第一节 枪弹和炮弹概述

枪(炮)弹家族,历史悠久,战功赫赫。尤其在现代战争中,这一家族非但没有落伍,反而在高科技的巧妙"催化"作用下一改旧貌,已悄然跻身于现代先进的精确制导武器的行列之中。

一、发展简史

在我国,"炮"取抛石之意,因此古代一直称为"砲"。公元 5 世纪《范蠡兵法》中就有"飞石重十二斤,为机发射二百步"的记载,这是最原始的石头炮弹。随着时代的变迁,炮弹走过了由抛射外形不规则的石头到发射实心的石球、铅球、铸铁球的漫长历程。早期的炮弹都不能爆炸,而是靠冲力来破坏或摧毁单个的目标。能爆炸的炮弹大约 14 世纪末才出现,但性能很差。

1421 年威尼斯人在攻克科西嘉的圣博尼法斯战斗中使用了安有导爆索的炮弹[①]。1510 年,出现了铸造的整发弹和球形实心弹。这些炮弹由称作"榴弹炮"的特种火炮发射,弹上装有弹托装置,可以使"弹眼"和引信准确地对准炮膛轴线,朝向炮口。法国国王路易十四时期,开始研究榴霰弹,直到 18 世纪晚期,人们都把炮弹称为"枪榴弹",这个词原意指"石榴",因为弹壳内的炸药看起来像无数的石榴籽。

英国人施拉普内尔于 1784 年发明了子母弹,里面装的炸药不多。而在此以前设计的炮弹都装药甚多,因为人们认为是用爆炸力量使弹片向四面八方飞散的。施拉普内尔的想法是只用足够的炸药炸开弹壳,让弹壳内的若干子弹以炮弹原来的速度继续向前飞。

19 世纪前期,欧洲的枪弹作了多次改进。1805 年,英国人包利制成带有点火装置的枪弹。1809 年,他又制成用纸壳包装雷酸汞的快速引爆枪弹。发射时,用钢针刺破纸壳弹筒的底部,触及雷酸汞炸药,将枪弹射出。1830 年,法国军官德尔文创造了长形小圆锥顶枪弹,减少了在飞行中的阻力,初速衰减缓慢,弹道低伸,提高了命中率。19 世纪 40 年代,杜文宁对枪弹的构造做了改进。法国军官 C. E. 米涅研发了射程较远、命中率较高的米涅式步枪,见图 2-2。枪长 1.4m,口径 17.8mm,枪重(除枪刺)4.8kg,初速 365.7m/s,最大射程 914m。米涅枪创制后,即被当时的英、法、美、比等国军队所采用。

[①] 使用这种带导爆索的炮弹对炮手来说是极其冒险的,由于要在铜制或铁制的炮弹壳内装上炸药,再安上引线,将其点燃,然后再小心翼翼地放进炮膛内。结果是许多炮管爆炸,炮手当场丧命。

图2-2 米涅式步枪及改进的枪弹

子母弹于1804年在苏里南的阿姆斯特丹堡首次得到应用,但由于炮弹在离开炮管时要点燃炸药,给子母弹预点火,所以很难掌握时机。1852年,博克塞上校改进了这种炮弹,用铁片隔膜把炸药和引信与弹头隔开,并于1864年开始使用,称为"隔膜弹"。由于博克塞引进了时间准确的引信,从1867年起,标准炮弹有了很大的改进。1882年,黑色炸药首次为苦味酸所取代,接着梯恩梯又取代了苦味酸,1891年开始用无烟火药。至此,炮弹已发展成熟。

航空炮弹的发展起源于飞机,航空炮弹最早是由飞机上安装陆军机枪作战发展演变而来的。飞机最初被用于军事时,机上是没有武器的。随着航空工业的发展,航炮逐渐安装到飞机上用于空战。第二次世界大战时,机载武器有了很大的发展,如美制P-38"闪电"战斗机装有一门20mm航炮和4挺12.7mm机枪,苏联的拉-5战斗机装有2门20mm的航炮。到了第二次世界大战后期,出现了30~75mm大口径航炮,德国还研制出射速高达1400发/min的20mm航炮和射速为1200发/min的30mm转膛炮。可以说,在空空导弹技术未成熟前,航炮在空战中占有举足轻重的地位。

1912年6月,美国飞行员钱德勒把陆军使用的机枪安装到飞机上进行空中试射。同年8月,俄国飞行员用陆军机枪从空中对地面目标进行了试射。1914年10月5日,法国飞行员弗朗士在"武星"式飞机上,用机枪击落了德国"亚维提克"式飞机,这可能是航空史上第一次有战果的空战。第一次世界大战期间,德国装备的"汉诺威"CL.Ⅲ型飞机,在驾驶舱周围设计安装了用于保护飞行员的钢板,并且在机身腹部装备了向下射击的机枪,飞机开始遂行超低空强击任务;法国的"莫拉纳·索尼尔埃"型单翼歼击机装有机载前射机枪,飞机螺旋桨桨叶的边缘装有钢楔,能偏转击中桨叶的机枪子弹,这在一定程度上解决了机载机枪的前射问题,从而便于飞行员在空战中修正射击偏差,提高射击命中率。1915年4月1日,法国飞行员罗兰·加洛斯驾驶这种歼击机击落1架德国侦察机。在以后的16天内,加洛斯又击落了5架敌机,成为世界上第一个王牌飞行员。

1913年,德国工程师弗朗茨·施奈德和索里尼取得了机枪同步协调器设计专利,但是这种结构原理未被推广使用。1915年4月19日,法国飞行员罗兰·加洛斯迫降在德国阵地后方,连同飞机被德军俘获。为德国工作的荷兰工程师安东尼·福克对这架法国歼击机进行了仿制和改进,研制出的设计协调装置解决了机载机枪前射与螺旋桨的协调问题。这种装置在M.5K型双翼飞机上试验成功后,投入批量生产,得到了广泛使用,避免了射出的弹丸击伤螺旋桨桨叶,射击命中率得到了很大提高。这些改装的机关枪,虽然在战争中发挥了很大作用,但仍然不能满足空中作战的要求,人们又专门设计了适合飞机上使用的航空机炮,由此,从真正意义上有了航空炮弹。随着航炮的不断发展,与之配套使用的航空炮弹也在不断改进、完善。

在空空导弹技术未成熟前,航炮在空战中占有举足轻重的地位。航空炮弹是飞机近距离空中格斗的主要弹药,可充分发挥飞行员勇猛顽强的作战精神,有效射程一般为800~1000m,可连续射击。射速一般随口径的增大而减小。近战时航空炮弹比火箭和导弹更有效。对地攻击时有效射程可增大到2000m。

第二次世界大战结束后,尤其是20世纪70年代以后,空战的胜负越来越取决于飞机所挂载的武器。以1973年10月的第四次中东战争为例,当时埃及、叙利亚空军的参战飞机共有945架,以色列仅有488架,但战争却以以军大胜而告终。在19天的空战中,埃、叙共损失飞机451架,其中被空空导弹击落的竟有334架,占被击落飞机总数的74%。由此可见,空空导弹作为一种新式空中打击力量,改变了空战的样式。自空空导弹发明后,人们一度过于迷信导弹制胜论,认为今后的空战将以远程空空导弹的超视距攻击开始,中近距空空导弹结束,航空炮弹将不再有用武之地,因此20世纪60年代问世的许多歼击机如美国F-4"鬼怪"等都不再装备航炮。可是这种只挂空空导弹的飞机在越南战争中却吃了大亏,在近战中那些早期的导弹根本无法发挥出被吹捧的威力,反而被越南当时第一代喷气式歼击机米格-17和米格-19用航炮打得狼狈不堪,不得已只好再为F-4"鬼怪"的改进型加装航炮。自从人们重新认识到航炮的重要性后,它就一直是作战飞机尤其是歼击机不可缺少的必备武器,尽管当今空空导弹的技术日益进步,多数已具备发射后不管的能力,但不忘前车之鉴的设计师和飞行员却从未怀疑过航炮的必要性。

由于空空导弹在命中率、载机安全性以及发射机动性等多方面都优于航炮,现代空战中,空空导弹已处于绝对的优势地位,有的战机已不安装航炮或只装航炮吊舱,以便随时更换其他吊舱。不过,航炮作为一种机载武器的补充,在很多时候仍能发挥一定作用。因此,新一代作战飞机大都保留了航炮,除非有其他武器代替它。任何导弹都有一个最小射程,如果没有航炮,敌机就可能采取闯入导弹最小射程以内的方法来躲避导弹攻击。如空战中,两架战机相隔很近,此时航炮就能发威。目前,有迹象表明,对航空炮弹作用的认识仍有分歧。美国研制的新一代战斗机——集尖端航空技术和最新武器系统于一身的F-22"猛禽"战斗机的制式武器中,仍然保留了20mm航炮。另据美国媒体报道,美国国防部正考虑为F-35"联合攻击战斗机"(JSF)增加第三种炮弹——PGU-25/U高爆燃烧弹药(HEI),用于空对空作战。已经设计的两种航炮炮弹是 PCU-23/U 训练弹和 PGU-20/U 空对地攻击用弹药。但英国皇家空军即将装备的 232 架最新式"台风"战斗机可能将不再配备航炮。

二、分类

(一) 枪弹分类

据统计,现代枪弹已发展到二十多种,有多种分类方法。

按用途不同,枪弹可分为军用枪弹、警用枪弹和民用枪弹等,也可分为普通枪弹、特种枪弹和辅助枪弹,见图 2-3。普通枪弹是手枪、步机枪的基本弹种,消耗量大;大口径机枪以穿甲燃烧弹做主用弹。

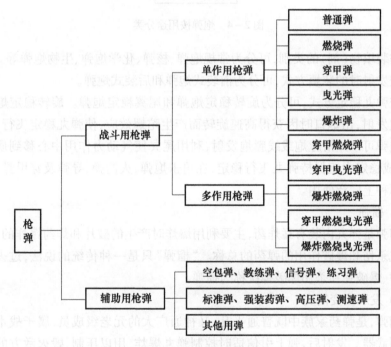

图 2-3 枪弹按用途分类

按配属枪械不同,军用枪弹可分为手枪弹、步(机)枪弹和大口径机枪弹。按口径大小不同,我国通常把口径 6mm 以下的枪弹称为小口径枪弹,口径 12mm 以上的称为大口径枪弹,介于两者之间的称为普通口径枪弹(或中口径弹)。

(二) 炮弹的分类

按用途,可分为主用弹、特种弹和辅助用弹,见图 2-4。杀伤弹、爆破弹、杀伤爆破弹主要依靠炸药爆炸后产生的破片和冲击波毁伤目标。甲弹的战斗部大都没有炸药,而是依靠其强大的动能穿透装甲。

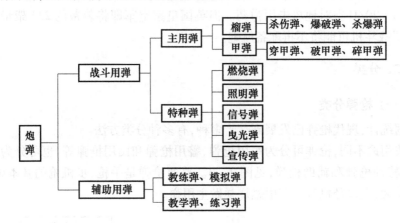

图 2-4 炮弹按用途分类

按装填物(剂)的类别,可分为常规炮弹、核弹、化学炮弹、生物炮弹等。

按发射时的装填方式,可分为前装式炮弹和后装式炮弹。

按弹丸稳定方式,可分为旋转稳定炮弹和尾翼稳定炮弹。旋转稳定炮弹由线膛炮发射,出炮口时因获得高速旋转而产生陀螺效应,使弹丸稳定飞行;尾翼稳定炮弹可以用滑膛炮或线膛炮发射,利用尾翼使气动力作用中心移到质心后面,形成稳定力矩保持弹丸飞行稳定,在迫击炮弹、火箭弹、导弹及穿甲弹、破甲弹等弹种上广泛使用。

1. 榴弹

榴弹是弹丸内装有猛炸药,主要利用爆炸时产生的破片和炸药爆炸的能量,以形成杀伤和爆破作用的弹药的总称。"榴弹"只是一种传统的说法,过去常将杀伤弹、爆破弹和杀伤爆破弹统称为榴弹。

1) 发展演变简史

榴弹,是弹药家族中既普通平凡,又神通广大的元老级成员,属于战术进攻型压制武器。发射后,弹上引信适时控制弹丸爆炸,用以压制、毁灭敌方的集群有生力量、坦克装甲车辆、炮兵阵地、机场设施、指挥通信系统、雷达阵地、地下防御工事、水面舰艇等目标。通过对这些面积较大的目标实施打击,使其永久或暂时丧失作战功能,达到消灭敌人或延缓敌方作战行动的目的。榴弹的发展尤以杀伤爆破榴弹(简称杀爆弹)最为典型突出,自19世纪中叶发明线膛炮发射长圆柱形杀爆弹以来,为追求"远射程、高精度、大威力"的弹药发展目标,杀爆弹经历了以下演变。

第一,弹体外形的演变。弹体外形的演变以提高弹药射程为目标,其演变过程为从平底远程型弹形、底凹远程型弹形、枣核弹形、底排弹,最终发展到复合增程弹,经历了 5 个发展阶段。早期的杀爆弹受到弹丸设计理论和火炮发射技术的限制,设计成平底短粗形状。全弹的长度通常不超过 5 倍弹径,头弧部长度远小于圆柱部长度,制约了射程的提高。20 世纪初,杀爆弹的体形开始演变为平底远程型,全弹长度已超过 5 倍弹径,头弧部长度大于圆柱部长度,射程有了提高,这种弹形已成为中、大口径杀爆弹的制式弹形。20 世纪 60 年代,杀爆弹出现了外形与平底远程型相似的底凹远程型弹形。由于弹底部存有圆柱形底凹,所以较好地匹配了弹丸的阻心与质心位置,全弹长度超过 5.5 倍弹径,射程有了进一步的提高。20 世纪 70 年代,杀爆弹出现了俗称"枣核弹"的第二代底凹远程型弹形。除了保留底凹机构外,其外形也有较大的变化,头弧部长度接近 5 倍弹径,圆弧母线半径大于 30 倍弹径,圆柱部长度不足 1 倍弹径,全弹长度已超过 6 倍弹径。在尖锐的头弧部上通常安装 4 片定心块,解决"枣核"弹形的膛内定心问题。该弹形通常与底部排气(简称底排)减阻增程技术或底排火箭复合增程技术配合使用,可获得极佳的增程效果。

第二,增程方式的演变。增程方式的演变以扩大增程效果为目标,但仅通过弹形的改变提高杀爆弹的射程,增程效果是有限的。实际上弹形的演变是与相应的增程技术同步发展并成熟起来的。20 世纪 70 年代,底排减阻增程技术在杀爆弹的平底远程型弹形上获得成功应用,增程效果达到 30% 以上。20 世纪 80 年代,底排减阻增程技术在杀爆弹的"枣核"弹形上也获得成功应用,使杀爆弹跻身于现代远程压制主用弹药之列。20 世纪 90 年代以来,底排减阻增程技术和火箭助推增程技术集中应用在 155mm、130mm、122mm 口径杀爆弹的平底远程型弹形或"枣核"形上。

第三,破片形式的演变。破片形式的演变以提高杀伤威力为目标。杀爆弹弹体爆炸后自然形成大量破片,其飞散速度可达 900~1200m/s。早期的杀爆弹主要是利用破片动能实现侵彻性杀伤。由于自然破片形状与质量的无规律性,破片速度衰减得相当快,限制了杀爆弹的有效杀伤范围。随之而来的改进措施是将预定形状与质量的钢珠、钢箭、钨球、钨柱等预制破片装入套体,安装在杀爆弹弹体的外(或内)表面。杀爆弹爆炸后,预制破片与自然破片共同构成破片杀伤场。由于预制破片飞行阻力具有一致性,所以带预制破片的杀爆弹将在设定的范围内有较密集的杀伤效果,全弹的杀伤威力有较大程度的提高。进一步的改进措施是,根据爆炸应力波的传播规律,在弹体外(或内)表面上按照预先设计刻出槽沟,从而在杀爆弹弹体爆炸后产生形状与质量可控的破片。采用激光束或等离子束等区域脆化法,在弹体的适当部位形成区域脆化网纹,从而确保弹体在爆炸后按照预定的规律破碎,产生可控破片。

第四,炸药装药的演变。炸药装药的演变以提高杀伤、爆破威力为目标。炸药类型和爆轰能、弹丸炸药装填系数和装药工艺等,直接影响着杀爆弹的威力和对目标的毁伤效果。对于同样的弹体,将梯恩梯炸药改为 A–Ⅸ–Ⅱ 炸药后,对目标的毁伤效能会有显著的提高。同样,B 炸药和改 B 炸药应用到杀爆弹中,杀爆弹的杀伤威力和爆破威力均会有很大程度的提高。[①]

第五,弹体材料的演变。弹体材料的演变以提高杀伤、爆破威力为目标。杀爆弹早期使用 D50 或 D60 弹钢材料,目前基本上由 58SiMn、50SiMnVB 等高强度、高破片率钢材所取代[②]。这些新型炮弹钢与高能炸药的匹配使用,使杀爆弹的综合威力得到显著提高。

2) 普通榴弹的作用

普通榴弹一般是指内装高能炸药,利用其爆炸后产生的气体膨胀功、爆炸冲击波和破片动能来摧毁目标的弹丸。榴弹是依靠炸药爆炸后产生的气体膨胀功、爆炸冲击波和弹丸破片动能来摧毁目标的。前者是榴弹的爆炸破坏作用,主要对付敌人的建筑物、武器装备及土木工事;后者是榴弹的杀伤破坏作用,主要对付敌方的有生力量。通常,把以爆破作用为主的弹丸称为爆破榴弹,把以杀伤作用为主的弹丸称为杀伤榴弹,把两者兼顾的弹丸称为杀伤爆破榴弹。从弹丸的终点效应来说,除了上述的爆破作用和杀伤作用外,由于弹丸在到达目标后尚有存速(落速或末速),弹丸对目标还将产生侵彻作用。其侵彻深度的大小主要取决于弹丸速度、引信装定和目标的性质等。实际上,弹丸的这种侵彻作用,对于爆破榴弹和杀伤爆破榴弹不仅是必然的,而且是必需的。

第一,侵彻作用。侵彻作用是指弹丸利用其动能对各种介质的侵入过程。对于爆破榴弹和杀伤爆破榴弹来说,这种过程具有特殊意义,因为只有在弹丸侵彻至适当深度时爆炸,才能获得最有利的爆破和杀伤效果。弹丸对介质的侵彻,影响着引信零件的受力,关系着弹丸的碰击强度,决定着爆破威力的效果。前两项在引信设计和弹丸设计中必须加以考虑,以保证它们的正常作用;后一项与引信装定的选择有关,早炸将会使弹坑很浅,迟炸则可能造成"隐炸",破坏效果不大。

第二,爆破作用。弹丸在目标处的爆炸,是从炸药的爆轰开始的。引信起作

---

① 俄罗斯目前以钝黑铝 A–Ⅸ–Ⅱ 炸药为主;美国等西方国家以 B 炸药为主,目前正大力发展不敏感 PBX 炸药;国内目前舰炮弹药、装甲兵弹药以钝黑铝 A–Ⅸ–Ⅱ、聚黑铝 JHL–2 炸药为主,炮兵弹药正在发展 RL–F 炸药。

② 俄罗斯常用弹体材料中碳钢和铬钢为主,如 D60、40Gr 等;美国等西方国家常用弹体材料以合金钢为主,如 HF–1、60Si$_2$Mn 等;国内常用弹体材料有低强度级别的 D60 钢、中强度级别的高破片率 58SiMn 钢、高强度级别的高破片率 50SiMnVB 钢等。

用后,弹丸壳体内的炸药被瞬时引爆,产生高温、高压的爆轰产物。该爆轰产物猛烈地向四周膨胀,一方面使弹丸壳体变形、破裂形成破片,并赋予破片一定的速度向外飞散;另一方面,高温、高压的爆轰产物作用于周围介质或目标本身,使目标遭受破坏。弹丸在空气中爆炸时,爆轰产物猛烈膨胀,压缩周围的空气,产生空气冲击波。空气冲击波在传播过程中将逐渐衰减,最后变为声波。空气冲击波峰值超压愈大,其破坏作用愈大。

第三,杀伤作用。当弹丸爆炸时,弹体将形成许多具有一定动能的破片。这些破片主要是用来杀伤敌方的有生力量,也可以用来毁伤敌方的器材和设备等。从破片的主要作用出发,通常把破片对目标的作用称为榴弹的杀伤作用。弹丸爆炸后,破片经过空间飞行到达目标表面,进而撞击人体的效应属于"终点弹道学"的范畴,而穿入人体后的致伤效应与致伤原理则属于"创伤弹道学"的研究对象。随着科学技术的发展,杀伤破片和杀伤元素(如钢珠、钢箭等)的应用发展很快,创伤弹道的理论和实验也有所发展,这对认识和提高榴弹的杀伤作用很有帮助。

第四,燃烧作用。榴弹的燃烧作用是指弹丸利用炸药爆炸时产生的高温爆轰产物对目标的引燃作用。其作用效果主要根据目标的易燃程度以及炸药的成分而定,当炸药中含有铝粉、镁粉或锆粉等成分时,爆炸时具有较强的纵火作用。

2. 穿甲弹

穿甲弹又称动能弹,是主要依靠弹丸的动能来穿透装甲达到摧毁目标的炮弹,用于毁伤坦克、自行火炮、装甲车辆、舰艇、飞机等装甲目标,也可用于破坏坚固防御工事,见图 2-5。穿甲弹的特点是初速高,直射距离大,射击精度高,是坦克炮和反坦克炮的主要配用弹种,也配用于舰炮、海岸炮、高射炮和航空机关

图 2-5 穿甲弹

炮。穿甲弹能击穿装甲主要靠强大的动能，一是弹体特别结实，由合金钢或钨、铀合金材料制成，弹体前端皆为实心，还有防裂槽，在撞击目标的瞬间不易破碎或折断。二是速度高，贯穿能量大，能洞穿较厚和具有流线型外形的装甲，同时如配有延期引信，一般在钻进目标内部后再爆炸。三是流线型外形，能在飞行中减小空气阻力，加上飞行速度快，射击精度高，瞬间就可以直接击中坦克或飞机等活动目标。

1) 发展历程

穿甲弹出现于19世纪60年代，最初主要用来对付覆有装甲的工事和舰艇。随着与装甲目标的斗争逐步发展，第一次世界大战中出现坦克以后，穿甲弹在与坦克的斗争中得到迅速发展。普通穿甲弹采用高强度合金钢做弹体，头部采用不同的结构形状和不同的硬度分布，对轻型装甲的毁伤有较好的效果。在二战中出现了重型坦克，于是相应地研制出碳化钨弹芯的次口径超速穿甲弹和用于锥膛炮发射的可变形穿甲弹，因为减轻了弹重，提高了初速，增加了侵彻动能，所以大大提高了穿甲威力。穿甲弹从一战中初露锋芒开始，经过了普通穿甲弹、次口径超速穿甲弹、旋转稳定式超速脱壳穿甲弹等阶段，发展到目前的长杆式尾翼稳定超速脱壳穿甲弹。

2) 分类及应用

穿甲弹按照弹体直径与火炮口径的配合，分为适口径穿甲弹与次口径穿甲弹；按结构性能分为普通穿甲弹、次口径超速穿甲弹和次口径超速脱壳穿甲弹。

(1) 普通穿甲弹，是指弹体直径与火炮口径相同的穿甲弹。根据头部结构的不同，穿甲弹又分为尖头穿甲弹、钝头穿甲弹和被帽穿甲弹，见图2-6。尖头穿甲弹头部较尖，碰击装甲板时冲击力集中，易于将装甲刺破和穿孔，适合射击较软的均质装甲，在射击硬度较大或表面硬化的装甲板时弹丸头部容易破碎，碰击有一定倾角的倾斜装甲时容易跳飞；钝头穿甲弹头部较平钝，碰击装甲时接触面较大，弹丸头部单位面积上承受的反作用力较尖头穿甲弹小，可以减轻弹丸头部的损坏，射击倾斜装甲板时不容易跳飞，适合射击硬度较大的装甲；被帽穿甲弹则是在较尖的头部外面焊接一个韧性较好、外形平钝的被帽和风帽，减少跳飞，被帽在碰击装甲并破损的同时，也给装甲表面造成一定的损坏，有利于完整的尖型弹体继续穿甲，此外，风帽在击穿装甲后形成的碎片也可杀伤人员。由于被帽穿甲弹在弹头上加有被帽，因而穿甲能力强，可用来对付表面经硬化处理的非均质装甲。被帽穿甲弹是坦克的重要弹药，从二战开始广泛应用于各种反装甲火炮和坦克炮，其成本和制造工艺相对简单，而且实战效果良好，因而二战以来很多坦克都配有这一弹种，如美国的M48"巴顿"坦克就配有M82曳光被帽穿甲弹。

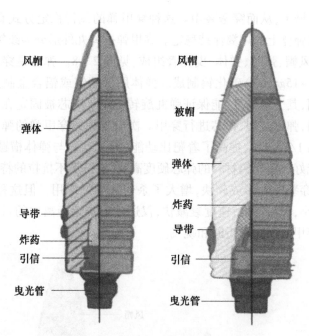

图 2-6 钝头穿甲弹和被帽穿甲弹

普通穿甲弹一般在弹体内装少量炸药,以提高穿透装甲后的杀伤和燃烧作用,其作用过程如图 2-7 所示。不装炸药的又称实心穿甲弹,装炸药较多的称半穿甲弹或穿甲爆破弹,装有燃烧剂(燃烧合金)的称穿甲燃烧弹。普通穿甲弹由弹丸和发射装药组成,弹丸由风帽、被帽、弹体、炸药、弹底引信和曳光管组成。风帽用于减小飞行阻力;被帽用于保护弹体头部穿甲时不受破坏,并可防止跳弹;弹体用优质合金钢制造,经热处理使头部硬度略高于尾部,以改善穿甲性能;曳光管用于显示弹道。100mm 普通穿甲弹弹丸全长不超过 3.9 倍口径,初速 900m/s 左右,在 1000m 距离上可击穿 110~160mm/30°(装甲厚度/法线角)的装甲,1000m 处的速度损失是初速的 11%~17%。

图 2-7 普通穿甲弹穿甲示意图

(2) 次口径超速穿甲弹,是指弹体直径小于火炮口径的穿甲弹。弹体内有一个用硬质合金制成的弹芯,由于穿甲弹是依靠弹丸的动能来穿透装甲的,因而当弹丸以高速撞击装甲时,强度高而直径细小的弹芯就能把大部分能量集中在装甲很小的区域上,从而穿透装甲。这种穿甲弹的飞行稳定方式有自身旋转稳定和依靠装在弹体上的尾翼保持稳定。穿甲弹按弹丸外形分为线轴型与流线型两种,主要由风帽、弹芯、弹体、曳光管组成,见图2-8。弹芯是穿甲弹的主体,用高密度(14~15g/cm³)碳化钨制成。弹体用低碳钢或铝合金制造,主要起支撑弹芯的作用,其上有导带,能保证弹丸旋转稳定。弹芯被固定在弹体中间,当碰击装甲瞬间,弹体破裂,弹芯进行穿甲。次口径超速穿甲弹的弹芯直径小,仅为火炮口径的1/3~1/2,提高了着靶比动能(弹丸动能与弹体横截面积之比),垂直穿甲性能好。碳化钨材料的弹芯硬度高,具有抗压不抗拉的特点,穿甲时基本不变形,击穿装甲后形成碎块,增大了杀伤与燃烧作用。但这种结构工艺性差,弹丸重量小,弹形不好,速度衰减快,仅适于射击近距离内的目标。此外,对大倾角装甲穿甲时弹芯易折断和跳飞。

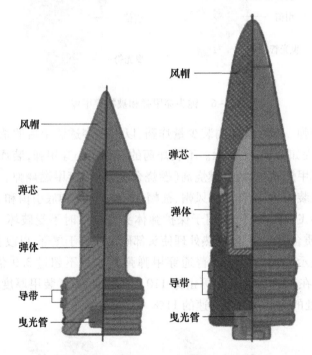

图2-8 线轴型和流线型超速穿甲弹

(3)次口径超速脱壳穿甲弹。超速脱壳穿甲弹的弹体一般成流线型或长杆形,形状像支长箭。所以,还有人称它为箭形超速穿甲弹,它的穿甲本领更强。次口径超速脱壳穿甲弹按稳定方式分为旋转稳定和尾翼稳定两种,由弹托与飞行弹体两部分组成。弹托在膛内承受火药燃气压力,支撑、带动和引导弹体正确运动,出炮口自行脱落。脱壳穿甲主要有两种,旋转稳定超速脱壳穿甲弹,仅适于线膛炮发射,由于弹丸断面比重或比动能受旋转稳定性的限制,使穿甲威力不可能有更大的提高;尾翼稳定超速脱壳穿甲弹,又称长杆式穿甲弹①,目前应用比较广泛。尾翼稳定脱壳穿甲弹(APFSDS)弹芯的外形近似长箭,弹身细长,直径20~30mm(老式的达到40mm),长径比超过20∶1。弹芯尾部有尾翼,可保持飞行中的稳定性和射击精度。这种近似长箭的外形不仅可以减小飞行阻力和保持飞行速度,而且在与装甲撞击时作用面小、冲击力大,可有效增加穿甲深度。APFSDS 的弹芯材料从最初的高碳钢合金发展到钨合金乃至贫铀合金,初速由最初的约 800m/s 提高到目前的超过 1800m/s,其穿甲厚度也由最初的几十毫米发展到目前的 200~600mm,已被世界公认成为对付复合装甲的最有效的炮弹。由于 APFSDS 的直径远远小于火炮口径,因此必须在弹芯上套一个弹带才能由火炮发射。弹带的作用是密闭炮膛,并增大弹丸的受力面积,使弹丸获得高炮口初速。弹带的外边包裹着一层薄薄的铜箍,在弹丸飞出炮管的过程中铜箍会和炮管发生摩擦,在弹丸飞出炮管后,弹带受空气阻力的作用而分裂、脱落,剩下的箭形弹芯则继续保持高速飞行。其飞行弹体由风帽、弹体、尾翼等部件组成,见图 2-9。长杆式穿甲弹的弹体由合金钢、钨合金或贫铀合金制成,重量轻、初速高,再加上弹丸飞出炮口后弹托在气流作用下脱落,使空气阻力大为减少,因其通过细而坚硬的弹芯能将大量动能集中作用在装甲很小的面积上(它的穿甲能量比普通穿甲弹大 4 倍),从而能击穿很厚的装甲。

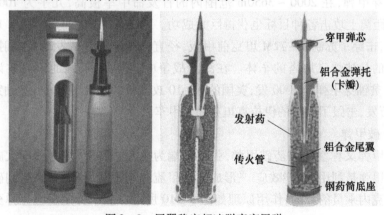

图 2-9　尾翼稳定超速脱壳穿甲弹

---

① 德国莱茵钢铁公司生产的 120mm 口径滑膛炮使用的是尾翼稳定脱壳穿甲弹。在发射炮弹后,弹壳由于受到空气阻力而自行脱落,露出长而细的硬质合金箭形弹头,从而增加了弹丸的速度。这种硬质合金的箭形弹头通常是由钨合金或贫铀合金制成,它集中了火炮所赋予的能量从而增加了穿透能力。美军的 M1A1 与 M1A2"艾布拉姆斯"坦克上都装备了这种尾翼稳定脱壳穿甲弹,其炮口初速达到了 1650~1700m/s,能够很容易地在最远距离上击毁 T-72 型坦克。

3) 发展方向

穿甲弹的穿透能力主要来源于弹丸运动时的动能和弹丸本身的材料,随着科学技术的发展和穿甲理论的研究,穿甲弹在提高动能和材料性能方面取得了巨大进步。要增大弹丸击中目标时的动能,就必须提高弹丸的速度。将弹丸长径比提高到30以上,能使穿甲弹具有更大的穿透力和后效作用。在20世纪60年代,人们研制出了尾翼稳定超速脱壳穿甲弹,从而获得很高的着靶比动能,穿甲威力得到大幅提高。

20世纪70年代后,穿甲弹采用密度$10g/cm^3$左右的钨合金和具有高密度、高强度、高韧性的贫铀合金做弹体,可击穿大倾角的装甲和复合装甲。[①] 贫铀穿甲弹是对付现有复合装甲和反作用装甲的最好武器,用贫铀合金制成的穿甲弹钢芯,不仅硬度和强度高,穿透力强,而且易于加工,力学性能好,价格低廉。加之穿进坦克后可以产生1000℃以上的高温,使装甲局部熔化,具有一定的纵火和燃烧的后效作用,所以美国等国都在大量生产这种贫铀穿甲弹并装备部队。美国目前生产的贫铀穿甲弹有4种口径(25mm、30mm、105mm、120mm)8个型号,最大穿甲厚度可达800~900mm。但由于贫铀穿甲弹具有放射性,其作用后的残留物会对人体造成长期损害,所以受到广泛质疑。

在海湾战争期间,参战美军的M1A1主战坦克装备M829A1式贫铀尾翼稳定脱壳穿甲弹,在2000~3650m范围内的首发命中率极高,几乎为100%,在4022m距离上攻击各种目标也获得巨大成功。M829A1式贫铀弹穿过3.15m厚的沙墙,击穿了苏制T-72M坦克前甲板,径直穿过全车并从发动机室射出,后面留下的是被炸飞炮塔的车体。在海湾战争中,美国和英国的坦克共计发射120mm贫铀穿甲弹约4000发,美国的A-10攻击机共计发射30mm贫铀穿甲弹约94万发,击毁了大量的伊拉克坦克和装甲车。

3. 破甲弹

破甲弹又称空心装药破甲弹,弹丸前端为空腔,后部装填高猛度大威力炸药。破甲弹是利用"聚能效应"[②]形成的破甲流和钢甲金属碎片,来达到破甲和杀伤坦克内乘员的目的,作用原理如图2-10所示。破甲弹是反坦克弹药的重

---

① 贫铀合金亦称"贫铀",具有微放射性。贫铀是从金属铀中提炼出铀235以后的副产品,其主要成分是不具有放射性的铀238,过去这种贫铀一直被当作废料。20世纪60年代初,美国开展了对贫铀利用方面的调查研究,经过试验后发现,贫铀的密度为$18.7g/cm^3$,硬度为钢材硬度的2.5倍,是制造穿甲弹的理想材料。

② 炸药呈空心漏斗形,炸药表面加有韧性较好、密度较大的紫铜或其他金属材料的药型罩,爆炸时形成一股高速、高温、高压状态的金属能射流,具有极高的比动能,能达到破甲作用。这种将炸药能量聚集起来的效应就是"聚能效应",又称作"门罗效应"。

要弹种,不需用高初速火炮发射,侵彻装甲深度一般为3~4倍弹径。因为破甲弹主要是靠装药本身的能量来穿甲的,故而不受初速和射距的限制,因此是一种发展潜力较大,具有很好应用前景的弹种。

图2-10 破甲弹原理示意图

1) 发展简史

1888年,美国人门罗在做炸药实验时发现,两个直径、重量、型号一样的药柱,底面平坦的爆炸破坏力小,而底面有锥形凹槽的爆炸破坏力大。后来,人们就把这种锥孔炸药所产生的破坏效应称为"聚能效应",破甲弹就是利用这一原理制成的。在二战前期,发现在炸药装药凹窝上衬以薄金属药型罩时,炸药爆炸的能量首先作用在药型罩上,药型罩在高温和非常大的压力作用下,一瞬间就变成一股细长的、能量很高的金属射流。这股射流非常细长,头部速度高达8000~10000m/s,冲击压力高达100~200万个标准大气压,可产生1000℃以上的高温,破甲威力大大增强,致使聚能效应得到广泛应用。1936—1939年西班牙内战期间,德国干涉军首先使用了破甲弹。现代的破甲弹更是层出不穷,花样繁多,破甲能力也在逐渐提高,足以穿透300~600mm甚至更厚的装甲。

20世纪70年代出现了复合装甲,80年代初又出现了反应式装甲(亦称爆炸装甲),它们以不同的结构和机制干扰、破坏和对抗射流的侵彻作用,使其降低甚至完全丧失破甲能力。针对这些装甲的出现,破甲弹也相应地不断改进,增大破甲威力,增大射流直径,提高射流的稳定性和直线性,来提高其对各种装甲的适应能力。例如,为了对付复合装甲和反应装甲的爆炸块,采用串联式聚能装药来对付带有反应式装甲的目标。其原理是利用初级装药先行爆炸摧毁反应式装甲,而后再用主装药爆炸产生的金属射流来侵彻、穿透主装甲。另外,为了提高后效作用,还出现了炸药装药中加杀伤元素或燃烧元素等随进物的破甲弹,以增加杀伤、燃烧作用。在结构设计上,为了克服破甲弹旋转时给破甲威力带来的不利影响,采用了错位式抗旋药型罩和旋压药型罩。

20世纪80年代以来,由于坦克装甲防护能力的不断提高,破甲弹也在采用多种方法提高破甲能力。例如,采用双锥药型罩和精密装药等方法,破甲深度已由原来的6倍装药直径提高到8~10倍的装药直径,并不断增大破甲弹的炸高,探索在大炸高下提高破甲弹侵彻能力的途径。同时,为了提高远距离破甲弹的命中精度和概率，还出现了末段制导破甲弹和攻击远距离坦克群的破甲子母弹。

2) 作用原理

金属射流的侵彻过程，在高速段符合流体力学模型，在低速段则要考虑装甲材料强度的影响，整个过程大致可分为三个阶段。

一是开坑阶段。当高速射流头部冲击碰撞装甲时，产生 10MPa 以上的压力，并从碰撞点向装甲板和射流中分别传入冲击波。射流在装甲板中建立高温、高压、高应变的三高区域，其压力可高达 3×10^5 MPa，因而具有很强的侵彻能力。

二是准定常侵彻阶段。开坑形成后，射流开始对三高状态的装甲板侵彻。在这个阶段，由于其能量和侵彻参数的变化都比较缓慢，故称准定常侵彻，大部分穿深是由此阶段形成的。

三是侵彻终止阶段。在侵彻的整个过程中，射流不断消耗，其速度也不断降低，装甲材料强度的影响越来越明显。在侵彻的后期，射流开始断裂并分散，加上射流残渣在孔底的堆积等，最后迫使侵彻终止。金属射流穿透装甲后，继续前进的剩余射流和穿透时崩落的装甲碎片，产生燃烧、爆炸二次效应，对装甲目标内的乘员和设备也具有毁伤作用，即后效作用。破甲威力通常用破甲深度表征，而其后效作用的大小，则以射流穿透装甲板时的出口直径和剩余射流穿过具有一定厚度与间隔的后效靶板块数来评价。影响破甲作用的主要因素还有炸高、装药直径大小、药型罩的材料和结构、炸药种类和密度、装药结构、传爆序列结构、制造工艺和装配的精度、弹丸转速、命中角度以及装甲的结构特性等。炸高是从药型罩底端面到装甲板表面之间的距离，适当的炸高能使射流得到充分拉长，达到最大破甲深度。性能较好的破甲弹对钢质装甲穿深已可达主装药直径的 8~10 倍。

3) 结构组成

破甲弹由弹丸和发射装药组成。弹丸有头螺（或风帽或杆形头部）、弹体、聚能装药、稳定装置和引信。有的破甲弹还在聚能装药中设有隔板，在传爆序列中采用中心起爆调整器，见图 2-11。

头螺，保证破甲弹有利炸高的部件，其长度为药型罩口部直径的 2~3 倍。采用头螺结构还利于装配弹体内零件和改善弹丸气动力外形，杆形

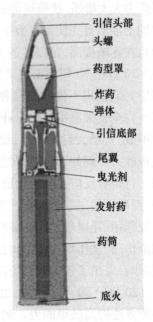

图 2-11 破甲弹结构示意图

头部还可产生稳定力矩。

弹体,装填有聚能装药,连接头螺与弹底,并保证弹丸在膛内正确运动的部件,一般用钢或铝制成。

聚能装药,通常由药型罩和带有凹窝的炸药装药组成,爆炸时产生聚能效应。药型罩是形成金属射流的零件,衬于装药凹窝内,多采用锥形罩,锥角一般为40°~60°,也有半球形罩、曲线组合形罩以及双锥形罩等。药型罩材料除要用延展性好、密度大的金属外,还可采用两种金属或金属与非金属复合的双层结构,最常用的药型罩材料是紫铜。炸药装药一般采用高爆速的猛炸药压制或用B炸药注装而成。装药前端的锥形凹窝,可使爆炸能量集中在凹窝的轴线方向上,用以增大该方向上的爆炸作用。在压药或注药时,一般均带药型罩。

隔板,能改变炸药装药爆轰波波形,提高破甲能力的零件。隔板一般用惰性材料制成,如塑料等,也可采用低爆速炸药制成。采用隔板的破甲弹可提高破甲深度,但破甲稳定性降低。

中心起爆调整器,保证炸药装药对称起爆,以获得良好对称性射流的部件。

引信,使破甲弹适时起爆的控制装置,一般采用压电引信、储电式机电引信、电容感应引信等。

稳定装置,有尾翼稳定和旋转稳定两种方式。破甲弹大多采用微旋和尾翼稳定,这是因为弹丸的高速旋转会破坏射流的稳定性,使破甲弹的威力下降。根据飞行速度不同,有的采用适口径固定式尾翼,有的采用张开式超口径尾翼,分前张式和后张式两种。

4. 碎甲弹

碎甲弹是一种反坦克弹药,它通过塑性炸药在装甲板上爆炸产生冲击波,利用超压崩落坦克装甲内层碎片来杀伤车内人员和毁伤设备,也可作为普通高爆弹使用,用于攻击混凝土建筑。碎甲弹的弹丸在外观上像个氧气瓶,弹体用易于变形的低碳钢制成,头部短粗且外壁较薄,里面装有大量塑性炸药,见图2-12。这种弹丸命中装甲时,弹体变形后破裂,在高温高压下,塑性炸药像膏药一样紧贴在装甲表面,不碎裂、不飞散。随后由弹底延期引信引爆炸药,瞬间产生几十万个标准大气压的强冲击波作用于装甲,在装甲内部形成强应力波,使装甲背面崩落出大小不

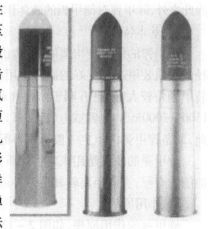

图2-12 碎甲弹

等的碎块,这些高速崩落的破片可以达到破坏装甲和杀伤人员的目的。

1) 发展简史

碎甲弹是二战时期由英国研制成功的一种弹药,最初用作反工事弹药,用来破坏坚固的钢筋混凝土工事。由于具有一定的反装甲作用,解决了大倾角命中时,穿甲弹易跳弹、破甲弹易"瞎火"的缺点,而且还可有效地杀伤人员,一时间成为很有效的反装甲弹种,当作一种多用途弹药装备坦克。可是好景不长,一方面,穿甲弹和破甲弹解决了各自的问题,大大提升了反装甲能力;另一方面,因为碎甲弹基本只能对匀质装甲作用,新型坦克大都使用了复合装甲或间隙装甲。复合装甲出现后,当碎甲弹遇到不同材料层叠混合的装甲时,震荡波在各材料接触的边缘被混乱地折射、反射,无法有效重叠,作用也就不明显了。间隙装甲则能更有效地抵御碎甲弹,由于震荡波不能在空气中传递,间隙装甲的空隙让碎甲弹无法对主装甲层造成破坏,导致碎甲弹威力大大削弱。再加上现代坦克炮塔内部都有防崩落内衬层,碎甲弹虽然能崩落复合装甲的最外一层装甲,产生碎片,但里面的一层装甲可以有效抵御由碎甲弹产生的崩落碎片,使它失去杀伤作用。因此,碎甲弹对坦克的破坏作用极其有限。目前,除少数国家的军队外,一般已不再配备碎甲弹作为反坦克弹种。另外,碎甲弹只能用线膛炮发射,目前装备线膛坦克炮的一些国家仍然在使用和发展碎甲弹,但它们的能力已不足以作为对坦克的主攻弹药。现在世界各国的坦克大都采用了高初速的滑膛炮,因此碎甲弹几乎被完全淘汰,已经很少装备和使用了。不过,英国的主战坦克"挑战者"1型和2型配备着线膛炮,所以英国仍然是配备碎甲弹的国家。尽管碎甲弹不再作为反坦克主要弹种,但是可以起到爆破榴弹的破坏作用,能做到一弹多用。除此之外,碎甲弹对侧甲板的破坏作用大,所以在现代战场中仍有用武之地。

2) 基本特点

碎甲弹的优点是构造简单、造价低廉、爆炸威力大,一般可对1.3~1.5倍口径的均质装甲起到良好的破碎作用;碎甲效能与弹速及弹着角关系不大,甚至当装甲倾角较大时,更有利于塑性炸药的堆积;碎甲弹装药量较多,其破片速度达1500~2000m/s,爆破威力较大,可以替代榴弹以对付各种工事和集群人员。因此,配备碎甲弹的坦克一般不用再配备榴弹。

碎甲弹的缺点是用来对付均质钢装甲比较有效,而对付屏蔽装甲、复合装甲的能力有限;直射距离较其他弹种近,通常为800m左右;只能用线膛炮发射。

3) 作用原理

碎甲弹的作用原理,如图2-13所示。当碎甲弹携带爆破物贴近装甲爆破时产生震荡波,震荡波沿垂直于装甲表面的方向传递。如果震荡波能传递到装甲另一面,由于遇到界面,被反射回来并与仍然向界面传递的波形产生重叠,这种重叠在接近装甲背面的地方特别严重。当波形重叠后,分子的震荡幅度急剧增加,物质结构遭到破坏,拉伸应力不断增大。一旦这种应力超过了钢甲的强度极限,就会在钢甲内部造成裂缝,使钢甲背面崩出许多速度为30~200m/s或更高的碟形碎片,其直径为装药直径的1.25~1.5倍,对乘员和设备造成毁伤。碎甲弹对匀压制板块的作用最好,如匀压制钢板,其中的杂质在制造过程中被压成平行于装甲板块表面的盘片混杂在钢材中,这些盘片受震荡波推动产生大幅度位移,板块因此碎裂。

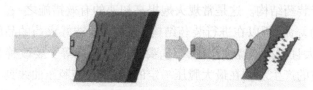

图2-13 碎甲弹作用原理图

但是,由于碎甲弹的弹头外壳由软金属(低碳钢、铜)构成,弹的飞行速度不能太快,否则外壳在飞行过程中会因受到气流形成的大阻力而变形,造成爆炸物提前爆破。同时,由于结构较软,在炮管中的加速运动也受到限制,通常碎甲弹的飞行速度在650~750m/s。这样的飞行速度,在外弹道飞行时间较长,如果采用尾翼的稳定方式,横向风会使弹体产生较大的偏差,严重影响其精度。所以,碎甲弹通常利用弹体的旋转来保证精度(旋转中的弹体惯性使弹头总是指向原来的飞行方向)。由于滑膛炮不能给弹体足够的旋转,碎甲弹基本只为线膛炮设计。目前碎甲弹已不足以摧毁中、重型坦克甚至一些有特殊结构的装甲车、轻型坦克,但仍然能有效地摧毁装甲目标的观测系统,使它们丧失战斗力。此外,由于碎甲弹的外壳爆破形成碎片,有一定的作用面积,对人员也有一定杀伤力,加上碎甲弹仍能有效地摧毁钢筋混凝土工事和一些轻装甲目标,所以,仍然在很多国家的坦克中作为附用弹使用。

三、发展趋势

20世纪80年代以来,特别是90年代以后,弹药的增程技术有了很大发展,特别是许多新原理、新技术用于远程弹药的研制,使其性能有了大幅度的提高。现代炮弹采用的增程技术有提高初速技术、减小空气阻力技术、增速技术、提高断面密度(存速能力)技术、滑翔技术以及复合增程技术等。但由于航空炮弹口径较小,受体积和重量及技术的限制,这里只能基于大口径炮弹从理论上进行探讨。

1. 提高初速

一是采用高新发射技术。例如,采用液体发射药发射技术与固体发射药火炮相比,初速可提高15%～20%;电热—化学发射技术,弹丸初速可达2000～3000m/s;电磁发射技术,在理论上电磁炮可将弹丸加速到4000m/s或更高。

二是增大火炮药室容积,增加发射药量。这是固体发射药火炮提高初速的传统措施之一。如目前世界装备155mm加榴炮的国家较多,其药室容积从13L到18.8L再到23.5L,装药量从5.9kg到12kg再到17.2kg,初速也从660m/s到826m/s再到905m/s。增大药室容积,增加发射药量的副作用是使得膛压增大,火炮寿命受到较大影响。

三是改善装药结构。这是常规火炮提高初速的有效措施之一。提高初速要兼顾到火炮的寿命,所以在进行装药结构设计时,要选好火药的品牌、形状和质量,要选能量大且对火炮烧蚀小的火药,要选好护膛剂等。要改善装药结构,防止膛内压力波的产生。要在最大膛压一定的情况下,使膛压曲线具有平台效应,以提高初速,如随行装药等。实验证明随行装药可提高初速5%以上,再就是可以采用双元火药,火药成分相同但形状不同的火药混合装填,有的药先燃有的后燃,使最大膛压降低,增大火药燃烧时间,使初速提高。

四是加长身管。这也是常规火炮提高初速的方法之一。早期的榴弹炮身管长度为22倍口径左右,初速为500～600m/s。20世纪60年代后身管逐渐加长,由39倍到45倍口径再到52倍口径,初速也增大到950m/s左右。在弹丸不变的情况下,加大药室与加长身管可提高射程30%以上。对固体发射药火炮来说,目前脱壳穿甲弹的初速已达1800m/s,加榴炮榴弹的初速已达950m/s左右。但用现有发射药、发射平台,提高初速的潜力已经不大,除非有新的发射药出现。

2. 减小空气阻力

弹丸的空气阻力系数由波阻系数、摩阻系数和底阻系数组成。弹丸的总阻力系数及各分阻力系数占总阻力系数的比例与弹长、弹头部长度占全弹长的比例、弹头部与弹尾部形状、弹丸表面的粗糙程度及弹丸的飞行速度有关。

在亚声速条件下(飞行速度$Ma \leq 0.8$),摩阻占总阻力的35%～40%,底阻占60%～65%。在超声速条件下($Ma > 1.25$),摩阻仅占总阻力的9%～13%,底阻占21%～36%,波阻占51%～70%。在超声速情况下,头部波阻占总阻的很大部分。弹头部长度愈大,形状越尖锐,其阻力值也愈小。因此,增长弹头部长度可使弹形系数降低。但是,当弹头部过分增长时,其弹形系数的变化并不显著。从弹丸在膛内的运动情况来看,当弹丸长一定,弹头部长度增大必将使圆柱部长度减小,这将恶化弹丸在膛内的定心性能,从而影响弹丸的飞行稳定性和射击精度。对普通榴弹来说,弹头部长度一般不超过3.5倍弹径。枪炮弹丸一般都在超声速下飞行,故其主要阻力是波阻和底阻。减小空气阻力的一般措施,一是改善弹形。弹形减阻的关键是减小波阻和底阻。影响波阻的主要因素是弹全长及弹头部长占全长的比例。影响底阻的主要因素是弹尾部长及船尾角。为了减阻增程,近年来,榴弹的弹形发生很大变化,弹形系数也有较大幅度的减小。二是底排减阻,即增大底压,底部排气技术①。在超声速条件下,一般榴弹的底阻占总阻的30%左右,远程全膛弹(ERFB弹,俗称"枣核弹")占总阻的50%~60%,如能提高底压,就可减小底阻而增程。底排减阻技术在诸多增程技术中增程效率高,是一种较好的增程技术。但因初速高、阻力小,敏感因子大,底排弹的距离散布普遍较大。

3. 增速技术

一是火箭增速(程)②。火箭增程弹是由一般弹丸加装火箭发动机并在身管火炮中发射出去,以达到增加射程目的的弹丸。这种弹丸,将火箭技术用在普通炮弹上,使弹丸在飞出炮口后,火箭发动机点火工作,赋予弹丸以新的推动力,从而增加速度,提高射程。20世纪40年代开始研究火箭增程技术,由于密度与威力等问题难以解决,一直拖了二三十年才开始列装,目前有不少国家装备火箭增程弹。火箭增程弹由引信、弹体和火箭发动机等构成,火箭发动机与弹体底部联结。火炮击发后,火箭增程弹在火炮发射药燃气压力作用下沿炮膛运动,同时点燃了点火具的延期点火药。弹丸飞出炮口后,到点火时间则发动机点火工作,增程弹加速直到发动机工作结束,弹丸惯性飞行到终点。与普通弹相比,散布较大,威力下降③,结构复杂、成本高。

二是冲压发动机增速(程)。冲压发动机增程弹由弹体、进气口、喷射器、燃烧室、燃料、喷管以及爆炸装药等组成。增程弹以很高的初速从火炮发射出去,

---

① 基本减阻原理是:弹底部低压区可视为被周围气体包围的一定空间,根据气体热力学原理,向这一空间排入质量或排放热量,都可提高这一空间的压力。底排与火箭增程从表面看,都是向尾部区域排气,但二者有本质区别。底排向底部排气是为了提高底压从而减小底阻,从性质上来说,它属于减阻增程。火箭增程向底部排气(超声速气流),是为了获得向前的速度(利用系统动量守恒原理)从而提高弹丸的速度,从性质上讲,它属于增速增程。

底部排气弹的底排装置由底部带排气孔的壳体、底排药柱、点火具等构成。底排药柱一般是由复合火药或烟火药制成的单孔管状药,为了增大燃烧面,有的药柱要开成几瓣,外表面和端面包覆着阻燃层,为了向底部排气,壳体底部开有一个或数个排气孔。点火具的作用是出炮口后可靠点燃底排药柱(底排药柱在膛内被火药燃气点燃,出炮口时因压力突降,药柱可能自行熄灭)。药柱出炮口重新点燃后,在弹道上缓慢燃烧。由于燃烧室压力只比弹道上环境压力高10%左右,因此通过弹底排气孔的气体速度较低($Ma \approx 0.3$)。底排药柱的燃烧时间可达几十秒,通常为最大射程的飞行时间的$1/3 \sim 1/20$。

② 火箭增程弹与火箭弹不同。火箭增程弹是采用火箭发动机增程的炮弹,即火箭增程弹首先由火炮提供一定的初始速度将其发射出去。出炮口一定距离后,火箭发动机开始工作,弹丸在推力作用下继续加速,使射程增加。在火箭发动机工作以前的运动与普通炮弹一样,而在火箭发动机开始工作以后,则和普通火箭弹相同。当火箭发动机工作结束后,又和普通炮弹的运动规律一致。

③ 火箭增程弹与普通弹相比增加了发动机,战斗部不变则弹丸质量与弹长增加,会产生不利影响;如保持弹丸质量不变,势必使战斗部尺寸减小,影响到威力。一般说来,火箭增程弹的威力要比普通弹小。

在高速飞行中空气由弹头部的进气口进入弹丸内腔的喷射器,然后进入燃烧室,流过燃料表面,空气中的氧与燃料充分作用,燃气经过喷管加速喷出,使弹丸获得很大的加速度。由于充分利用空气中的氧,燃料用量较少,且燃料与空气能充分接触、混合燃烧,故冲压发动机增程弹比冲比火箭增程弹的比冲高出几倍,可达 800~1000s。

第二节　结构与原理

一、战技性能要求

战争中,需要大量的炮弹来对付各种性质不同的目标,为了顺利、及时地完成战斗使命,炮弹必须满足各种战术技术要求[①]和工艺性要求。

(一)安全性

安全问题是一个非常重要的问题,炮弹不能确保安全,将会贻误战机,伤害我方人员,造成很坏的影响。当安全性与炮弹的其他要求相矛盾时,必须首先确保所设计产品具有足够的安全性,在设计时应注意内弹道性能稳定,膛压不超过允许值;弹丸在发射时强度满足要求,药筒作用可靠;引信保险机构确实可靠,确保平时和射击时安全;火工品和炸药在平时和射击时安全。

(二)威力

威力是指弹丸对目标毁伤作用能力的大小。由于各种弹丸的用途不同,对目标的毁伤作用机理不同,所以衡量不同类型弹丸威力的方法也不同。例如,杀爆弹,要求杀伤半径和杀伤面积大;成型装药破甲弹、穿甲弹要求穿孔深;照明弹要求照度大,作用时间长等。相应地,杀爆弹用密集杀伤半径和杀伤面积来表示其威力,而穿甲弹等反坦克弹药用穿甲厚度来表示其威力。完成同样的战斗任务,增大弹丸威力可减小弹药的消耗量或所需火炮的数量,缩短完成任务的时

---

① 战术技术指标是武器系统的基本作战使用要求和技术性能要求的总称,由作战任务和技术上实现的可能性确定,是研制武器系统的基本条件和原始依据,包括作战性能要求、作战使用要求与主要战术技术性能指标,是武器研制的源头。战术技术指标的制定是决定一个新的武器系统研制成败的关键问题,也是决定武器系统研制工作发展方向的原则问题。战术技术指标通常由作战使用部门根据作战使用需求、充分考虑技术可实现性提出。需求生成是战术技术指标提出过程中需要首先解决的问题,需求是刚性的,但仅有需求而当前技术不可实现,需要提前进行探索和预先研究,待技术成熟可以支撑研制时,再对武器装备、弹药等进行论证和设计;技术推动是柔性的,技术上可以实现,但没有需求也很难将技术物化为产品。战术技术指标是一个完整的体系,也是互为约束条件的指标体系,各项指标的匹配性决定了所研制武器装备、弹药方案的优劣和产品的协调性。

间。为了提高弹丸的威力,除了研究新材料、新工艺、新结构、优化引战配合使其发挥最大效能外,还必须研究新的毁伤机理和作用原理的弹药,寻求提高威力的新途径。

(三) 射程

现代战争中战场的纵深明显加大,为了实现远距离打击目标,要求火炮具有比较远的射程,只有这样才能对敌纵深重要目标(指挥机构、集结地区、交通枢纽等)进行有效打击;同时较好地实施火力机动,集中大量炮火用于最重要的目标。提高射程的主要途径:提高弹丸的初速;改善弹丸的弹形,减小在飞行过程中所受的空气阻力;增加弹丸的端面比重;提高飞行稳定性;采用各种复合增程、滑翔等先进技术。

(四) 密集度

密集度是指弹丸落点彼此密集(或散布)的程度,是弹丸的主要技术指标之一,对射击精度有着极其重要的影响。通常用中间误差来表示,包括距离中间误差 E_X、高低中间误差 E_Y 和方向中间误差 E_Z。弹丸落点之所以存在散布,是因为弹丸存在质量偏心、气动力外形上的不对称、弹重不完全相同、发射药量不完全相同,火药的性质、火药的燃烧情况、炮膛温度、炮膛的磨损情况不完全一样、外界条件(空气温度、密度、气压、风向)时刻变化等诸多随机因素引起的。总的散布规律为散布基本呈椭圆形,散布中心密集、边缘稀疏,散布分布对称,并服从正态分布规律,见图 2 – 14。

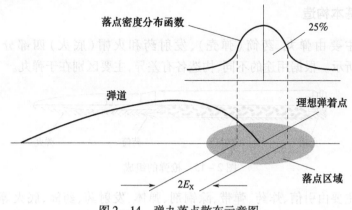

图 2 – 14 弹丸落点散布示意图

散布椭圆中心前后落有 50% 的弹着点的区域称为"半数必中界",其宽度是 E_X 的 2 倍。E_X 随着射程增大而增大,但不能反映与射程的相对关系,通常用相对中间误差 E_X/X(X 为射程)来表示密集度,Y 和 Z 方向类同。提高弹丸射击精度除了消除或减小影响密集度的因素外,还可以从三个方面控制,一是大闭环校射。整个发射平台系统采用先进的定位定向系统、精确的侦校雷达、完善精确的气象测量系统、准确的初速测量系统、指挥控制中心等。利用这些系统,可精确地快速计算与修正弹道,提高射击精度。二是弹上控制,这是实现远程精确打击的核心,如弹道修正弹、末制导炮弹等。三是大闭环校射与弹上控制相结合。发射平台在发射时采用大闭环校射的方法,使射弹接近目标区域,然后弹上探测、识别、制导控制系统工作,把弹导向目标。目前,精确打击弹药大都都采用了这种方法。

(五) 长期存储中性能安定

由于弹药在战时的消耗量大,平时必须生产一定数量的弹药,保持必须而又充分的储备,所以要求平时弹药能储存一定期限不变质,弹丸、药筒不腐蚀生锈,发射装药密封可靠,不受潮、不分解,火工品长期存储不失效,炸药不分解变质。这就要求火药、炸药、火工品能长期储存,弹体与装填物之间能兼容,密封包装和零部件的表面防腐技术达标。

(六) 工艺性及生产经济性

战时炮弹的消耗量非常大,所以各零部件的设计要求在满足性能的前提下,结构简单、可靠,工艺性好;在制造过程中,尽量采用精度高、性能好、效率高的新工艺,缩短生产时间,降低生产成本。所用材料要尽量丰富,并且立足于国内资源。

二、基本构造

枪弹主要由弹丸、药筒(弹壳)、发射药和火帽(底火)四部分组成,如图 2-15 所示。根据用途的不同,构造各有差异,主要区别在于弹丸。

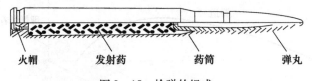

图 2-15 枪弹的组成

炮弹主要由引信、炸药、弹带、除铜剂、弹体、发射药、药筒、底火等组成,如图 2-16 所示。同样,航空炮弹种类很多,主要区别在于弹丸的差异。

枪弹和炮弹的主要区别:一是通常炮弹的弹丸内装有炸药,是破坏和杀伤目标的主要能源,多采用钝黑铝炸药(如采用 80% 钝化黑索金、20% 的铝粉混合组成),具有爆温高、威力大等特点。二是通常炮弹采用底火,而枪弹采用火帽。

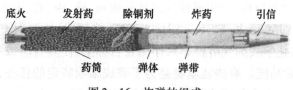

图 2-16 炮弹的组成

三是通常枪弹没有引信,而炮弹有引信。

(一) 战斗部(弹丸)

1. 枪弹弹丸(弹头)

弹丸是具有一定形状结构,起直接毁伤目标作用的高硬度金属体。其外形通常是头部呈圆弧锥形,中部为圆柱形,后部呈截圆锥形,这样的结构,有利于增大射程,便于侵彻目标。

弹丸中部的圆柱部分又称导引部,其直径略大于武器的口径,用于在发射时挤入阴线,防止火药气体向外泄漏,并引导弹丸沿膛线旋转向前飞行,使弹丸在飞离枪口时具有一定的初速和转速。弹头长度与其直径之比一般不超过 5.5,弹头命中目标时的动能是表征其直接杀伤或破坏目标能力的基本因素。通常,使敌人丧失战斗力的弹头动能为 78.5J 左右;穿透其防护装备如钢盔或避弹衣等所需动能则依弹头结构的不同而不同,普通钢芯弹头为 304J,铅锌弹为 412J 左右。所以,弹头命中目标时具有的动能应为上述两种动能之和,而弹头本身应有良好的侵彻和传递能量的能力。

弹丸由被甲和装填物组成。被甲常用覆铜钢或软钢冲压而成,装填物是由弹丸对目标的作用决定的。例如,普通弹用以杀伤有生目标,故被甲内装铅心或低碳钢芯,其他弹种则根据需要装有穿甲钢芯、燃烧剂、曳光剂等。在技术上,弹头壳及其内附层应能容易嵌入枪管膛线,使之定位、密封,使弹头高速自转,保证飞行稳定。弹头应具有良好的气动力外形和较高的断面密度,以保证弹道低伸和存速能力强。弹头应当有适当的质心位置及赤道转动惯量和极转动惯量,有良好的外形尺寸和结构的一致性,以确保射弹密集度。弹头与目标碰击时,具有将其绝大部分动能快速传递给目标的能力,对目标造成足够的毁伤。

2. 炮弹战斗部

战斗部是弹药毁伤目标或完成既定战斗任务的核心部分,通常由壳体和装填物组成。

壳体用于容纳装填物并连接引信,使战斗部组成一个整体结构。在大多数情况下,壳体也是形成毁伤元素的基体。

装填物是毁伤目标的能源物质或战剂。通过对目标的高速碰撞,或装填物

(剂)的自身特性与反应,产生或释放出具有机械、热、声、光、电磁、核、生物等效应的毁伤元(如实心弹丸、破片、冲击波、射流、热辐射、核辐射、电磁脉冲、高能粒子束、生物及化学战剂气溶胶等),作用在目标上,使其暂时或永久地、局部或全部地丧失正常功能。有些装填物是为了完成某项特定的任务,如宣传弹内装填的宣传品、侦察弹内装填的摄像及信息发射装置等。

装入弹体中的炸药一般称为爆炸装药,是以炸药为原料,根据弹药的战术技术要求,经过加工的具有一定强度、密度和形状的药件。爆炸装药可以直接在弹体药室中制成即直接装药,也可以预先制成而后固定于弹体药室中即间接装药。

(二)药筒

药筒是定装式和药筒分装式[①]炮弹的重要组成部分。航空枪弹、炮弹的药筒为整体药筒,又称无缝药筒,整个药筒制成一个整体。这种药筒的战术性能和勤务处理性能都较好,战时还可以修复,多次使用。但工艺比较复杂,需要有大吨位的压力机,一般机械厂不能生产,所以战时动员性差。

1. 药筒的出现

从历史上看,药筒是射击武器在从前装式滑膛向后装式线膛的变革中由比利时人首创的(1841年)。人们发现要提高枪、炮的射击速度,必须采用整装弹后膛装填的方法,为了盛装发射药和连接弹丸就产生了药筒,并开始采用黄铜制造药筒。药筒的出现,为后膛武器的发展,为不断提高射击速度,实现装填自动化创造了条件。

目前,除了部分大口径火炮和迫击炮弹药采用药包分装式而不用药筒外,其他中、小口径火炮弹药都要用药筒。这是因为药筒在提高火炮的射击速度,保护发射装药,减少火药对炮膛的烧蚀,以及提高火炮寿命等方面起着重要的作用。但也应当看到,现有药筒还存在着严重不足,即药筒是炮弹的消极质量,射击后需要清理,尤其对坦克炮、自行火炮更为费事,对坦克、战车、舰艇等固定炮位的地方增加了清除废壳的任务。废壳不仅占用有效空间,而且温度很高,影响操作,妨碍武器威力的充分发挥。此外,现有的药筒多数是用黄铜制造的,成本高。

[①] 分装式药筒是和弹丸分别装入炮膛的,因此要分两次装填,故发射速度较慢。这种药筒一般比定装式药筒短,重量也轻,平时用紧塞具将药筒口部密封,射击时取出紧塞具。分装式药筒一般都可以采用变装药射击,即改变药筒内装填的发射药量,以达到不同的弹道诸元,在中口径以上的地面榴弹炮中,采用分装式药筒较多。

2. 基本作用

药筒作为枪(炮)弹的重要组成部分,其主要作用是:

一是平时,盛装并保护发射药、辅助品、点火具等,连接弹丸及其他零件(如底火、紧塞盖等),使枪(炮)弹构成整体,以免受潮、变质和损坏,便于装填和勤务处理。

二是发射时,密闭火药气体,保护枪(炮)药室免受烧蚀,防止火焰由炮闩喷出。

三是装填入膛时,药筒的肩部或底缘能起定位作用,保持枪(炮)弹在膛内的正确位置。

由于药筒具有上述作用,所以除某些大口径火炮外都要采用药筒。大口径火炮不用药筒的主要原因是药筒的制造比较困难,消耗金属材料太多,使用中并不能显著提高射速,同时使大口径弹药的质量过大。根据上述用途,通常对药筒提出两个方面的要求,即战术技术要求和生产经济性要求,前者决定了药筒在使用和勤务处理时的质量,而后者则决定了在生产水平和原料储备条件下进行大量生产的特点。

3. 分类

1) 按所用材料分类

按所用材料分为可燃药筒和非可燃药筒两大类。

(1) 可燃药筒。可燃药筒是采用可燃材质制成,发射时完全燃烧并释放出一定能量,与发射药燃气一起作用,推动弹丸运动的非金属药筒,特别适于坦克炮使用。主要特点是药筒本身也是发射药的一部分,可大大减少全弹质量。主要有两类:一类是全可燃药筒,全部由可燃材质制成,配用全可燃点火具,射击时由密封式炮闩或专用金属闭气环闭气;另一类是带金属底座的可燃药筒,也称半可燃药筒,由可燃筒体与金属底座粘结而成,射击时筒体在药室内燃尽,由金属底座密闭火药气体,并于射击后顺利退壳。按制造工艺不同可分为抽滤模压成形可燃药筒、缠绕可燃药筒和卷制可燃药筒。

长期以来,世界各国都以铜作为制造药筒的材料。但是,作为贵重的有色金属,铜的蕴藏量和产量都不能满足日益增长的需求,特别是在第二次世界大战中,人们深感药筒供应困难,原因就是铜的供应困难。在这种情况下,美、德、日等国开始研制钢药筒,从而开创了以钢代铜的发展时期。但在战争中钢材的消耗量也是很大的,况且制造大口径药筒比制造同口径炮弹要困难得多,加上钢药筒的质量大,反复使用并不可靠(复修药筒大约只有30%的合格率),给供应和回收带来很大的负担。为此,人们又进行了非金属药筒的研究。德国最早提出了可燃药筒的研究课题,而美国则在研究纸药筒和塑料药筒。第二次世界大战后,美国也着手研究可燃药筒,并于1962年宣布研制成功。与此同时,国外还在集中人力研究纸药筒和塑料药筒。可燃药筒的出现,给弹药装备带来了很大方便。

无论是从战术技术上讲,还是从生产经济性上讲,可燃药筒都具有明显的优点,射击时其药筒的可燃物质完全燃烧,药室内无残渣;高、低、常温条件下内弹道性能稳定;勤务处理时,具有足够的强度,不损坏,不变形,弹丸与底座不脱落;在火炮最大射速与弹药最大射击基数情况下,不因火炮药室的温升而自燃;射击时金属底座闭气良好,强度可靠,退壳顺利;化学和物理性能稳定,具有一定的隔热、防火能力和安全效应,与发射药相容。与金属药筒相比,可燃药筒质量小,原材料来源充裕,成本低,发射后无废壳堆积,工艺简单,不需大型设备,工序少,劳动强度低,战时动员性好,相应装药量少,对枪弹、破片的安全效应好。同时改进了火炮操作条件,提高了射击速度,减少了回收、运输等繁重任务。且有利于火炮结构的改进。此外可燃药筒可以起到增加发射药的作用。由此可见,用可燃药筒代替金属药筒,无论从战时运用还是生产上都是有重大意义的。

但与弹丸结合强度、防火、防潮性能不如金属药筒,目前还没有完全用可燃药筒代替金属药筒,因为可燃药筒还存在不少缺点:定装式炮弹中药筒与弹丸的结合强度不如金属药筒,尤其是中大口径炮弹;长期储存性能不如金属药筒,如防火性能,防潮性能,都有待进一步解决;对火炮药室污染比较严重,甚至有残渣留膛;耐热性差,不易抵抗外部因素(如高温炮膛)的偶然发火;可燃药筒的燃烧对内弹道性能有所影响。一般药筒用黑药作为点火药,但可燃药筒若仍用黑药作为点火药,射击后对火炮药室污染较为严重,故用黑药加无烟枪药,再加一部分消焰剂,做成点火药包;由于可燃药筒是一种多孔性结构,燃烧比较快,因而其膛压曲线前移。金属药筒在发射时要吸收一部分火药气体的热量,而可燃药筒是放出一部分热量,所以最大膛压值也略有提高。

(2)非可燃药筒。非可燃药筒又可以分为铜制药筒、钢制药筒[①]和代用品药筒。

[①] 黄铜历来是世界各国制造药筒的理想材料。目前国内外广泛使用的黄铜有三类:三七黄铜、四六黄铜和硅黄铜。其化学成分中铜、锌、铁、铅、磷及微量元素的比重不同,黄铜实际上是铜锌合金,锌元素可使黄铜的塑性和强度都有所提高。实践证明,含锌量在28%~30%的范围内最好。

药筒用钢材主要是优质低碳钢和中碳钢,也有的采用低碳合金钢和稀土钢。常用的有S15A和S20A深冲用优质碳素结构钢,也有用S30A和10MnMo钢制作药筒的,并取得了良好效果。对钢材影响较大的元素是碳,含碳量多可以增加钢的硬度、强度,但塑性、韧性将降低。在生产和存放过程中,低碳钢随时间加长会产生机械性能的变化,如硬度和强度增加,而塑性和韧性降低,这种现象被称为低碳钢的时效性。这种特性对药筒的质量是有危害的,会导致引伸时产生纵向裂纹和射击时药筒腹裂,应该通过提高钢材质量和改善热处理条件加以控制。

无论是从药筒发展的历史,还是从药筒应用的广泛性来看,由于黄铜材料韧性大,具有良好的工艺性和使用性能,铜制药筒都居首位。除此以外,黄铜的弹性模量小,为 $10.9 \times 10^4 \sim 12.25 \times 10^4 \mathrm{MPa}$,因而退壳性能好。在低温条件下,黄铜没有低温脆性;抗腐蚀能力较强,使药筒有较好的长期储存性,因此黄铜药筒沿用了一个世纪,至今还未失去其使用价值。二战中,弹药消耗量巨大,制造药筒的黄铜日益紧张,许多国家寻找药筒的代用材料。由于加工工艺和热处理工艺的改进,如多模拉延、感应加热、余热淬火、中间工序局部调质和成品局部淬火等工艺的成功应用,为钢质药筒的发展提供了条件,以钢药筒代替铜药筒不但有重大的经济意义,而且有重大的战略意义。二战末期,研制成功了可燃药筒,并在战后得到了进一步的发展,同时塑料药筒、铝制药筒等也相继问世,使药筒技术达到新的水平。金属药筒的出现对弹药的生产、供应等曾起过重大的作用,使武器的战斗性能大大提高,只有应用了金属药筒,半自动和自动武器才能应运而生。

代用品药筒包括铝制药筒、塑料药筒、纸质药筒等几种,主要是在满足药筒基本要求的前提下为提高经济性和勤务处理性能而发展起来的。铝制药筒质量小,宜于航炮应用。塑料药筒是以高分子塑性材料为基本成分塑制成形的非金属药筒,其结构一般由塑料筒体和金属底座组成,常用紧固卡簧压合方式结合。筒体多由热塑性塑料(如高压聚乙烯)制成,射击时不燃烧、不破碎、不汽化,并能密闭火药气体。为提高防潮性和筒体强度,可在塑料筒体内、外表面镀覆金属层。塑料药筒在高、低、常温射击时,应满足内弹道性能要求;在勤务处理时,应具有一定的强度,金属底座不脱落;射击后,金属底座强度可靠,退壳顺利。与金属药筒相比,塑料药筒具有质量小、耐腐蚀、原材料来源丰富、成本低、易成形、工艺简单、不需大型制造设备、劳动强度低、战时动员性好等优点;存在的主要问题是强度低,易变形,易出现低温脆裂和老化裂损等。因此,塑料药筒通常配用于低射频、低膛压炮用分装式炮弹和枪弹空包弹。目前,航空枪炮弹的药筒都是非可燃药筒,主要材质有铜质和钢制。

2) 装填方法分类

按照弹丸与药筒之间的装配关系或装填方法来分,药筒可以分为定装式药筒和分装式药筒。

定装式药筒与弹丸尾部紧密结合,并要求有一定的拔弹力,以保证装填和勤务处理时不松动,发射时一次装入膛内,发射速度快;分装式药筒是和弹丸分别装入炮膛的,由于两次装填,发射速度较慢,故分装式药筒口部平时用紧塞具密封,射击时取出。大口径火炮通常采用分装式药筒,而航空枪弹和炮弹都采用定装式药筒。

3) 按膛内定位方法分类

根据药筒入膛后的定位方式可以分为底缘定位、斜肩定位、环形凸起定位等,如图 2-17 所示。

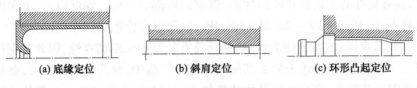

(a) 底缘定位　　　　(b) 斜肩定位　　　　(c) 环形凸起定位

图 2-17　三种药筒定位方式

底缘定位是药筒装入枪(炮)膛时其轴向定位作用由底缘确定。其定位可靠,但底缘厚度的变化可能直接影响枪(炮)弹在膛内轴向定位的准确性。分装式药筒一般都采用这种定位方式。

斜肩是药筒由筒口到筒体的过渡部分。某些药筒的斜肩与火炮药室的斜面相配合,在装填炮弹时用来起轴向定位作用。斜肩的锥度不宜过大或过小,过大会导致药筒生产中的废品率增加,而过小则会因为药筒尺寸的变化使炮弹在膛内的位置发生很大变化,引起定位误差过大。斜肩定位的优点是入膛比较容易,而缺点是斜肩、锥度的制造精度要求高。一般定装式小口径自动炮采用斜肩定位方式较多。

环形凸起定位实际上是将底缘定位的原理应用于小口径自动炮上,即靠药筒上的环形凸起部起轴向定位作用,以确保定位可靠。

4) 按结构进行分类

药筒底缘主要有全底缘和无底缘两种,如图 2-18 所示。全底缘药筒的底缘部凸出于筒体,并利用凸出的底缘抵住枪(炮)管后端面,使定位准确,退壳时也可依靠底缘退壳。但这种结构的药筒在送弹时,由于底缘凸出容易发生相互

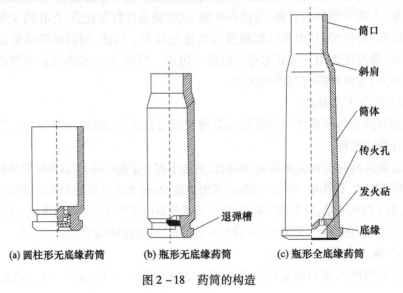

(a) 圆柱形无底缘药筒　　(b) 瓶形无底缘药筒　　(c) 瓶形全底缘药筒

图 2-18　药筒的构造

牵绊的问题。所以为解决此种问题,必然带来增加供弹具的结构和装弹的复杂性。无底缘枪弹的底缘部不凸出于筒体外,装填时靠斜肩部或用药筒口部来定位,靠底缘退壳,送弹方便,并可减小枪机的横向结构尺寸。但当斜肩定位尺寸配合不准确或弹膛过脏时,可能产生枪弹不发火和枪机闭锁困难的故障。机关枪的药筒一般属于此类。

航空枪(炮)弹药筒一般用黄铜、覆铜钢或软钢冲压而成,其外形有圆柱形和瓶形两类。圆柱形药筒多用于初速较小的枪,瓶形药筒在容积不变的条件下较圆柱形药筒短,从而有利于枪弹的装填、退壳和提高射速,故多用在膛压较高、射速较大的枪上。12.7mm航空枪弹药筒形状多为瓶形。

(三) 发射药

发射装药是指满足一定弹道性能要求,由发射药及必要的元器件按一定结构组成,用于发射的组合件。发射药与点火具是发射装药的基本元器件。发射药盛装在药筒内,用于燃烧后在枪(炮)膛内产生高温、高压的火药气体推送弹丸向前运动,使弹丸获得一定的初速和转速。除此之外,根据武器的具体要求,发射装药中还可能有缓蚀剂、除铜剂、消焰剂、可燃容器、紧塞具和密封盖等。为了有效地利用发射药的能量,要求发射药在弹丸出枪(炮)口前全部燃烧。

(四) 底火或火帽

底火、火帽的作用是击发时产生火焰,迅速而确实地点燃发射药。击发时,击发剂受击针与发火砧的冲击挤压而发火,火焰通过传火孔点燃发射药。为了保证枪(炮)弹在长期储存使用中火帽和发射药不致受潮及挥发,装配枪(炮)弹时,在筒口内涂有沥青漆,并在筒口与弹丸、火帽与药筒接缝处涂有一圈硝基清漆,起密封作用。保养时不应用沾有溶剂、煤油、汽油和防护油的布擦拭枪弹,以免破坏密封。

(五) 导带

导带一般用紫铜制成圆环,压在导带槽内,直径比炮管的阴膛线直径稍大。主要作用是在发射时嵌入膛线,使弹丸在向前运动的同时产生高速旋转,保证弹丸在弹道上飞行稳定。导带还有一定的密闭作用,避免火药燃气向前泄出,造成能量损失,但也带来了运动阻力增大和炮管产生挂铜等消极影响。

(六) 曳光管

装于弹体尾部。发射时,曳光剂被引燃,弹丸飞行一定距离后,曳光剂燃烧产生明亮的火焰,显示弹道轨迹及弹着点,以便及时修正射击诸元。

(七) 除铜剂

一般用熔点较低的铅或铅锡合金制成细丝或圆片,固定在弹丸的尾部或装于药筒内。发射时,除铜剂在火药燃气的高温作用下,与膛线上的挂铜合成低熔点合金。这种低熔点合金附着力小,易被下一发炮弹的火药燃气冲刷出炮口。但除铜剂不能除去全部挂铜[①],可以用重铬酸钾、碳酸铵、氢氧化钠、甘油和水按一定比例配成除铜剂液进行擦试。

三、工作原理

无论是何种枪炮弹,其基本发射过程都相同,只是终点效应因弹丸不同作用效果各异。其发射过程及作用过程按照弹道学,可以分为三步:弹丸在膛内运动(内弹道学)——弹丸在空中惯性飞行(外弹道学)——作用于目标(终点弹道学[②])。

当炮弹进入弹膛并被机心锁膛之后,击针将底火击发,底火的火焰经传火孔喷入药筒内腔将发射药瞬时点燃,发射药在膛内有规律地燃烧。在弹头起动后,膛内压力作用于弹头底部推弹头做直线加速运动。由于弹带直径大于膛线阳线直径,膛线便压切钢带使弹带沿膛线导转而做螺旋运动,并由此引起引信的各种动作。发射药燃烧时,将除铜剂雾化后附在膛壁表面起除铜作用,弹头碰击目标后爆炸的冲击波对目标起爆破作用,弹体的破片对目标起杀伤作用,爆炸时的爆温对目标的易燃物起燃烧或引燃作用。

(一) 弹丸在膛内的运动

射击是使发射药的化学能很快地转化为热能,然后又转化为弹丸、装药和枪(炮)身整个系统运动的动能的过程。发射药及其燃烧时所生成的气体,作为推动弹丸和枪(炮)运动的能量。枪(炮)射击时,弹丸在膛内所发生的现象及过程属于内弹道学。

1. 点火、传火和燃烧

发射时炮弹装入炮膛的情况,见图 2-19。射击过程是从击发开始的,通常

---

① 挂铜形成的原因:航炮射击时,弹头以很高的速度向前运动。由于弹头的紫铜导带的外径大于膛线的内径,这使导带被挤掉一部分,随后还被磨掉一部分。由于被挤掉、磨掉的铜屑不能全部喷出炮口,当膛内温度降低后,剩下的铜屑便粘附在炮膛内形成了挂铜;紫铜导带受到高温火药气体的作用,加上与炮管壁摩擦时形成的高热,能使导带表层熔化,熔化的紫铜喷溅在管壁上,也形成了挂铜。在炮膛的后半部存在的挂铜较多;在接近炮口处挂铜也较多。挂铜的危害:炮管内形成挂铜会引起膛压和弹道性能的改变,同时还影响到弹头运动的稳定性,降低航炮的射击精度;当挂铜较多时,弹头运动受到严重阻碍,甚至造成炮管膨胀;挂铜使炮管容易遭受电化腐蚀,可以用浸过除铜剂的擦布(或毛刷)装在通条上反复通擦炮(枪)管,直到挂铜和积炭除净为止;或者当炮膛内挂铜较少时,可用抹布或毛刷沾以硝酸银溶液来回擦洗,挂铜多时把一端堵死,灌进硝酸银溶液,浸泡数分钟,用毛刷或抹布来回擦洗。

② 弹道学是研究弹丸运动规律及伴随发生的有关现象的科学。枪弹和炮弹弹丸运动的全过程可分为四个阶段,即内弹道、中间弹道、外弹道和终点弹道。弹道学一般分为内弹道学、外弹道学和终点弹道学。近代弹道学中,还将弹丸飞离枪(炮)口到脱离火药气体作用这一阶段的研究称为中间弹道学,但习惯上将其归纳到内弹道学。

采用机械作用,使火炮的击针撞击药筒底部的底火,使底火药着火,底火药的火焰又进一步使底火中的点火药燃烧,产生高温高压的气体和灼热的小粒子,从而使火药燃烧①,这就是点火过程。

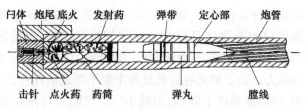

图2－19 炮弹射击待发状态示意图

2. 弹丸加速运动直至离开枪(炮)膛

点火过程完成后,火药燃烧产生了大量高温高压气体,推动弹丸向前运动,弹丸的弹带直径略大于膛内阳线直径,所以在弹丸开始运动时,弹带是逐渐挤进膛线的,前进的阻力也随之不断增加。当弹带全部挤进膛线时,即达到最大阻力,这时弹带被刻成沟槽而与膛线完全吻合,这个过程称为挤进膛线过程。

弹丸的弹带全部挤进膛线后,膛内阻力急速下降。弹丸开始加速向前运动,由于惯性,这时弹丸的速度并不高。随着火药继续燃烧,高温的火药气体聚集在弹后不大的容积里,使得膛压猛增,在高压作用下,弹丸速度急剧加快直至飞离

---

① 发射药的燃烧速度与发射药成分和密度、燃烧时的外界压力、发射药温度及湿度等有关,必然影响射击精度。

发射药成分:不同成分的发射药,在其他条件都相同的情况下,燃烧速度各不相同。含1号硝化棉或硝化甘油多的发射药比含2号硝化棉多的发射药燃烧速度快。有时为了使发射药具有不同的燃烧速度分布,在发射药中加入钝感剂(樟脑、凡士林)。钝感剂含量多的发射药其燃烧速度较慢,相反则较快。发射药内的挥发成分的含量增多会使发射药的燃烧速度降低。

发射药密度:随着密度的增加,发射药燃烧速度会降低。一般速燃发射药内部呈松质多孔状,随着孔的增加,发射药密度小面孔大,因而火焰就容易进入药粒内部,燃速就增加。近代无烟发射药的密度(比重)为$1.56\sim1.63kg/cm^3$。减小装填密度可以降低发射药的燃烧速度,但是装填密度过小,会对武器弹药的性能带来不利的影响。

外界压力:发射药的燃烧速度随周围压力的增加而增加。暴露在空气中的有烟发射药的燃烧速度为10mm/s左右,当压力增大时,燃烧速度急剧增加;暴露在空气中的无烟发射药的燃烧速度为$0.8\sim1.5mm/s$,但在密闭容器中和$500kgf/cm^2$的压力下其燃烧速度可达50mm/s,并随压力的继续增加而增加。

装药温度:装药温度越高,其燃烧速度就越快。因为在相同的点火条件下,装药温度高相当于发射药燃烧的温度和热量增加,发射药的热分解反应过程加剧,所以发射药的燃速就增加;反之,装药温度越低,其燃烧速度越慢,因而枪(炮)弹在弹道试验时必须处于相同的温度条件下。由于发射药的温度差异会带来发射药燃烧速度的不同,从而使弹丸初速变化很大,射弹散布增大。发射药湿度:发射药湿度愈大,燃烧速度就愈慢。因为在相同的点火燃烧条件下,潮湿的发射药燃烧时消耗的热量增加,使发射药燃速降低。如果发射药湿度太大就会失去其原有的爆发性能,因此必须防止发射药受潮,以确保武器弹药性能处于良好的状态。

炮口。弹底到达炮口瞬间弹丸所具有的速度称为炮口初速。之后打开炮闩,退出留在膛内的药筒,即完成一次射击过程。

(二) 弹丸在空气中惯性飞行

火药气体停止对弹丸作用后,弹丸在空气中的运动属于外弹道学的范畴,即研究弹丸自飞离膛口时至飞达目标时止在空气中的运动,该阶段弹丸不受枪(炮)膛的约束作用。弹丸在空气中运动时,除受重力作用以外,主要受到周围空气作用产生的阻力。由于弹丸在运动过程中要不断地消耗自己的动能去排除空气的阻碍作用,因而使弹速下降、射程减小。空气阻力对弹丸的影响很大,尤其对质量小、速度高的弹丸。按其产生的原因不同,可分为摩擦阻力、涡流阻力和波动阻力。火箭弹战斗部、导弹战斗部在空气中的阻力与枪炮弹丸在空气中的阻力是基本相同的。

1. 摩擦阻力

弹丸相对于空气运动中,弹丸表面吸附有一层空气分子随弹头以同等速度运动。第二层空气分子由于内聚力也随之运动,但速度稍慢,这层空气分子的运动又向外传递给邻近的空气分子,于是一层传递给一层,直到外层空气分子的速度等于零。这样,就形成了附面层即直接附着于弹丸表面的空气层。在附面层中,空气分子的运动速度是不同的,最里层空气分子的运动速度等于弹丸速度,越外层的空气分子,运动速度越慢,最外层空气分子的运动速度等于零。凡被带动跟随弹丸一起运动的空气层,称为弹丸的附面层,如图2-20所示。由于附面层的存在,弹丸运动时为了带动空气分子一起运动,将消耗部分能量,这就使弹丸

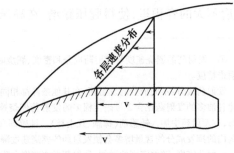

图2-20 附面层

飞行速度下降。这时所测出的空气阻力,就是由空气分子间的摩擦力所产生的,故称摩擦阻力。

显然,摩擦阻力的大小决定于附面层空气的动能,亦即取决于附面层的厚度、空气密度和运动速度。如果空气密度越大,弹丸运动速度越高,在其他条件不变时,附面层空气厚度增大、质量增多、动能提高,消耗弹丸动能也就越多,摩擦阻力就随之增大。如果弹速等条件不变,弹丸表面越粗糙,带动的附面层空气厚度、质量和动能就越大,摩擦阻力也就越大。所以在其他条件相同的条件下,表面没有经过涂漆的弹丸比涂漆的弹丸射程要近一些。同样,如果涂层脱落或弹丸表面凸凹不平时,也会增大空气阻力。因此,为减小摩擦阻力,要严防弹药

锈蚀、碰伤,以免出现锈坑、凹痕、毛刺、划痕等导致弹丸表面粗糙度增大。对已经锈蚀和脱漆的弹丸,要及时修复,且涂漆要平滑、均匀,不得有漆皱、漆瘤等疵病。当弹速为中等速度时(400~600m/s),摩擦阻力占全部空气阻力的6%~10%。

2. 涡流阻力

在弹丸最大断面之后靠近弹丸尾部的地方可看到附面层的分离和涡流的形成,如图2-21所示。这种现象的产生,是因为弹丸以较大速度飞行时,被排开的空气来不及在弹尾合拢,因而在弹底部形成空气稀薄的低压区,并产生大量旋涡,使弹丸前后产生压力差(弹丸头部的压力高于大气压,而弹底的压力约等于大气压的1/3或1/4)阻碍弹丸飞行,这种阻力叫作涡流阻力。涡流是由于弹丸周围的空气急速拥向弹尾低压区而形成的,它的流动是回旋而紊乱的。涡流的形成必然会消耗弹丸的部分能量,也使弹丸速度下降。上述第二种情况主要是涡流阻力,同时也有摩擦阻力。

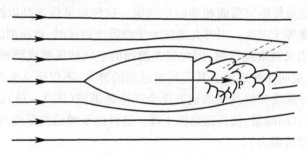

图2-21 附面层的分离和涡流阻力的形成

弹丸运动速度越大,空气密度越高,附面层空气的惯性就越大,涡流区就越大,涡流阻力也就越大。就弹丸尾部的形状而言,圆柱形弹尾最易导致附面层空气与弹体分离,船尾形弹尾次之,流线型弹尾最不利于涡流区的形成。因此,在弹速、空气密度等条件一定时,上述三种弹尾形状的弹丸所受的涡流阻力是依次减小的(图2-22)。因此,影响涡流阻力的因素有弹丸速度和弹尾部形状。当弹速不大时,流线型的弹体使空气易于收拢,不产生低压区,所以迫击炮多做成

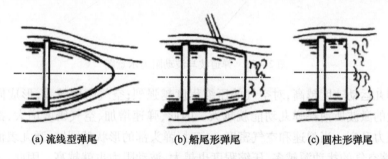

(a) 流线型弹尾　　　　(b) 船尾形弹尾　　　　(c) 圆柱形弹尾

图2-22 不同类型的弹尾与涡流阻力示意图

流线型。枪弹弹丸的尾部做成圆柱截锥形(船尾形),也是为了减小低压区以减小涡流阻力。但是由于气体分子的惯性,当弹速增大到一定程度时,即使弹尾做成流线型,气流仍会离开弹体形成低压区。所以,弹速大的弹丸,弹尾就不必做成流线型或船尾形了。弹速越大,涡流阻力越大。

对于亚声速飞行的弹丸,由于涡流阻力占总空气阻力的主要部分,因而多采用流线型弹尾以减小空气阻力。对超声速飞行的弹丸,由于附面层空气与弹体分离较早,采用流线型弹尾对减小涡流阻力收效不大,便采用形状简单的圆柱形弹尾。但对于远射程的弹丸,虽然其初速为超声速,但在其飞行过程中仍有相当长的时间处于亚声速状态,故采用6°～9°锥角的船尾形弹尾,以减小涡流阻力。一般以中等速度运动的弹丸,涡流阻力占全部空气阻力的40%～50%。

3. 波动阻力

弹丸在空气中飞行时,会压缩它前面的空气。被压缩的空气又压缩相邻的空气层,即把能量传给它前面相邻的空气层。这种能量传递是以波动的形式进行的,它的速度等于声速。当弹丸速度大于或等于声速时,被压缩的空气层还来不及传播开,则又被继续压缩,因此弹丸前面的空气被压缩成稠密的空气层,这种稠密的空气层叫作弹道波。其实高速运动的弹丸,不仅弹丸头部会产生弹道波,凡是弹丸外廓线突然改变的地方都会产生弹道波(图2-23)。这些弹道波会大大消耗弹丸的能量,使弹速急剧下降。这种由于弹道波形成的阻力,叫作波动阻力(也叫激波阻力)。

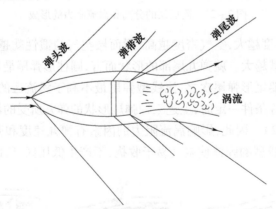

图2-23 弹道波与波动阻力示意图

弹丸运动速度越高,对空气的压缩程度越强烈;空气密度越大,形成同样压缩程度的激波所消耗弹丸动能就越大。因此,弹速增加、空气密度增大,都会使波动阻力升高。当弹速和空气密度一定时,弹头部的形状越圆钝,弹丸表面越粗糙,压缩空气的扰动源越多,压缩程度也越大,波动阻力也就越高。因此,为减小波动阻力,弹体表面应光滑,弹头部应尖锐、细长,并且尾翼的前端面应尽量向后倾斜。对于运动速度大于声速的弹丸,波动阻力是产生空气阻力的主要因素。

总之,空气阻力的大小取决于弹丸的运动速度、空气密度、弹丸横截面积和弹丸的形状等因素,必然对射击精度有一定的影响[1],因此,在弹丸的设计和弹药使用中要充分考虑这些因素。

(三) 弹丸对目标的作用

弹丸对目标的作用属于终点弹道学,与弹药的类型、目标的性质等有关,决定了弹丸对目标的作用方式和规律及毁伤机理。常用的航空枪(炮)弹对目标作用主要是对有生目标的杀伤、爆破、燃烧作用,对硬目标的侵彻和穿甲作用等。例如,穿甲弹战斗部最基本的作用方式是爆炸与冲击,利用高速撞击的动能直接击毁目标,产生动能穿甲作用。穿甲弹通常以 50~1800m/s 或更高的速度撞击装甲,从而击穿、毁坏装甲,并对装甲内部的人员和设施进行杀伤。通常,穿甲弹对装甲会产生击穿、嵌入或跳飞等几种作用形式;另一种毁伤效果是破片杀伤作用。弹丸壳体在爆轰产物的作用下急剧膨胀并破裂成大小不均的破片,以 1000~2000m/s 的速度向四周飞散,构成破片场。密集的高速破片在一定范围内可以毁伤不同强度的目标,毁伤效果的强弱决定于目标的状况和破片的形状、大小、速度、数量及在破片场内的分布。而破片形成的类型,则与弹体的形状、结构、材料及其加工处理、炸药的性能及重量、起爆方式、弹丸落角等多种因素有关。

第三节 典型航空枪弹和炮弹

随着可控武器的不断发展,航炮由于射程小,攻击区有限,在作战中的地位有所下降,但仍不失为重要的空战武器,现役的航炮主要有 20mm、23mm、25mm、

---

[1] 空气密度。单位容积内空气的量大,说明空气多,空气的压力大,弹丸在这种情况下运动,阻力也就大,反之阻力就小;弹丸速度越大,空气阻力也就越大,尤其当弹丸速度等于或大于声速时空气阻力会显著增大,因为出现了波动阻力的缘故;弹丸横断面积越大,飞行中所受空气阻力越大。弹丸在空气中运动时,倘若弹轴与弹道切线(弹速方向)完全重合,所受空气阻力的面积较小,呈圆形。若弹轴与弹道切线不重合,即有一定夹角,所受空气阻力的面积较大,呈椭圆形。因此,弹轴与弹道切线有夹角时空气阻力较大,而且夹角越大空气阻力也越大。当弹轴垂直于弹道切线(弹丸横飞)时,空气阻力最大。所以,若弹丸飞行稳定性变差,所受的空气阻力就会增大,射程也相应减小;弹丸外形对空气阻力的影响很大,尤其是弹头部和弹尾部的影响更为显著。为减小空气阻力,不同的弹速有不同的最好弹形。若弹速较小,主要着眼于减小涡流阻力,因此弹头部可稍圆钝,弹尾部应稍长,以便做成流线形。若弹速超过声速,则主要着眼于减小波动阻力,因此弹头部应尖锐些。高速弹丸在保证稳定的情况下,弹头部尽可能的锐长,弹尾部形状是次要的。低速弹丸尾部形状应很好,而弹头部形状则是次要的,弹尾部收缩角一般以 6°~9°为好。

27mm、30mm 等口径。航炮的发展趋势是提高初速和射速,并通过配备近炸引信提高对空中目标的毁伤概率,通过先进的火控系统使它适于全向攻击。航炮不仅是近距空战武器,在配备超速脱壳穿甲弹、贫铀穿甲燃烧弹等新弹种之后,也是对地尤其是对付轻型装甲目标甚至坦克目标的重要武器。如美国 A-10 攻击机配备的 7 管 30mm 航空机关炮 GAU-12/U 和以色列装备的"幻影"Ⅲ战斗机上配备的 30mmDFFA554 航炮等,其初速可高达 1000m/s,射速可达 4000 发/min,射击精度可达 2mil,能较好地摧毁坦克顶装甲,后者在中东战争中曾大量使用,取得了很好的效果。

一、我军典型航空枪弹和炮弹

我军的直升机机载航空枪弹主要是 12.7mm 航空枪弹,航空炮弹主要是 23mm 航空炮弹,未来可能装备 30mm 航空炮弹。

(一) 12.7mm 航空枪弹

弹丸直径 12.7mm,用于航空机关枪的射击。根据用途的不同,构造各有差异,主要区别在弹丸的差异。主要有穿甲燃烧弹、穿甲燃烧曳光弹、钨芯脱壳穿甲弹。此外,根据研制年代的不同,枪弹又有其他分类。

1. 穿甲燃烧弹

简称穿燃弹,主要用于射击油箱、油槽及轻型装甲目标等。该弹弹头由被甲、燃烧剂、钢心和铅套组成,被甲内装燃烧剂、高碳钢弹芯及铅套。燃烧剂通常为镁铝合金粉作可燃剂,硝酸钡作氧化剂,在强烈冲击下发火,其燃烧温度可达 1000℃ 以上。该弹头的燃烧剂装在前部,弹着时靠钢心冲击钢甲使燃烧剂发火,但燃烧剂不能全部进入钢甲的穿孔内。穿甲燃烧弹的发射药和底火与穿甲燃烧曳光弹一样,如图 2-24 所示。

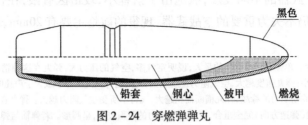

图 2-24 穿燃弹弹丸

2. 穿甲燃烧曳光弹

简称穿燃曳弹,主要用于射击油箱、油槽及轻型装甲目标,并能显示弹道,便于修正。该弹弹头由被甲、燃烧剂、铅套、钢心和曳光管组成,被甲内装有经淬火的高碳钢心,钢心前端装燃烧剂,钢心后端装曳光管,被甲圆柱部内有铅套,如图 2-25 所示。

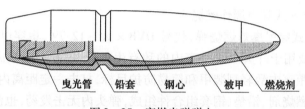

图 2-25 穿燃曳弹弹丸

3. 钨芯脱壳穿甲弹

钨芯脱壳穿甲弹[①]主要用于射击低空飞机、直升机,也可击穿步兵战车的侧、后装甲。钨芯脱壳穿甲弹具有钨合金弹芯和脱壳两大结构,其弹丸由弹托、钨弹芯、曳光剂、密封片、底托和闭气环组成,如图 2-26 所示。弹托材料为尼龙,沿其轴向开有三条削弱槽,弹丸出枪口后,弹托在离心力作用下沿削弱槽开裂成三瓣飞散;底托与闭气环在空气阻力作用下也与弹芯分离;钨弹芯作惯性飞行,依靠自身动能侵彻轻型装甲。例如,某型 12.7mm 钨芯脱壳穿甲弹可在 1000m 距离上击穿 15mm/45°的钢甲,侵彻过程中钨芯和钢甲高速碰撞、挤压、摩擦,在局部产生高温,足以引燃钢甲后的油箱。

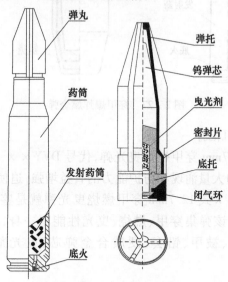

图 2-26 钨芯脱壳穿甲弹

---

① 为了提高穿甲弹的侵彻能力,除了通过改进弹头材料、设计、工艺外,还可以通过增加弹头动能的方法。脱壳穿甲弹是在不增加炮弹口径的前提下,大幅度提高弹头动能的一种有效途径。目前,已经有装备在装甲车 25mm 机炮的脱壳穿甲弹。在理论上,飞机航炮使用脱壳穿甲弹也是可行的。但是在飞机上使用脱壳穿甲弹的主要困难,在于如何避免脱落的弹壳对飞机和发动机造成损害。有报道称,美国已经解决了这个问题。

4. DVB××式穿甲爆炸燃烧弹

DVB××式穿甲爆炸燃烧弹,代号 DVB××-12.7[①],集穿甲、爆炸和燃烧于一身,它主要用于歼灭一定距离内的敌有生目标,压制一定距离内的敌火力点,毁伤一定距离内敌轻型装甲和简易防护目标,打击一定距离内敌低空目标。弹头由被甲、燃烧剂、铅垫、钢套组合件组成,弹头内无击发药,也没有任何的起爆装置,完全靠弹头对目标的冲击力和摩擦力来起爆。结构如图 2-27 所示。

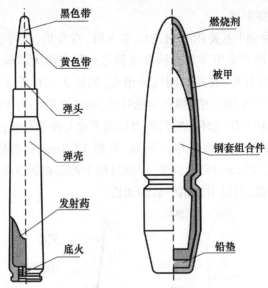

图 2-27 穿甲爆炸燃烧弹

5. DVY××式机枪弹

DVY××式 12.7mm 穿甲燃烧曳光弹,代号 DVY××-12.7[②]。随着战场上的轻型装甲目标的大量涌现和防护能力的日益增强,迫使大口径枪弹穿甲威力相应提高。DVY××式 12.7mm 穿甲燃烧曳光弹就是鉴于上述情况下进行研制的一个新弹种,该弹集穿甲、燃烧、曳光性能于一身,具有极佳的穿甲性能。弹头由燃烧剂、被甲、铅套、硬质合金弹芯、曳光剂、封底盂组成,如图 2-28 所示。

---

① DVB:型号标志(D 表示弹药类,V 表示机枪,B 表示穿甲爆炸燃烧);××式:弹药定型年代;12.7mm 穿甲爆炸燃烧弹:弹药名称。

② DVY:型号标志(D 表示弹药类,V 表示机枪,Y 表示穿甲燃烧曳光);××式:弹药定型年代;12.7mm 穿甲爆炸燃烧弹:弹药名称。

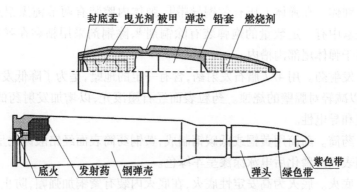

图 2-28 DVY××式 12.7mm 穿甲燃烧曳光弹

与其他弹种相比,DVY××式 12.7mm 穿甲燃烧曳光弹结构设计新颖,先进合理,填补了国际上同口径碳化钨芯穿甲燃烧曳光弹的空白;弹头外形具有良好的外弹道性能,弹形系数为 0.87,千米速度损失为 260m/s 左右,在小口径炮弹和大口径枪弹中属先进之列;双锥形弹芯结构,具有大着角防跳飞性能;采用高氯酸钾、镁粉高性能燃烧剂,前燃(烧剂)后曳(光剂)的燃烧结构及分层装药,安全获得击穿大倾角装甲钢板后可靠的燃烧性能;首次实现曳光剂直接压入硬质弹芯尾孔内,并探索出加入降低压药压力确保良好曳光性能;有良好的射击精度。

(二) 23mm 航空炮弹

23mm 航空炮弹是 23mm 航炮通用的炮弹,主要有杀伤燃烧炮弹、穿甲燃烧炮弹、穿甲燃烧曳光炮弹和训练自炸弹等多种类型。

1. 杀伤燃烧弹

简称杀燃弹,主要用于攻击空中和地面无装甲防护的目标,能起到杀伤、燃烧作用。由引信、弹体、发射药、黄铜药筒或低碳钢药筒、除铜剂和高安全性底火组成,如图 2-29 所示。

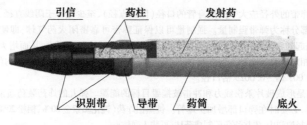

图 2-29 杀燃弹

(1) 弹体。在弹体上压有紫铜导带①,弹体内腔装有两节钝黑铝炸药柱②,在一个铁盒中有一定数量的炮弹装有除铜剂③,除铜剂采用粘贴在弹底端面或用丝线系于弹体尾部沟槽内。

(2) 发射药。用4/7腊石发射药,含有一定的地蜡,是为了降低发射药的燃烧温度,以减轻对膛壁的烧蚀。药粒表面经石墨滚光,以增加发射药的流散性,提高密度和导电性。

(3) 药筒。药筒用黄铜或低碳钢制成,黄铜药筒表面经铬酸钝化呈金黄色,钢质药筒表面经磷化后电泳涂漆呈军绿色。

(4) 底火。底火为高安定性底火,在底火内装有紫铜加强帽,防止击发药受震松散发火。底火压入药筒后用环铆加以固定。

2. 穿甲燃烧曳光弹

简称穿燃曳弹,主要用于攻击空中和地面有轻型装甲防护的目标,并可引燃目标内的易燃物。当初速为600m/s,距目标200m,射线与目标法线的夹角为30°时,可穿透××mm厚的均质钢板。主要由弹头、曳光剂、药筒、发射药和底火等组成,如图2-30所示。

(1) 弹头。弹头由风帽、燃烧剂、弹体、弹带、曳光剂组成。风帽装于弹体的前部,用薄钢板冲压成圆锥形,在弹头飞行时减小空气阻力,它用滚压方法将风帽压装在弹体前部沟槽内。燃烧剂装于弹体的前端风帽内,由硝酸钡、梯恩梯和

---

① 弹带的作用:对于弹丸与药筒定装炮弹,弹丸靠药筒的底缘凸起部轴向装填定位,发射时弹丸在克服药筒拔弹力后,弹带才嵌入火炮膛线,从而起到密封火药气体、赋予弹丸旋转的作用,并保证弹丸膛内定心和出炮口后的飞行稳定。

弹带材料:弹带材料的选择应考虑材料韧性、挤入膛线的难易程度、抗剪抗弯强度、对膛壁磨损大小等因素。采用紫铜材料,弹带耐磨,有利于保护炮膛,而且可塑性好。对于初速大的炮弹则用强度稍高的铜镍合金或H6黄铜等铜质材料。近年来已有许多弹丸采用塑料或粉末冶金陶铁作为弹带材料,如美制GRUB/A30mm航空炮榴弹采用了尼龙弹带,法制F5270式30mm航空炮榴弹采用了粉末冶金陶铁弹带。这些新型弹带材料,不仅能保证弹带所需的强度,而且摩擦系数较小,可减小对膛壁的磨损,提高身管寿命。

弹带强制量:弹带的外径应大于火炮身管的口径(阳线直径),至少应等于阴线直径,一般均稍大于阴线直径,此稍大的部分称为弹带强制量。强制量可以保证弹带可靠密闭火药气体,即使在膛线有一定程度的磨损时弹带仍起到密闭作用。强制量还可以增大膛线与弹带的径向压力,从而增大弹体与弹带间的摩擦力,防止弹带相对于弹体滑动。但强制量不可过大,否则会降低身管的寿命或使弹体变形过大。弹带强制量一般在0.001倍~0.0025倍口径。

② 炸药装药是形成破片杀伤威力和冲击波摧毁目标的能源。弹丸的炸药装药通常是由引信体内的传爆药柱直接引爆,必要时在弹口部增加扩爆管。钝黑铝炸药(钝化黑索金80%,铝粉20%),又称A-Ⅸ-Ⅱ炸药,一般用在小口径炮弹中,先将炸药压制成药柱,再装入弹体。

③ 除铜剂。一般用熔点较低的铅(熔点327℃)或铅锡合金(熔点240℃)制成细丝或圆片,固定在弹丸的尾部。发射时,除铜剂在火药燃气的高温作用下,与膛线上的挂铜合成低熔点(熔点336℃)合金。这种低熔点合金附着力小,易被下一发炮弹的火药燃气冲刷出炮口,除铜剂不能除去全部挂铜。

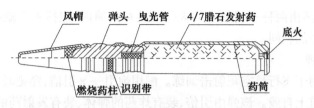

图 2-30 穿燃曳弹

铝粉混合而成,当弹体穿入目标时,由于冲击、摩擦作用使燃烧剂着火,引燃目标内的易燃物。弹体由 35GrMnSiA 钢[①]制成,头部较圆钝,既能在大着角时防止跳弹,又可在撞击目标时降低头部的应力。在弹体上压有导带,在弹体下部有装曳光剂的腔室。

(2) 曳光剂。曳光剂由硝酸锶、镁粉等组成,直接压于弹体之内。射击时被发射药点燃,从而指示弹头轨迹,曳光时间为 3.0s。

(3) 药筒、发射药和底火,与杀燃弹相同,只是穿燃曳弹的装药量比杀燃弹重约 2g。

3. 演习弹

演习弹是在演习过程中使用的弹药。在空战演习中使用激光照射器和演习弹,可以模拟真实的射击震动、声响、火光、烟雾等战斗环境,使飞行员感觉处于实战状态之中。为得到特定效果,必须满足一定的要求[②]。演习弹构造如图 2-31 所示,药筒的外形、底部尺寸均与杀燃弹相似,只在斜肩以上圆柱部有所加长,使其占有原来弹头的空间。药筒口部经收口后涂密封胶,以保证装药的

图 2-31 演习弹

---

① 35GrMnSiA 是低合金超高强度钢,热处理后具有良好的综合力学性能,高强度、足够的韧性、淬透性、焊接性,加工成形性较好,但耐蚀性和抗氧化性能低。

② 一是演习弹应具有实弹射击时的震动、火光、声响、烟雾等射击反应。使飞行员在使用激光射击模拟器时,能较真实感觉处于战斗射击环境之中。二是使用演习弹射击时,航炮要能够自动循环工作。航炮的射击频率不一定与实弹相同,但也不能过分地降低。三是演习弹可以是有弹头的"炮弹",也可以是无弹头的"炮弹"。有弹头的炮弹要解决弹头飞出口后对本机、被射机和地面人、物的安全,无弹头的炮弹要解决武器自动工作的能量来源。四是演习弹要满足射击的环境条件。例如,高温时膛压不能过高;低温时要保证发射药正常点燃和燃烧。演习弹也要适于载机的装载,能排成弹带并在射击过程中有足够的强度和刚度;五是为了使用演习弹,可以在不改动载机和航炮结构的条件下,加装简单的装置(此装置对外部应无影响)。使用完后拆除便能恢复飞机或航炮的战斗技术状态。

密封性;发射药由两种不同型号的火药混装在药筒内,包括4/7 樟石和多-45;底火与杀燃弹的相同。

4. 训练弹

训练弹用于飞行员空靶射击训练。配用炮引—×引信,穿靶时不会爆炸,经数秒后在弹道上自毁。该弹由引信、装有炸药的弹体、装有发射药的药筒和底火组成,其中装药弹体、装发射药的药筒、底火的构造与杀燃弹相同,如图 2-32 所示。

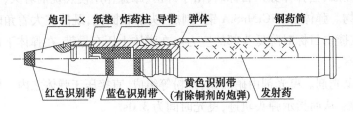

图 2-32 训练弹

(三) 航空 30mm 炮弹

航空 30mm1 型杀伤爆破燃烧自炸炮弹(简称航 30-1 杀爆燃/自炸弹),是一种杀伤爆破燃烧并能在弹道上自炸的炮弹,主要用于击毁空中和地面非装甲目标,并能引起目标内易燃物燃烧。

航空 30mm1 型杀伤爆破燃烧曳光自炸炮弹,简称航 30-1 杀爆燃曳/自炸弹;

航空 30mm1 型杀伤爆破燃烧曳光炮弹,简称航 30-1 杀爆燃曳弹;

航空 30mm1 型杀伤爆破燃烧炮弹,简称航 30-1 杀爆燃弹;

航空 30mm1 型杀伤爆破燃烧自炸炮弹,简称航 30-1 杀爆燃/自炸弹;

航空 30mm1 型训练自炸炮弹,简称航 30-1 训/自炸弹;

航空 30mm1 型校靶炮弹,简称航 30-1 校弹。

上述几种炮弹现有铜制弹壳和钢制弹壳两种,钢制弹壳外表面涂有军绿色(或浅灰色)保护漆,重量稍轻。

二、美军典型航空炮弹

(一) 贫铀弹

根据近年来国外新闻媒体的报道,20 世纪 70 年代中期几个核武器及核燃料生产国都在进行贫铀(铀 238)材料的应用研究,主要是研制贫铀合金动能穿甲弹(简称铀穿甲弹),也有的国家通过进口贫铀材料来研制铀穿甲弹。美国是最早装备铀穿甲弹的国家,航空喷气发动机公司(Aerojet)与霍尼韦尔公司(Honeywell)在 1976~1979 年间为 A-10 攻击机生产了约 1 千万发 30mm 航空炮弹

(GAU-8),其中约47%为有贫铀弹芯(贫铀合金弹芯重约270g/发)的穿甲燃烧弹。自从铀穿甲弹问世以来,因为其污染问题国际上(包括美国国内)不断有反铀派从道德观和技术上予以批判①。尽管来自各方的反对意见不绝于耳,但美国依然我行我素地发展了20mm、25mm、30mm、105mm和120mm等多种铀穿甲弹,例如,120mm坦克炮配用M829系列尾翼稳定脱壳穿甲弹,105mm坦克炮配用M900式尾翼稳定脱壳穿甲弹。另外,陆军M2/M3"布雷德利"战车25mm"蝮蛇"自动炮、空军A-10攻击机30mm航炮和海军"密集阵"火炮系统20mm自动炮也都配用贫铀弹芯穿甲弹。同时还研究和开发了贫铀合金的其他军事用途,如贫铀合金破甲弹、有穿甲燃烧功能的含铀航空炮弹和贫铀装甲等。1991年海湾战争期间,以美国为首的盟军首次使用了贫铀弹,总共向伊拉克发射了上百万枚,大约有320t贫铀弹遗留在了伊拉克战场上。M829A1式炮弹在作战中取得了辉煌的战绩,摧毁了伊拉克军队的大量坦克。1995—1996年波黑战争中,盟军使用了1.08万枚贫铀弹。1999年科索沃战争中,北约部队总共发射了约3.1万枚(约30t)贫铀弹。

某些国家坚持发展铀穿甲弹的最主要理由是其具有优异的穿甲性能,长杆形铀合金尾翼稳定脱壳穿甲弹比同一类型钨合金穿甲弹的穿甲性能要高出10%~15%。钨穿甲弹在对轧制均质钢装甲的穿甲效率如果想达到铀弹的水准,则需要比铀弹高出约200m/s的打击速度。一般设计优良、大长径比的长杆形穿甲弹飞离炮口后,每1km速度降低50~60m/s,所以铀穿甲弹出膛后在距炮口3~4km处的穿甲效率与钨弹在炮口处的穿甲效率相当。

从破甲弹来讲,装有贫铀合金药型罩将使其具有更为优越的破甲性能。破甲性能与药型罩所用材料的密度和延展性有关。高密度和高延展性的材料可以有较长的"连续射流",即将射流具有高破甲效率的部分伸长,以得到更深的破

---

① 对于铀合金在战场上造成的环境污染亦值得深入研究。238铀主要辐射γ射线,虽微不足道但其半衰期为45亿年,所以铀弹击中目标后产生的具有放射性的弹片、碎屑、粉尘和氧化物等的放射性是长期存在的。当铀穿/破甲弹击中目标时,除产生大量弹片和碎屑散布在目标附近外,由于铀的燃烧特性还产生大量铀氧化物,以烟和尘状态附着在靶上和沉降在地面上。这类具有放射性的产物可被人工探测到,以洗消的办法清除。当铀弹未击中目标时发生的跳弹或飞弹是比较难探测的。美军30mm航炮发射的铀穿甲弹,每秒钟射出或回落至地面16~20kg铀合金,而且呈大面积散布,相当一部分弹还将射入地面以下,给战场清理造成很大困难。在这种情况下,除进行人工探测和洗消外,需要以探测车进行大面积探测和清扫。尽管被铀弹污染地区的辐射强度不高,不会马上危害人畜,但对探测不到的残留物,如数量较多,经过若干时日后,仍然有可能污染食物链和饮用水链,成为危害人畜健康的隐患。西方媒体曾将"海湾战争综合症"归咎于铀穿甲弹,恐怕是有些以讹传讹。"海湾战争综合症"如果存在,所报道的症状也不像贫铀的远期辐射反应,应从其他生化武器方面追寻致病原因。铀弹研制过程中的射击试验必须在密闭的靶位内进行,以易于定期洗消。英国进行铀弹射击试验时,将靶设在近海中,弹片或脱靶的弹将落入海底淤泥中,以免污染环境。

甲深度。贫铀合金具有穿甲后的燃烧特性,能有力地增加穿甲和破甲的后效,也可以作为航空炮弹或炮弹的燃烧剂,成为不加其他燃烧剂的穿甲燃烧弹。

20mm 贫铀穿甲燃烧弹是一种新型的贫铀航空炮弹,主要用于反装甲,属次口径穿甲弹,如图 2-33 所示。该弹丸内装有一个直径较小、密度较大的铀

图 2-33　20mm 贫铀穿甲燃烧弹

238 贫铀穿甲弹芯。除了具有很强的穿透能力外,还是一种引火材料,可增强穿甲后的燃烧效应。其放射性大约是天然铀的 0.7 倍。该型航空炮弹属 M50 标准系列(20mm × 102mm)电发火炮弹,炮弹质量 250g,弹丸质量 100g,初速 1045m/s。

(二) PGU 系列 20mm 炮弹

美国 M61A1 航炮上配用的是改进型 20mmPGU 弹药,所有的实弹均是电击发。PGU 系列弹头外形更具有流线性,船型弹尾使得阻力减小,炮口速度明显增高。该系列弹药填补了使用 M50 系列弹药时的最大射程和使用 AIM-9"响尾蛇"导弹时最小射程之间的射程空白。PGU 系列弹药通常分为三类:训练弹 PGU-27/B、半穿甲爆破燃烧弹 PGU-28/B(SAPHEI)和曳光训练弹 PGU-30/B(TP-T)。PGU 系列弹药可由颜色(弹头着色)和弹头上的字母进行区分。其弹头划分部分由 A、B、C、D、E 标识,每个部分分别着有黑色、蓝色、红色(燃烧剂)或黄色(高爆破),有些部分没有着色,但却保留了原有的金属色(铬酸涂饰的铜),这些着色和未着色的部分形成了划分弹药类型的彩色编码。

PGU-28/B 炮弹用于攻击飞机和轻金属目标,具有半穿甲、爆破和燃烧功能,如图 2-34 所示。弹头包括一钢制壳体,钢体的内部弹腔装有海绵状金属锆的集装包、A4 和 RS 燃烧混合剂,铝质弹头内含有 RS41 燃烧混合物,并用型铁

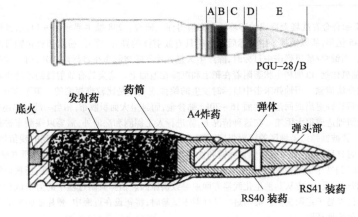

图 2-34　半穿甲爆破燃烧弹 PGU-28/B(SAPHEI)外形图和剖面图

弯曲紧口到钢体上。弹头颜色编码：A：未着色（铜色）；B：黑色；C：黄色；D：红色；E：铬酸涂饰；标记：白色。

（三）M50 系列 20mm 炮弹

M50 系列炮弹用于 M61A1 航炮，主要有：假弹 M51A1B1、M52A2（钢）或 M254（塑料）、高压测试弹 M54A1（HPT）、射击训练弹 M55A2（TP）、爆破燃烧弹 M56A3（HEI）、射击练习曳光弹（TP-T）、爆破燃烧曳光弹 M242（HEI-T）。整弹包括药筒、底火、发射药、弹头和引信，所有的炮弹均由电击发。

M50 系列弹药由颜色（弹头着色）和弹头上的字母标识进行区分。M50 系列弹的颜色编码位于弹头，弹头划分部分有 A、B、C、D 标识，每个部分分别着有蓝色、紫色、红色（燃烧剂）或黄色（高爆破），有些部分没有着色，但却保留了原有的金属色（铬酸涂饰的铜）或是塑料（白色塑料），这些着色和未着色的部分形成了划分弹药类型的彩色编码。M56A3 弹头装有燃烧剂和高爆炸药，具有爆破和燃烧的复合能力，弹头内装含有铝粉的 A4 炸药，如图 2-35 所示。

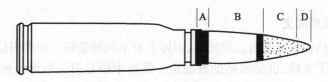

图 2-35　M56A3 爆破燃烧弹外形图

三、俄军典型航空炮弹

БТ-30-ГШ 航空曳光穿甲弹是苏联/俄罗斯装备部队使用的一种航空用定装式 30mm 曳光穿甲弹，配用 ГШ-301 式 30mm 航炮，用于摧毁地面、水面和空中目标。БТ-30-ГШ 航空曳光穿甲弹由曳光弹丸、药筒、发射药和电底火组成。射击时火药燃气点燃曳光剂，产生黄色光带，显示弹丸飞行轨迹。弹丸的作用是侵彻目标的装甲，并利用装甲和弹体碎片毁伤车内人员和机件。主要战术性能为初速 860m/s，射速 1800 发/min，穿甲厚度 15~20mm，弹径 30mm，弹长 281~285mm，质量 844g。

第四节　航空炮弹引信

引信是指引爆弹药战斗部的装置。1987 版《中国大百科全书军事卷》中对引信的定义是：利用目标信息和环境信息，在预定条件下引爆或引燃战斗部装药的控制装置或系统。现在一般将引信定义为能接收利用目标信息、环境信息和人工指令,并能对各种信息和指令进行辨别、筛选和分析等综合处理,在预定条件下引爆或引燃战斗部装药的控制装置。从引信的上述定义,可以看出现代引信的三大特征:引信纯粹用于军事目的。引信是一个信息与控制系统,引信要在预定条件下实现其功能,这些预定条件的本质就是"最优"。引信既可以适时起爆弹丸或战斗部,也可作为点火装置使用,如用来点燃抛射药,起爆战斗部,抛出照明炬、燃烧炬、子母弹的子弹等。引信配用于炮弹、火箭弹、迫击炮弹、航弹、地雷、水雷、枪榴弹、手榴弹、导弹和原子弹等。由于弹药种类很多,而且大小、重量、用途的差别很大,所以配用于不同弹药的引信在形状、尺寸和复杂程度上也有很大不同。引信可能是一个较简单的装置,如手榴弹引信;也可能是一个有若干子系统组成的高度复杂的系统,如弹道导弹的引信系统。引信的起爆作用对弹丸或战斗部的精度和终点效能(杀伤、爆破、侵彻、燃烧等)具有重要的,甚至是决定性的影响,其作用相当于弹药的大脑。

一、引信发展简史与命名

(一) 发展简史

关于引信的起源地与起源时间,国际上有不同的见解。追溯引信的历史,我国不仅发明了火药,也是引信的发源地。既然中国是引信的诞生地,"引信"这一名词当然不会是外来语。引信最早的起源雏形为类似爆竹的火药捻子,据史料记载,早在火药发明之前,在1700多年前三国时代的魏蜀战争中,魏军守城士兵曾用草艾、麻布浸以油脂绑在箭上,点着火后,用弓弩射向攻城兵士及云梯,引发着火,成为最早的"火箭"。在火药发明后,草艾、麻布等即被"火药包"或"火药球"所替代,并在其上加一个药捻,古称之为"信",这就是最早的引信。明永乐十年(公元1412年)成书的《火龙经》称这种有防潮、防水性能的捻子为"信"或"药信"。书中在描述"钻风神火流星炮"的引火装置时写道:"……分四信引于外,中留空藏一信,盘曲于中,以砂纸裹信,藏久不潮。"《武备志》中详细记载了"信"的制作方法,这种"信"或"药信"就是引信的雏形。"引信"作为术语在文献上使用,在我国已有几百年历史。明代科学家宋应星著的《天工开物》中描述的一种守城兵器,"上留小眼,筑实硝黄火药,参入毒火、神火,由人变通增损,贯药安信而后,外以木架匡围。敌攻城时,燃灼引信,抛掷城下,火力出腾,八面旋转,则敌人马皆无幸"。这里的"引信"即指引火的药捻。

随着爆炸性火器的出现,人们把火药紧塞在一个空心铁球里,在球口再塞上一个空心锥形木塞,木塞孔中装入火药。发射时,先将木塞里的火药点着,然后再点燃炮膛内发射药把弹丸发射出去。弹丸飞入敌阵后,木塞里的火药引燃弹丸内的火药而燃烧爆炸。这个点火用木塞比药捻前进了一步,因其呈管状,故称

"信管",它就是最古老的炮弹引信。到 19 世纪黄铜点火信管及机械引信出现后,木质信管就退出了历史舞台。

在欧洲,引信的发展历史从 16 世纪开始,直到那时才出现用于铸铁球弹的引信。这种引信是将火药装在芦苇管或木管内,由发射药的火焰点燃。到 1835 年,出现了采用药盘延时的引信;19 世纪中叶,触发引信在战场上出现;19 世纪 80 年代,苦味酸炸药应用在弹药中,使引信产生了质的飞跃,随后便出现了含有雷管及传爆药的引信;1893 年,出现了雷管隔离型引信,即所谓的保险型引信。19 世纪末,欧洲机械工业已经发展到相当高的水平,精确的钟表问世,不久人们便考虑在引信中使用钟表机构。到 20 世纪初,人们研制成功采用钟表机构的时间引信,这种时间引信的效果要比药盘时间引信好得多。但使用这种引信对付空中目标时,往往出现弹丸离目标最近时,引信的延期时间却没有到,从而贻误战机的情况。因此,人们希望引信能在弹丸距离目标最近的地方作用,但研制这种"近炸"引信的理想,直到二战后期才成为现实。20 世纪 40 年代中期,无线电电子学、电子技术和雷达技术得到充分发展,超小型电子管等电子元件和微型米波雷达收发机的研制成功,为无线电近炸引信的研制提供了技术基础,不久便出现了无线电近炸引信。尽管无线电近炸引信已经完全不是时间引信了,可在它问世的初期,人们仍然称其为"可变时间引信"(Variable Time Fuse,简称"VT 引信")。由于坦克、飞机、导弹和其他运动目标的发动机在运动中喷出的高温气流成为引信接收目标信息的一个途径,于是便出现了红外线近炸引信;20 世纪 70 年代后期出现了具有延期、近炸和触发功能的多用途引信;随着电子计算机和芯片、数字电路等微电子技术的发展,一些发达国家在 20 世纪末开始研制不仅能接收人工指令和目标环境信息,而且能对信息进行自动处理的智能引信。现在,这种智能引信已进入工程研制阶段,预计在不久的将来,智能引信就有可能在战场上出现。

古代战争一直在寻求对敌实施有效毁伤的手段,这体现了"军事需求牵引"。而古代炼丹家对火药的发明则为满足这一需求提供了技术手段,从而推动古代兵器从冷兵器时代进化到热兵器时代,引信就是古代兵器进入热兵器时代的一个典型表征。从古代引信诞生开始,就一直体现"最优"的思想。古代引信即火药捻子在作战时先由人工将其点燃,然后用人工投掷或用"砲"发出落向敌阵地,延迟时间结束即引燃弹体内的火药。这种引信的最优控制参数本质上是时间,它与投掷点到目标的距离有关,既不能太短,以致未落入敌阵即爆炸,也不能过长,避免落入敌阵后又被敌抛出。最优控制的具体表征是火药捻子的长度,实施最优控制的则是人。

(二) 对引信的基本要求

对引信的基本要求最主要是安全性和可靠性,即引信在平时勤务处理、保管、运输、装填和发射过程中一定要确保安全。原则是在发射过程中,既要按照规定的程序解除保险,又能在适当位置和时机可靠地起爆弹丸装药。

1. 安全性

引信的安全性是指在生产、勤务处理、装填、发射直至延期解除保险的各种环境中,引信在规定的条件下不意外解除保险或爆炸的性能。安全性是对引信的最基本要求,主要包括:

(1) 勤务处理安全性。即引信在储存、维护、运输直至装填前的各种环境中引信不意外解除保险、部分解除保险或爆炸的性能。

(2) 装填安全性。即在装填过程中引信不意外解除保险、部分解除保险或爆炸的性能。

(3) 发射安全性。即发射时引信在发射器和安全距离内不解除保险或爆炸的性能。

(4) 弹道安全性。即已解除保险成待发状态的引信在弹道飞行中不早炸的性能。

2. 可靠性

引信的可靠性是指引信在规定的储存时间内和规定的使用条件下完成规定功能的能力。其可靠性指标主要包括作用可靠性和可靠储存寿命。

(1) 作用可靠性。引信在规定储存时间内和规定使用条件下实现规定功能的能力,包括解除保险可靠性和对目标作用的可靠性。对目标作用可靠性包括发火可靠性、传火可靠性和起爆完全性。

(2) 引信灵敏度。又称引信敏感度,是引信发火机构作用的敏感程度。一般以发火机构作用所需施加的最小能量来衡量,所需能量越小则灵敏度越高。

(3) 引信瞬发度。瞬发引信从碰目标到传爆管完全起爆所经历的时间长短。此时间越短,瞬发度越高。

(4) 可靠储存寿命。引信的作用可靠度随储存时间增加而下降,引信的可靠储存寿命是指在规定的储存条件下,引信从开始储存起至可靠度下降到规定的作用可靠度限定值时所对应的储存时间。一般要求引信在库存条件下的可靠储存寿命为 15~20 年。

3. 使用性

作战时情况复杂、紧急,要求引信使用操作简便。为此应尽量减少检测和装定,必要的检测和装定也应力求简单,最好能用通用工具以手工进行装定。装定应确实可靠,装定到位应有明显的标志或感觉。

4. 经济性

经济性好即全寿命周期费用低,它包括采购费用、使用保障费用和退役费用。经济性好不仅可以节省开支,而且适于大量生产。为此,要求引信原料丰富、价格低廉,国内能充分供应;构造简单便于生产;引信尽量通用化、系列化,引信零件尽量标准化。

航空炮弹一般都采用定装式,即出厂时就把引信和弹丸装配在一起。因此,引信在各种情况下所受的环境力与航空炮弹完全相同。对航空炮弹引信的基本要求是:确保弹药在生产、装配、运输、储存、装填、发射和发射后的规定时间内不能提前作用,以保证生产和操作使用人员的人身安全;感受目标信息或接收指令后,能对信息和指令进行处理,确定战斗部的最佳起爆时机和位置,取得对目标最好的毁伤效果;向战斗部输出足够的起爆(点火)能量,使弹药正常、完全作用。

(三)引信命名

我国引信命名规则经历了不同时期,目前在役的引信名称也来自不同时期。

1. 引信曾经的命名方式

新中国成立初期,我国引信多是从苏联引进的,最早对引信的命名是根据俄文音译。苏联对引信的命名是俄文字母加弹药口径或序号的方式,因此译过来后也采用对应的方式,如百-37、伏目-45、特-5等。

在从苏联引进的过程中,我国开始仿制苏制引信,有些引信结构基本上是没有变化的。这个阶段对引信开始自己命名,命名采用"对象-序号""原理-序号"或"原理-对象-序号"的方式,也有采用"对象-口径"方式。采用对象的命名如榴-1、榴-2、迫-1、无-1(无后坐力炮引信)、碎-1、炮引-21、海双-25;采用原理的命名如时-1、电-1;采用原理和对象的命名如碎榴-1、无榴-3、滑榴-2等。

随着引信特别是同一系列引信的发展,为便于区分,在名称后面又加第二序号"甲、乙、丙、丁"等,如电1丙、电-1辛、迫-1乙。还有的直接在引信前加"改"表示改进后的型号,如改电-1戊;一些特殊使用的引信,直接以其设计生产的"年代+使用名称"进行命名,如79式火箭榴弹引信、72式防步兵地雷引信、机械1A型子弹引信等。

2. 目前采用的命名方式

为了进行统一,新时期对引信采用统一命名方法,GJBz 20496—1998《引信命名细则》对引信命名进行了相关规定,之后出现的引信采用新的命名方法。该标准规定引信命名一般由"引信型号+引信名称"构成,如 DR×10 型压发引信。如需要可在引信型号与引信名称之间加配用的武器类型,如 DRP10 型迫击炮机械触发引信。引信型号规定由3位大写字母和2位阿拉伯数字构成:3位大写字母依次分别表示弹药类别、引信、引信类别,2位数字陆军引信是按引信命名先后顺序表示引信命名的序号,其他军种引信有相应定义,具体见 GJBz 20496—1998《引信命名细则》。当同一型号改进时,后加字母 A、B、C 等以示区别:对于海军,型号前加增 H/;对于空军,型号前增加 K/。具体引信命名规则如表2-1所列。

表2-1 引信命名规则

军兵种	方式	分类	列举	解释
陆军	"DR*"+"序号"	根据种类	DRP## DRA##	迫弹引信 火箭弹引信
			DRH##	滑膛炮引信
			DRM##	子弹、末敏子弹引信
			DRK##	轻武器、榴弹发射器弹药引信
			DRX##	地雷引信、布撒式、爆破器材用引信
			DRL##	榴弹机械触发引信
		根据原理	DRD##	机电触发类引信(早期代表电子引信,含无线电近炸引信,现另用"DRW##")
			DRS## DRW##	时间引信(包括机械时间引信和电子时间引信)无线电近炸引信
			DRR##	电容近炸引信
			DRT##	多选择引信
海军	"H/DR*"+"序号"		H/DKW##	海军无线电引信
空军	"K/DR*"+"序号"		K/DRH##	航空火箭弹引信

注:"*"是引信原理或弹药种类的缩写;"##"是序号或相应编号。

国外引信命名各自有不同的方法,以美国为例,美国陆军引信以 M###命名(如 M739),在研型号则以 XM###(号)命名(如 XM200)。正在使用的美国空军和海军航弹、火箭弹、子弹药及导弹配用的引信,使用引信弹药单元(FMU)后跟数字(如 FMU-100)。

二、引信分类与机理

(一)引信的功能

引信是弹药最重要的组成部分,是弹药的"大脑"和指挥机构,最根本的任务是控制引爆战斗部的时间和空间,即选择最佳起爆位置或时机。由于战斗部是武器系统中直接对目标起毁伤作用的部分,只有当战斗部相对目标在最有利位置起作用时,才能最大限度地发挥它的威力。然而,性能不好的引信在使用中会导致引信战斗部的早炸、迟炸或瞎火,这样不但没有杀伤敌人,反而造成我方人员的伤亡。因此,将"安全"与"可靠引爆战斗部"两者结合起来,就构成了现代引信的基本功能。一般来说,现代引信应具备四个功能。

一是保险功能。必须保证引信在预定的作用(起爆或点火)时间之前不起作用,以保证引信在生产、装配、运输、储存、装填、发射以及发射后的弹道起始段上,不能提前作用,从而确保我方人员的安全。

二是解除保险。引信能感受发射、飞行等使用环境信息,控制引信由不能直接对目标作用的保险状态转变为可作用的待发状态。通常是利用发射过程中产生的环境力,也可以利用时间延时装置、无线电信号等使引信解除保险。

三是感觉目标。引信可以通过直接或间接方式判断目标的出现,感受目标的信息并加以处理、识别,选择战斗部相对目标最佳作用点、作用方式等,并进行相应的发火控制。

四是起爆。引信必须在产生最佳效果的条件下向战斗部输出起爆信息,并具有足够的能量,完全可靠地引爆、引燃战斗部主装药。

引信除了安全与起爆控制基本功能,随着战争的需求与引信技术的发展,引信的功能也在不断拓展,作用过程也在不断变化。引信对目标的毁伤,除在预定弹道轨迹上的炸点控制,对于弹道末端的起爆与弹道修正结合,可以大大提高对目标的毁伤效果。近年来出现的弹道修正引信,具有弹道敏感与简易落点控制功能,可实现对目标的打击效果。弹道修正引信依作用方式可以分为一维弹道修正引信和二维弹道修正引信,分别实现单纯射程修正、射程与方向修正。弹道修正引信在原有引信的安全与起爆控制的基础上,增加的弹道简易控制功能,是引信功能与技术的一次拓展。美国 ATK 公司的 PGK 弹道修正引信,具有二维弹道修正功能,如图 2 - 36 所示。随着武器系统的信息化发展,武器平台的信息化能力越来越强,而引信与武器平台的信息交联是实现武器弹药信息化的最终一环,可以将信息化最终在弹药与目标交汇末端

图 2 - 36 美国 ATK 公司的 PGK 弹道修正引信

的炸点控制中得以实现,是精确打击的重要手段。引信装定系统在引信与武器系统信息化发展中起着重要作用。近年来,在原先接触式静态装定的基础上出现了感应装定、射频装定、光学装定等新的引信与武器平台信息交联手段,对引信的信息化发展起到重要促进作用。

(二) 引信的分类

引信的分类方法很多,可以根据引信的作用原理、作用方式、安全程度、配用弹药种类、引信装配位置等多种方法来分类,如图 2-37 所示和表 2-2 所列。

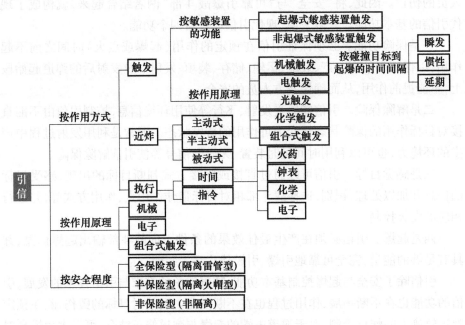

图 2-37 引信的分类

表 2-2 引信的分类表

按与目标的关系	直接觉察	触发引信	按作用时间	瞬发触发引信(<1ms)、惯性触发引信(1~5ms)、延期引信(>5ms)
			按作用原理	机械引信、机电引信
		非触发引信	近炸引信	无线电引信、毫米波引信、激光引信、红外引信、电容引信、声引信、磁引信
			周炸引信	水压引信、静电引信、气压引信
	间接觉察	指令引信		射频指令引信、可编程引信
		时间引信		火药时间引信、机械时间引信、电子时间引信、化学时间引信
		定位引信		计转数定距引信、GPS 引信
	多选择引信			可在多种作用方式间选择,对付不同目标

续表

按与战斗部的关系	在战斗部上的装配位置	弹头引信、弹底引信、弹头弹底引信、弹身引信	
	对战斗部的输出特性	点火引信	输出火焰能量
		起爆引信	输出爆轰波能量
		非爆炸引信	演习引信、假引信
	战斗部用途	硬杀伤引信	杀伤爆破弹引信、爆破弹引信、破甲弹引信、穿甲弹引信、半穿甲爆破弹引信、碎甲弹引信、反混凝土目标引信
		软杀伤引信	抛撒器引信、碳纤维弹引信
		特种弹引信	子母弹母弹引信、化学弹引信、照明弹引信、发烟弹引信、宣传弹引信、信号弹引信

1. 按引信的作用原理分类

按引信的作用原理分类,可分为机械引信、电子引信和组合式触发引信(如机电一体化触发引信)。各大类还可以细分,如电子引信还可以分为普通电子引信和智能电子引信。

2. 按引信的作用方式分类

引信的作用方式主要取决于引信获取目标信息的方式。按引信的作用方式和原理分类,可以为触感式、近感式、执行式。其中近感式和执行式又可称为非触发引信,即弹丸不需要接触目标,当距目标一定距离时,就能引爆弹丸的引信。航空弹药引信按作用方式可分为触发引信、近炸引信和执行引信三大类,还可结合作用原理进一步分类。

1) 触发引信

触发引信是指接触目标而获取目标信息的引信,又称触感引信或着发引信。引信一般在飞行弹道中解除保险后呈待发状态,一旦与目标接触,能在很短的时间内作用。触发引信的特点是撞击目标后能及时起爆,可靠毁伤目标,主要配用于需要适时起爆的弹药,如破甲弹、攻坚弹等。按作用原理,触发引信又可分为机械式和压电式两大类。

第一种为机械触发引信,根据引信的作用时间分为瞬发式、惯性式和延期式三类。

瞬发引信是瞬发触发引信的简称,即接触目标时利用目标对引信的反作用力而作用引信。分为机械瞬发引信、电瞬发引信和惯性瞬发引信。此类引信都是弹头引信,作用时间很短,在 0.1ms 左右。

惯性引信是指接触目标时利用弹体急剧减速而使引信零件产生的前冲力而作用的引信。其作用时间一般在 $1\sim 5$ ms 之间,因此也称为短延期引信。

延期引信是指接触目标后延长作用时间的引信。延期时间一般为10～300ms,以保证战斗部进入目标内部爆炸。

第二种为压电引信。接触目标后压电元件将目标信息转变为电信号的引信,作用时间极短(小于0.1ms)。引信的作用时间是指从获取能使引信输出发火控制信号所需的目标信息开始,到最后一级火工元件(通常是传爆药)爆轰输出结束所经历的时间。对触发引信来说,作用时间是从接触目标瞬间开始计算的。

2）近炸引信

近炸引信是指不与目标接触而通过某种物理场获取目标信息的引信,又称近感引信或非触发引信。根据不同的物理场性质,引信的工作原理各不相同,按其作用方式可分为主动式、半主动式和被动式近炸引信。

第一种是主动式近炸引信,即由引信本身的场源辐射能量,利用目标发射特性获取目标信息而作用。这种引信工作稳定性好,但结构复杂,而且容易暴露被敌方干扰。

第二种是半主动近炸引信,即由我方设置在地面、飞机、军舰上的场源辐射能量,利用目标的反射特性和场源因目标出现而产生的辐射特性变化,获取目标信息进行工作的引信。这种引信结构简单,场源特性稳定且可以控制,但大功率场源和专门设备使指挥系统复杂化,且易暴露。

第三种是被动式近炸引信,即利用目标产生的物理场获取目标信息而工作的引信。这种引信结构比较简单,不易暴露,但引信完全依赖于获取目标的物理场信息,会使引信工作不稳定。

3）执行引信

执行引信是指直接获取外界专用仪器设备发出的信号而作用的引信。按其获取信号的方式可分为时间引信和指令引信。

第一种是时间引信,即按预先装定的时间而作用的引信。按其原理可分为火药时间引信、钟表时间引信、化学时间引信和电子时间引信。

第二种是指令引信,即利用接收无线(或有线)遥控系统发出的指令信号(电或光)而工作的引信。

3. 按安全程度分类

按安全程度可分为非保险型引信、半保险型引信和全保险型引信。

非保险型引信有不需要隔爆型和没有隔爆型两种。不需要隔爆型引信是起爆需要较大能量的引信,没有必要采用隔爆机构,主要用于核武器、航空炸弹、鱼雷等大型弹药;没有隔爆型引信是雷管、火帽和起爆药呈直列爆炸序列。

半保险型引信是一种过渡型产品,是将火帽与雷管隔离的引信,也称为火帽隔离型引信,雷管与起爆药仍然是直列的,所以只有半保险。非保险和半保险型引信不符合引信安全设计准则,现属淘汰和停止使用的产品。

全保险型引信是有隔离雷管的引信,采用爆炸序列错位的结构,是按照引信安全设计准则进行设计的。其在解除保险之前,雷管与火帽、起爆药是相互错位和隔离的,可确保引信在作用前的绝对安全。主要用于常规弹药,在轻武器弹药上使用的绝大多数现代引信都是全保险型引信。

4. 按配用的弹药种类分类

按配用的弹药种类可分为炮弹引信、迫击炮弹引信、火箭弹引信、导弹引信、航空炸弹引信、深水炸弹引信、水雷引信、鱼雷引信、地雷引信、枪榴弹引信和手榴弹引信等。

5. 按引信装配在弹药上的位置分类

按引信装配在弹药上的位置可分为弹头引信、弹底引信、弹头感应弹底起爆引信(分离式引信)和弹身引信等几大类,各大类还可以细分。

(三)引信的一般构造

不同的引信在组成上是有差异的,但一般都由发火控制系统、传爆系列、安全系统和能源等装置或系统组成,其各组成部分及其关系如图2-38所示。

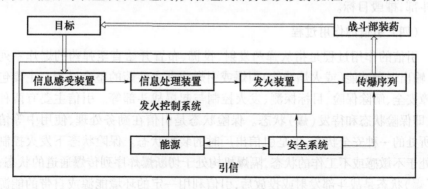

图2-38 引信各组成部分及其关系示意图

发火控制系统由信息感受装置、信息处理装置和发火装置组成,主要作用是感受目标信息或目标所处的环境信息,经处理后,在战斗部能发挥最佳战斗效果的时机使起爆源发火。发火控制系统感受目标信息有直接和间接两种方式。直接感受的方式是由引信本身的信息感受装置来感受目标信息;间接感受的方式是利用弹药以外的设备(如火控系统)来感受和处理目标信息,然后再向引信传送时间指令或起爆指令,引信根据指令工作。

传爆序列由各种感度不同、威力不同的火工品组成,用于将起爆源产生的初始激发冲量有控制地加以放大,使战斗部装药被完全地引爆或引燃。

安全系统由保险机构、保险线路和隔离机构组成,用于保证战斗部进入目标区前引信的安全。有些引信还根据实战需要,在发火控制系统中设置一些专门的装置,如弹药引信的自毁装置,破甲弹引信的擦地炸装置,某些航空炸弹引信和地雷引信中的反拆卸诡计装置等。安全系统的保险机构和保险线路,在平时使发火控制系统处于不敏感或不工作的状态。隔离机构把传爆序列中较敏感的火工品与其下一级隔开,处于隔爆状态,引信的这种状态称为安全状态或保险状态。在发射、投放、飞行或进入目标区时,在预定出现的环境信息作用下,安全系统才能解除保险,使发火控制系统处于敏感状态或工作状态,传爆序列处于畅通状态,引信的这种状态称为待发状态或解除保险状态。现代引信多为隔离雷管型引信,使引信解除保险的环境信息有后坐力、离心力、爬行力、空气阻力、气动加热的温度、燃气的温度和压力、人工的特定操作和制导指令等。安全系统对环境信息有一定的识别能力,以保证保险和解除保险的可靠。现代引信常利用两种以上的环境信息,作为解除保险的条件。由于不同弹药的环境信息也不相同,因而适用于一类弹药的引信,一般不适用于另一类弹药。引信平时处于安全状态。发射后,安全系统解除保险,引信处于待发状态。遇目标时,发火控制系统感受目标信息而发火,经传爆序列引爆战斗部,摧毁目标。

(四) 引信的作用过程

引信的作用过程是指从弹药发射、投掷、布置开始直至弹药的爆炸系列起爆,输出爆轰冲能(或火焰冲能)引爆或引燃弹丸主装药的整个过程。主要包括保障安全、解除保险、目标探测、发火控制与起爆战斗部等。引信主要有两种状态,即保险状态和待发(爆)状态。保险状态是引信在勤务处理、使用中等情况下所处的一种安全状态,也是引信出厂时的装配状态。保险状态下发火控制系统处于不敏感或不工作的状态,隔爆机构处于切断爆炸序列传爆通道的状态;待发(爆)状态是战斗部发射或投放后,引信利用一定的环境能源或自带的能源完成发火前预定的一系列动作,发火控制系统处于敏感或工作的状态,爆炸序列的传爆通道被打开。此时引信一旦接收目标传给的起爆信息,或从外部得到起爆指令,或达到预先装定的时间就能发火,此时引信处于待发(爆)状态,也称为解除保险状态。

1. 保障安全

保障安全是引信使用前及使用中所起的主要作用,保障不受各种自然环境、人为环境等影响而意外失效,确保引信以及战斗部的安全。

2. 解除保险

引信从保险状态向待发(爆)状态的过渡过程称为解除保险过程。当引信判断到使用环境的出现后,便进入解除保险过程。一般引信具有延期解除保险结构,以确保引信随战斗部飞行一段距离后才能进入待发(爆)状态。解除保险的信息主要来源于对使用环境的识别判断,以及武器系统或弹药给出的相关信息。大多数引信的解除保险能量是靠伴随战斗部的运动所产生的环境能源(后坐力、离心力、摩擦产生的热、气流的推力等)来完成的,也有随战斗部所处环境或利用武器系统或引信自带的能源解除保险。

3. 目标探测

引信解除保险后通过对目标的探测实现发火时机、发火方式的选择。引信对目标的探测分直接探测和间接探测。

直接探测包括接触探测与感应探测两种。接触探测是靠引信(或战斗部)与目标直接接触来觉察目标的存在,有的还能分辨目标的真伪;感应探测是利用力、电、磁、光、声、热等探测目标自身辐射或反射的物理场特性或目标存在区的物理场特性。对目标的直接探测是由发火控制系统中的信息感受装置和信息处理装置完成的。

间接探测包括预先装定与指令控制两种。预先装定在发射前进行,以选择引信的不同作用方式或不同的作用时间,如时间引信多数是预先装定的;指令控制由发射基地(可能在地面,也可能在军舰或飞机上)向引信发出指令进行遥控起爆,也可实现遥控装定或遥控闭锁(使引信瞎火)。

4. 发火控制

根据探测到的不同目标以及弹目交会情况,引信可选择触发、延期、近炸、定时等不同的发火方式。根据不同的发火方式,发火控制系统选择在不同时机控制引信爆炸序列的首级火工品作用,或对引信中相应的首级爆炸元件输出发火信息。例如,多层硬目标侵彻引信,可以通过传感器根据侵彻特征识别穿过目标层数,在预定层后起爆,实现对深埋重点打击目标的有效杀伤。

5. 起爆战斗部

引信发火后通过爆炸序列的作用,将发火能量进行放大,最后对战斗部输出足够的能量,实现可靠起爆战斗部主装药。

(五)引信的爆炸序列和传火序列

引爆战斗部主装药的作用是由引信的爆炸序列直接完成的。爆炸序列是指各种火工元件按它们的敏感程度逐渐降低而输出能量逐渐增大的顺序排列而成的组合,功能是将一小能量有控制地增大为适当的能量,以引爆弹药主装药。引信的爆炸序列因战斗部类型不同而不同。对于有爆炸装药的战斗部,引信最后一级火工元件输出的是爆轰能量,其爆炸序列称为传爆序列,又称高速爆炸序列。对于不带爆炸装药的战斗部,如宣传、燃烧、照明弹等特种弹,引信最后一级火工元件输出的是点火能量,这种引信又称点火引信,其爆炸序列一般称为传火序列。

1. 传爆序列

传爆序列的火工元件主要有:火帽、电点火管、延期药、雷管、导爆药、传爆药等,组成随战斗部主装药量、引信作用方式不同而不同。某近炸引信的传爆序列,如图 2-39 所示。

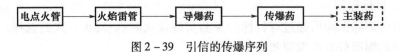

图 2-39 引信的传爆序列

爆炸序列中比较敏感的火工元件是火帽、电点火管、雷管、电雷管,它们在某些环境条件下可能发生自燃或自炸,从而导致引信早炸。为此,现代引信中普遍采取"隔离"的方法保证引信的安全性。所谓"隔离"就是将这些敏感的火工元件与爆炸序列的下一级火工元件相互隔开,以切断爆炸冲量的传递通道。含有隔离措施的装置称为隔离机构(又称隔爆机构)。引信按隔离机构被隔离的敏感元件种类可分为隔离火帽(或电点火管)型和隔离雷管(或电雷管)型两类。隔离火帽型引信是指将火帽与下一级火工元件相隔离的引信,俗称半保险型引信;隔离雷管型引信是指将雷管与下一级火工元件相隔离的引信,俗称全保险引信;没有上述隔离措施的引信,俗称非保险引信。我国已明确规定,在现代引信的设计中,必须采用隔离雷管型的隔离机构,以确保引信的安全。

爆炸序列的最终作用是要引爆战斗部主装药,因此隔离机构要具有隔离和解除隔离的双重作用,在解除隔离以前,要可靠隔断爆炸冲量的传递,而在解除隔离之后,能可靠地传递爆炸冲量。隔离机构是爆炸序列引爆主装药的控制机构,而且是引信安全系统中的核心机构。爆炸序列的起爆由其第一个火工元件开始,发火方式主要有三种。

1) 机械发火

利用针刺、撞击、碰击等机械方法使火帽或雷管发火,称为机械发火。

(1) 针刺发火。利用尖部锐利的击针戳入火帽或针刺雷管使其发火。发火所需能量与火帽或雷管所装的起爆药(性质和密度)、加强帽(厚度)、击针尖形状(角度和尖锐程度)、击针的戳击速度等因素有关。

(2) 撞击发火。与针刺发火的主要不同是击针不是尖形而是半球形的钝头,故又称撞针。火帽底部有击砧,撞针不刺入火帽,而是使摆壳变形,帽壳与击砧间的起爆药因受冲击挤压而发火。撞击发火可不破坏火帽的帽壳。

(3) 碰击发火。碰击发火不需要击针,而是靠目标与碰炸火帽或碰炸雷管的直接截击或通过传递元件传递碰击力使火帽或雷管受冲击挤压而发火。这种发火方式常在航空炮弹引信中采用。

绝热压缩发火也不需要击针。在火帽的上部有一个密闭的空气室,引信碰目标时,空气室的容积迅速变小,其内的空气被迅速压缩而发热,由于压缩时间极短,热量来不及散逸,接近绝热压缩状态,火帽吸收此热量而发火。

2) 电发火

利用电能使电点火管或电雷管发火,称为电发火。电发火用于各种压电引信、电子时间引信和全部近炸引信。所需的电能可由引信自带电源或换能器供给。对于导弹引信,也可利用弹上电源。引信自带电源有蓄电池、原电池、机电换能器(压电陶瓷、气动发电机等)或热电换能器(热电池)等。

3) 化学发火

利用两种或两种以上的化学物质接触时发生的强烈氧化还原反应所产生的热量使火工元件发火,称为化学发火。化学发火多用于航空炸弹引信中,也可利用浓硫酸的流动性制成特殊的化学发火机构,用于引信中的反排除机构、反滚动机构等。

2. 传火序列

传火序列的火工元件主要有火帽、延期药、加强药、传火药等。传火序列用于特种弹引信中,由于特种弹的战斗部内主要装抛射药或点火药,因此只需用火焰能量引爆。某引信的传火序列,如图2-40所示。

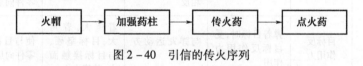

图2-40 引信的传火序列

(六) 引信的受力

引信在从勤务处理、发射直到碰击目标的一系列过程中,要受到各种各样力的作用。这些力可能使引信零件产生运动,成为对解除保险和发火有用的力;也可能使零件松动、脱落或破坏,甚至发生故障和事故,变成对引信安全性和作用可靠性有害的力。炮弹引信从发射到弹着目标时各个运动时期所受的力进行比较,综合如表2-3所列。

表2-3 炮弹引信从发射到弹着目标时各运动时期所受的力

运动阶段	力的名称	力产生的原因	力的方向	力大小变化规律	力对引信可活动的影响
膛内运动	直线加速惯力	弹丸在膛内做直线加速运动	与弹丸运动方向相反	与膛压成正比，最大膛压处值最大	使可轴向活动的零件向后运动
膛内运动	切线加速惯力	弹丸在膛内加速旋转运动	与弹丸旋转方向相反	与膛压成正比，最大膛压处值最大	使零件发生相对转动
膛内运动	离心力	弹丸在膛内旋转	沿半径向外	与弹丸速度平方成正比，出炮口时值最大	使径向活动零件外撒，偏心装置移向一侧
飞行中	离心力	弹丸因惯性做旋转运动	沿半径向外	出炮口后值逐渐减小	使径向活动零件外撒，偏心装置移向一侧
飞行中	空气压力	弹丸在空气中飞行时，暴露零件受空气压力作用	与弹丸飞行方向相反	弹速越大，其值越大，后效期末点值最大，以后逐渐减小	使与空气接触的零件向后运动
飞行中	爬行力	弹丸受空气阻力作用而减速运动	与弹丸飞行方向相同	弹速越大，其值越大	使轴向活动的零件向前运动
飞行中	章动力	弹丸做章动运动	弹丸引信与弹丸飞行方向相同，弹底引信与弹丸飞行方向相反	章动角速度越大，其值越大	使弹丸引信中可轴向活动零件向前运动；使弹底引信中可轴向活动零件向后运动
弹着时	目标反作用力	弹着目标时，受目标反作用力作用	与弹丸运动方向相反	着速大、着角大、目标坚硬、与目标接触面大，其值也大	使与目标接触的零件向后运动
弹着时	轴向减速惯力	弹着目标时，弹速突然下降	与弹丸运动方向相同	零件重，着速大；目标坚硬，其值也大	使轴向活动的零件向前运动
弹着时	切线减速惯力	弹着目标时，旋速突然下降	与弹丸旋转方向相同	零件重，转动半径大，角减速度大，其值也大	使零件发生相对转动

1. 射击时作用在引信零件上的力

（1）后坐力。后坐力是当载体（弹丸等）向前加速运动时，引信零件受到的与载体加速方向相反的惯性力，也称直线加速惯力。

(2) 离心力。离心力是当载体旋转运动时，质心偏离旋转轴的引信零件受到的与向心加速度方向相反的惯性力。

(3) 切线力。切线力是当载体做旋转运动时，质心偏离旋转轴的引信零件受到的沿切线并与切向加速度方向相反的惯性力。

(4) 爬行力。爬行力是当载体在受非目标介质阻力而减速运动时，引信零件受到的与载体阻力加速度方向相反的惯性力，也称直线减速惯力。

(5) 章动力。章动力是载体做章动（或摆动）运动时，引信零件受到的惯性力，其方向与载体质心至零件质心的射线方向相同。

(6) 前冲力。前冲力是载体与目标（或障碍物）碰撞而急剧减速时，引信零件受到的与载体阻力加速度方向相反的惯性力。

2. 引信在勤务过程中的受力

引信在勤务处理时，在搬运和运输过程中，由于偶然跌落、碰撞、颠簸和滚动等情况，引信零件会受到各种外力的作用而影响安全性。这些力可能使引信局部变形、破裂，使零件松动或移位，还可能使引信不正常作用。

1) 引信在跌落、碰撞和颠簸时所受的力

若引信受到跌落、碰撞，则引信外表面会直接受力，其性质与弹着时引信所受的目标反作用力相同，但通常比较小（因撞击速度较正常发射时着速小），引信体一般都能承受。而盖片一类的薄弱零件则有可能被损坏，所以通常都用冲帽、保险帽一类零件加以保护。由于跌、碰、颠簸，引信内部还会产生惯性力。直线惯性力是指弹丸直线运动速度发生变化（加速或减速）而产生的惯性力。在勤务处理过程中引信可能轴向受力而加速（或减速），也可能侧向受力而加速（或减速），因此，在勤务处理过程中，作用在引信上的直线惯性力的方向，可以是多种多样的，事先很难预料。

由跌、碰而产生的惯性力的性质与弹着时的轴向减速惯力相同，但数值较小，且跌、碰方向不定，因而跌、碰惯力的方向也是不定的（但都与加速度方向相反）。由颠簸而产生惯力的性质与跌、碰惯力相近，但往往方向反复不定，且连续作用若干时间。这样虽然颠簸惯力的数值较小，但它的影响仍不可忽视。尤其是保险系统的振动周期与颠簸周期相同时，会发生共振，影响更大。应特别注意的是对弹丸特别是引信影响较大的方向，也就是轴向，因为大多数引信都是利用轴向惯性力解除保险。引信在勤务处理过程中，由于偶然的跌落、振动、空投或装填都会产生直线加速惯力。

2) 引信在滚动时所受的离心力

在勤务处理过程中，炮弹包装箱或弹药在搬运、堆积时可能沿坡发生滚动，特别是圆筒形包装或未包装的弹丸发生滚动，因此引信（含整装引信）内部质心不在转轴上的零件会产生离心力。此离心力是比较大的，应引起足够的重视。

由于滚动离心力与弹径成反比,因此同一机构,用在弹径大的弹头上能保证安全,用在弹径小的弹头上不一定能保证安全;反之,用在弹径小的弹头上能保证安全的,用在弹径大的弹头上则一定能保证安全。对于圆筒包装也是这样。因此,采用离心保险的引信装在包装内或装在弹头上对某一斜坡高度是安全的,但从包装内取出或从弹丸上旋下后对同样的斜坡高度就不一定仍是安全的。这就需要在引信及弹药管理使用中引起注意,防止滚动。

(七) 保管使用中的注意事项

一是要稳拿轻放,防止引信遭受过大的震动。特别是对非保险型采用惯性解脱保险的引信,防止可能因冲撞力过大而解脱保险发生事故。

二是引信在保管使用中,要注意防潮,不要轻易启开密封。否则,因潮湿空气的影响,会使延期药、时间药剂、保险药柱、雷管击发剂、火帽刺发剂等受潮或零件锈蚀。若延期药和时间药剂受潮,则可能使其失效或作用时间不准确。火帽或雷管受潮,会降低感度,可能不发火不爆炸;若保险药柱受潮,则不能解除保险,使引信失去作用;若金属零件锈蚀,会使引信的保险件抗力降低,活动零件作用不正常等,可能会使引信产生不炸,甚至引起早炸等事故。

三是配套要齐全,配用要正确。

四是有保护帽的引信,在射击前一定要去掉保护帽,否则在弹着时引信击发装置将可能不起作用。

五是利用惯性发火的引信对松软目标(厚雪地、沼泽地)射击时,应去掉冲帽,否则因目标松软致使弹丸减速惯力小,火帽座产生的惯性力不能克服弹簧的抗力,容易产生火帽不发火。

六是对弹头起爆引信在使用时,要旋紧并打点铆,否则在射击时,弹着角小时弹头先碰目标。引信未接触目标时,在切线减速惯力作用下从弹头上旋掉。

七是对射击后未爆的引信(未爆弹),必须就地销毁。

三、炮引—A

(一) 构造

炮引—A 引信是全保险型、短延期、机械触发的弹头引信。由引信体、触发装置,气动短延期装置,隔离保险机构、传爆装置等组成,如图 2-41 所示。

1. 引信体

其用圆钢车制而成,表面镀锡,是连接引信各部件的主体。头部中心钻有阶梯孔,内放垫片、7 号针刺火帽、防潮片、并有传火孔;锥体下部外缘上钻有一个扳手孔,供装配时拧紧引信,并在外表面上压有引信的名称(简称),批号—年

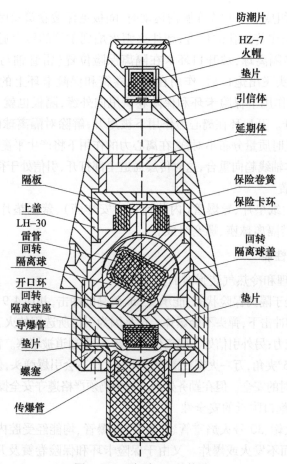

图 2-41 炮引—A 的构造

号—工厂代号,引信体下部有右旋螺纹可与弹体连接。引信内腔装有气动短延期装置、隔离保险机构,内腔底部用螺塞将传爆装置拧紧连接。

2. 着发机构

着发机构由防潮片、HZ-7 火帽、垫片组成。防潮片在弹道上承受迎面空气压力,碰击目标时其碎片刺击火帽发火。

3. 气动短延期装置

由气动短延期体和引信体内腔上部构成。HZ-7 火帽发火后的燃气经过传火孔、引信体上部的空腔,再经过延期体上两个直径 0.6mm 的小孔进入延期体,火焰经过两个空腔,使火帽火焰的燃气降温、降压、获得气动短延期时间,然后经上盖中心孔下传点燃火焰雷管。

4. 隔离保险机构

隔离保险机构由隔板、保险卷簧、保险卡环、回转隔离球、30 号火焰雷管、开口环、隔离球座组成。平时或在膛内运动时,隔板被保险卷簧及保险卡环限制在隔离球盖中心挡住传火孔的位置,堵住火帽火焰到雷管的传火通道,带有30号火焰雷管的回转隔离球,被开口环卡在隔离保险位置(雷管轴与引信轴相交成65°夹角);当弹头飞出炮口后,作用在保险卷簧和保险卡环上的直线惯性力消失,在离心力的作用下保险卡环和保险卷簧甩向外缘,隔板也就飞向一边,第一道传火通道打开。开口环在离心力作用下被甩开,解除对隔离球的限制,由于隔离球在隔离位置时质量分布不对称,在离心力的作用下将产生平衡转正力矩,使雷管轴线与引信体轴线趋向重合,这时传爆通道全部打开,引信处于待发状态。

5. 传爆装置

传爆装置由纸垫片、导爆管(内装钝化泰安炸药)、紫铜垫片、传爆管(内装钝化泰安)、回转隔离球座、螺塞组成。

(二) 基本性能

1. 勤务处理和冷热气装弹时的安全性

此时引信处于隔离保险状态,能承受3m落高的冲击,并在4.9~6.86MPa装弹气压进弹上膛的冲击下,弹头不会爆炸。这是因为引信所选用的火工品具有足够的抗震耐冲击的能力;另外引信处于隔离保险状态,传爆通道被堵塞。雷管轴线与引信的轴线相交成65°夹角,万一火帽或雷管意外发火也不会引爆弹头,保证了勤务处理或冷、热气装弹时的安全。但在勤务处理过程中仍须严格遵守安全操作规程。

2. 膛内和炮口附近的安全性

7号针刺火帽、30号火焰雷管、导爆管、传爆管、均能经受膛内直线惯性力和离心力的冲击而不发火或爆炸。又由于保险卡环和保险卷簧及开口环在膛内受直线惯性力作用不会甩开,只有弹头飞出炮口4.5m之外,碰到障碍物时才能发火,故引信在膛内和距炮口4.5m之内是能保证安全的。

3. 解除隔离保险和碰击目标时发火的可靠性

当弹头飞出炮口4.5m以外时,作用在引信零件上的直线加速惯性力消失,保险卡环、保险卷簧在离心力的作用下被甩开,隔板也被甩向边缘,让开了传火通道。回转隔离球下的开口环也甩开,解除了对回转隔离球的约束,回转隔离球在平衡转正力矩的作用下使自身的轴线(雷管轴)与引信轴趋向重合,引信呈待发状态。当碰击目标时防潮片被击碎,碎片和绝热压缩作用迅速使7号针刺火帽发火。其火焰经短延期后引爆30号火焰雷管、导爆管、传爆管和弹头装药。但由于火工品和保险机构的偶然失效,亦会出现个别炮弹瞎火的情况,因此要求引信的瞎火率不应超过1/25。

4. 弹道飞行的安全性和弹头穿入目标内引爆弹头位置的适宜性

弹头在弹道上飞行,引信头部的防潮片有足够的抗压强度,能够承受迎面的空气压力,7号火帽稳定安全,但遇到较大雨点碰撞时也会发火。当弹头击中目标之后,火帽即发火,火焰气体经 0.55ms 短延期使弹头穿入目标内部爆炸,从而达到最佳毁伤目标的效果。

该引信没有自炸机构,当未击中目标时,在空中不能自毁。如果对付地面目标使用或在敌区上空作战,也无需自炸机构。

四、炮引—B

炮引—B 引信是具有机械自炸,机械保险的隔爆型弹头着发短延期引信。

(一) 构造

根据其功能特性,炮引—B 的构造可分为着发机构、自炸机构、炮口保险机构、隔离机构和传爆装置,如图 2-42 所示。各机构互相关联,同一零件在几种机构内担负不同功能。

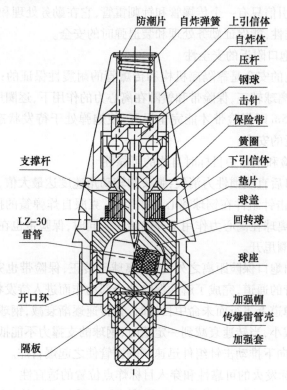

图 2-42 炮引—B 的构造

1. 着发和自炸机构

由上引信体、防潮片、自炸弹簧、压杆、击针、支撑杆和钢球等组成。

2. 炮口保险机构

由垫片、保险带和簧圈等组成。

3. 隔离机构

由回转隔离球、LZ-30雷管、开口环、球盖、下引信体、球座等组成。

4. 传爆装置

由隔板、加强套、传爆管等组成。

(二) 基本性能

1. 勤务处理和冷热气装弹上膛时的安全性

炮引—B 为隔爆型引信。能保证勤务处理和使用过程的安全。引信平时处于保险状态,雷管点铆在隔离球内,隔离球下部被开口环卡住,上部被弹簧和击针组件压住。这套双重保险保证隔离球不能转动,在隔离位置时雷管轴与引信轴有80°交角,使击针和雷管不能对正。击针组件上部被保险带挡住,不能使击针向下运动,该引信只有一个传爆管和针刺雷管,它在勤务处理和装弹上膛过程中有足够的耐震性,能保证勤务处理和装退弹时的安全。

2. 膛内和炮口附近的安全性

引信在膛内的安全是靠隔离机构和传爆管的耐震性保证的;当炮弹射出炮口后,引信的隔离球转正,保险带和簧圈在离心力的作用下,逐圈甩开,当炮弹飞出炮口4.5~6.5m时保险带才能完全甩开,使炮弹处于待发状态,从而实现了膛内和炮口附近的安全。

3. 解除保险和未命中目标时自炸的可靠性

弹头出炮口后直线惯性力消失,弹头的转动角速度达最大值,开口环在离心力作用下张开,击针组件在钢球离心力作用下,克服自炸弹簧的抗力而抬起,释放了球转子,隔离球在离心力作用下开始转正。同时,保险带也在离心力的作用下,由外向内逐圈甩开。

当弹头飞出炮口保险距离之外时,隔离球已转正,保险带也完全甩开,打开了击针刺击雷管的通道,完成了解除保险的全部动作而进入待发状态。

当弹头在弹道上飞行而未命中目标时,其转速逐渐衰减,钢球对击针组件的支撑力也逐渐减小,当转速衰减到一定值时,钢球的支撑力不能抵抗弹簧的抗力作用,自炸弹簧向下推动击针组件迅速刺响雷管使之起爆自炸。

4. 击中目标发火的可靠性和穿入目标炸点位置的适宜性

当弹头碰击目标时,在目标反作用力作用下,引信头部的防潮片被剪切后,以很大的速度向内部运动,压缩自炸弹簧,进而推动击针组件克服钢球离心力的作用刺击雷管,引爆传爆管,引信的爆轰波输出使弹头装药起爆。

弹头在碰击目标的瞬间,击针组件前冲,自炸弹簧的压缩和伸张作用,使击针组件往复运动,延迟了刺发雷管的时间,使弹头能够在穿入目标适当距离爆炸,从而获得最佳的爆炸效果。

该引信的特点:一是采用钢珠式离心自炸机构,能随射角和飞行高度的变化而自动调节自炸时间,满足不同射击条件对自炸时间的要求;二是采用敏感度低、安定性好、起爆威力大的传爆药,提高了安全性和起爆完全性;三是引信结构紧凑、火工品少,只有一个小型针刺雷管,既密封又小型化。

五、炮引—C

炮引—C 是隔爆型、炮口保险、有自炸装置而无着发装置的弹头机械引信,由于引信没有头部碰炸机构,只能用于空中对拖靶射击。该引信由膛内发火机构、延期自炸装置、隔离保险机构、传爆装置所组成,如图 2-43 所示。

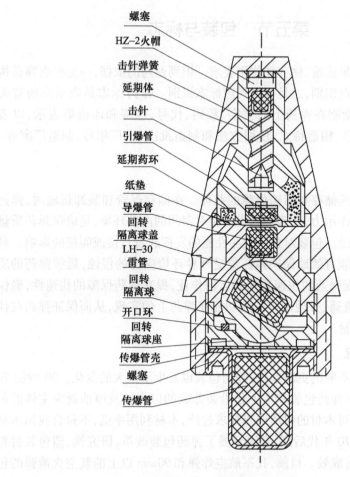

图 2-43 炮引—C 的构造

膛内发火机构:由螺塞、HZ-2火帽、击针弹簧、击针等组成。弹头在膛内运动时,在直线加速惯性力的作用下,HZ-2火帽克服击针簧的抗力与击针相撞而发火,其火焰经延期体斜孔点燃延期药。

延期自炸装置:由延期体、延期药环、纸垫、引爆管、导爆管等组成。当HZ-2火帽的火焰点燃延期药后,经3~7s的延期时间,引爆管被点燃起爆,引爆管的爆轰波又将隔离球盖上的导爆管引爆。此时隔离保险机构的隔离球早已转正,传爆通道全都敞开,从而将弹头装药起爆,弹头在空中自毁。

隔离保险机构:由LH-30雷管、回转隔离球、隔离球盖、开口环、回转隔离球座、隔离垫片组成。回转隔离球平时被开口环卡住不能转动,造成雷管倾斜状态,在勤务处理和腔内保险。弹头出炮口后离心力使回转隔离球转正,打开传爆通道,待延期药烧完后引爆序列将弹头起爆。

第五节 包装与标志

弹药包装应满足运输、储存和使用要求。识别弹药的依据,一是根据弹药构造和包装外形的特点识别,二是根据弹药标志识别。弹药标志是表示弹药有关情况的记号,常用涂刷在弹药上的文字、数码、代号、色漆和印痕等表示,以表明弹药的种类、型号、构造特点、使用方法和制造批次、出厂年号、制造厂家等。

一、弹药包装

弹药包装是弹药储存与运输保障的载体。在储存保管和装卸运输时,弹药包装直接承受外部作用力,并为弹药提供相对密闭的内部环境,是确保弹药质量安全稳定的重要基础。包装对弹药战斗性能的发挥起着直接或间接的影响。科学的弹药包装不仅能有效地保护弹药免受外界环境应力的侵蚀,延缓弹药的质量变化,而且能实现弹药的快速装卸和运输作业,提高弹药保障的快速性,确保包装的防护、促进流通、方便用户三大功能在弹药上的实现,从而保证弹药在任何条件下的使用质量。

(一)发展概况

随着航空弹药不断的更新换代,弹药包装也发生了巨大的变化。20世纪70年代以前,我军航空弹药包装基本上是沿袭苏联的以木箱及厚油封为主体的包装形式。这种包装对木材的材质选择要求过严,木材利用率低,不符合我国木材资源贫乏的国情。70年代后期,全军开展了弹药包装改革,研究铁、塑包装材料的应用,取得了显著成效。目前,我军航空炸弹和90mm以上的航空火箭弹的包装基本上解决了以铁代木问题,并将弹体金属本色部位的厚油封改为薄油封。

自80年代以来,随着新型弹药的陆续研制和生产,包装密封性要求提高,出现了炸弹全弹密封包装形式,并逐渐将原来橡胶密封压条或充气胎的密封结构改进为带密封拉链的丁基胶布封套(弹衣),或直接采用玻璃钢密封筒外加金属框架包装,大大改善了密封性能,同时注重改进包装结构以方便部队维护保管和勤务处理。90年代,我军弹药包装的改革较为活跃,不少新型弹药包装相继出现。随着空地制导武器的研制,包装件尺寸增大,充气密封、静态吸湿、内部气压和湿度测量控制等综合包装技术开始应用于弹药,使弹药包装技术与外军的差距进一步缩小。近年来又出现了新型的塑料弹药外包装箱,这种包装在满足强度的前提下,还克服了铁皮包装重量大成本高的缺点,使弹药包装又上了一个新的台阶。

(二)现状及特点

我军现役弹药的包装主要特点是品种多、类别杂、形状结构不同、工艺材料各异。在封装形式上,有密封和非密封包装,其中密封包装的弹药约占所有弹种的60%;在包装方式上,有内包装和外包装;在使用材料上有木质、钢质、玻璃钢、塑料材料等;在结构方式上,有筒状、袋状、盒状、笼状、箱状等。到目前为止,我国的弹药包装已初步形成了适合中国国情的体系,基本能够满足国内不同地域弹药储存保管的要求,逐步建立了"包装防护为主、仓库储存并重"的新模式。随着新型弹药的研制和综合保障工程的开展,弹药包装受到了高度重视,新技术、新材料、新结构在弹药包装领域不断得到推广应用,弹药包装品种日益增多,包装改革研究方兴未艾。

虽然几十年来弹药包装有了不少改进,但由于各个生产厂家各自为政,造成了目前弹药包装纷杂的现状,从而出现了同一种弹药配用不同包装的情况。同时由于生产厂家缺乏对部队使用情况的深入了解和系统研究,使得弹药包装在勤务处理和使用方便性方面,远不能满足现代战争对弹药快速机动的保障要求。在弹药使用方面,如航空炮弹密封铁盒开启困难,需要专用开启设备,给部队机动转场和维护保养带来额外负担;在弹药登记统计方面,同一品种的现役弹药,由于生产时期不同、厂家不同,出现了包装规格不一、装箱数量各异的情况,从而进一步增加了全军登记统计工作的困难;在弹药储存保管方面,某些弹药外包装箱底带窄小,不便于机械作业,只能靠战士手搬肩扛这一原始落后的方式进行堆码作业,不仅增加了战士的劳动强度,而且降低了作业效率。此外,外包装箱结构不一,不同结构和尺寸的包装箱的存在给仓库的储存管理带来了较大的困难,一方面影响到库房内的堆码排列,另一方面影响登记管理;在弹药运输供应方面,弹药运输是弹药保障的重要环节,对于整装弹在运输时必须采用弹轴与车辆进行方向垂直的运输方式。按照这一要求许多弹药在装载时无法充分利用车厢空间,造成了运输资源的浪费;在弹药的开启使用方面,由于许多弹药在包装时采取了各种密封手段,以确保弹药的防潮性能,使得弹药包装开启程序复杂,使勤务准备时间增长,不利于实现快速装填,容易贻误战机。

(三) 包装方式

航空弹药包装箱应结构坚固、防腐性好,能密封防潮,易于开启,便于搬运、堆积,标志完整、清晰等。

现行航空枪(炮)弹包装方式为每个木箱内装若干铁皮匣,匣内衬有厚纸片,以免晃动。密封包装时,先将一定量的枪弹装入纸盒或用纸包成小包,然后放入铁皮匣内,再盖以纸片,并放一张包装单。包装单上注明有包装号,包括年、月、日,枪(炮)弹种类、发数和包装人姓名,然后进行密封。

枪(炮)弹装入铁匣后,铁匣其他各处已密封,然后将铁匣放入水中,并通过铁匣上盖板的孔向内充气,看是否有水泡冒出。若符合检验要求,则在下道工序将气孔铅封,否则须重新焊修铁匣直至符合要求,每个铁匣均需做此密封性试验。铁匣密封后装入木箱,木箱盖用铁钉钉牢,再用铁皮护带钳封加固。教练弹的包装箱没有铁皮匣,通常只用防潮纸包好就直接放入木箱。

二、弹药标志

弹药标志是表示弹药特征的一种记号,是指在弹药及其元件和包装容器的规定部位上制作的代字(汉字)、代号(汉语拼音字母)、数字符号、识别色漆及印痕(压印)的统称。

(一) 位置及作用

弹药标志的位置通常在每种弹药、元部件及其包装箱(盒、容器)上。

弹药标志主要表示具体弹药及其元件、部件的名称(代号)、种类,以及生产诸元(生产批号、年份和工厂代号)等。

作为识别弹药及其元件、部件的依据,弹药标志的功能是保证人们在弹药的使用、登记统计、储存、供应、维修、化验、试验、处废等过程中通过识读标志字符来正确地识别。

从管理使用角度来说,弹药与其他武器装备相比,具有品种多、数量大、燃烧和爆炸的危险性大、安全管理和配套使用要求严格等特点。弹药标志是认识和区别弹药的最直观媒介。因此,弹药标志与识别是弹药管理人员必须掌握的基本常识。

(二) 基本要求

在保密的前提下,含义明确,便于识别,字形整齐、清晰、美观;利于弹药分类存放,便于用旧存新、用零存整、按批使用;便于检查和鉴定弹药的质量;便于分析弹药事故的原因;便于工厂生产和修复(可采用喷刷或滚印)。

(三) 发展演变

通用弹药标志(主要指枪炮弹标志),自新中国成立以来曾经有过几次较大的改动。部队装备弹药按改动比较大的时间来区分,大体上是经过五个阶段演变和发展而来的。

第一阶段:1952年(含)以前的弹药标志。这一时期我军的弹药主要是取之于敌,有蒋造、美造、日造等,在抗美援朝期间还进口了苏造弹药,这些弹药(含包装)都是原标志,未加改动。当时我国自己还生产了一些轻兵器和弹药,其标志的内容、位置和模式极不统一。仅以同口径、同弹种、不同厂别的弹体标志为例,一是标志的内容多少不一,多的五、六项,少的二、三项;二是同一种标志的模式多种多样,如"工厂代号"有图案、特形汉字、英文字母与阿拉伯数字的组合、特形汉字与阿拉伯数字的组合、阿拉伯数字等类型;三是同一种标志的位置各不相同,如"工厂代号",有的独占整个标志的首行或末行,有的附属于首行标志的左侧或右侧,有的独占标志的第二或第三行,有的则占标志的倒数第二行等。这一阶段弹药标志尚未形成体系。

第二阶段:1953—1965年的弹药标志。从新中国成立到1958年期间,国产弹药的品种和数量较前期增多了,但均为仿苏产品。1958年以后的国产弹药,主要是靠自行设计生产。为了使国产弹药有统一的标志,1953年总后勤部军械部[①]和第五机械工业部,仿效苏军通用弹药标志体系,统一规定了我军制式通用弹药标志。这一时期弹药标志的内容、位置和模式基本上是沿用苏军弹药标志,形成了仿苏弹药标志体系。存在内容烦琐、格式不够合理、使用不方便等缺陷。

第三阶段:1966—1988年的弹药标志。1966年和1971年曾先后对仿苏通用弹药标志做了简化和改进,弹药标志比较科学、合理,规律性较强,也便于人们识别,初步形成了军队独立的弹药标志体系。

第四阶段:1989—1995年(含)的弹药标志。1988年10月原国防科工委批准颁布了GJB 471—88《通用军械装备标志》,对通用弹药标志做了较全面的规定,第一次将弹药标志纳入国家军用标准。其核心是贯彻执行了总参于1987年4月颁发的《全军武器装备命名规定》,弹药标志在表现形式上与以前有很大不同。该标准存在与相关标准(主要是弹药元件命名标准)协调性差、遗漏较多、不能适应新弹药发展等问题,故自1993年起对该标准进行了修订。

---

① 本部名称演变:1950年1月,总后军械部;1952年1月,军委军械部;1954年11月,总军械部;1957年5月,总参军械部;1959年3月总后军械部;1969年10月,总后装备部;1975年4月,总后军械车船部;1978年3月,总后军械部。

第五阶段:1996年以后的弹药标志。国防科工委于1995年12月1日颁布实施了GJB 471A—95《通用军械装备标志》,对原标准做了系统全面的修订,理顺了与元件命名等相关标准的关系,使弹药标志进一步实现了标准化、规范化。在此基础上,将弹药从通用军械装备中单独抽出来,对其标志进行细化、补充和完善,制定出GJB 3911—99《通用弹药标志细则》。此后,又相继颁布了一系列国家军用标准,分别规定了发射药、固体推进剂、弹体装填物和火工品的命名规则。颁布了GJBz 20496—98《引信命名细则》和GJB 3912—99《通用弹药命名细则》,在《全军武器装备命名规定》的原则基础上分别对引信和弹药的命名进行了细化、补充和完善。这些标准对弹药及其元件的名称和代号,都做出了明确而具体的规定。同时该标准对标志内容及格式也进行了丰富和完善,使弹药标志更能满足弹药管理和使用的需要,从而形成了通用弹药的新标志体系。

(四) 通用弹药的命名

1987年4月总参颁布了《全军武器装备命名规定》,以国家军用标准的形式对弹药以及各元件(发射药、火工品及底火、推进剂、炸药等)的命名做出明确规定。因此,弹药的命名方法大体上可分成1988年以前的命名方法和1988年以后的命名方法。

1988年以后的弹药标志,与1966—1988年的弹药标志相对比,从标志内容和标志位置来看没有太大区别,具有较好的继承性,但在标志模式方面有较大的变化。最大的变化是新标志(1988年以后)采用表示弹药类别、特征的汉语拼音字母方案,全面替换了旧标志(1956—1988年)的代字、代号(汉字),对绝大部分弹药均可采用其汉语拼音首写声母来表示。

弹药及其元件命名规则的相关标准,包括GJB 3911—99《通用弹药标志细则》、GJB 3912—99《通用弹药命名细则》、GJBz 20496—98《引信命名细则》、GJB 170—86《发射药命名规则》等。1988年以后弹药标志的规律与以前的弹药标志规律基本上一致,主要区别在于将弹药及其元件的名称(简称)改为弹药代号及相应元件的代号。弹药命名由型号和名称两部分组成,并同时确定弹药代号。弹药命名一律用汉字、汉语拼音字母(声母)、阿拉伯数字和符号组成;同类型弹药的命名采用一种命名格式,一种弹药只有一个命名。

1. 弹药命名

弹药命名由"型号"和"名称"两部分组成。同类型弹药的命名采用同一种命名格式,一种弹药只有一种命名,一般命名格式为:"弹药型号+弹药名称"。

弹药命名的型号标志部分是由表示弹药类别、特征的汉语拼音字母组(为汉语拼音首写声母,通常在三个大写字母以内)、阿拉伯数字和符号等构成的。第一个字母D表示该装备为弹药类别;第二个字母表示弹药分类(所配属武器装备）；第三字母表示弹药特征（弹种或用途效能），一般不用 I、O。阿拉伯数字一般表示装备序号或定型先后等,在字母表达不全时,个别数字可表示特定含义。枪(炮)弹的分类和弹种代号表(第 2、第 3 个字母)如表 2-4 所列。

表 2-4　枪(炮)弹分类和弹种代号表(第 2、第 3 个字母)

弹药分类 （第 2 个字母）	弹种 （用途效能）	第 3 个字母	弹药分类 （第 2 个字母）	弹种 （用途效能）	第 3 个字母
步枪弹 B 机枪弹 V	普通	P	高射机枪弹 G	杀伤	S
	曳光	X		燃烧	R
	燃烧曳光	R		穿甲燃烧	C
	穿甲	C		穿甲燃烧曳光	J
	穿甲曳光	G			
	穿甲燃烧曳光	B			
	穿甲燃烧	J			
	穿甲燃烧曳光	Y			
	穿甲爆炸燃烧	E			
	钨芯脱壳穿甲	M			

弹药型号标志的一般格式为：弹药大类(第 1 个字母) + 弹药分类(第 2 个字母) + 弹药特征(弹种)(第 2 个字母) + 弹药定型序号。

弹药命名的名称部分一般由表征弹药基本特征的汉字、数据等组成。对弹药而言,名称部分通常由口径和弹种两部分组成。

例如,DBR87A 式 5.8mm 曳光弹,DBR：型号标志；87A 式：弹药定型年代(A 表示弹种差别型号)；5.8mm 曳光弹：弹药名称。

例如,DVB89 式 12.7mm 穿甲爆炸燃烧弹,DVB：型号标志；89 式：弹药定型年代；12.7mm 穿甲爆炸燃烧弹：弹药名称。

2. 弹药代号

弹药代号是弹药型号与名称的简化标志,由弹药命名的型号部分和名称部分中表示弹药基本特征的数据组成,两部分之间用"—"连接。表示弹药基本特征的数据一般是口径(或弹径)。弹药代号标志的一般格式为：弹药大类(第 1 个字母) + 弹药分类(第 2 个字母) + 弹药特征(弹种)(第 3 个字母) + 弹药定型序号 + 口径。

例如,DBP01—5.8　01—定型序号；5.8—口径。

(五) 弹药型号代号的规定

型号代号由"装备大类 + 配属装备 + 用途效能 + 定型先后"组成。

1. 按装备大类分类

弹药类——弹(DAN)——D(首写汉语拼音声母符号)。

火炮类——炮(PAO)——P(首写汉语拼音声母符号)。

枪械类——枪(QIANG)——Q(首写汉语拼音声母符号)。

2. 按配属武器装备分类

第2个字母—弹药分类(所配属武器装备)。

注:引信分类代号一律用"R"表示。即只要标志是"DRX",则肯定是引信。

3. 按用途效能分类

第3个字母—弹种代号(用途效能)。

4. 定型序号

按定型先后分类(阿拉伯数字和符号)。

两位数字(01~09)表示定型序号;

A、B、C……弹种差别型号,分别表示定型后第×次局部改进。

(六) 枪弹标志

压印、弹尖涂色、枪弹外形和包装箱上的标志,是识别枪弹的主要依据。压印在枪弹药筒底部,枪弹标志主要涂刷在弹尖、包装木箱和铁匣上。

所谓枪弹标志规定,就是指表示枪弹构造性能而采用的简要代字、代号、色带是如何规定的,代表什么意思。所谓标志规律,就是指这些代字、代号、色带(色标),在整个枪弹标志中是如何组成的。

弹药的标志内容包括弹药及其主要部件代号、批次号、年份代号、工厂代号、生产序号、色标等。弹药的标志,应根据弹药的结构特点,制作在明显易见、不易磨损处。

弹药包装箱的标志内容包括弹药及其主要部件代号、批次号、年份代号、工厂代号、生产序号、色标、体积、数量、总质量等。

1. 年份代号

年份代号是用以表示枪弹及发射药的生产年份的代号。采用公元纪年,两位阿拉伯数字,如表2-5所列。

表2-5 发射药年份代号

年份	代号	年份	代号	年份	代号
1949	49	1954	54 巳或甲	1959	戊
1950	50	1955	午	1960	子
1951	51	1956	未	1961	61
1952	52	1957	申	1962	62
1953	53	1958	酉	1963	63

2. 枪弹全称、简称和弹种代号

1988年之前,枪弹是用全称、简称和弹种代号表示的。枪弹及其包装上涂刷(压印)简称和弹种代号。

枪弹全称由枪弹年式、适用枪械口径和弹种组成,如"1952年式7.62mm钢芯弹",标志中涂刷枪弹全称显得冗长不便。因此,在全称的基础上将枪弹年式简化,弹种采用弹种代号组成枪弹简称,涂刷标志时就简明扼要。例如,全称"1956年式7.62mm穿甲燃烧弹",简称"56式7.62穿燃"。

3. 弹种识别色标

枪弹上的标志由弹种色标和药筒底面压印组成。

枪弹色标是识别特种弹弹种的依据之一。枪弹色标在枪弹上有弹尖色标和底火色标;在包装上有木箱和密封铁匣色标。枪弹各弹种识别色标如表2-6所列,弹上色标如图2-44所示。

表2-6 枪弹弹种识别色标及涂刷位置

弹种	1988—1996年		1996—1999年		1999年以后	
	识别涂色	涂色位置	识别涂色	涂色位置	识别涂色	涂色位置
曳光弹	绿色	弹尖部和底火平面	绿色	弹尖部	绿色	弹尖部
燃烧弹	红色	弹尖部和底火平面	红色	弹尖部	红色	弹尖部
燃烧曳光弹	红色	弹尖部和底火平面	红色	弹尖部	红色、绿色	弹尖部
穿甲弹	黑色	弹尖部和底火平面	黑色	弹尖部	黑色	弹尖部
穿甲曳光弹		弹尖部和底火平面	黑色	弹尖部	黑色、绿色	弹尖部
穿甲燃烧弹	黑色	弹尖部和底火平面	黑色	弹尖部	紫色	弹尖部
穿甲燃烧曳光弹	紫色	弹尖部和底火平面	紫色	弹尖部	紫色、绿色	弹尖部
爆炸燃烧曳光弹		弹尖部和底火平面	灰色	弹尖部	黄色、绿色	弹尖部
爆炸燃烧弹					黄色	弹尖部
穿甲爆炸燃烧弹					黑色、黄色	弹尖部

4. 药筒底面压印

压印在枪弹药筒底部,表示枪弹的生产工厂和生产年份。步机枪弹压印位于弹底平面,字型凹入;高射机枪弹压印位于弹底凹面,字型凸出。压印内容为枪弹生产的工厂代号和年份代号,字向一致。字向的排列是:两位阿拉伯数字的,平行排列;两位阿拉伯数字以上的,扇形排列。枪弹工厂代号常用两位或三位阿拉伯数字表示,如11、321等。年份代号常用两位阿拉伯数字表示,如56、58,分别代表1956年、1958年,如图2-45和图2-46所示。

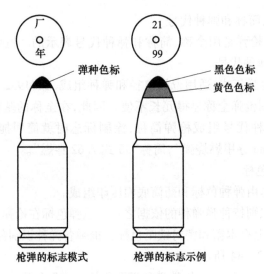

图 2-44 枪弹弹尖色标示意图

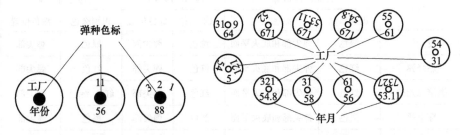

图 2-45 枪弹底平面压印和色标　　图 2-46 枪弹药筒底部压印示意图

5. 药筒材料代字或代号

用以表示制造药筒的材料,如表 2-7 所列。

表 2-7　药筒材料代字和代号

药筒材料	代号(子母为1988年后规定)		说明
黄铜药筒	铜	T	铜锌合金
复铜钢药筒	钢	G	钢两面各压一层紫铜
镀铜钢药筒	钢镀	GD	钢壳外面镀铜
涂漆钢药筒	钢漆	GQ	钢壳外面涂防护漆
可燃药筒	燃	R	用可燃物制成的弹壳(药筒)
塑料	塑	S	用塑料制成的弹壳(药筒)

6. 枪弹制造诸元

枪弹制造诸元涂于木箱下面和铁匣盖上,用来表示具体枪弹为哪一批、哪一年、哪一个工厂制造的,采用"批次—年份—工厂"的形式。

7. 发射药标志

枪弹发射药标志涂刷于包装箱和密封铁匣上面。发射药标志的具体规定略。例如,1954 年式 12.7mm 高射机枪弹弹上标志采用压印方法制于弹壳底部,标志内容为工厂代号和制造年份代号。另外,1954 年式 12.7mm 高射机枪穿甲燃烧曳光弹在弹头尖部涂有紫色弹种色标;1954 年式 12.7mm 高射机枪穿甲燃烧弹在弹头尖部涂有黑色弹种色标。

(七) 炮弹标志

炮弹标志指为表示炮弹的构造、性能、用途而规定的代字、代号、识别色带、涂漆和压印。因炮弹构造和使用比枪弹复杂,所以代字、代号的规定也较多。识别色带不能与枪弹弹种色带混淆。涂漆有两种,即保护漆和识别漆。保护漆是为了防止炮弹腐蚀,与识别关系不大;识别漆主要是指识别色带及涂代字、代号用的黑色漆和白色漆。压印是打印在炮弹金属元件上的印记,分为标验印记和识别印记两种,检验印记是工厂为产品发生疵病时便于追查责任而建立的,与识别炮弹无关。

1. 炮弹标志的规定

1) 炮弹及元件生产年份代号和装配制造诸元

炮弹元件的生产年份代号是炮弹装配诸元和元件制造诸元的组成部分之一,炮弹全弹装配诸元和元件制造诸元一般采用"批次—年份—工厂"的形式排列。

2) 弹形、材料差别代字

为了区别同口径、同种类弹头形状(尖、钝、长、短)和制造材料的不同,而规定的代字。

3) 火炮简号

用来表示不同种类、不同口径的火炮,涂刷位置位于弹丸、药筒和包装箱上,形式为"口径—年式"。

4) 识别色带

为区分弹种、弹壳制造材料和发射装药种类,而涂于弹头、药筒、包装箱上的各种不同的颜色带。识别色带有三类:弹种识别色带、药筒材料识别色带和发射装药种类识别色带。

2. 炮弹标志识别

炮弹标志与枪弹标志基本相似,主要区别是弹丸标志识别上;通常还会增加炮弹代号、炮弹生产诸元、引信代号等。

三、包装标志

枪弹有关标志的代字、代号等,是按一定的规律涂刷在枪弹包装箱和密封铁匣上的,即按规定的顺序位置组成的。

(一) 包装标志主要内容

(1) 枪弹名称(附药筒材料代号);
(2) 装箱数量,全重(单位:公斤或 kg);
(3) 发射药牌号及制造诸元(批次—年份—工厂);
(4) 枪弹制造诸元(批次—年份—工厂);
(5) 弹种识别色标(与弹上色标相同);
(6) 包装箱体积(长×宽×高,单位:厘米或 cm)。

(二) 标志位置

(1) 木箱正侧面和铁匣盖上面;
(2) 钳封护带接头封扣上(压印为弹厂代号,与药筒底部压印相同)。

(三) 包装木箱和密封铁匣标志

木箱标志采用印字、喷字或压字,其正面可分为三个部分:左边标有枪弹简称、装箱数量和药筒材料,中间标有弹种识别色带,右边标有枪弹制造诸元、发射药代号生产诸元。

密封铁匣标志采用印字、喷字或压字,其标志规律与木箱相同。1976 年以后生产的战斗弹,其密封铁匣上的弹种识别标志采用不同数量的圆包(对于压字)。

1. 1966—1971 年之间的包装木箱、密封铁匣标志

(1) 包装木箱标志,如图 2-47 所示。

左边:枪弹简称(药筒材料)、枪弹年式、装箱数量;
中间:弹种识别色带;
右边:枪弹制造诸元、发射药代号及生产诸元;
上面:毛重。

图 2-47 1966—1971 年之间的包装木箱标志

(2)密封铁匣标志,如图 2-48 所示。

左边:枪弹简称、药筒材料、装箱数量;

中间:弹种识别色带;

右边:发射药代号及生产诸元、枪弹制造诸元。

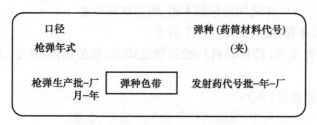

图 2-48　1966—1971 年之间的密封铁匣标志

2. 1971—1988 年之间的包装木箱、密封铁匣标志

(1)包装木箱标志,如图 2-49 所示。

左边:枪弹简称(药筒材料)、枪弹年式、装箱数量;

中间:弹种识别色带;

右边:发射药代号及生产诸元、枪弹制造诸元、全重。

图 2-49　1971—1988 年之间的包装木箱标志

(2)密封铁匣标志,如图 2-50 所示。

左边:枪弹简称、药筒材料、装箱数量;

中间:弹种识别色带;

右边:发射药代号及生产诸元、枪弹制造诸元。

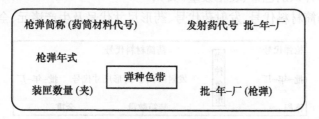

图 2-50　1971—1988 年之间的密封铁匣标志

157

原总后勤部军械部于1975年印发的《枪弹标志》中,对于铁匣盖标志规定有印(或喷)字和压字两种。采用印(喷)字的有弹种色带;采用压字的则用不同数量的圆包(直径为10mm)代替弹种色带,以便夜间手摸识别;此外,在木箱钳封护带接头的封口上,还压印有枪弹生产工厂代号(与弹底上的工厂代号一致)。

3. 1989—1995年之间的包装木箱、密封铁匣标志

(1) 包装木箱标志,如图2-51所示。

左边:枪弹简称(药筒材料)、枪弹制造诸元、包装箱体积(长、宽、高,单位:厘米);

中间:装箱数量(夹);

右边:弹种识别色带、发射药代号及生产诸元、全重。

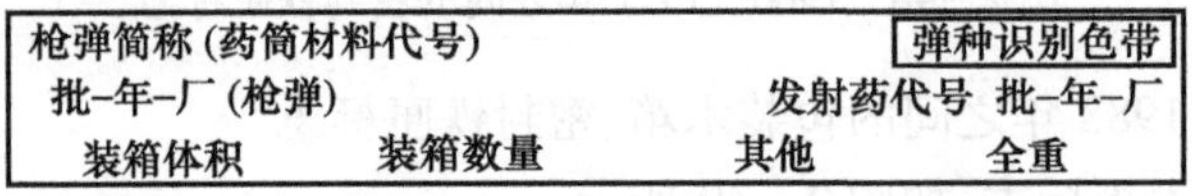

枪弹简称(药筒材料代号)		弹种识别色带	
批-年-厂(枪弹)		发射药代号	批-年-厂
装箱体积	装箱数量	其他	全重

图2-51　1989—1995年之间的包装木箱标志

(2) 密封铁匣标志,如图2-52所示。

左边:枪弹简称(药筒材料)、枪弹制造诸元、装箱体积;

中间:装箱数量;

右边:弹种识别色带、发射药代号及生产诸元、重量。

枪弹简称(药筒材料代号)		弹种识别色带	
批-年-厂(枪弹)			发射药代号
装箱数量	其他		批-年-厂

图2-52　1989—1995年之间的密封铁匣标志

4. 1996年以后的包装木箱、密封铁匣标志

(1) 包装木箱标志,如图2-53所示。

左边:枪弹代号、枪弹制造诸元、包装箱体积(长×宽×高,单位:厘米);

中间:弹种识别色带、装箱数量(夹);

右边:药筒材料代号、发射药代号、药形尺寸代号及生产诸元、全重。

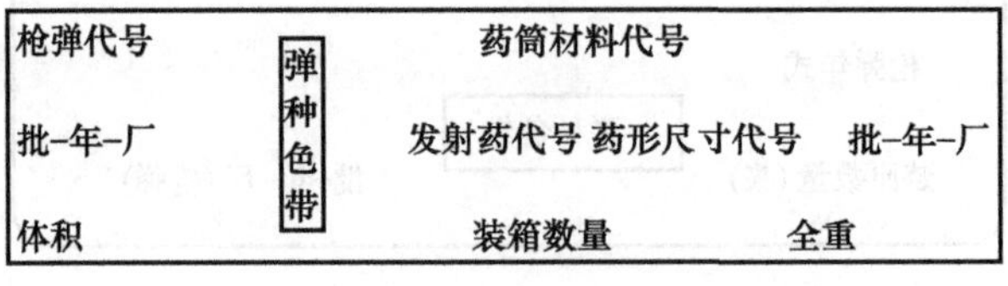

枪弹代号	弹种色带	药筒材料代号		
批-年-厂		发射药代号	药形尺寸代号	批-年-厂
体积		装箱数量		全重

图2-53　1996年之后的包装木箱标志

(2) 密封铁匣标志,如图2-54所示。
左边:枪弹代号、枪弹制造诸元、装箱数量;
中间:弹种识别色带;
右边:药筒材料代号、发射药代号及生产诸元。

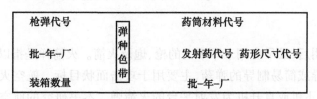

图2-54 1996年之后的密封铁匣标志

例如,1954年式12.7mm高射机枪穿甲燃烧曳光弹内包装铁盒上弹种色带标志为紫色带,如图2-55所示。1954年式12.7mm高射机枪穿甲燃烧曳光弹外包装木箱上的弹种色带标志与内包装铁盒上相同,如图2-56所示。

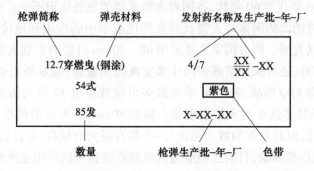

图2-55 1954年式12.7mm高射机枪穿甲燃烧曳光弹内包装铁盒标志

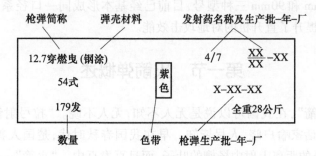

图2-56 1954年式12.7mm高射机枪穿甲燃烧曳光弹外包装木箱标志

第三章 航空火箭弹

火药发明后,最早应用于军事上的枪、炮及火箭。火箭弹是指以火箭发动机推进的非制导或简易制导的弹药,主要用于攻击面状目标。航空火箭弹亦称航空火箭,是以飞机或直升机为发射平台的火箭弹。本书研究的航空火箭弹是指以直升机为发射平台的,以固体火箭发动机作为动力的非制导或简易制导弹药。武装直升机的火箭武器系统是重要的对空和对地打击武器,中小口径机载火箭也可用于对空作战。火箭武器的单发杀伤力较大,但命中率较低,实战中主要依靠多发覆盖方式提高命中率,是直升机作战中有效的中距杀伤武器。

20世纪50年代至60年代,各国对火箭武器的发展认识不一。进入70年代后,以美国为首的北约国家对火箭武器在现代战争中的作用和地位有了新的认识,重新重视其发展。西方国家主要采用68~70mm口径的机载火箭,除采用常规爆炸战斗部外,还可采用箭霰弹战斗部实现面积覆盖;俄罗斯主要采用57mm口径C-5火箭对空作战,米-24单机最多可挂载4组32管火箭发射巢,米-8/17甚至可外挂多达6组火箭发射巢。新型80mmC-8火箭的单巢备弹量虽然降低到20枚,但其射程和威力相比C-5都有很大的提高,并且具备更好的多用途和多功能作战效果,目前已经成为俄罗斯武装直升机多用途火箭弹的主力。

我军火箭武器从无到有、从小到大得到迅速发展。直升机载火箭武器主要有57mm、70mm和90mm三种型号,目前已经基本形成同一口径系列型号航空火箭弹,大大提升了直升机的对地攻击效能。

第一节 火箭弹概述

一提起"箭",在我国可以说是无人不知,无人不晓。"拉弓射箭""百步穿杨"的传世佳话家喻户晓,人尽皆知。早在我国春秋时代,楚国人善于射箭,能在一百步开外的距离上射中杨柳的叶子,而且百发百中。"火箭"一词最早出现在三国时期,《三国志·魏明帝纪》"诸葛亮围陈仓"注引"魏略":"(亮)起云梯冲车以临城。(郝)昭于是以火箭逆射其云梯,梯燃,梯上人皆烧死。"文中"火箭"一词是史籍中最早的记载。古书对这种"火箭"所下的定义是"发射引火物燃烧以攻敌的战具"。该定义在当时是贴切的,也是科学的。我们可以把这种

"火箭"称之为"火"箭,意即为"带火的箭""纵火的箭",这实际上是一种火攻武器,而不是我们现在所称的火箭。到了宋代,人们把装有火药的筒绑在箭杆上,或在箭杆内装上火药,点燃引火线后发射出去,箭在飞行中借助火药燃烧向后喷火所产生的反作用力使箭飞得很远,人们又把这种喷火的箭叫作火箭,这才是真正意义上最原始的火箭。这里所说的中国古代火箭是指在普通箭支上捆绑有火药筒(筒体可用纸、竹或金属做成,内部填充以黑火药),经引火线点燃后向后喷火(燃气)而产生有推进力的新型箭支。尽管这种箭支在一段相当长的时期内仍然是由弓弩发射出去的,但它与前面讲的"火"箭,即"带火的箭""纵火的箭"在力学原理上有着本质的区别。后者在技术上是一项非常大的成果,是一项伟大的发明。① "火"箭、中国古代火箭、阿拉伯古代火箭乃至康格莱夫火箭等,与现代的火箭弹有本质的区别,现代意义上的"火箭弹"一般指无控火箭,平常也简称为火箭。

一、发展简史

(一)火箭的萌芽

我国是发明火箭最早的国家。早在公元 969 年我国就发明了火箭,以后又将火箭用于军事上。《宋史·卷一百九十七·志第一百五十·兵十一器甲之制》记载:"开宝三年五月,……兵部令史冯继升等进火箭法,命试验,且赐衣物束帛。"又"咸平三年八月,神卫水军队长唐福献所制火箭、火毬、火蒺藜,造船务匠项绾等献海战船式,各赐缗钱。"开宝三年(公元 970 年),兵部令史冯继升等提出了火箭的设计与制造方法,且进行了试制和试验,也就是公元 970 年冯继升等人发明了中国的古代火箭。后来宋人又把火箭用于军事上,北宋的京城开封曾设有专门制造火箭的工场,成为历史上最早的火箭武器"工厂"。

在 12 世纪中叶,我国北宋时期出现了最早的军用火箭。公元 1126 年,金兵围攻开封时,守城的宋兵曾使用过火箭武器。早期的火箭是在普通的箭杆上绑一个火药筒,发射时用引线点燃火药,火药燃气从尾部喷出,产生反作用力推动火箭前进。它以火药筒作发动机,以箭杆作箭身,用翎和箭尾上的配重铁块稳定飞行姿态,以箭头作战斗部。其构造虽简单,但组成很完整,是现代火箭的雏形②。此外,当时有些称为"雷"的武器,如南宋绍兴三十一年(公元 1161 年),宋

---

① 这种火箭最早产生于中国的宋朝,为世人所承认。而且利用火药筒的燃气后喷产生反作用力来推动箭支增大射程,这一切已经从最本质的意义上描述了现代火箭的飞行原理,因而把它的诞生看作为世界火箭技术史的开端是名正言顺的,或者说是顺理成章的。

② 另有一说:公元 969 年(宋开宝元年),冯义升和岳义方两人发明了火箭并试验成功。

金采石之战时所用的带着火光升空的"霹雳火",实际上就是一种火箭。大约在公元1260年,随着蒙古军队西征,火箭技术传入阿拉伯国家,而后又经阿拉伯人传入欧洲。此后,一些国家在我国火箭技术的基础上进一步发展了火箭武器,并在战争中得到了广泛应用。

明朝初年,火箭技术迅速提高,发展成种类繁多的火箭武器,广泛用于战场,称为"军中利器"。许多中外文献对中国古代火箭均有记述,尤以明朝焦王撰写的《火龙神器阵法》(成书于公元1412年)和茅元仪撰写的《武备志》(初刊于公元1621年)最为详细,对各种火箭的制作、使用维护、火药配方与用量、火箭飞行与杀伤性能等均有记述,并有大量附图,如"飞刀箭""飞枪箭""飞剑箭"和"燕尾箭"等。在发射技术方面则发明了"一窝蜂""火箭车""二虎追羊箭"和装有4个火箭筒的"神火飞鸦"等多发齐射的发射装置。据《火龙神器阵法》记载,"神火飞鸦"是用细竹篾、细芦、棉纸做成鸦状,腹内装满火药,身下斜钉4支火箭,使用时同时点燃,"飞远百余丈",如图3-1(a)所示。多火药筒并联推进,可增大射程或增加投送质量,但也会因各火药筒推力大小不等、点火先后不一而导致飞行失败。实现多火药筒并联飞行,是火箭技术的一大进步。除"神火飞鸦"外,《武备志》记载的"飞空击贼震天雷"也是有翼火箭。它用细竹篾编造,中间装一火药筒,其余部分装满火药,两旁各安风翅一扇,"如攻城,顺风点信,直飞入城。"火箭加翼,不仅可改善飞行稳定性,而且使火箭具有一定滑翔能力,从而可借助风力增大飞行高度和飞行距离。在《火龙神器阵法》中记载了一种名为"火龙出水"的火箭,用长5尺(约1.55m)毛竹去节削薄作龙身,前后装上木制龙头龙尾,头、尾两侧各装火箭1支,龙腹内装火箭数支。发射时,先点燃头、尾两侧的4支火箭,推动火龙前进,如图3-1(b)所示。待4支火箭将燃烧完时,连接的引线引燃龙腹内的火箭,向龙口飞出,继续飞向目标。"水战可离水二四尺燃火,即飞水面二下早去远,如火龙出于水面。"这是最早见于史书记载的多级火箭。在《武备志》中记载了十几种多发齐射火箭,其中,有一次发射20支的"火龙箭",一次发射32支的"一窝蜂",一次发射100支的"百虎齐奔箭"等。这些火箭都是装在一个筒形容器内,把各支火箭的药线连接在一根总线上。作战时

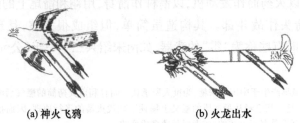

(a) 神火飞鸦　　　　　　(b) 火龙出水

图3-1　中国古代火箭

一般并架数十桶至百桶,"总线一燃,众矢齐发,势若雷霆之击,莫敢当其锋者。"据《明实录》记载,建文二年(公元1400年),燕王朱棣与建文帝军队战于白沟河,曾使用过"一窝蜂"实行多发齐射,增加射击密度。通过多发齐射增加火力密度,迄今仍是提高无控火箭杀伤威力的基本途径。

(二) 近代火箭

在国外,本时期内出现有阿拉伯古代火箭。1668年,德国炮兵上校基士勒(Geissler)试制了25~55kg重的火箭。在俄国,1680年设立了专门的"火箭机构"。1814—1817年,И. 卡尔特马佐夫和 А. Д. 扎夏德科研制成50.8~63.5mm和101.6mm的爆破和燃烧火箭,射程达1500~3000m。1834—1836年,俄国 К. А. 希尔德将军将火箭装备于潜艇上,А. Д. 什帕科夫斯基设计出了喷气鱼雷。

在世界火箭发展史中,从18世纪末到20世纪初大约一个多世纪的时间内,由于冶金和机械制造业的新成就,使线膛火炮在射程和射击密集度方面都远胜于当时的火箭武器,致使火箭的生产和应用走入低谷,一时间火炮几乎取代了火箭。但在这种趋势下,火箭技术及军事应用并未完全终止,一些研究和试验仍在进行并有所进展。其中成就显赫者有俄国学者齐奥尔克夫斯基,他第一个提出运用液体火箭发动机的可能性,并给出了结构原理图,创立了著名的火箭理想速度公式及现代多级火箭的设计构想。此外,还建立了火箭飞行动力学的基础和提出了星际航行的伟大理想等等。再有,18世纪末期,当印度军队在反侵略战争中使用火箭大胜英军时,英军团长康格莱夫上校积极致力于火箭的研究和发展,从而发展出近代火箭史上较为著名的康格莱夫式火箭。其后,针对康格莱夫火箭长尾平衡杆阻力极大的缺点,英国人威廉·霍尔在火箭喷管出口处加装折流装置,对火箭赋旋以保持飞行的稳定。

(三) 现代火箭

1. 现代火箭技术的先驱者

在现代火箭发展的初期,俄罗斯的齐奥尔克夫斯基、法国的皮尔垂、美国的哥达德和德国的奥伯特四位先驱建立了伟大的功勋。

法国皮尔垂是著名飞机制造创始人,他曾精确地计算出太空轨道,并对军用火箭的发展做出了极大的贡献。1931年,他在凡尔赛附近组建实验室,发展以液氧—汽油—硝酸—过氧化苯和液氧—二硝基甲烷等为推进剂的液体火箭发动机。实验中发生意外,使他失去了四个手指。

美国克拉克大学物理学教授哥达德博士,早在1911年之前就研究液体火箭理论,并在第一次世界大战期间试制出两枚实验火箭,可谓现代军用火箭之源。

哥达德在一篇题为《到达极大高度之方法》的论文中,列举了多级火箭原理,理论预研可达月球。1926年3月16日,他将历史上第一枚液体火箭成功地射入空中,高度达56m,速度为97km/h。后经改进,实现了超声速飞行,而且将陀螺操作机件装入火箭,并在火箭发动机喷口内装设导流片,以控制和稳定飞行弹道。这些成就大大促进了导弹的形成和发展。

德国最伟大的火箭先驱赫曼·奥伯特,自幼就投身于火箭的研究。早在1927年他就向德国陆军部建议发展威力惊人的液体火箭用作战争武器,但该建议未获军方接受。

2. 二战前各国火箭的发展

德国在1931年5月14日试射了欧洲首创的液体火箭。

苏联在1921年组建了火药火箭研制实验室。1928年3月3日发射了苏联第一枚无烟火药火箭。1929—1933年,苏联共研制试验了九种称为火箭弹的无控火药火箭。从1929年5月起,开始制造液体火箭发动机和电火箭发动机。1933年9月成立了喷气科学研究所。1937年底,该所制成82mm和132mm火箭弹,同时为陆军研制出曾在伟大的卫国战争中广泛使用的多联装发射装置,即举世闻名的"喀秋莎"火箭炮(БМ-13),如图3-2所示。这种自行式火箭炮安装在载重汽车的底盘上,装有轨式定向器,可联装16枚132mm尾翼火箭弹,最大射程约8500m。

图3-2 "喀秋莎"火箭炮

法国火箭的发展远比德苏两国落后。1934年制成80mm固体火箭,加装于炸弹上使之成为动力炸弹,同时试制了推力为4.4kN的助飞火箭,装在重型轰炸机上,借以缩短起飞滑行距离。

英国政府在第二次世界大战前极力反对发展火箭,但迫于德国大力发展火箭之压力,直至1934年,才开始发展无烟火药火箭,并于1336年及1937年制成

50mm 及 75mm 的装药,继而发展大型固体火箭。

意大利的火箭发展始于 1927 年,初期研制黑色火药火箭,成果甚微。1929 年后,意大利转而开展液体火箭的研究,1930 年制成以汽油与硝酸为推进剂的火箭发动机,推力达 618N。

3. 第二次世界大战期间火箭之发展

第二次世界大战爆发后,各国基于军事需求都在积极发展火箭。主要发展方向是增大射程、威力及射击密集度,一时间各类火箭相继出现。

苏联大量生产和使用了"喀秋莎"火箭炮,它是一种战场步兵支援武器,射击效率高,齐射时声响独特,因而驰名前线,威震四方。在对德作战中,它作为压制武器大显神威,对战争起了很大的作用。① 严格地说,"喀秋莎"是导轨火箭炮,而不是多管火箭炮。此外,当时苏联还为陆、空军研制了大、小型的各类固体火箭。

英国战时发展了一种弹径为 50mm 的弹幕火箭,随后于 1940 年夏季又发展成弹径为 75mm 的防空火箭。该火箭的作战效率不高,其真正作用在于阻击敌机以降低其投弹命中率。此外,这种火箭还曾被用来撒布系有长绳索的降落伞,由很多根伞绳形成索网以阻拦敌机进袭,此法用来对付螺旋桨飞机是有效的。在空对地火箭方面,英国起步甚慢,直至 1942 年 5 月英国空军才装备上 76mm 空地火箭。但因反坦克的作战效率低,于 1943 年 4 月改装成空舰火箭,在作战中有所成效。1939—1940 年研制成重 27kg、射程 3200m 的专用地对地火箭。1943 年 1 月,正式生产了一种 125mm 火箭,可单兵肩射和多联装发射,还被海军成功地用作登陆火力支援武器,作战中曾发挥很大的功效。

美国火箭的发展,得益于英国,是在珍珠港事变之后,通过英美科技界的互访进行的。美国曾推出数种火箭武器,其中最著名的是"巴祖卡"反坦克火箭,该火箭于 1943 年进入实战应用,被称为"单人炮兵",起到了改变战场态势的重

---

① 1939 年"喀秋莎"正式装备苏军,1941 年 8 月在斯摩棱斯克的奥尔沙地区首次实战应用。当时苏军的一个火箭炮连以一次齐射,摧毁了纳粹德国军队的铁路枢纽和大量军用列车。火箭炮齐射时,像火山喷发炽热岩浆,铺天盖地般倾泻在目标上,声似雷鸣虎啸,热若排山倒海之势。不仅消灭了敌人大量有生力量和军事装备,而且给敌人在精神上造成巨大的震撼,以致德军士兵后来一听到这种炮声,就心胆俱裂。为了保密,当时苏军未给火箭炮命名,但在发射架上标有表示沃罗涅日"共产国际"兵工厂的"K"字。可能由于这个缘故,苏军战士便把这种威力巨大的新式武器称为"喀秋莎"。第二次世界大战结束后,"喀秋莎"火箭炮继续在战场上大显神威。1953 年,中国人民志愿军在金城以南地区发起了朝鲜战争中最后一次进攻战役,这就是"金城战役"。1953 年 7 月 13 日 21 时,志愿军集中了 1094 门火炮对敌军实施猛烈攻击,其中包括 5 个火箭炮团,拥有近 200 门"喀秋莎"火箭炮。"喀秋莎"火箭炮火力猛、射速快的优越性再次显露出来。在 10 秒内,约 3000 枚火箭弹射向敌方,形成一片火海,取得了良好的火力突击效果。志愿军官兵在 1 小时内就全线突破了敌人阵地,迅速取得了此次战役的胜利,为尽快签署朝鲜停战协定赢得了战机,从而结束了近三年的朝鲜战争。

大作用。美国还为陆海空军研制成了一系列的空对地、地对地、舰对地火箭,以及反潜炸弹和深水炸弹用火箭,而且都成效甚大。美国发展火箭之另一项重大成就是飞机"助飞火箭"(JATO),装有巡航火箭发动机和助飞火箭发动机,由塔式发射架发射。该火箭于1945年在白沙导弹试验场曾创下到达高度70km的记录,曾为美国导弹的研制提供过一些很有价值的资料。

德国在1941—1942年,为使用军用毒剂研制了多管火箭炮,也被称为化学火箭炮。此外,还大量发展了发射普通弹药的多种多管火箭炮,如1941年正式装备部队的158.5mm六管牵引式火箭炮和280/320mm六管牵引式火箭炮。第二次世界大战期间,曾试制过一种四级地对地远程火箭,名叫"莱茵之钮(Rbeinbote)",但因威力小,效果不佳。此外,还发展过空对空火箭,以及炮兵弹幕火箭和拦截火箭。

4. 第二次世界大战后各国火箭的发展

在第二次世界大战末期和战后,各国都非常重视火箭炮的发展与应用。进入20世纪70年代以后,火箭炮又有了新的进步,其性能和威力日益提高,已成为现代炮兵的重要组成部分。同时虽然出现过核军备竞赛,并导致洲际核武器的大量出现。但待到核均势出现后,这些核武器只不过是威慑手段而已。而在连绵不断的常规战争中得到极力发展的还是常规武器,此中就包括着各类火箭武器,如反坦克火箭筒、火箭炮和战术战役火箭等。目前,外军装备和将要装备的火箭炮有几管、十几管、几十管,最多的有114管,口径为几十毫米至几百毫米,射程为几千米、几十千米甚至几百千米。发射器多装在履带车辆或轮式越野车辆上,比一般自行火炮行驶速度要快。不少火箭炮的发射器在设计时就考虑了多种用途,因此有些发射器还可装在单翼飞机、直升机和水面舰艇上,成为空对地、舰对地或舰对舰的火箭。

(四) 航空火箭弹的产生与发展

航空火箭弹最早诞生于法国。1916年,法国首先使用航空火箭弹攻击德国系留侦察气球,取得了明显效果。

第一次世界大战爆发后,苦于飞机装备的武器威力不足,俄国人便想在飞机上安装大威力的航空武器。大口径机枪和机炮的质量和后坐力太大,难以在简陋的战斗机上安装。聪明的俄国工程师想到了航空火箭弹,但是由于不信任自己的技术,俄国高层未能允许工厂开发航空火箭弹。十月革命胜利后,苏联很早就在航空火箭弹方面投入了很大的精力。1921年,专门研制火箭的第二中央特别设计局成立,不过他们的首要任务是研制合格的固体火箭燃料和发动机。原来苏联工程师试图在炮弹发射药的基础上研制火箭发动机,很快他们就发现这是一条死胡同,随即开始研制专门的固体燃料。经过不懈努力,苏联设计师先后研制出了可以稳定飞行400m的固体火箭,射程1300m的火箭弹,以及PC-82型82mm和PC-132型132mm航空火箭弹。

航空火箭弹正式用于作战是在二战期间。当时双方装备作战飞机使用的航空火箭弹,几乎都是为攻击舰艇、坦克等坚固目标而设计的。1938年8月20日,苏联的伊-16型战斗机在蒙古哈勒欣河上空,首次用82mm航空火箭击落了2架日本三菱A5M战斗机。1943年德国使用210mm火箭弹,挂载在战斗机上对美国无护航的B-17轰炸机群进行攻击,取得相当好的效果。美、苏、德、英等国的航空兵大量装备航空火箭,攻击空中和地面目标。之后随着喷气式战斗机和新型轰炸机的出现,空中态势要求截击机必须装备比航空机炮威力大、射程远的空战武器,才能完成拦截自卫能力增强的敌方轰炸机。为此,美国在所获得的德国R-4M空空火箭的基础上,迅速设计生产出口径70mm的"巨鼠"火箭弹,首先成为美国高亚声速喷气式截击机的标准空战武器,并成为各国相继研制并装备使用的、新的第一代航空火箭弹的典型代表。

20世纪60~70年代,美国在越南、柬埔寨和中东战场曾大量使用装有各种战斗部的航空火箭弹。在越南战场的空战中,越南米格-21战斗机曾用苏制C-5航空火箭弹击落美国F-4和F-105飞机2架。

20世纪80年代前后服役的第三代作战飞机仍把航空火箭弹作为重要的武器装备。

现代武装直升机使用的主要是57mm、68mm、70mm和80mm口径的火箭弹,有些重型武装直升机还可装备更大口径的航空火箭弹,像俄罗斯的卡-52、米-28N、米-24均可装备90mm、122mm,甚至240mm口径的火箭弹。口径越大,威力越大,但发射时的振动以及尾喷流也越强,对武装直升机的飞行操作和发动机的影响也越大。

二、分类

目前世界各国研制或装备的火箭弹种类很多,为了科研、设计、生产、存储及使用的方便,火箭弹通常按用途和稳定方式等来分类。

(一)按用途分类

第一种分类方法:航空火箭弹按用途可分为空空火箭弹、空地火箭弹和空空、空地两用火箭弹。它们之间的主要区别在于弹径、战斗部和引信。

空空火箭弹的弹径为50~70mm,主要装备战斗机,用于攻击速度低于750km/h、相距1000m左右的空中目标。采用杀伤爆破战斗部,装有近炸引信,确保火箭弹在靠近目标时引爆战斗部,以毁伤目标,如美国的70mm"巨鼠"航空火箭弹。

空地火箭弹又可分为两种:一种是弹径 37~70mm,装备强击机、武装直升机,用于攻击装甲车辆、杀伤有生力量、设置烟雾标志等,有杀伤爆破弹、破甲弹、多用途子母弹、白磷烟雾弹、照明弹、干扰弹、箭霰弹等多种类型;另一种是弹径 70~300mm 火箭弹,装备歼击轰炸机,用于攻击桥梁、交通枢纽、舰船、码头等坚固建筑物及大型地面目标。如俄罗斯的 C-25 航空火箭弹,装有 340mm 的杀伤、爆破、穿甲战斗部,可穿透混凝土 800mm,钢板 6mm,土层 2m。

空空、空地两用火箭弹弹径为 70~130mm,具有攻击空中和地面两种目标的功能。

第二种分类方法:航空火箭弹按用途及类型可分为主用火箭弹、特种火箭弹、辅助火箭弹和民用火箭弹等。

(1) 主用火箭弹。对敌方人员、坦克、装甲车辆、土木工事、铁丝网、车辆、建筑物、雷场、各类地堡或地下军事设施等敌人有生力量或非生命目标起直接毁伤作用的火箭弹,包括杀伤火箭弹、杀伤爆破火箭弹、爆破火箭弹、聚能装药破甲火箭弹及燃烧火箭弹等。

(2) 特种火箭弹。用于完成某些特殊战斗任务的火箭弹,包括照明火箭弹、烟幕火箭弹、干扰火箭弹、宣传火箭弹、电视侦察/战场效能评估火箭弹。

(3) 辅助火箭弹。用于完成学校教学和部队训练使用任务的火箭弹,包括各种火箭教练弹。

(4) 民用火箭弹。诸如民船上装备的抛绳救生火箭、气象部门采用的高空气象研究火箭与人工降雨火箭弹、海军舰船用的火箭锚等均属于民用火箭弹。

(二) 按稳定方式分类

尾翼式火箭弹。又称尾翼稳定火箭弹,是指利用尾翼稳定装置产生的空气动力保持稳定飞行的火箭弹,主要由战斗部、火箭发动机和尾翼稳定装置组成。尾翼装置将火箭弹在飞行中的压力中心移至弹体质心之后,产生一个稳定力矩来克服外界扰动力矩的作用,使火箭弹稳定地飞行。射程远的野战火箭弹、初速高的反坦克火箭弹和航空火箭弹均采用尾翼稳定装置。尾翼式野战火箭弹和航空火箭弹的弹身较长,一般达 15 倍弹径,甚至达 20 倍弹径以上。这样便可加长发动机,增加推进剂质量,提高弹速,以增加射程;同时也提高抗干扰能力,增强稳定性。稳定装置位于火箭弹尾部,沿其圆周均布多个翼片,即尾翼。

涡轮式火箭弹。又称旋转稳定火箭弹或旋转式火箭弹,是利用绕弹体纵对称轴高速旋转而产生的陀螺效应保持稳定飞行的火箭弹。燃烧室中燃气从与弹轴成一定切向倾角的多喷管喷出,形成使弹体旋转的力偶。根据稳定力偶的要求,所选取的倾斜角度一般在 12°~25°范围内,而弹体转数在 10000~25000r/min 范围内。全弹由战斗部与火箭发动机组成,而倾斜多喷管作为燃烧室底部组件。

这种火箭弹的优点是火箭高速旋转能减小推力偏心的不良影响,可提高密集度,且弹长较短,勤务处理方便。缺点是弹长受限制,一般弹长不超过7~8倍弹径,这在保证战斗部威力的条件下限制了发动机长度,故难以增加射程。最大射程超过20km的野战火箭弹不宜采用涡轮式。

(三) 按战斗部类型分类

航空火箭弹按战斗部类型可分为杀伤火箭弹、爆破火箭弹、杀伤爆破火箭弹、破甲火箭弹、燃烧火箭弹等。

(四) 按有无控制分类

航空火箭弹按有无控制分类,可分为无控航空火箭弹和有控航空火箭弹。目前装备的航空火箭弹大多数是无控航空火箭弹,即火箭弹发射出去后是按照惯性飞行的;未来有控即制导航空火箭弹成为重要发展趋势。

以美国"先进精确杀伤武器"(APKWS)为代表的直升机载制导火箭弹是近年来直升机载武器发展的一个热点。俄罗斯、法国等国家,也提出了各自的制导火箭弹的发展计划,虽然所采用的技术途径不尽相同,但其发展制导航空火箭弹的出发点是一致的。根据美国对 APKWS 及 APKWS Ⅱ 的要求,制导航空火箭弹的战术技术指标要求及特点主要是:攻击目标种类为分散的非装甲目标,如运输车辆、器材装备、工事建筑、步兵火力点等;典型射击方式为单发射击,或以一定时间1秒至数秒的时间间隔连续射击,不采用常规航空火箭弹的整箱(巢、管)齐射方式;有效射程5~6km,可保证命中精度,并可做到防区外发射;在有效射程内,命中精度(CEP)小于2m,甚至达到1m,且与射程无关;制导火箭弹的生产目标价位为8000美元/枚;适用的作战范围除野战外,还可用于城市作战、反恐怖作战、不对称作战等。

三、发展趋势

火箭弹自诞生以来,特别是第二次世界大战以后备受许多军事强国的重视。随着一些高新技术、新材料、新原理、新工艺在火箭弹武器系统研制中的应用,特别是进入"第三次技术革命[①]"后,在战争需求和技术推动下,火箭武器技术发展的总趋势是增大射程,提高精度,提高威力,提高反应能力和发射速度,提高机动性和生存能力,提高自动化程度,向人工智能化方向发展。

---

① 亦称现代技术革命,20世纪三四十年代以来,一批新兴技术开始兴起,诸如电子计算机技术、激光技术等的发展,引发了产业结构的新变化。因此,有人认为,世界上正在发生一次新的技术革命,即第三次技术革命。

(一)减少品种和型号

进入 21 世纪后,发达国家军队纷纷进行了减员、缩编,在火箭炮领域也是如此。通过简化口径序列,减少列装武器的品种和型号,同时提高火箭弹的系统效能,达到减员增效的目的。

(二)增大射程

现代战场的纵深作战要求能先敌开火、远战歼敌,因此增大武器的射程和目标侦察、通信设备的作用距离是增强火力的主要目标。目前,火箭弹在射程方面的发展方向主要有:一是利用新材料、新技术、新工艺,对现有火箭弹进行改造,提高其射程;二是大力研制口径更大的远程火箭弹。推进剂的比冲大小和装载质量的多少是决定火箭弹射程远近的重要参数,近年来高能材料在固体推进剂制造中的应用,使得推进剂能量有了大幅度提高,如在双基推进剂中添加黑索金、铝粉以后,其比冲可达到 240s 以上,而复合推进剂的比冲达到了 250s 以上。近年来高强度合金钢、轻质复合材料等高强度材料通常用作火箭壳体材料,同时采用强力旋压、精密制造等制造工艺技术,不仅减轻了壳体重量,提高了材料利用率,降低了生产成本,而且火箭弹的质量大幅度下降,同时推进剂的有效装载质量提高。在总体及结构设计方面,采用现代优化设计技术、新型装药结构、特型喷管等,有效地提高了推进剂装填密度和发动机比冲。

(三)提高射击精度

落点散布较大是早期火箭弹最大的弱点之一。随着射程的不断提高,在相对密集度指标不变的情况下,其散布的绝对值越来越大,必然大大影响火箭弹的作战效能。近几十年来为了提高火箭弹的射击密集度,主要从火控和火箭弹方面开展了大量的研究工作,如各国新研火箭武器系统都配有先进的火控系统。在常规技术方面,进行了高低压发射、同时离轨、尾翼延张、被动控制、减小动静不平衡度以及微推偏喷管设计等技术的研究,如 122mm 口径射程 20km 火箭弹使用微推偏喷管设计技术改造后,其纵向密集度已从 1/100 提高到 1/200 以上;在非常规技术方面进行了简易修正、简易制导等先进技术的研究。未来的火箭弹将会采用多模弹道修正、简易制导、灵巧智能子弹药等先进技术,实现对大纵深范围内多类目标的精确打击。自 20 世纪 90 年代以来,随着精确制导武器的发展,特别是精确制导炮弹的发展,常规火箭弹制导化也成为未来精确制导弹药的重要发展方向之一,并且呈现出蓬勃发展的势头。机载制导火箭弹是由机载火箭弹发展而来的,它与普通火箭弹的区别在于其弹道末段由制导系统修正,从而提高了命中精度;它与导弹的根本区别在于其制导系统只修正末段弹道,因而结构简单,成本低。比较典型的机载制导火箭弹如美国的 XM30 型制导火箭弹

(图3-3)、先进精确杀伤武器系统(APKWSⅡ)、土耳其的Cirit型制导火箭弹(图3-4)。这些制导火箭弹大都是通过改装加载制导系统等,从而确保精确制导武器既能命中选定的目标以至目标的要害部位,又能减少附带毁伤的技术。①

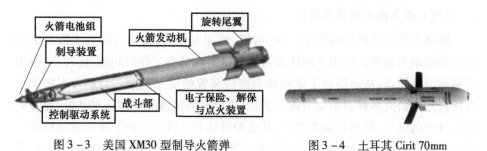

图3-3　美国XM30型制导火箭弹　　　　图3-4　土耳其Cirit 70mm激光制导火箭弹

(四) 大威力及多用途化

早期的火箭弹主要用于对付大面积集群目标,所配备的战斗部仅有杀爆、燃烧、照明、烟幕、宣传等作战用途,单兵使用的反坦克火箭弹也只有破甲和碎甲的作战用途。现代火箭弹在兼顾对付大面积集群目标作战任务的同时,已开始具备高效毁伤点目标的能力,并且战斗部的作战功能多样化。目前,为了消灭敌方有生力量及装甲车辆等目标,大多数火箭弹都配有杀伤/破甲两用子弹战斗部。如俄罗斯"旋风"火箭炮最近配用了带有末敏子弹的子母战斗部,内含5枚配有双波段红外寻的头的攻顶甲弹;为了能快速布设防御雷场,已研制了布雷火箭弹;为了提高对装甲车辆的毁伤概率,许多国家在中大口径火箭弹上配备了末敏子弹和末制导子弹药;为了高效毁伤坦克目标,除研究新型破甲战斗部,提高破甲深度外,也开展了多级串联、多用途以及高速动能穿甲等火箭弹战斗部的研制;为了使火箭弹在战场上发挥更大的作用,许多国家正在研制侦察、诱饵、新型干扰等高技术火箭弹,如澳大利亚和美国正在研制一种空中悬浮的火箭诱饵弹,

---

① 从目前已定型和正在研制的制导火箭弹来分析,主要应用了激光半主动制导和INS/GPS组合制导等技术。根据制导火箭弹的总体设计方案可将其分为整体型和组装型。整体型火箭弹是进行全新设计的产品,此种方案为设计者在研制制导舱段和战斗部舱段时提供了更加自由的设计空间,同时还可避免出现将新型硬件与现有火箭发动机结合时可能产生的缺陷,但缺点是研制周期长、研制费用高;组装型火箭弹,根据制导组件在火箭弹总体结构中的布局位置的不同,又可分为嫁接型和加装型。嫁接型火箭弹是将已装备部队的或已设计定型的近程精确制导弹药进行适应性改造,利用火箭运载技术发射至预定位置实施弹箭分离,形成一种新型的精确制导火箭弹;加装型火箭弹是将制导组件加装在非制导火箭弹的适当位置形成新的制导火箭弹,此种制导火箭弹改变了制式火箭弹各组成部件的位置,加装的制导组件成为制导火箭弹的有机组成部分,故在飞行的全弹道上火箭发动机不与制导组件分离,直至最终攻击目标。

主要用于对抗舰上导弹系统。随着现代战争战场纵深的加大、所需对付目标类型的增多以及目标综合防护性能的提高,要求火箭弹的设计与研制不仅要大幅度提高战斗部的威力,作战用途也要进一步的拓宽。

(五)动力推进装置多样化

固体火箭发动机结构简单、工作可靠、使用方便,已成为目前大多数自带动力武器的动力装置。但由于固体火箭发动机同时具有工作时间短、比冲小、推力不易调节等缺点,从而限制了该种动力推进装置的应用范围。目前许多国家已开始应用或研究多种新型动力推进装置,主要有固体或液体冲压发动机,充分利用大气中的氧气,采用贫氧推进剂,其比冲可达 600 以上。由于冲压发动机在一定飞行速度下才能启动,一般作为增程增速发动机使用。凝胶推进剂发动机,采用的推进剂是一种凝胶状物质,根据不同推力大小的需要,通过控制装置可以往燃烧室输入不同质量的推进剂,一般作为可变推力发动机使用;脉冲爆轰发动机,目前,美国、俄罗斯、法国、英国等国家正在研制,这种发动机类似于冲压发动机,以空气中的氧气作为氧化剂,燃料采用汽油、丙烷气或氢气,具备能量利用率高、结构简单、使用方便等特点,并能在静止或不同飞行速度下启动。但就目前的研究状况看,脉冲爆轰发动机所产生的推力较小,还只能作为续航发动机使用。

第二节 结构与原理

一、战技性能要求

对于火箭弹而言,主要战术技术指标包括作战使命任务、战术指标、技术指标及使用维护等多方面的内容,其中射程、威力、精度等是主要战术技术指标要求中最重要的指标。

(一)射程

射程是火箭弹的一个重要战术指标,它体现火箭武器系统的有效使用范围,射程指标一般描述为最大射程和最小射程要求。

从作战需求和技术可实现的角度综合确定最大射程指标,作战需求主要考虑的因素是所应对的威胁、敌方目标可能分布范围、敌方防御武器系统的射程等。单纯从攻击范围和自身安全性角度考虑,希望一种型号火箭弹的最大射程越大越好,但提高最大射程也会带来其他问题,因为最大射程指标与全弹质量、战斗部质量、弹径、弹长及生产成本等参数密切相关。武器系统的管数、长度、战斗部全重等指标均是火箭弹最大射程的限制和约束条件。约束条件少时,增大射程,将会使全弹质量、弹径或弹长和生产成本增加,也将导致火箭武器系统的管数减少。当全弹质量作为约束条件限制时,增大射程可依靠增加固体推进剂来实现,将会带来火箭发动机质量增加,会使战斗部质量及威力下降。由此,最大射程指标的确定是综合优化的结果,在确定最大射程指标时,还应对使用要求、威力、毁伤效率及技术上实现的可能性等多种因素加以综合考虑。

最小射程是火箭武器系统射击范围的下限值。确定最小射程指标考虑的因素主要包括相关武器作战范围的合理衔接、发射装置可以赋予的最小射角、引信能够可靠作用的最小着角、不产生跳弹的最小着角、引信解脱保险的距离以及战斗部的威力等因素。在可以实施发射的情况下,所确定的最小射程应能够确保战斗部安全可靠地发挥毁伤作用,且在战斗部正常作用时不致影响到发射阵地(平台)的安全。

(二) 威力

威力是体现战斗部对目标毁伤能力的指标,航空火箭弹常用的战斗部类型包括杀伤战斗部、杀爆战斗部、子母战斗部、破甲战斗部和侵彻战斗部等。对不同类型的战斗部,衡量其威力指标的参数不同,如杀伤战斗部威力主要用密集(或有效)杀伤半径来衡量;杀爆战斗部威力用密集杀伤半径和爆炸坑的体积来衡量;子母战斗部威力用子弹威力、子弹数量及子弹散布范围来衡量;破甲战斗部威力用破甲深度来衡量;侵彻战斗部用侵彻深度和侵彻体的威力来衡量。

单纯从毁伤效果的角度考虑,希望单枚火箭弹的战斗部威力越大越好。但是增大战斗部威力,将会导致炸药装填量、战斗部质量、战斗部直径和长度等参数增大。当全弹质量一定时,增大战斗部质量,必须减小发动机及推进剂装药质量,使得最大射程降低。如果保持射程指标不变,增大战斗部质量的同时必须增加推进剂装药量及火箭发动机质量,将导致全弹质量增大。如果在弹径、弹长、弹质量及射程等指标变化不大的情况下,通过合理的结构设计、炸药类型和壳体材料的选择等技术措施来有效地提高战斗部威力,则是比较理想的技术途径。另外,对于毁伤面目标的无控或简控火箭弹来说,其毁伤目标的概率不仅取决于单发战斗部的威力,还与火箭弹的散布及一次齐射的火箭弹数量有关:当火箭弹散布大、一次齐射的数量少时,增大战斗部威力可以有效地提高毁伤效率。当火箭弹散布小、一次齐射数量较多时,战斗部威力达到一定指标后,继续提高其威力指标并不能使毁伤效率大幅度提高。这需要在射击使用方式上进一步分析,以确定对一定幅员的目标是采用什么射击方式,使作战效能最大化。因此,在确定战斗部威力指标时,应综合考虑目标特性、全弹质量、弹径、弹长、作战使用方法和要求以及技术实现的可能性等因素。

(三) 精度

无控或简控火箭弹的精度指标一般用落点密集度指标衡量,密集度指标是体现散布大小的指标。密集度是影响毁伤效率的主要因素之一,在准确度、战斗部威力、用弹量一定的情况下,提高密集度大多能使火箭弹的毁伤效率提高。因此,在技术可行的情况下,应该尽可能地提高无控和简控火箭弹的密集度。

影响火箭弹密集度的因素很多,如随机扰动因素,包括发射筒口扰动、推力偏心、动静不平衡度、阵风以及火箭内外弹道参数、大气环境参数以及火箭弹与发射筒配合方式等。大量的理论与试验研究结果表明,对无控火箭弹来说,在设计及制造中采用微推偏喷管、动静不平衡修正、绕纵轴旋转、内外弹道参数优化等技术措施,可以使火箭弹密集度有较大幅度的提高,采用简易控制、弹道修正等技术措施能够进一步提高密集度。制导火箭弹一般采用卫星和惯导组合导航的制导控制方式,射击精度较无控和简控火箭弹有大幅提高,其精度一般不用密集度指标来衡量,而用 CEP 来衡量[①]。当纵、横向概率偏差相等时,圆概率误差为概率偏差的 1.746 倍。

(四) 可靠性

可靠性也是火箭弹的重要技术指标之一,分为安全可靠性和作用可靠性。

安全可靠性体现火箭弹在生产、贮存、运输及使用中安全程度,在火箭弹试制及生产中要使用固体推进剂、炸药及多种火工品等危险品。如果选材、设计及生产工艺不合理,可能在生产、贮存、运输及发射时造成爆炸事故,从而造成财产损失及人身伤亡。因此,在火箭弹设计及试制过程中要对安全可靠性给予充分的重视,确保在正常的生产、贮存、运输及发射过程中不会出现安全事故。

作用可靠性是体现火箭弹在作战中能够正常发挥战斗作用的指标。为了将火箭弹发射到预定的目标区域,火箭发动机应能够正常可靠地工作,全弹能够稳定飞行;为了使战斗部能够有效毁伤目标,引信或有关火工品应能够适时可靠地引爆战斗部。作用可靠性越高越好,零部件和全弹可靠性越高,不但对可靠性设计要求高,而且对零部件的加工以及装配精度要求也很高。另外,对零部件可靠性考核,需进行样本量很大的单项和综合试验,导致研制周期增加、研制费用增加。如果作用可靠性太高,受技术水平、加工生产及装配条件的限制,研制的产品可能难以达到可靠性要求。因此,在确定可靠性时,应从毁伤效率、试制费用、加工生产成

---

① CEP 是指圆概率误差(Circular Error Probable),是衡量射弹密集度的一个尺度,又称圆公算偏差,是指一个圆心位于散布中心、弹着点出现在其中的概率为 50% 的圆的半径,也可用 $R_5 0$ 表示。圆概率误差越小,说明射弹密集度越高。实际上,用对目标中心的圆概率误差为多少来进行衡量已不是单纯的密集度问题了,这涉及散布中心对目标中心的准确度,因而是一个精度指标,对于导弹和远程火箭用的较多。

本以及技术上实现的可能性等多个方面权衡考虑。

安全可靠性与作用可靠性是一对矛盾体,提高某些零部件的安全可靠性,可能导致作用可靠性下降,也可能导致其他性能参数发生变化。例如,提高火箭发动机的安全可靠性,会使主要零部件尺寸及质量增大,在推进剂装药量一定的情况下,导致射程降低;在电点火具设计中采用钝感电点火管,要求发火系统必须提供较大的发火电流;在引信设计中采用双保险机构提高安全可靠性,可能会使作用可靠性指标降低。为确保生产、运输、贮存及发射过程中的安全性,当安全可靠性与作用可靠性发生矛盾时,应首先保证安全可靠性。

(五) 效费比

效费比是体现武器系统作战效率与作战费用的综合指标。在作战中,使用射程、威力、精度及可靠性等综合性能指标优良的火箭弹,可以获得较高的作战效率。但试制和生产高性能的火箭弹不但需要采用许多新技术,还要采用高性能指标的原材料以及高精度的加工生产手段。例如为了大幅度提高精度,需要采用弹道修正技术和制导控制技术;为了提高威力,需要采用高能炸药技术;为了提高射程,需要采用高能复合或改性双基推进剂技术。若利用常规成熟技术、低廉原材料和普通加工手段研制、生产的火箭弹能够满足作战使用要求时,就不必采用高新技术、高性能材料和精加工手段,以免造成研制和生产费用增加。但是,当采用常规技术、材料和加工手段生产的火箭弹已不能满足作战使用要求,或者新技术、新材料、新工艺已发展得比较成熟,能够使成本大幅下降时,必须采用新技术、新材料和新工艺。

二、基本构造

火箭弹一般由引信、战斗部、推进器(发动机)和稳定装置四部分组成,见图 3-5。

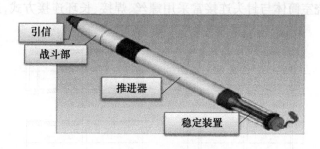

图 3-5 火箭弹示意图

(一) 引信

火箭弹引信是用来适时引爆火箭战斗部的装置,通常位于战斗部的前端。为了对各种不同的目标都能获得较大的杀伤效果,需要用爆炸时机不同的引信。目前火箭弹引信有触发(触发引信、延期引信)和非触发引信两种类型。

(二) 战斗部

战斗部位于火箭弹的前端,内装猛炸药,并装有引信,用来直接摧毁各种目标。按其破坏作用的不同,战斗部的结构形式也不同,一般有主要靠破片、冲击波破坏目标的杀伤爆破型战斗部和以聚能效应破坏装甲的破甲型战斗部等。

(三) 推进器

推进器也叫发动机,是火箭弹的动力装置,即产生火箭弹向前飞行的推力。通常分为固体燃料火箭发动机和液体燃料火箭发动机两种。液体燃料一般是液态氢,固体燃料通常用推力较大的火药,如双铅－2 火药等。目前航空火箭弹普遍采用固体燃料发动机,主要由燃烧室、喷管、挡药板、推进剂和点火装置等组成。

1. 燃烧室

燃烧室是发动机的主要部分,通常为圆筒状。燃烧室内装有固体推进剂,推进剂的燃烧过程在燃烧室内进行。如图3－6所示为几种常见的燃烧室结构图,主要由筒体壳体、两端封头壳体及绝热层组成。对于短时间工作的小型发动机,其燃烧室没有绝热层。燃烧室是火箭发动机的重要组成部件,同时也是弹体结构的组成部分,装药在其内燃烧,将化学能转换成热能。燃烧室承受着高温高压燃气的作用,还承受飞行时复杂的外力及环境载荷。燃烧室属于薄壁壳体,常用材料有合金钢材、轻合金材料及复合材料。由于选用材料不同和制造工艺不同,燃烧室的结构形式有整体式、组合式和复合式。封头壳体一般为碟形或椭球形,前封头与点火装置连接,而后封头与喷管连接。小型燃烧室的前封头多为平板形端盖。燃烧室筒体与封头连接常采用螺丝、焊接、长环连接方式,连接处要求密封可靠。

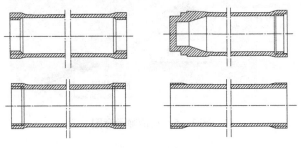

图3－6 燃烧室结构图

2. 喷管

喷管是固体火箭发动机的重要部件之一,具有先收敛后扩张的几何形状,通常称为普通超声速喷管。喷管的作用:一是利用收敛部分控制燃烧室的压力;二是能使高温燃气膨胀,加大喷管气体流速,充分利用推进剂的能量。最典型的代表是拉瓦尔喷管[①],见图3-7。喷管处于发动机尾部,是能将燃烧室中的高温高压燃气的热能转换为燃气的动能,并控制燃气流量的变截面管道。火箭发动机喷管为超声速喷管,其内形面由收敛段、临界面和扩张段组成。喷管的种类按型面不同分为锥形喷管和特型喷管。锥形喷管的扩张段为简单锥形,而特型喷管的扩张段为曲面形;特型喷管比锥形喷管的效率高,常用在大、中型发动机上。按喷管个数不同又分为单喷管结构和多喷管结构,按制成结构材料不同分为普通简单喷管和复合喷管结构。复合喷管的热防护性能好,常用于较长时间工作的发动机上。此外,还有长尾管喷管、潜入式喷管、可调喷管和斜切喷管等。

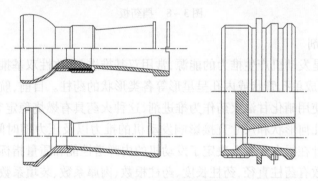

图3-7 拉瓦尔喷管

3. 挡药板

挡药板用于将推进剂固定在燃烧室内一定位置上,在燃烧过程中还可防止未燃烧完的推进剂碎块流出造成能量损失或堵塞喷管孔。挡药板是一个多孔的板或构件,典型的挡药板结构见图3-8。设计挡药板时,必须使挡药板有足够

---

① 拉瓦尔喷管是推力室的重要组成部分。由两个锥形管构成,喷管的前半部是由大变小向中间收缩至一个窄喉的收缩管,窄喉之后又由小变大向外扩张至箭底的扩张管。箭体中的气体受高压流入喷嘴的前半部,穿过窄喉后由后半部逸出,这一架构可使气流的速度因喷截面积的变化而变化,使气流从亚声速到声速,直至加速至超声速。所以,人们把这种喇叭形喷管叫超声速喷管。由于它是瑞典人拉瓦尔发明的,因此也称为"拉瓦尔喷管"。拉瓦尔喷管实际上起到了一个"流速增大器"的作用,在收缩管阶段,燃气运动遵循"流体在管中运动时,截面小处流速大,截面大处流速小"的原理,因此气流不断加速。当到达窄喉时,流速已经超过了音速。而跨声速的流体在运动时却成为"截面小处流速小,截面大处流速大"的原理。即在扩张管中,燃气流的速度被进一步加速,为2~3km/s,相当于声速的7~8倍,从而产生巨大的推力。

的强度和通气面积,要求挡药板上的孔径或环与环之间的缝隙不大于装药燃烧后期药柱端面的外径,且其加强筋和各个内、外环也不应堵死装药燃气流的流动。挡药板的工作环境很差,要受到高温高压燃气流的冲击,所以挡药板的材料应采用耐腐蚀的玻璃钢或低碳钢。当发动机工作时间较短时,一般选用玻璃钢比较合适。

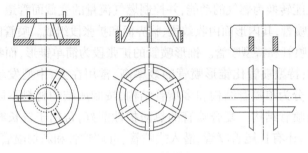

图 3-8 挡药板

4. 推进剂

推进剂是发动机产生推力的能源,常用双基推进剂、改性双基推进剂或复合推进剂,加工成单孔管状或内孔呈星形等各类形状的药柱。目前,航空火箭弹的发动机普遍使用硝化甘油火药作为推进剂,这种火药具有燃烧稳定等特点。

药柱的几何形状和尺寸直接影响发动机的推力以及压力随时间的变化,所以药柱的设计在很大程度上决定了发动机的内弹道性能和质量指标等。药柱设计的主要参数有药柱直径、药柱长度、药柱根数、肉厚系数、装填系数、面喉比、喉通比、装填方式等。按药柱燃面变化规律不同可分为恒面性、增面性、减面性,按燃烧面位置不同分为端燃形、内侧燃形、内外侧燃形,按空间直角坐标系燃烧方式不同分为一维、二维、三维药柱,而按药柱燃面结构特点不同又分为开槽管形、分段管形、外齿轮形管形、锥柱形、翼柱形、球形等。最常用的有管形、内孔星形及端燃形药柱。药柱的装填方式依推进剂种类及成型工艺不同分为自由装填式和贴壁浇注式。如图 3-9 所示为几种典型药柱的截面图形。

5. 点火装置

点火装置(又称点火器)由点火线路、发火管、点火药、药盒等组成。其作用是提供足够的点火能量,建立一定的点火压力,以便全面迅速地点燃推进剂,并使其正常燃烧。点火装置的工作过程是首先通过点火线路把电发火管点燃,然后把点火药包点燃,再把推进剂点燃。理想的点火过程是一个瞬时全面点燃推进剂的过程,好的点火装置必须满足适当的点火药量、一定的点火空间、具有一定强度的内装点火药包的点火药盒等条件。

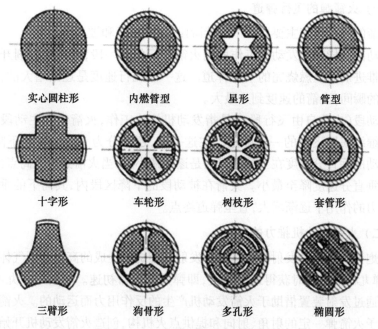

图3-9 几种典型药柱的截面图形

(四)稳定装置

稳定装置用来保证火箭弹稳定飞行,提高射击准确性。除满足飞行稳定性外,还要求尾翼片具有足够的强度和刚度,以及空气动力对称和阻力较小等特点。尾翼结构形式要根据总体要求与发射装置要求选定,有固定式尾翼和折叠式尾翼两种。大型火箭一般都采用固定式尾翼,分直尾翼、斜置尾翼与环形尾翼;航空火箭弹通常采用旋转折叠式尾翼,即尾翼叶面与火箭弹的轴线有一定夹角,使尾翼既起稳定作用,又使火箭弹低速旋转。发射前翼片处于收缩状态,便于装入发射筒中;发射后翼片快速张开并锁定,使翼片张开的动力主要有膛口燃气流、空气动力、弹簧力和气缸活塞推力等。有些火箭弹的发动机上装有几个喷管,喷管与火箭弹轴线有一定的夹角,发动机燃气从喷管喷出,使火箭弹做旋转运动。

三、工作原理

火箭弹是靠火箭发动机产生的反推力而运动的,因此火箭发动机是火箭弹的动力推进装置。火箭发动机的工作原理就是火箭弹的推进原理,即当火箭发射药被点燃时,火箭发动机开始工作的原理。

(一) 火箭弹的飞行弹道

火箭的飞行弹道主要有两个连续阶段,即主动段和被动段。

主动段是指火箭发动机工作期间火箭飞行的那一段,即从推进剂开始点火燃烧到推进剂完全燃烧完的一段弹道。这一段飞行速度是逐渐增大的,在主动段终止的瞬间,火箭的速度到达最大。

被动段(也称自由飞行段),是指发动机停止工作,火箭依靠主动段所获得的动能继续惯性飞行的一段弹道。在这一段,还可分为上升区段和下降区段。火箭运动的垂直分速度在上升区段内是逐渐减小的,当火箭到达最高点的瞬间,其上升垂直分速度降至最小。火箭在被动段的下降区段内,其向下的垂直分速度在重力的作用下逐渐增大,直至弹道终点。

(二) 火箭发动机推力的产生

火炮弹丸是依靠发射时炮膛内的发射药燃烧后生成的高温高压气体推动前进,使弹丸在离炮口时获得最大速度,即弹丸的炮口初速。与火炮弹丸不同,火箭弹是通过发射装置借助于火箭发动机产生的反作用力而运动的。火箭发射装置只赋予火箭弹一定的射角、射向和提供点火机构,创造火箭发动机开始工作的条件,但对火箭弹不提供任何飞行动力。火箭弹的发射装置有管筒式和导轨式两种,前者叫火箭炮或火箭筒,后者叫发射架或发射器。为了使火箭发动机可靠适时点火,在发射装置上设有专用的电器控制系统,该系统通过控制台连到火箭弹的发火装置(点火具)上。

火箭弹装有发动机,火箭发动机是火箭弹的动力推进装置,其工作原理即为火箭弹的推进原理。在火箭弹发射时,发火控制系统使点火具发火,点火具中药剂燃烧时产生的燃气流经固体推进剂装药表面时将其点燃。主装药燃烧产生的高温高压燃气流经固体火箭发动机中拉瓦尔喷管时,燃气的压强、温度及密度下降,流速增大,在喷管出口截面上形成高速气流向后喷出。由于推进剂不断燃烧,产生了大量高温高压气体。这些气体力图向四面八方膨胀,但受到发动机内壁的限制,只能向喷口方向膨胀流出。火箭发动机推力的产生原理,见图3-10。发动机内壁对气体自由膨胀的限制作用,就形成了发动机内壁对气体的作用力,使气体加速向后喷出。根据牛顿第三定律:"作用力与反作用力大小相等、方向相反"可知,当气体加速喷出的同时,也给发动机内壁一个反作用力,这个反作用力即以压力的形式作用在发动机内壁上,而这种作用在发动机内壁上压力的轴向合力,就是火箭发动机的推力。由于从火箭发动机高速喷出的气流物质是火箭发动机所携带的固体推进剂装药燃烧产生的,所以火箭发动机的质量不断地减小,表明火箭弹的运动属于变质量物体运动。固体火箭发动机结束工作时,火箭弹在弹道主动段末端达到最大速度。

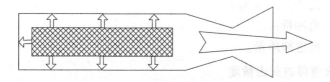

图 3-10　火箭发动机推力的产生

火箭发动机工作时,推进剂生成大量燃气,从喷管中喷出,同时对发动机内壁有一反作用力,这一反作用力以压力的形式作用在发动机内壁上,这种作用在发动机内表面的气体压力在轴向上的合力就是发动机的推力。当然,在实际中,还应考虑空气的阻力。可以用如下公式表示火箭发动机的推力:

$$R = \frac{G_t}{g}C_e + \delta_e(P_e - P_a)$$

式中　R——发动机推力,kg;

　　　G_t——气体流量,kg/s;

　　　C_e——喷管喷气速度,m/s;

　　　δ_e——喷管出口面积,cm^2;

　　　P_e——喷管出口压力,kgf/cm^2;

　　　P_a——外界大气压力,kgf/cm^2。

从上式中可看出,推力由两部分组成,一部分是$\frac{G_t}{g}C_e$,是由气体流量产生的,称为动推力;动推力是推力的主要部分,其大小由气体流量和喷气速度决定。所以火箭发动机要用燃速大的火药并采用超声速喷管。

另一部分是$\delta_e(P_e - P_a)$,是由气体压力差产生的,称静推力。静推力是由喷口处前后压力差$(P_e - P_a)$产生的。因此,航空火箭发动机的推力是随高度而变化的。

冲量通常也称总冲量或推力冲量。推力与作用时间的乘积,就等于该推力的冲量。对于火箭弹发动机来讲,若推力为一个常数,则发动机冲量就等于推力与工作时间的乘积,单位为"kg·s"。实际上火箭发动机的推力是随时间变化的,因此就是推进剂从开始燃烧到燃烧完毕这一时间内,每一时间推力与该瞬间的时间乘积的总和。发动机推力冲量大,则使火箭弹速度大,射程远。

发动机的比冲量(简称比冲),是火箭发动机单位质量装药产生的冲量,即相当于每消耗 1kg 推进剂时产生的冲量,表明火箭发动机的效率。比冲的公式为

$$I_s = I/W_p$$

式中　I_s——比冲,kg·s/kg;
　　　I——总冲量;
　　　W_p——推进剂质量。

(三) 火箭弹的射击精度

火箭弹主要用于消灭敌方集群装甲目标和带有轻型装甲防护的有生力量,所以不仅要求准确度,能准确发射到目标上空,而且密集度要好。火箭弹的散布虽然是一种随机现象,但它是有规律的,即所有的弹着点都分布在某一椭圆范围内,而且这种分布服从正态分布规律。一般来说,由于火箭弹在主动段运动过程中,受各种因素影响会偏离预定弹道,造成火箭弹散布比一般炮弹大得多,密集度降低,影响射击精度[①]。

1. 影响射击精度的主要因素

1) 推力偏心

在理想的情况下,火箭弹推力的作用线应通过火箭弹的质心,且与火箭弹纵轴重合。但实际上,由于加工装配误差、发动机燃烧不稳定、喷出燃气流不对称等原因,使推力作用线既不通过火箭弹的质心,也不与弹轴重合,因而存在垂直于弹轴的分力和力矩作用于火箭弹上的问题。这就是常说的推力偏心,常用推力偏心距及推力偏心角来表示。推力及其偏心的随机规律可以通过试验由统计学理论求得。

2) 质量分布不均衡

由于加工制造、装配或者弹体质量分布不均匀等原因,使得火箭弹质量分布不均衡,因而使质心偏离了弹轴。当弹绕纵轴旋转时,将同时产生静不平衡力和动不平衡力,因而存在质量偏心距和动不平衡度。

3) 起始扰动的影响

火箭弹脱离火发器(发射架)时,由于各种因素的影响,运动姿态受到扰动,使其具有起始攻角(弹轴与速度矢量线间的夹角)、起始偏角(速度矢量与基准射向的夹角)和起始摆动角速度。由于每发弹外形、尺寸都有差异,火箭弹与发射筒(架)之间的配合间隙、运动情况也有差异,多管火箭炮发射时炮身振动情况对每发弹的影响都不一样,属于弹、炮配合方面的偶然因素的影响使得每发弹

---

① 航空火箭弹大都是低速旋转尾翼式火箭弹,火箭飞行速度低(最大速度 500～600m/s,炮弹的速度一般在 800m/s 左右)。因此火箭弹散布圆概率偏差为发射距离的 0.3%～0.4%。美国海军武器中心曾在 20 世纪 40 年代初就根据当时的飞机性能对火箭弹误差进行了分析,认为火箭弹对固定目标攻击有较好效果;对机动目标攻击,由于目标机动所造成的误差是其他所有因素造成误差的 3 倍。而如今的飞机在机动性方面大大优于那个时代,因此航空火箭弹已经失去了攻击现代固定翼飞机的效能。

的起始扰动不一样,因而造成了弹着点的散布。

4) 气动弹性

对于长细比较大的火箭弹,在发射和飞行过程中,都会受到空气载荷的影响而使其发生振动,而火箭弹发生的振动又将会引起运动姿态发生变化。这将影响飞行稳定性和弹道的散布。

5) 阵风的影响

在火箭弹弹道上,有方向和大小都经常变化的阵风存在,这也是影响散布的重要因素。

2. 提高火箭弹密集度的技术措施

减小火箭弹的射弹散布的主要技术措施有:采取火箭弹微推力偏心喷管技术、尾翼延时张开技术、增加发射器长度使火箭弹沿起始方向获得较大脱离速度、同时离轨技术、控制全弹的动不平衡以及简易控制技术等。

1) 微推力偏心喷管技术

推力偏心是火箭弹产生散布的主要原因之一。采用微推力偏心喷管设计,利用调整喷喉尺寸和喷管收敛段空间的方法,使得火箭发动机在整个工作过程中的推力偏心大大减小。

2) 尾翼延时张开技术

尾翼张开过程必然引起振动,所以不希望尾翼的张开过程发生在火箭弹启动时,而是希望延迟一段时间。此时火箭弹已经具有了一定速度和惯性,即使有了扰动,火箭弹也能产生足够的恢复力矩,使得扰动尽快衰减。但是,尾翼张开时间也不能太迟,否则由于尾翼没张开而起不了稳定作用。所以,尾翼延时张开有一个最佳时间的选定问题。同时适当增大火箭弹尾翼面积,能够增大火箭弹的稳定力矩,以减小火箭弹的摆动。

3) 同时离轨技术

无控火箭弹的长径比普遍很大(即火箭弹比较细长),所以在弹体上相应地设计有几个定心部。同时,火箭发射管与火箭弹之间存在着间隙。在火箭弹前定心部出发射管口后的半约束期内,火箭弹体就会倾斜,而且火箭弹又是低速旋转的,因此会引起较大的起始扰动。如果把发射管前、后两节的内径设计成不同尺寸,从而保证弹上前、后两个定心部同时离轨,就从根本上消除了半约束期,使起始扰动大幅降低,从而提高了密集度。

4) 严格控制火箭弹全弹的动不平衡

火箭弹低速旋转是提高火箭弹密集度最有效的方法。即使对于低速旋转的尾翼稳定火箭弹,其最大转速也能达到 $600 \sim 900 r/min$,所以必须在最后的装配阶段对全弹的动不平衡进行严格调整。

5）简易控制技术

除了上述多种提高火箭弹密集度的措施外,俄罗斯的"旋风"火箭弹、美国的 APKWS 火箭弹等还采取了简易控制技术,从而使密集度达到了更高水平。简控火箭弹不是导弹,不能主动探测目标进而锁定、跟踪,直至击中目标,而只能对弹道的某些参数进行控制或修正,且只能在一定范围内进行。简控火箭弹是在已经通过其他技术途径(如减小推力偏心,减小起始扰动等)使密集度得到改善,但还是满足不了战术要求的情况下,再采取简易控制措施,使密集度进一步提高。如果密集度原来就很差,那么单纯依靠简易控制也很难对其修正。

(四) 简易控制航空火箭弹的控制原理

直升机载制导火箭弹是基于赋予航空火箭弹远距离精确打击非硬点目标能力而发展的。传统的航空火箭弹是一种面目标武器,从提高其射击密集度这一需求出发,可以提出另一种制导火箭弹的发展概念,即将目前地面炮兵的远程多管火箭系统所采用的主动段简易控制技术小型化,移植到直升机机载航空火箭弹上,形成另一种"简易控制"航空火箭弹。这种简易控制系统的工作原理是:对于无控火箭弹,引起落点散布(密集度)的主要原因是速度偏差造成的,即火箭弹速度相对于基准弹道标准值的偏差,方向偏差主要引起横向散布,幅值偏差主要引起纵向散布。火箭弹简易控制系统一般采用滚转单通道姿态控制系统,只对弹体纵轴的姿态进行稳定,且只在弹道主动段进行控制,即保证火箭弹在主动段射向上的稳定。如果火箭在射向产生偏差,弹上敏感元件将通过控制执行机构形成控制修正信号,修正火箭射向。经分析、计算与仿真,将上述"简易控制系统"技术移植到直升机机载航空火箭弹上,形成简易控制火箭,在原理上是可行的。在技术实现上,除了要将姿态敏感元件、控制执行机构小型化以外,还要解决误差来源、使用条件等总体技术问题。其工作核心是稳定火箭弹射向,将载机的晃动、振动、摇摆等引起的射向偏差进行修正。射手稳定瞄准目标,经火控系统解算,构成发射条件后,射手再按下发射按钮,此时,认为火箭的瞄准射向即为最佳射向。火箭弹上的姿态陀螺仪启动,建立起此射向基准,此后,载机的扰动所引起的射向偏差能够被陀螺仪敏感,并经控制执行机构修正到选定射向上。虽然所选定的火箭弹不是同时发射的,但是却是按照同一射向基准的,只要控制系统工作正常,就可以向同一方向飞行,达到提高密集度的目的。采用这种控制方式可以提高武装直升机机载航空火箭弹射击密集度 1 倍以上,同时加大了传统火箭弹的交战距离,增强了载机的安全性。另外,这种"简易控制火箭"还保留了传统火箭弹发射后不管的优点。之所以称为"简易控制"而不是"简易制导",是因为没有与目标形成闭环。因此,不适合对点目标进行精确打击。

在武装直升机的对地攻击武器中,空地导弹、传统航空火箭弹和制导航空火箭弹的关系不是谁取代谁的关系,而是共同存在、互相补充、相互配合,增强直升机选择灵活性的关系。如"海尔法"空地导弹、"九头蛇"航空火箭弹、APKWS制导航空火箭弹战技指标比较见表3-1。制导航空火箭弹的本质是一种低成本小型化导弹,是为了对非硬点目标进行防区外精确外科手术式打击和减小附带杀伤而设计的,通过引入弹道段控制修正技术,以提高对面目标的射击密集度。

表3-1 "海尔法"导弹、"九头蛇"航空火箭弹、APKWS制导航空火箭弹战技指标比较

项目	"九头蛇"航空火箭弹	"海尔法"导弹	APKWS制导航空火箭弹	
			门限值	目标值
最大射程/km	>6	8	5	>6
最小射程/km	0.1	0.8	1.6	<1
精度(CDP)/m	>60	0.5	2	1
单枚成本/(美元)	<1000	<54000	10000	8000
重量/kg	11.4	45.4	16	13.6
弹长/mm	1397	1627	1905	1778
维护需求	无	无	无	无

四、主要特点

火箭弹是火箭武器系统的一个子系统,是整个系统的核心。与导弹武器系统、枪(炮)武器系统相比有一些优缺点。

(一) 火箭与导弹相比

火箭需用火箭发动机推进,即完全依靠自身携带的能源和工质(燃烧剂和氧化剂),不使用外界介质(空气)进行工作。在航天和军事上的主要应用包括:运载火箭是指装载和运送航天器进入外层空间预定轨道的运载工具;火箭弹是以火箭发动机推进的非制导或简易制导的弹药,主要依靠其弹道自由飞行。导弹是指依靠自身动力装置推进,由制导系统控制飞行、导向目标,以其战斗部毁伤目标的武器。现在,多数情况下人们认为火箭并不包括所携带的载荷。但是,人们过去在实际使用导弹和火箭的概念时,通常把运载火箭及携带的航天器等载荷统称为火箭,将弹道导弹简称为导弹。在这种情况下,火箭不仅仅是一种运载工具,还包括其运载的设备(有效载荷)。所以,人们有时又认为导弹(主要是指弹道导弹)是火箭,但火箭却不一定是导弹。也就是说,导弹只是火箭大家庭中的一部分。另外,人们有时将运载火箭、火箭弹简称为"火箭"。有时又把火箭称为导弹,或把导弹称为火箭。这种简称或代称只有在特定的条件下才是正

确的,不宜当作普遍适用的概念。总之,火箭与导弹都是一种飞行器,其概念在内涵和外延上有许多重叠的地方,再加上一些人使用了并不严谨的简称或代称,使人们更加难以分辨火箭与导弹。

1. 相同点

一是起源相同。1926年3月16日,美国科学家罗伯特·戈达德进行了世界上第一枚液体火箭的发射试验,标志着现代火箭的诞生。早期的火箭武器,发射出去之后都不再进行控制,因而命中精度差,作战效率不高,发挥的威力有限。随着战争的需要,一种在火箭上装上控制设备以控制其飞行的武器——导弹应运而生。德国是最早研制并运用导弹的国家。在第二次世界大战中期,德国先后研制成功了能用于实战的V-1、V-2两种导弹。其中V-1是巡航导弹,V-2是弹道导弹。由于最早出现的导弹是用火箭来推进的,只是在火箭的运载舱里装上炸药而已,人们往往把这种武器称之为火箭,因此,火箭与导弹这两个名词常常混为一谈也就不足为怪了。

二是发展历程相同。早期运送航天器的运载火箭都是从导弹派生出来的。苏联1957年发射第一颗卫星的运载火箭就是在其SS-6洲际弹道导弹的基础上改装而成的。美国发射的第一种运载火箭也是以"红石"液体弹道导弹为基础改装成的。后来,美国还先后在其"雷神""宇宙神""大力神"等弹道导弹的基础上发展出了系列运载火箭。从20世纪90年代开始,俄罗斯还先后将部分SS-18导弹改装为"第聂伯"运载火箭,将SS-19改装为"轰鸣"和"天箭"运载火箭。我国长征系列运载火箭也是在我国第一代洲际战略导弹的基础上改制而成的。这些都反映出火箭与导弹差别并不大。

三是原理相同。运载火箭与远程弹道导弹在技术原理上并没有明确界线。运载火箭和弹道式导弹的设计、制造以及试验方法都基本相同,运载火箭的全程试验实际上也就是远程弹道导弹或洲际弹道导弹的全程试验。从发射实际情况看,发射卫星需要准确入轨,发射导弹则需要精确打击目标。因此,能够发射卫星就能发射导弹,就说明一个国家具有远程打击能力。国际社会之所以担心朝鲜发射卫星,最根本的就是担心朝鲜借发射卫星来发展弹道导弹。但要从具备发射卫星的能力到拥有具有实战能力的导弹,还有一段漫长的路要走。

四是结构相近。火箭和导弹均由箭体(弹体)、推进系统、控制系统等部分组成。推进系统被称为火箭和导弹的"心脏",它是实现飞行运动的原动力。控制系统由制导、姿态控制以及程序控制等分系统组成,是飞行中的指挥系统,被称为火箭和导弹的"大脑",其任务是用来保证箭体稳定飞行,并确保精确进入预定轨道。

2. 不同点

一是动力装置不同。火箭与导弹都是依靠自身动力推动的。火箭是完全依靠自身动力装置(火箭发动机)推进的,不使用外界的空气等介质,既可在大气层内飞行,又可在大气层外飞行。而导弹的动力装置却具有多样性,可能是火箭发动机,也可能是涡喷发动机、冲压发动机等。除火箭发动机外,其他发动机都无法在大气层外飞行。一般而言,弹道导弹使用火箭发动机、完全依靠自身动力推进,而巡航导弹则使用涡轮喷气发动机或喷气发动机,需要借助空气进行飞行。可见,火箭与弹道导弹的动力装置类型相同,但与巡航导弹的动力装置不同。早期的运载火箭和弹道导弹都使用液体火箭发动机,因此,都是液体火箭和液体导弹。液体燃料具有成本低、推力大、推力容易调整、可以多次启动的优点,但也有危险性高、易泄漏、体积大、发射准备时间长的缺点。所以,只能在固定发射场发射。民用火箭一般在地面发射场发射,而军用导弹则多在发射井或列车平台上发射。后来,固体火箭发动机研制成功,固体燃料具有体积小、效率高、装备的发射准备时间短、反应速度快等特点。所以,导弹可以在机动车平台上发射,大大提高了导弹作战的隐蔽性和机动能力。由于固体燃料的成本很高,所以,在对反应时间没有特殊要求的民用火箭发射时,一般都使用便宜的液体燃料。但运载火箭的助推器、制动发动机等,也可以使用固体燃料。

二是有效载荷不同。火箭可以运载航天器、战斗部等各类仪器设备,这些仪器设备叫作有效载荷。当火箭运载战斗部时,火箭和战斗部统称为导弹。由于多数导弹的战斗部都安装在导弹的最前端,所以,战斗部又称为弹头。弹头内装的可以是常规炸药,也可以是核武器、化学武器或其他装置。一般洲际导弹的弹头都是原子弹、氢弹,所以,洲际导弹也称为核导弹。所以,准确地说,有无载荷是火箭与导弹的另一区别。导弹有载荷(弹头),是一种武器;火箭只是一种运载工具,不包括运载的载荷。通常情况下,火箭是民用的,导弹是军用的。把火箭上的卫星换成弹头,把飞到外太空的轨迹改成飞到打击目标上,火箭就变成了导弹。反之,如果把弹头换成卫星,那么导弹弹体也就变成了火箭。

(二)火箭弹与枪(炮)弹相比

主要优点:一是威力比机枪(炮)大,并且可齐射和连射,在短时间内发射大量弹药压制目标。如某型70mm航空火箭弹采用19管和7管两种火箭发射器发射,一个火箭发射器就在短时间内发射19枚或7枚火箭弹,火力密集,完成作战任务的时间较短;二是成本低,可以采用多种战斗部,配以不同的引信,攻击地面多种目标;三是结构简单,不怕干扰,四是发射时无后坐力。身管火炮发射弹丸时,推动弹丸向前的气体压力,同时推动身管向后运动。由于火炮发射弹药时膛压高,作用在炮架上的后坐力很大,不但使得火炮身管壁厚大,而且炮架的结构笨重、质量很大,其机动性也较差。火箭弹靠喷气推进原理获得飞行速度,全弹飞离火发器管口前,火发器基本不受力的作用,发射管内壁受到的压强较小。

之后较短的距离内，火箭发动机高速喷出的燃气流有一部分喷射在发射架上并产生一定的作用力，但该力较小。因此，火箭发射装置就可制成轻便、简单、尺寸紧凑和多管的发射装置。火箭发射装置可以安装在拖车、汽车、履带车辆、飞机、直升机和舰艇上，也特别适合于步兵携带。

主要缺点：一是射弹散布较大，命中精度较低，比较适合攻击面目标，对点目标的攻击效果较差。主要是因为火箭弹装药不均匀造成的"推力失调"，飞离发射器时弹体挠性大造成"偏摆"现象的结果；此外还有火箭弹发射初速较低，直升机悬停或低速运行时的旋翼下洗流场对其弹道有较大影响，所以为稳定弹道，武装直升机发射的火箭弹多采用旋转飞行方式。

航空火箭弹与炮弹比较，具有射程远、威力大等优点，可与敌大机群进行空中格斗，并能够进攻大速度目标和实行远距突击。但由于速度较炮弹小，弹道性能差而使散布面大，精度不及炮弹，所以在现代空战中使用越来越少。但它仍是作战飞机，特别是攻击机、武装直升机攻击地面目标的重要武器。与炸弹比较，用于攻击地面目标，虽然速度较大，弹道稳定，精度高，但由于战斗部只占整个火箭弹全重的五分之一左右，故威力比同等重量的炸弹要小。

由于航空火箭弹具有上述特点，可弥补炮弹、炸弹的不足，因而得到了广泛的应用，成为现代重要的对空、对地攻击武器。目前，直升机上都广泛装备了火箭弹。航空火箭弹散布大、密集度低（命中精度低），不适合攻击点目标，更不适合攻击空中高速度、大机动目标。当火箭弹发射后，目标的机动是造成火箭弹命中精度低的主要原因，因此影响了空空火箭弹的发展和使用。但是，空地火箭弹一般用于攻击地面目标，以齐射或连续方式发射多枚火箭弹，覆盖地域大，能够发挥较强的攻击效果。

第三节　典型航空火箭弹

第二次世界大战时期曾经辉煌一时的机载火箭弹，在信息化战争的今天，由于其无制导、精度低、有效射程近等原因，越来越让各国军队感到如同鸡肋，甚至有人提出完全撤装机载火箭弹，用各类导弹和制导炸弹取代之。但导弹并非万能的，也不可能包打天下，近年来美军就发现了新的问题。在海湾战争中，美国陆军的"阿帕奇"直升机和海军陆战队的"超级眼镜蛇"直升机总共发射了4000～5000枚"海尔法"空地导弹，给伊拉克陆军尤其是装甲部队造成了毁灭性的打击。但是，有很多"海尔法"导弹都被用来攻击卡车、掩体、火炮阵地甚至步兵分队等非装甲目标，对于每枚价值5万多美元的"海尔法"导弹来说，这样做非常不经济。海湾战争以后的几场局部战争也可以看出，以对抗集群装甲目标为背景而发展起来的武装直升机和机载空地导弹,在应付未来信息化战争、反恐作战和特种作战中暴露出了缺乏相应灵活性的弱点。在上述几种战争中,武装直升机的作战对象主要是非装甲点目标,用机炮或航空火箭弹来打击,在威力上是足够的。因此,很多国家都在持续使用和发展航空火箭弹。

一、我军典型航空火箭弹

我军航空火箭弹主要有57mm、70mm和90mm等多种型号。57mm航空火箭弹只有一种型号;70mm航空火箭弹发展了多种战斗部,已经形成了同一口径系列化火箭弹。

(一) ××mm 航空火箭弹

××mm航空火箭弹只有杀伤爆破弹,全称为××mm1型航空火箭杀伤爆破弹,简称××-1航箭杀爆,属于爆破型火箭弹,头部配用箭引-×,主要用来摧毁无装甲防护的地面目标。

1. 构造

××-1航箭杀爆的结构,见图3-11。

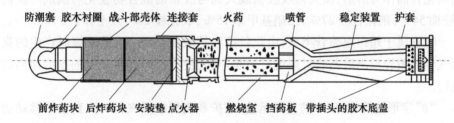

图3-11 航空火箭弹基本结构

1) 战斗部

战斗部由壳体和炸药等组成,见图3-12。战斗部呈流线型,主要用来减小空气阻力,具有良好的空气动力特性。壳体为钢材,用于盛装炸药,前端有36mm螺孔,用来安装箭引-×引信,平时旋有防潮塞以防炸药受潮变质及保护安装孔螺纹。战斗部通过连接套与发动机相连接。战斗部壳体内装的炸药是猛炸药与金属粉制成的混合物,由它提供摧毁目标的主要能源。

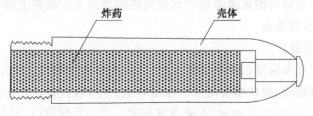

图3-12 战斗部结构示意图

2）发动机

发动机是一种固体燃料火箭发动机（简称固体火箭发动机），主要由燃烧室、固体火药、喷管、挡药板和点火器等组成，见图 3-13。

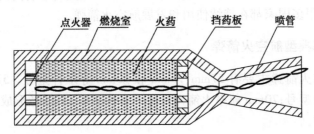

图 3-13　固体火箭发动机的组成

燃烧室是发动机的主要组成部分，为钢制圆筒形。在燃烧室中不仅进行火药的燃烧过程，而且存放着固体燃料制成的火药。前端有螺纹，通过连接套与战斗部相连；后端也有螺纹和喷管连接。固体火药是火箭发动机的能源，由固体燃料加工制成。该火箭弹的燃烧室内装有 HM-2 单孔管状硝化甘油火药，它是利用硝化甘油作为溶剂，使火棉或胶棉或火棉与胶棉的混合物胶化后制成的火药（胶棉 54%，硝化甘油 27%，二硝基甲苯 15%，氧化镁 2%，凡士林 2%）。

喷管属于超声速喷管类型，由收敛段和扩散段组成。火药燃烧时产生的高压气体经喷管喷出后其喷射速度可达超声速，使火箭弹获得较大的推力而向前飞行。

"#"字形挡药板，用来防止因运输、维护和飞机载弹飞行时火药前后移动而破裂，在发射后还可防止未燃尽的火药碎块从燃烧室内流出而造成能量损失和防止因火药碎块堵住喷管引起发动机爆炸。

为了迅速可靠地点燃火药，在火药前面装有点火器。点火器为一薄金属壳体，内装二号有烟枪药及两个并联的电点火管，壳体上部盖有铝箔，见图 3-14。当接通电源时，电点火管的电阻丝发热点燃二号有烟枪药，有烟枪药的燃烧气体冲破铝箔后进入燃烧室点燃固体火药，使火箭发动机开始工作。

胶木底盖用螺纹旋在喷管尾部，一方面可防止发动机火药受潮，另一方面通过底盖上的环形槽可将火箭弹锁在发射筒内的弹爪上。底盖上的接线柱，内连点火器，外连电源插头。

3）稳定装置

稳定装置用来保证火箭弹稳定飞行，以提高射击准确性。稳定装置由六片尾翼和弹簧等组成，装在喷管尾部的固定耳上，并可以折叠。发射前，火箭弹的尾翼是处于折叠状态；发射时，火箭弹尾部刚一离开发射筒口，尾翼便在弹簧作

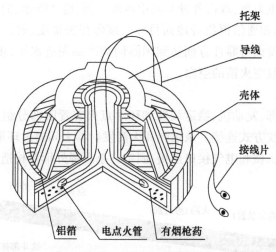

图 3-14 点火器结构示意图

用下迅速张开,由于尾翼翼面与火箭弹轴线构成 45°夹角,火箭弹在飞行中,气流作用尾翼使火箭弹绕纵轴旋转,形成陀螺稳定效应,防止因发动机推力偏心(推力作用方向和弹轴线不重合)和火箭弹的质量偏心等引起的射击偏差,保证火箭弹稳定飞行,提高射击准确性。为了运输保管和维护的方便,防止尾翼变形,平时将尾翼折叠并用护套加以保护。

2. 工作过程

当按下发射按钮接通点火器电路时,电点火器迅速可靠地点燃发动机固体火药。固体火药燃烧时生成的高温高压气体经喷管高速向后喷出,此时,发动机产生推力使火箭弹向前运动;当火箭弹离开发射筒瞬间,尾翼在弹簧作用下迅速张开;由于火箭弹在离开筒口时的速度不大,火箭弹会有一定的下沉;随着火箭发动机推力的不断增大,火箭弹飞行速度也不断增加,旋转速度也随之加快,直至发动机停止工作即固体火药燃完时,火箭弹飞行速度、旋转速度均达到了最大值,此后火箭弹靠惯性继续飞行。当火箭弹命中目标时,由箭引-×引信引爆战斗部击毁目标。

(二)××mm 航空火箭弹

××mm 航空火箭用同一口径火箭部作为载体配装不同类型的战斗部和引信,形成同一口径火箭弹系列,以对付不同的作战目标。主要弹种有杀爆弹、子母弹、穿爆燃弹、导电纤维弹等。

1. 航空火箭杀爆弹

航空火箭杀爆弹是国内第一种专为武装直升机研制的航空火箭弹,主要用于杀伤敌地面有生力量,攻击各种非装甲运输车辆、炮兵阵地、简易防御工事、导弹发射架、雷达站和通信枢纽等地面目标。该弹在密集度、射程、威力、安全性、使用环境和引信发火可靠性方面达到国际同类产品先进水平,填补了国内武装直升机专用机载航空火箭的空白。

1) 构造

该弹由战斗部、发动机、稳定装置和环形点火装置四部分组成,各部件之间采用普通标准螺纹方式连接。杀爆弹和火箭发射器之间通过环形点火装置和闭锁挡弹机构实现机械和电气接口连接、固定。杀爆弹外形及构造,见图3-15。

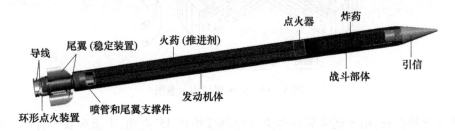

图3-15 杀爆弹外形及构造图

战斗部。主要由引信和装药战斗部组成,发动机主要由燃烧室、推进剂和点火具等组成。战斗部总体结构为预制破片式,包括刻有环形槽的壳体和钢珠筒(杀伤元),炸药装药,全保险型、双环境力的触发引信,见图3-16。

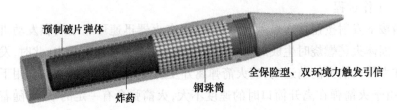

图3-16 战斗部结构

发动机。采用单根管状装药,大长细比的薄壁燃烧室,燃气赋旋的总体结构。装药为中能量微烟固体推进剂,燃烧室内壁用涂层解决高温热强度问题,点火具为具有钝感性能的电点火具,见图3-17。

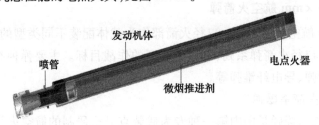

图3-17 发动机结构图

稳定装置。为适应杀爆弹筒式发射方式需要,稳定装置采用三片折叠卷弧翼结构,见图3-18。稳定装置保证杀爆弹在全弹道上稳定飞行并提供气动导转力矩。

图3-18 稳定装置结构图

环形点火装置及短路环。杀爆弹采用环形点火装置,既可满足武器系统对发射后喷物的限制要求,又可以实现杀爆弹快速无方位装填。短路环的作用是既可以固定尾翼同时确保点火电路短接,保证贮存、运输安全,克服外界电磁和静电的不利影响,见图3-19。

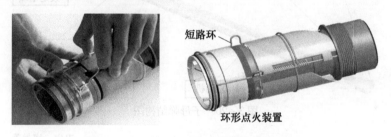

图3-19 环形点火装置及短路环结构图

2) 工作过程

直升机飞临作战区域,指向目标,火控系统根据激光测距的目标参数、大气参数和飞机飞行参数解算火箭弹道,依据计算结果赋予杀爆弹正确的射角,适时给出杀爆弹攻击指令。

压下击发按钮,点火电流点燃点火具,引燃推进剂。推进剂燃烧产生的高温高压气体由火箭尾部喷管高速流出,产生推力。当该推力大于闭锁挡弹力时,杀爆弹开始启动,沿发射管向前作加速运动,同时,在燃气赋选装置的作用下杀爆弹还会绕弹轴旋转,以提高火箭弹的初始抗干扰能力。火箭离开发射器后尾翼在推扭簧的作用下迅速张开,在飞行过程中,翼片在气动力的作用下使火箭弹绕轴低速旋转,以克服气动和质量偏心对弹道的影响,提高射击密集度。当火箭弹加速飞行到主动段末时,达到最大速度,此后进入被动段飞行。杀爆弹碰到目标后触发引信作用,引爆战斗部,战斗部爆炸产生的爆轰波和高速破片对目标实施毁伤。一架直升机可同时挂装2~4具火箭发射器,携带的几十发杀爆弹可对地面目标形成有效火力压制和毁伤。

2. 航空火箭子母弹

航空火箭子母弹是一种多用途的火力压制弹药,主要用于毁伤各种车辆、技术兵器,杀伤具有一定防护的有生力量等目标。子母弹采用定时开舱,大幅度提高了火箭弹的纵向密集度,毁伤效能更高[①]。

1) 构造

该弹由子母战斗部、发动机、稳定装置和环形点火装置四部分组成,发动机、稳定装置和环形点火装置与杀爆弹的状态一致,见图3-20。战斗部主要由风帽、壳体、保护帽、全备子弹、挡板、母弹引信和装定电缆等组成,见图3-21。子弹主要由降落伞、子弹壳体、引信、炸药等组成。

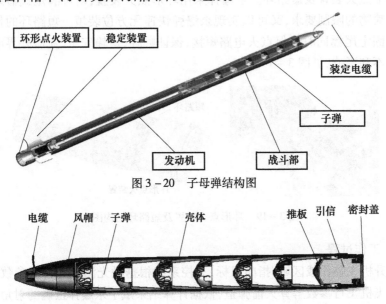

图3-20 子母弹结构图

图3-21 子母弹战斗部结构图

2) 工作原理

直升机飞临作战区域,机上火控系统根据目标参数、大气参数和飞机飞行参数等解算火箭弹道,依据解算结果赋予子母弹正确的射角,引信装定器根据指令

---

① 当今世界各国提高弹药战斗部威力的主要趋势之一,是把单一战斗部改为多种功能的子母弹战斗部。美国以及其他北约国家的库存弹药中,火箭子母弹分别占60%和50%,尤其是大威力火箭弹,几乎全都是子母弹战斗部。美国M270配用的M26式双用途子母火箭弹携带1枚质量156kg的弹头,内含644枚M77型双用途(反人员/反装备)改进型常规弹药子弹。每枚子弹质量230g,可击穿100mm厚钢装甲,对人员杀伤半径3m;每1枚M26式双用途子母火箭可毁伤直径200m内任何目标。

自动给引信装定作用时间,适时给出子母弹攻击指令。压下发射按钮后,子母弹在加速飞行全过程和惯性飞行前半程与杀爆弹相似。子母弹飞行至预定目标区域,母弹引信按装定时间作用,战斗部开舱抛出子弹,形成一定的毁伤区域,子弹在稳定伞的作用下减速下降,碰击目标后,子弹引信作用,子弹爆炸,依靠破片和射流毁伤目标(图3-22)。

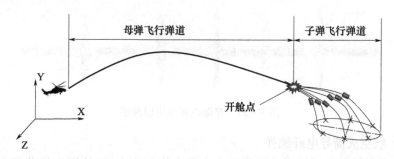

图3-22 子母弹工作原理示意图

3. 航空火箭穿爆燃弹

航空火箭穿爆燃弹主要用于攻击轻型筑防工事、掩体等半硬目标以及具有一定防护能力的弹药库、油料库等后勤保障设施,毁伤目标内部的有生力量和设备。

1) 构造

该弹由战斗部、发动机、稳定装置和环形点火装置组成。为简化机上使用,优化弹道一致性设计,穿爆燃弹的外形、结构、射程和机上发射精度等性能与杀爆弹基本一致,见图3-23。战斗部由壳体、装药、燃烧元、引信、连接体等组成,见图3-24。

图3-23 穿爆燃弹结构图

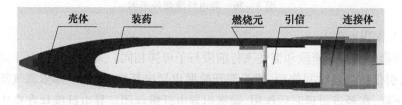

图3-24 穿爆燃弹战斗部结构图

2) 作用原理

穿爆燃弹飞抵目标后,以足够的着靶断面比动能撞击目标,引信根据撞击目标的特性,调整延时发火机构作用时机,待火箭弹侵彻进入目标内部后,引信作用引爆战斗部。利用冲击波和杀伤破片毁伤目标内部的装备和人员,并利用燃烧源引燃易燃物,见图 3–25。

图 3–25　穿爆燃弹作用原理图

4. 航空火箭导电纤维弹

航空火箭导电纤维弹主要用于攻击敌方高压变电站、输配电线路等电力设施,造成供电中断、用电系统瘫痪。

1) 构造

该弹主要由战斗部、发动机、稳定装置和环形点火装置四部分组成。该弹是在子母弹的基础上展开研制的,借鉴了子母弹的成熟技术,在射程和机上发射精度等性能方面与子母弹基本一致,交付状态与子母弹一致,见图 3–26。战斗部由装有导电纤维丝的子弹、母弹引信、装定电缆和壳体等组成。

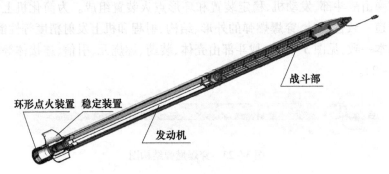

图 3–26　导电纤维弹外形图

2) 作用原理

火箭弹飞行加速段和惯性飞行前段与子母弹相同。火箭弹飞行至预定目标区域,引信按装定时间作用,战斗部开舱抛出导电纤维子弹,子弹依靠气动阻力减速下降,在经过短延时后作用,抛撒出导电纤维丝团。导电纤维丝在空中散开并相互搭接在一起,形成网状并搭接到变压器或输电网络上,对目标形成一个较大的覆盖面积,利用导电纤维丝的导电性,造成电路短路,伴随着短路形成巨大的弧光,使供电区断电,电网失效,从而达到毁伤整个电力系统的目的。

二、美军典型航空火箭弹

到目前为止,美军使用的最为普遍的航空火箭是70mm火箭弹。该型火箭是在1948年生产的"巨鼠"空空火箭弹的基础上发展而来的,基于对飞行稳定性的考虑,火箭弹通常采用4个或8个弹出式垂直尾翼。最早两种类型的70mm火箭弹是由美国设计的Mk4和Mk40,它们分别装备于高性能固定翼飞机和直升机,曾在越南战争中被投入使用,并且遍销西方各国。通过采用折翼的形式,火箭弹拥有众多型号的战斗部,一起组成了火箭中的折翼式航空火箭弹(FFAR)家族,这些家族成员一直服役到现在。

(一) 70mm无控航空火箭弹

1. 美国"巨鼠"航空火箭弹

"巨鼠"航空火箭弹,见图3-27,是由原美国海军军械试验站、现海军武器中心(NWC)于1948年在法西斯德国的R-4M空空火箭弹基础上研制的。①

图3-27 "巨鼠"火箭弹

"巨鼠"航空火箭弹经过数十年的改型,主要技术特点是:采用新型火箭发动机Mk40代替早期的Mk4发动机,以增大射程和射速,提高对远距目标的攻击

---

① 航空火箭弹正式用于作战是在二战期间,当时双方装备作战飞机使用的航空火箭弹,几乎都是为攻击舰艇、坦克等坚固目标而设计的,R-4M是二战期间使用的唯一一种空空火箭弹。之后随着喷气式歼击机和新型轰炸机的出现,空中态势要求截击机必须装备比航空机炮威力大、射程远的空战武器,才能拦截自卫能力增强的敌方轰炸机。为此,美国在所获得的法西斯德国的R-4M空空火箭的基础上,迅速设计生产出口径70mm的"巨鼠"火箭弹,首先成为美国高亚声速喷气式截击机的标准空战武器,并成为各国相继研制并装备使用的、新的第一代航空火箭弹的典型代表。从20世纪50年代中期开始,随着截击机的迅速发展和空中威胁的不断变化,以及现代科学技术的迅速发展,新的空战武器——空空导弹应运而生,并且逐步取代航空火箭弹,成为截击机的主攻武器。但是,"巨鼠"航空火箭弹的发展并未终止,以高速大面积发射多种类型的高效能战斗部为特点,作为空空攻击的助攻武器,航空火箭弹仍然是各种战斗机可供选用的有效空战武器。同时,作为空地攻击武器,则是各种战斗机和武装直升机广为选用的重要武器。"巨鼠"火箭弹经过多年来的不断改进改型,已成为装备美国各类战术飞机的标准对空、对地两用航空火箭弹,并大量出口,装备北约组织各国和其他国家的作战飞机使用。

能力；有多种新型战斗部，如 M151 高爆战斗部、M247 破甲战斗部、标枪战斗部等；采用 4 片稳定尾翼装置代替原来的 8 翼片尾翼装置，改善气动性能，提高火箭弹飞行稳定性；有多种类型的包括机械、电子等新型引信，能与多种战斗部配套使用。经过数十年来的不断改进改型，"巨鼠"火箭弹后期型号同早期型号相比，从内部结构到外部气动特性均有很大变化，射程、精度和威力不断提高，采用模块化舱段结构，可选用多种类型的火箭发动机、多种类型的引信和多种类型的战斗部。"巨鼠"火箭弹采用最新火箭发动机型号 Mk66 之后，已经发展到一个新的阶段，称之为"海蛇怪"航空火箭弹。

西方很多国家都生产"巨鼠"航空火箭弹，成为北约的标准武器。在 20 世纪 50 年代的朝鲜战争中，美军大量使用"巨鼠"火箭弹。20 世纪 60 年代，美国将改进的"巨鼠"火箭弹投放到越南、柬埔寨及中东战场上，其战技指标见表 3－2。

表 3－2 "巨鼠"航空火箭弹战技指标

最大射程	6.4km	质量	8.4～13.6kg
最大速度	Ma2.7	弹长	1.22～1.37m
引信	触发引信/近炸引信	弹径	70mm
战斗部	1.59～4.51kg	翼展	180mm
动力装置	Mk4 固体火箭发动机	翼展装置	4 片
发射器	AERO－6A(7 枚) AERO－7D(19 枚，一次性使用) LAU－3A(19 枚)	发射器	LAU－18A(18 枚) LAU－32A(7 枚) ×M－3(24 枚)

2. 美国"诅尼"火箭弹

20 世纪 50 年代初，美国海军机械试验站（现海军武器中心）为适应空空、空地作战需要而设计了 127mm 口径的航空火箭弹，1957 年开始进入美国海军和空军服役。1996 年向比利时的 FZ 公司转让生产技术，专用于空地攻击。目前仍在小批生产，并装备美国和北约各国以及其他国家的战术攻击机和武装直升机使用。

该火箭弹是美国标准空空和空地两用火箭弹，二固体火箭发动机采用双基推进剂，燃烧时间 1.2～1.5s。战斗部有两种：Mk24 爆破战斗部，长 480mm、直径 127mm，质量 22kg；Mk32 破甲战斗部长 760mm，直径 127mm，质量 20kg。采用的 LAU－10 等发射器，要求 28V、3.5A 直流电源。可单发和连射，载机发射速度最大速度为马赫数 1.2。装备美国和北约各国以及其他国家的战术攻击机（舰载机）和武装直升机使用，战技指标见表 3－3。

表3-3 "诅尼"航空火箭弹战技指标

最大射程	8.05km	质量	48.5kg
最大速度	$Ma1.2$	弹长	2.756m
引信	触发引信/近炸引信	弹径	127mm
战斗部	20kg(Mk24、Mk32)	翼展装置	折叠式4片翼片
动力装置	固体火箭发动机	发射器	LAU-10A(4枚)、LAU-33A(2枚)、诺特罗尼克型(7枚)

3. 美国"海蛇怪"火箭弹

"海蛇怪"(Hydra)也称为"九头蛇"火箭弹,它是"巨鼠"火箭弹采用最新火箭发动机——Mk66之后发展的新一代航空火箭弹。1992年,该弹的3种新型战斗部在巴黎航空展览会上公开展出。"海蛇怪"70火箭具有常规70mm直径非制导火箭的外观,包括一个Mk66固体推进剂发动机(具有三个铝质卷弧翼)和一个相配套的带引信的战斗部,见图3-28。但是,与早期的Mk4和Mk40推进火箭相比较而言,其弹道更平直,发射距离更远,撞击能量也高许多。目前,两种Mk66发动机的新型号在生产中,新的引信也在研制中;同时,在该火箭弹基础上开始发展更先进的航空火箭弹——"先进火箭系统/高速火箭弹"(ARS/HVR)。

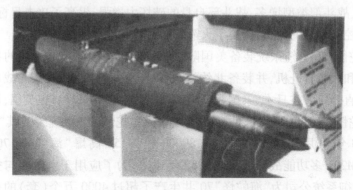

图3-28 "海蛇怪"火箭弹和M260型七管火箭发射器

该型火箭弹的主要技术特点:采用新型固体火箭发动机Mk66,有两种型号:Mk66 Mod1用于美国空军和陆军;Mk66 Mod2用于美国海军和海军陆战队,该型号的点火系统采用了滤波器,可防止舰艇上的电子设备产生的电磁辐射造成发动机意外点火;采用三翼片横向卷叠式尾翼稳定装置,而不是四或八翼片纵向折叠式尾翼装置,加上新型固体火箭发动机采用单喷管,可使该火箭弹在发射筒内获得600r/min的旋转速度,飞出发射筒后卷叠式尾翼展开,使火箭弹的旋转速度达到2100r/min,进一步改善火箭弹的飞行性能,提高命中精度。这种发动机火箭最高速度达 700m/s。Mk66 发动机可依靠发射状态将"海蛇怪"火箭弹战斗部(图 3 – 29)推进至 8.8km 的远处;采用多种新型战斗部,如 M151 高爆战斗部、M255 标枪战斗部、M621 通用子母战斗部、M262 照明闪光战斗部等。

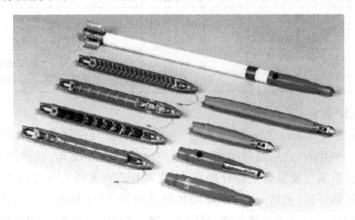

图 3 – 29　"海怪蛇"火箭弹及常用战斗部

该型火箭弹的主要性能特点:飞行弹道稳定、平直,命中精度高;固体火箭发动机的总冲和推力提高,射程增大,提高了远距离攻击能力;命中目标时的碰撞能量增大,战斗部类型增多,战斗部自身的破坏力增强,提高了攻击目标的效能;机载发射控制系统的改进,提高了火箭弹的射程和瞄准精度。

"海蛇怪"70 火箭系统装备美国陆军、海军、空军和海军陆战队的各类战术攻击飞机和武装直升机,并装备北约组织各国和一些非北约国家的战术攻击飞机和武装直升机。在日本、泰国及英国武装部队中也有服役。在英国,该系统整合了"海蛇怪"70 和 CRV7 部件;德国则选用"海蛇怪"70 系统装备其"虎"式直升机;1993 年 4 月,美国陆军拥有 189000 枚 M151 高爆"海蛇怪"70 火箭和 41000 枚 M261 多功能战斗部。自 1965 年以来,为了应用于空对空与空对地攻击,BEI 防御系统公司为"海蛇怪"70 共生产了超过 4000 万个(套)的火箭发动机、战斗部、军械部件和电子系统,战术技术性能见表 3 – 4。

表 3 – 4　"海蛇怪"70 航空火箭弹基本战术技术性能

口径	70mm	战斗部重	4.5kg
最大射程	6.4km	动力装置	固体火箭发动机
最大速度	M2.7	引信装置	触发引信/近炸引信
全弹长	1060mm(不含战斗部)	全弹重	6.2kg(不含战斗部)
尾翼装置	翼片横向卷叠式翼展 186mm(张开时)	发射器	与"巨鼠"火箭弹发射器相同

4. 美国"说客"火箭弹

"说客"火箭弹是在"海蛇怪"70火箭弹基础上发展的更先进的航空火箭弹,1988年开始研制,1990—1992年进行飞行试验,1992年12月首次成功发射内装90支标枪战斗部的火箭弹,1995年在巴黎航空展览会上公开展出。

主要技术特点是与"海蛇怪"70航空火箭弹完全兼容,可互换使用;采用整体式复合材料弹体结构;采用新型标枪战斗部可带20～90支小标枪,并装有延时引信;采用超高速固体火箭发动机。该发动机设计利用了20世纪80年代次口径SPIKE超高速火箭弹计划中的技术,最大速度达到1220m/s,最大射程达16km,精度达到5密位;满足美国陆军低感度弹药和环境要求。装备美国陆军、海军、空军的各类战术攻击机和武装直升机,并装备北约组织各国和一些非北约国家的战术攻击机和武装直升机。

(二) APKWS II 制导火箭弹

美国陆军于1997年提出了为非制导火箭弹加装制导组件,开发名为"先进精确杀伤武器系统"(Advanced Precision Kill Weapon System, APKWS)的作战需求文件,要求陆军航空兵的直升机除导弹外,其火箭武器也要具有"防区外发射、外科手术式精确打击"的能力,确定用精确制导技术来提高美军现役的"九头蛇"航空火箭弹的射击精度。1999年,美国陆军启动为期3年的"低成本精确杀伤武器"(LCPK)先期技术演示计划,开始为APKWS开发制导组件。LCPK计划的初衷就是为AH-64D"长弓阿帕奇"直升机发展一种具有低成本和精确打击能力的70mm制导航空火箭弹,可满足APKWS的作战要求。然而由于技战术指标严苛,几家军火公司在原有70mm火箭基础上小打小闹的改装,都未能获得美军青睐,计划只好从头再起。

2003年2月美国陆军航空和导弹司令部与GDATP(通用动力公司的军品技术部门)签订了"开发先进精确杀伤武器"(APKWS)的研制合同;2005年8月,对APKWS项目的技术指标进行了重新修改并发布了APKWS II 项目指标;2006年4月,美国陆军与BAE系统公司签订了一项新的合同,由以前的通用武器和技术产品公司的子承包商,转而成为现在的APKWS的主承包商。APKWS的研制试验于2009年结束,在2010年1月期间美国海军陆战队进行了为期两周的一系列作战评估试验,AH-1W直升机共进行了昼夜8次机载实弹发射,取得8发8中的成绩。美国陆军计划采购8万多枚APKWS II 制导火箭弹,采购费用高达数十亿美元。在其后的多次实弹演习中,APKWS 均取得了较好的作战效果。①

APKWS 为现有的 70mm"海蛇怪"火箭弹加装了半主动激光寻的装置,见图 3-30。主要技术特点:该弹包含一个捷联式的激光导引头、三自由度比例控制以及防滚部件,可以与现有的激光指示器配合使用。APKWS 的工作原理非常简单,通过安装滑翔弹翼和制导飞控附件,让无控火箭弹有了"聪明头脑",其核心是装在 4 片折叠弹翼上"分布式半主动激光寻的器"的微型感应器,外加一些电子辅助装置。改装时,只要把套件安装在火箭弹的弹体和弹头之间即可。使用时,将火箭弹塞入火箭发射巢就能完成发射准备,原有的武器发射平台无需进行任何改装。武器操作人员无须重新训练,只要用激光目标指示器发射的激光束持续照射目标,就能在 5000m 的范围内对移动或静止目标实施精确打击。据称,安装 APKWS 套件的火箭弹命中误差在 1m 以内,附带毁伤也比"海尔法"导弹小得多。除了携带"九头蛇"火箭发射巢的武装直升机、A-10 攻击机、F-16 战斗机等飞行器和"悍马"军车外,美国海军陆战队还打算将装有 APKWS 套件的火箭弹安装到 MV-22 倾转旋翼机上,用于攻击水面目标。虽然 APKWS 套件让无控火箭弹具备了"百步穿杨"的本领,但每枚火箭弹的长度增加约 50cm,质量就增加约 4kg,大量挂载这种武器后,对飞机质心平衡有一定影响。

图 3-30　美国 APKWS 和 APKWS Ⅱ 制导火箭弹

三、俄军典型航空火箭弹

俄军非常重视发展航空火箭弹,装备了大量的普通无控航空火箭弹和简易

---

① 据报道,2015 年 7 月由澳大利亚、美国、新西兰和日本举行的"护身军刀"四国联合军演中,澳大利亚陆军"虎"式直升机利用名为"先进精确杀伤武器系统"(APKWS)的火箭弹实施对地攻击,取得 5 发 5 中的成绩。西方国家认为在打击低价值目标时,使用反坦克导弹"不经济",APKWS 就应运而生了,加装该套件的火箭弹价格仅相当于"海尔法"导弹的一半,堪称"便宜又实惠"。据悉,美国海军与海军陆战队已购买数千件 APKWS 套件,用于改造现役的"九头蛇"火箭弹,这些部队 UH-1Y、AH-1、MH-60 系列直升机使用 APKWS 火箭弹打靶,均能取得 80%~90% 的命中率。

控制航空火箭弹。最早于20世纪80年代就开始研制大口径激光制导火箭弹[①]。

(一) 普通航空火箭弹

1. 俄罗斯C-5系列航空火箭弹

C-5系列航空火箭弹是俄罗斯航空火箭弹中口径最小、使用最广泛的空空、空地火箭弹,装有多种类型的战斗部,配用多种型号的发射器。它采用了二战中德国研制的R-4M"巨蛇"火箭弹的结构,这样可以使发射器有更多的发射管,为增加火箭弹数量提供了可能性。

C-5航空火箭弹由固体火箭发动机和战斗部组成。柱形固体燃料装填在发动机钢壳体内,壳体前部为带引信的战斗部,壳体后部为带弹翼组件的喷管。花瓣形稳定器向前折叠包围在喷管周围。C-5航空火箭弹存放以及装填在发射管中时,弹翼处于折叠状态,而当火箭弹飞出发射管时,在弹簧作用下弹翼展开成花瓣形,受气流作用。

弹翼叶片前缘具有奇特的气动剖面,保证火箭弹在飞行中以1500r/min速度旋转,因而增加了火箭弹飞行的稳定性。为了使火箭弹推进剂快速燃烧,使火箭弹飞离发射管后立刻达到最大速度(旋转速度取决于飞行速度),发动机的固体推进剂有星形空心通孔,由此获得最大燃烧面积和推力。燃料燃烧完以后,火箭弹继续沿弹道飞行。

C-5火箭弹有效射程2000m,动力射程超过4000m,既可用于摧毁地面目标,又可用于攻击空中目标。火箭弹装配带自炸机构的R-SM和R-SM1触发引信,主要由C-SUB火箭发射器装载与发射,见图3-31。当飞机以970km/h速度、在15000m高度上发射火箭弹时,CEP不大于发射距离的0.35倍。

图3-31 C-5UB火箭弹发射器

---

① 苏联/俄罗斯最早于20世纪80年代开始研制大直径激光制导火箭弹,如Nudelman精确工程设计局(KB Tochmash)研制的S-25L。S-25L由非制导的S-25-OFM衍生而来,是一种340mm直径的火箭弹,质量超过400kg。它比西方机载火箭弹大很多,但仍可由前线攻击机(如苏-25和苏-30)携带。

俄罗斯在基本型火箭弹基础上发展了 С-5М、С-5МО、С-5К、С-5П 和其他型号火箭弹。

С-5М 和 С-5М1 火箭弹用于杀伤敌有生力量,并用来攻击防护薄弱(如汽车)装备、火炮和防空导弹阵地、机场停机坪上的飞机和其他目标。С-5М 和 С-5М1 火箭弹装备爆破和壳体杀伤综合效能战斗部,爆炸时形成约 75 块破片。С-5М 火箭弹弹径 57mm,弹长 882mm,发射质量 3.86kg,杀伤爆破战斗部质量 1.08kg,内装 285g 炸药。

С-5МО 火箭弹装有加大杀伤作用的战斗部,战斗部有 20 个带切口的钢环,按照一定规律分成小块。战斗部爆炸时分割成 360 块杀伤碎片,每片质量 2g。

С-5К 火箭弹装备聚能杀伤复合战斗部,对多种目标有毁伤效能。战斗部有 10 个带切口的钢环,爆炸时分割成 220 块杀伤碎片,每片质量 2g。

С-5КП 和 С-5КПБ 火箭弹装有高灵敏度的压电引信,取代了机械引信。为了形成杀伤碎片,在战斗部壳体内装填了钢丝。火箭弹击中目标,触发引信引爆战斗部。当火箭弹脱靶时,自炸机构引爆火箭弹。

С-5С 和 С-5СБ 火箭弹的战斗部内装填 1000~1100 颗箭形杀伤元件,用来杀伤有生力量。40mm 长的弹翼装在发射管中时为收起状况,发射后为展开状态,装配定时引信。

С-5 航空火箭弹广泛装备苏联/俄罗斯多种机型,曾经大量出口,20 世纪 70 年代到 90 年代在中东战争、两伊战争、埃塞俄比亚、安哥拉等局部战争中广泛使用。

2. 俄罗斯 С-8 系列航空火箭弹

С-8 火箭弹在 1971 年完成联合试验,是俄罗斯的新一代空地航空火箭弹,用于摧毁坦克、装甲车、雷达站、导弹发射架、停机坪上的飞机以及杀伤有生力量。按战斗部类型不同,该系列火箭弹还有 С-8АС/АСМ(S-8AS/ASM)带子母式标枪战斗部的穿甲型,С-8Б/БМ(S-8B/BM)穿甲爆破杀伤型,С-8-Оф(S-8-OF)爆破杀伤型,С-8Д/ДМ(S-8D/DM)带燃料空气型炸药战斗部的燃烧爆破型,С-8Т(S-8T)带串式战斗部的破甲杀伤型,见图 3-32。另外,还有带金属化玻璃纤维箔片战斗部的反雷达型、带发烟剂战斗部的标志型、带照明剂战斗部的照明型 С-8-О/ОМ(S-8-O/OM)等。

图 3-32　С-8Т 反坦克火箭弹

С-8火箭弹保持了С-5火箭弹的原理方案及结构组成。火箭弹口径为80mm，战斗部为空心装药，位于头部。爆炸时空心装药金属头罩形成金属喷流，可摧毁装甲目标，同时壳体炸裂形成大量破片，可摧毁敌装甲目标和有生力量。该型航空火箭弹采用压电引信，装载弹头尖端处，命中目标时压电晶体产生电脉冲，引炸战斗部。采用6喷管的固体火箭发动机及其电点火器，位于弹体中部。稳定尾翼装置位于尾部，由6片折叠式翼片组成，采用与弹体同一直径的套筒罩住，套筒内表面有接通发动机电点火器、使其获得点火电脉冲的弹簧触点。该套筒既用于折叠并保护翼片，又用于堵住并保护火箭发动机尾喷口。为了提高密集度，稳定装置的6个弹翼在火箭弹离开发射管时被气动活塞强制展开。弹翼成展开状态，并被锁定，从而避免了С-5火箭弹弹翼在折叠时必须有能自由展开的间隙，密集度降低的问题。为了快速起动并提供更大的转动力矩，С-8火箭固体发动机的推力比С-5火箭弹发动机的推力明显增大。С-8火箭弹有效射程为2000m，质量11.3kg，弹径80mm，弹长1.57m，最大速度675m/s，战斗部3.6kg，引信为压电引信。

С-8火箭弹系统包括武器平台（飞机或直升机）、火箭弹及其发射装置。装备于米-28、米-35、卡-52等武装直升机，最多可装载80枚火箭弹，使用B8V20A和B8V7发射装置发射，具有价格低、火力猛的特点。近年来，根据弹药的发展和军队的需求，部队对该火箭弹及其系统进行现代化改进，采用先进的计算机辅助设计、模拟技术，使火箭弹的结构设计和技术性能都达到了最优。采用混合型固体燃料助推剂，增大了火箭弹的射程。

3. 俄罗斯С-13航空火箭弹

С-13系列火箭弹是俄罗斯新一代空地航空火箭弹，口径122mm，用于攻击设防的工事和建筑物。С-13火箭弹保持了С-8火箭弹的基本结构，4翼片折叠稳定器收起状态处于固体发动机喷管之间，强制展开并锁定。

该弹采用尖头穿甲战斗部，利用高速飞行获得的动能撞击目标，穿入目标内部，经延时再爆炸。穿甲战斗部后是电磁引信，靠其电磁铁在撞击目标时的惯性力作用，切割磁力线圈，产生电脉冲引爆战斗部。可以钻透3m厚的土层，或1m厚的加强钢筋混凝土结构。С-13火箭弹最大射程为4km，弹长2.634m，最大速度587m/s，装有23.6kg的杀伤爆破战斗部，爆炸时产生450颗碎片，每片质量25~35g。具有穿透装甲运输车和步兵战斗车的装甲能力。

С-13火箭弹装挂在苏-17M1、苏-17M2、苏-17M3、苏-24、苏-25、苏-27、米格-23和米格-27等作战飞机，以及米-8、米-24、米-28和卡-52直升机上。使用装填5枚火箭弹的Б-13发射器发射С-13火箭弹，发射器长3558mm，直径410mm，质量160kg。

4. 俄罗斯 C-21 重型火箭弹

二战结束后的第一年,苏联研制并试验了几种重型火箭弹,其中有弹翼稳定的 160mmAPC-160、212mmAPC-212 火箭弹,以及 190mmTPC-190、212mmTPC-212 涡轮喷气式火箭弹,其中仅 APC-212 火箭弹服役,型号为 C-21。

C-21 火箭弹为了增大威力,战斗部比弹体粗,出厂时火箭弹就装在一次性使用的发射器里,便于贮存和运输。C-21 是 PC-82 的放大型,口径212mm,全长 1760mm,发射质量 118kg。火箭弹壳体稍稍加长,固体推进剂发动机带中央喷管。采用杀伤爆破战斗部,质量 46kg,引信为 B-21 定时引信。采用大翼展的十字形弹翼,为增加弹翼刚性,弹翼平面冲压波纹,仍保持了滑轨发射装置。

C-21 火箭弹于 1953 年在米格-15 歼击机上进行了试验。另外,米格-17 和其他型号飞机也可装挂 C-21 火箭弹,通常作战时歼击机悬挂 2 枚 C-21 火箭弹。

5. 俄罗斯 C-24 航空火箭弹

C-24 航空火箭弹 1964 年服役。1964—1965 年每年生产 2200 枚。火箭弹弹径 212mm,弹长 2330mm,稳定器有 4 个弹翼,翼展约 600mm。发射质量 235kg,杀伤爆破战斗部质量 123kg,装炸药 23.5kg。采用固体火箭发动机,最大飞行速度 413m/s,有效射程 2km,CEP 不超过发射距离的 0.3~0.4 倍,见图 3-33。

图 3-33 C-24 火箭弹(左侧)

战斗部壳体有经超高频电流硬化处理的沟槽,并形成网格,用来预先控制爆炸时分成的小块,毁伤半径 300~400m。战斗部壳体十分坚固,当对 95mm 厚的装甲、2.5 块砖厚的砖墙、5 层直径 25~30cm 圆木的土木结构屋顶发射时,战斗部的壳体不会损坏,而炸药不会自行爆炸。火箭弹列装后开始配备 PB-24"甲壳虫"非触发引信,在目标上方 30m 高度起爆。实践证明,在地面爆炸时,碎片的 70% 在喇叭口形区域内。为了破坏防护目标,使用有 3 种延时的触发引信,根据目标类型具体选择,攻击建筑物顶部,由坚硬的战斗部穿透目标内部以后爆炸。

火箭弹利用弹翼进行稳定。发动机工作的不平衡性用旋转来补偿,火箭弹采用固体推进剂发动机,内装 7 根带星形内孔的固体火药柱,火药质量 72kg。发动机尾部装有 7 个喷管与药柱对应,喷管相对火箭弹纵轴倾斜,保证火箭弹发射后很快旋转到 450r/min。发动机工作时间 1.1s,停止工作以后,飞行的稳定依靠弹翼平面倾角,作为补偿保持旋转的气动型面。改进型的 С-24Б 火箭弹改变了发动机燃料的成分,装药具有更大的稳定性,并且当温度和湿度降低时,可以保持固有性能。

从 1982 年起,苏军开始更换更完善的通用航空发射装置,这些发射装置可用来发射导弹和火箭弹。前线航空兵和陆军航空兵的 С-24 火箭弹采用了该型发射器,保证工作简化和可靠。为保证米-24 武装直升机能够使用,对 С-24 火箭弹做了改进。

6. 俄罗斯 С-25 航空火箭弹

С-25 火箭弹飞行试验在 1970 年完成,1971 年提交联合试验。С-25 火箭弹最大射程 2~3km,有 С-25-О 和 С-25-ф 两种型号,主要区别在战斗部。

С-25-ф 火箭弹口径 340mm,全长 3310mm,发射质量 480kg,爆破战斗部质量 190kg,装炸药 27kg,配备有几种延时的触发引信;С-25-О 火箭弹口径 340mm,全长 3307mm,发射质量 381kg,战斗部质量 150kg,配备无线电引信,引信按预先装定保证在目标上 5~20m 高处引爆战斗部,爆炸时形成 10000 块碎片。当 С-25 火箭弹在发射器中,稳定器的 4 片弹翼收在 4 个喷管之间,喷管有倾斜角用来增加火箭弹的旋转。С-25 火箭弹固体推进剂发动机有整根高热值混合燃料的药柱,质量 97kg。发动机喷管之间装有曳光管,用来观察和拍照飞行的火箭弹。

1973 年底,在 С-25-ф 航空火箭弹的基础上,苏联研制了配备激光自动导引头的 С-25Л 导弹,其动力部件采用电动驱动装置和舵机,1992 年曾在莫斯科航展上展出。

(二) 制导航空火箭弹

在 1999 年的莫斯科航展上,展出了俄罗斯 AMETEX 公司应用"俄罗斯脉冲修正概念"(RCIC)技术改造的"威胁"系列制导航空火箭弹,包括 S-5Kor (57mm)、S-8Kor(80mm)、S-13Kor(120mm)等型号。后缀"Kor"代表"修正",表示这类火箭弹的弹道在发射后将被某种制导系统影响。

"威胁"系列制导航空火箭弹的改装是在俄罗斯 S 系列航空火箭弹的基础

上,通过加装被动的或激光半主动末制导系统实现的。改装工作还包括给火箭弹加装一个可分离的前部舱段和可张开的用于飞行稳定的尾翼。激光半主动末制导系统可以保证摧毁实战中的各类目标,作为目标指示的激光照射只在命中前约 1s 开始,可以由本机、它机或地面照射。火箭弹弹道的修正是依靠装在弹体后部的小型脉冲火箭发动机完成的。

"威胁"系列制导航空火箭弹对 2.5~8km 的目标的摧毁是有保证的,其命中精度(CEP)为 0.8~1.8m。装备了这种火箭弹的固定翼飞机和武装直升机与只装备同型非制导火箭弹的飞机相比,效费比可提高 3~4 倍。

"威胁"系列制导航空火箭弹将对直升机机体、发射装置的改动要求降到最低,这与其他精确制导弹药形成了鲜明的对比。对现役的非制导航空火箭弹的改装可以使用移动车间,直接在部队或维修基地(包括在俄罗斯领土之外)进行。

第四节 航空火箭弹引信

航空火箭弹引信是指配用于航空火箭弹的引信,通常装配于火箭弹战斗部前方,用于引爆火箭弹战斗部。为了对各种不同的目标都能获得较大的杀伤效果,需要使用爆炸时机不同的引信。目前航空火箭弹引信主要有瞬发引信、延期引信和非触发引信三种类型。

一、基本要求

根据火箭弹自身的结构、作用原理和战术使用特点,对其引信的要求主要在安全性和可靠性等方面。

一是在低后坐力条件下,引信应保证平时安全与发射时可靠解除保险。火箭弹的主要特点是,发射过载比较小,一般在十几到几百个 g 的范围内;加速时间较长,至少也有几十毫秒,有的长达 5s。火箭弹的低加速度使引信零件所受的后坐力与勤务处理中所受的后坐力在量级上相差不大。因此,采用识别后坐力大小的一般惯性保险机构就很难保证平时安全,只有同时考虑后坐力大小和作用时间长短的保险机构才能满足引信的这一要求。

二是引信要有足够的解除保险距离。在很短的时间内连续发射火箭弹,发动机的工作时间有可能大于火箭弹发射间隔时间,如果引信在弹道起始段就解除保险,则有可能将前一发弹的后喷气体误认为是目标反力,从而发生弹道早炸。解决这个问题的最彻底的方法是让引信在被动段解除保险,但这样的保险机构设计起来比较困难,因此,通常以一定的保险距离作为设计指标更为合理。

三是发动机工作不正常时,引信应保证不解除保险。火箭发动机必须在规定的温度条件下工作,如果环境温度过高,有可能因燃烧室压力骤升而引起发动机爆炸;如果环境温度过低,又有可能因发动机熄火而产生近弹,即火箭弹在弹道起始段上发生"掉弹"。因此,要求引信应具有近弹保险作用。

四是引信应在大着角碰目标时作用可靠。大部分火箭弹是靠尾翼保证飞行稳定的,尾翼弹在飞行中摆动较大,碰目标时,弹道切线(速度方向)与弹轴通常不一致。在最不利的情况下,火箭弹有可能侧向碰目标,在这种情况下,引信的触发机构应能可靠作用。

五是引信应是隔离雷管型的。引信带有隔离机构,这对于航空火箭弹具有特别重要的意义,目的是为了保证火箭发动机工作不正常时,引信的传爆药柱不会爆炸,以避免战斗部意外爆炸引起的机毁人亡。为了确保火箭弹侧向碰目标时已解除隔离的雷管座不在侧向惯性力的作用下偏离待发位置,要求引信的隔离机构应设置反恢复装置。对于空空火箭弹引信应设有自炸机构。通常直升机机载航空火箭弹引信是采用分装式,即引信与火箭弹平时分箱存放保管,使用时再结合起来,从而保证平时的安全性。

二、箭引-×

箭引-×引信(×型航空火箭弹引信的简称)用来引爆某型航空火箭弹的战斗部,是一种触发引信,内有自爆机构。所谓触发引信,就是当引信碰击目标时才能引爆火箭弹。装有自爆机构的触发引信可以在未遇到目标时,经一定的时间后,在弹道上自行引爆火箭弹。

(一) 构造

箭引-×引信结构剖面,见图3-34。主要由打火机构、起爆装置、保险机构、保险延时机构、自爆装置和点火机构六部分组成,见图3-35。

1. 打火机构

打火机构位于引信的头部,由撞针杆、撞针、撞针簧和外盖等组成。功用是在火箭弹距离发射点280m以外撞击目标时,击发HZ-5火帽(即点火雷管)。平时,上滑动块上的HZ-5火帽与撞针没有对正,火箭弹在飞行解除保险后,当未撞击目标时,撞针被撞针簧托住,使撞针和HZ-5火帽隔开一定的距离,引信处于保险状态。外盖的作用是,挡住迎面气流对撞针的冲击。

2. 起爆装置

起爆装置位于引信的尾部,由传爆药、起爆雷管和保护罩等组成。它的作用是可靠地起爆战斗部。

起爆雷管里装的是起爆药,主要有氮化铅和雷汞等。起爆药在获得不大的热作用或机械作用时,容易由燃烧迅速过渡为爆轰。

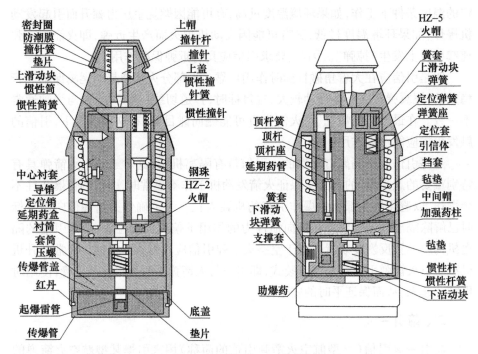

图 3–34 箭引-×剖面图

常用的传爆药是特屈儿炸药,它在一般条件下有较大的燃烧稳定性,可以用火焰点燃,也可以通过加热使其自燃,但在一定温度和压力的条件下,可发生爆轰。作用过程是当装在起爆雷管中的起爆药爆轰后,再引起传爆药爆轰,从而起爆战斗部。

3. 保险机构

它由套筒、下滑动块和助爆药、限动杆及簧、惯性杆及簧、钢珠、保险火药、下滑动块簧及弹簧座等组成。这些零件通过套筒结合起来装在起爆装置上面。

火箭弹发射前,下滑动块被钢珠及惯性杆限动,钢珠被限动杆限动,而限动杆又被保险火药(黑火药)抵住,使助爆药偏离起爆雷管。

火箭弹在飞行的过程中,惯性杆在惯性力作用下压缩弹簧,保持在下面位置,待保险火药燃完后,限动杆在其弹簧作用下向上移动,解除了对下滑动块的钢珠保险,下滑动块在弹簧作用下移动到另一端,并通过惯性杆将下滑动块固定在待发位置,使助爆药刚好对正起爆雷管。

4. 保险延时机构

它由顶杆及簧、延时火药、上滑动块及 HZ–5 火帽、上滑块簧座、定位器等组成。这些零件都安装在中心衬套内。

第三章 航空火箭弹

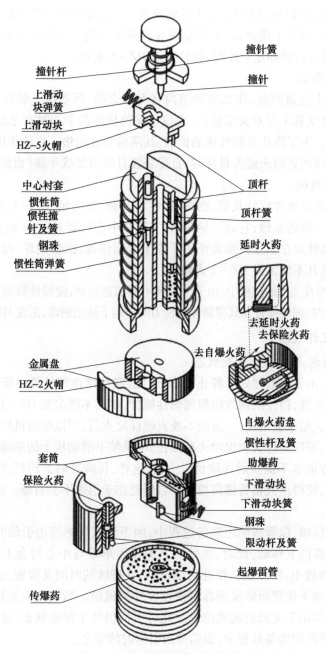

图 3-35 箭引-×的结构透视分解图

火箭弹发射前,延时火药抵住顶杆,使上滑动块不能向另一边移动,这时撞针不能对正 HZ-5 火帽,使引信处于保险状态。

火箭弹在发射的过程中,由于延时火药燃完,顶杆在弹簧及惯性力的作用下,向下移动,释放上滑动块,上滑动块在其弹簧作用下沿中心衬套上的槽移动到另一端,被定位器固定。此时,撞针对正 HZ-5 火帽。

5. 自爆装置

它是一个金属圆盘,在其环形槽内有无烟火药,环形槽上装有点火机构的 HZ-2 火帽(又称 1 号点火雷管)。它位于保险机构和中心衬套之间,用定位销和套筒定位。为了防止火药气体的扩散,其两端装有毡垫。它的作用是:当火箭弹飞行一定时间后而未碰击目标时,自爆装置自动引爆战斗部(也称自毁)。

6. 点火机构

点火机构由惯性撞针及簧、钢珠、惯性筒及簧、导向销、HZ-2 火帽等组成。惯性筒上有一锯齿形槽,它能沿导向销(安装在中心衬套上)上下运动。

平时,惯性筒在惯性筒弹簧作用下位于上面位置,抵住钢珠,而钢珠又限制惯性撞针,使其不能击发 HZ-2 火帽。

当火箭弹在飞行的过程中,由于火箭弹不断加速运动,使惯性筒向下移动,钢珠解除保险,此时,惯性撞针在其弹簧和惯性力的作用下挤出钢珠,击发 HZ-2 火帽。

(三) 工作过程

1. 发射前,引信处于保险状态

发射前,由于火箭弹处于静止状态,因此,惯性筒在惯性筒弹簧的作用下位于上面起始位置,挡住的钢珠将限制惯性撞针,使其不能击发 HZ-2 火帽。

HZ-2 火帽未被击发,一方面不能点燃保险火药,所以保险机构的下滑动块被钢珠限动,而限动杆又被保险火药顶住,结果使下滑动块上的助爆药偏离起爆雷管;另一方面也不能点燃保险延时火药,这样,保险延时火药抵住顶杆使其卡住上滑动块,使得点火雷管偏离撞针。自爆药亦未引燃不会自爆。因此,引信处于保险状态。

如果在运输、保管或使用准备过程中,因不注意偶然撞击引信时,由于惯性作用使惯性筒向下移动,此时,惯性筒上的锯齿形槽与中心衬套上的导向销相碰,但因惯性较小,所产生的惯性力也较小,且持续的时间又很短,这时,惯性筒不能下降到最下位置而解除钢珠对惯性撞针的保险。当惯性消失后,惯性筒在其弹簧力的作用下又回到起始位置。此时引信仍处于保险状态,这就保证了在运输、保管或使用准备过程中,偶然撞击引信时的安全。

2. 发射后,引信解除保险的工作过程

火箭发动机产生一定的推力后,使火箭弹离开了发射筒,在空中飞行,由于火箭弹不断地加速运动,因而惯性筒得到了较大的惯性力,当惯性力大于惯性筒弹簧的弹力时,使惯性筒向后移动 15mm,此时,解除了钢珠对惯性撞针的保险作用,惯性撞针在其弹簧的弹力和惯性力的共同作用下挤出钢珠,同时击发HZ-2火帽。

HZ-2火帽被击发以后,其火焰通过三条引火槽分别引燃保险火药、保险延时火药和自爆火药。

此时,又由于火箭弹的不断加速运动,箭引-×的保险机构的下滑动块上的惯性杆,在惯性力的作用下压缩其弹簧。并在火箭发动机工作的时间内(即固体火药燃烧完之前),惯性杆始终在惯性力的作用下保持在下面位置。保险火药在火箭弹离开发射筒口不远处燃烧完时,限动杆在其弹簧的弹力作用下向上移动,解除了钢珠对下滑动块的保险,随之,下滑动块在弹簧作用下移动到另一端,并通过惯性杆和套筒将下滑动块固定在待发位置,使下滑动块上的助爆药刚好对正起爆装置上的起爆雷管。

当保险延时火药燃烧完时,顶杆便在弹簧作用下向下移动,释放了上滑动块,上滑动块在其弹簧作用下沿中心衬套上的槽移动到另一端,被定位器定位,此时,点火雷管对正撞针。

3. 撞击目标时,引信的工作过程

在助爆药对正起爆雷管,点火雷管对正撞针时,引信完全解除了保险,处于待发状态。

当引信撞击目标时,引信头部外盖被撞碎,撞针受目标撞击力作用克服撞针簧的弹力击发点火雷管。于是,火焰经中心衬套的中间孔道,引燃下滑动块上的助爆药。助爆药爆炸后,击穿底座上的下罩盖和起爆装置的保护罩,引燃起爆雷管,起爆雷管引爆传爆药块,使战斗部炸药爆炸而摧毁目标。

4. 未撞击目标时,引信的自毁

箭引-×里装有自爆装置,当火箭弹发射后未命中目标,经10~15s后,自爆药燃完,其火焰引燃助爆药,助爆药爆炸后,击穿底座上的下罩盖和起爆装置的保护罩,引燃起爆雷管,起爆雷管引燃传爆药块,使战斗部自行爆炸。

若按下射击按钮点燃火箭发动机后,火箭弹由于发射筒变形或其他原因而卡在发射筒内,此时,箭引-×也不会引爆火箭弹的战斗部,因为此时保险火药的燃烧时间要比火箭弹在发射筒内运动的时间长。如果火箭弹在发射筒内移动一段距离后被卡住时,惯性杆在弹簧的作用下立即返回起始位置。这时,尽管保险火药燃烧完后,限动杆释放钢珠,但下滑动块被惯性杆头部所限制,助爆药仍然与起爆雷管错开。所以,箭引-×也就不会由保险状态转入引爆状态。

火箭弹离开发射筒口110m以内撞击目标时引信不会作用。因为,延时火药在火箭弹飞行110m内过程中,没有燃尽,顶杆仍然不能释放上滑动块,此时,点火雷管不与撞针对正,即使引信撞击目标,引信也不会引爆战斗部。

第四章 机载空地导弹

导弹作为高技术兵器之一,在现代战争中占据着举足轻重的地位,在多次局部战争中独领风骚。直到今天,导弹家族已经拥有众多成员,在各个战场上扮演着"杀手"的角色,甚至影响着战争的进程和结局。直升机机载导弹是指以直升机为发射平台,用于攻击各类目标的导弹,分为直升机机载空空导弹和直升机机载空地导弹。

机载空地导弹是指以飞机或直升机为发射平台,用于攻击地面、水面目标的导弹,按用途分为反坦克空地导弹、反辐射空地导弹和多用途空地导弹。直升机机载空地导弹主要是将车载和便携式反坦克导弹,通过适应性改造挂装在武装直升机上,并根据目标类型不同将战斗部功能系列化而形成的机载空地导弹。使用反坦克战斗部的空地导弹主要用于攻击坦克(装甲车辆)目标,即由直升机携带并投射,攻击地面、海面目标的导弹,被誉为摧毁地面目标的"天降神兵"。

20世纪70年代末到80年代初,武装直升机技术的发展以及作战实践的启示,使世界各国普遍认识到,武装直升机加载反坦克导弹是对付集群坦克的最佳武器组合,于是欧美等发达国家积极研制直升机机载反坦克导弹,或者将成熟的反坦克导弹移植到直升机上。目前大量装备的主流型号有美国的"陶"式系列、"海尔法"系列,法、德联合研制的"霍特"系列,俄罗斯的 AT-9、AT-12,欧洲多国联合研制的"崔格特"及英国的"硫黄石"等。虽然直升机机载反坦克导弹型号不是很多,但是所装备的直升机却极为广泛,尤其是"海尔法""陶""霍特"等装备了目前世界上大部分直升机,在几十个国家和地区的军队中服役。

我国从1958年开始研制反坦克导弹,借鉴了法国和苏联的反坦克导弹的设计经验,终于在苏联 AT-3"耐火箱"式导弹的基础上研制成功了第一代反坦克导弹红箭-73,填补了我国反坦克导弹装备的空白。目前,我军多种型号直升机可挂装第二代有线指令制导和第三代激光半主动制导图像制导和毫米波制导的空地导弹(反坦克导弹)。

第一节 反坦克导弹概述

导弹是20世纪40年代开始出现的武器,第二次世界大战后期,德国首先在实战中使用了 V-1(巡航导弹)和 V-2 导弹(弹道导弹)[①],从欧洲西岸隔海轰炸英国。由于 V-2 导弹的可靠性差、弹着点散布度太大,因此对英国只能起到骚扰作用,作战效果不大。不过,V-2 导弹对以后导弹技术的发展起到了重要的先驱作用。二战中,德国首先将航空火箭与机载制导炸弹相结合,于 1940 年 12 月研制成功世界上第一种空地导弹 HS-283A-O 型。1943 年 8 月 27 日,德国飞机发射无线电遥控的 HS-293A-1 型导弹击沉了美国"白鹭"号护卫舰,开创了用机载导弹击沉舰艇的先河。

直升机机载空地导弹主要是反坦克导弹,是一种携带破甲或穿甲战斗部,依靠自身动力装置,由制导控制系统导向目标的战术导弹,最重要的作战任务是防御大规模集群坦克和装甲战车的快速进攻。与其他反坦克武器相比,具有命中精度高、威力大、射程远、便携性好等特点;而与其他战术导弹相比,具有结构简单、造价低廉、使用方便等特点。实战证明,反坦克导弹作战效能高,具有很高的效费比,特别是武装直升机机载反坦克导弹,攻击地面坦克目标,直升机与坦克的损失比可达到 1∶12～1∶19。[②] 因此,20 世纪 70 年代后,很多国家迅速发展和大量装备了反坦克导弹。随着战场环境的变化、作战方式的转变以及任务领域的扩展,机载反坦克导弹在现代战争中的使用数量显著增加。在美国陆军所确立的精确打击火力体系中,10km 以下的近程火力主要依靠机载和地基反坦克导弹及迫击炮提供。目前,机载反坦克导弹的射程大致在 8～10km 左右,不仅可远离敌方火力打击范围,提高生存能力,实现"零伤亡"作战思想,而且也能满

---

① 德国火箭专家多恩伯特和布劳恩领导的火箭研制组从 1933 年起开始研制两种火箭,一种是外形酷似飞机的飞航式火箭,另一种是飞行轨迹为抛物线型的弹道式火箭。1937 年冬季,火箭进行飞行试验。点火命令下达后,当火箭缓缓离开发射架升到几百米高空时,火箭发动机突然熄火,很快就坠入大海,试验失败。但是,失败并没有让布劳恩等人丧失信心,经过艰苦的努力,终于在 1942 年 10 月 13 日成功地把改进后的 A-4 火箭送上了蓝天。A-4 火箭后来被命名为 V-2 导弹,两个月后,布劳恩等人研制的另外一种飞航式火箭获得成功,被命名为 V-1 导弹。就这样,世界上第一枚弹道式导弹和第一枚飞航式导弹,于 1942 年年底相继在德国诞生。第二次世界大战后,导弹成为各国军事研究所的重要研发对象。各国从德国的 V-1、V-2 导弹的作战使用中意识到导弹对未来战争的作用。美、苏、瑞士、瑞典等国在战后不久,恢复了自己在第二次世界大战期间已经进行的导弹理论研究与试验活动。英、法两国也分别于 1948 年和 1949 年重新开始导弹的研究工作。自 20 世纪 50 年代初起,导弹开始大规模发展,出现了一大批中远程液体弹道导弹及多种战术导弹,各国相继装备了部队。20 世纪 60 年代初到 70 年代中期,由于科学技术的进步和现代战争的需要,导弹进入了改进性能、提高质量的全面发展时期。20 世纪 70 年代中期以来,导弹更是进入了全面更新阶段。

② 1973 年,美国陆军率先在越南战争中进行了实战试验,用 2 架装有"陶"式反坦克导弹的 UH-1B 试验直升机,在很短的时间内击毁了对方 27 辆坦克和 61 辆装甲车。由此拉开了武装直升机反装甲作战的帷幕,引起了世界各军事强国的高度重视,反坦克武装直升机也得到了快速发展。美国、西德、苏联等国对直升机打坦克进行过不少模拟试验和演习,对其作战效能进行了大量研究和计算,基本结论是直升机与坦克的损失比为 1∶12～1∶19 左右。在此之后的多次局部战争中,反坦克武装直升机在作战中取得了惊人的战绩,作战效能得到了实战的检验和证明。

足作战需求,填补精确火力打击空白。特别是随着空地一体化联合作战理论的逐步发展和实战检验的不断深入,机载反坦克导弹在实战中发挥了越来越重要的作用,其发展也越来越受到关注。

一、发展简史

众所周知,坦克具有强大的火力、机动力和装甲防护能力,一经问世就作为陆战的突击力量,迅速登上"陆战之王"的宝座。火箭筒、无后坐力炮、反坦克炮等反坦克武器库中的"老三件",虽然也曾使坦克部队惧怕三分,但是并未从根本上撼动"陆战之王"的地位。反坦克导弹是以坦克、装甲车辆等战场上机动硬点目标为主要作战对象的一种战术导弹,它的起源可以追溯到20世纪的第二次世界大战末。当时的纳粹德国,为了挽回在苏德战场上坦克对抗的颓势,研制了"小红帽"等初代反坦克导弹,但这些反坦克导弹还没有投入使用,就随着纳粹德国的战败而流产了。该项研究的领头人是瓦勒教授,他带领一批科学家经过艰苦攻关,在空军X-4型有线制导空空导弹方案的基础上,于1944年底试验成功世界上第一枚有线制导的反坦克导弹,定名为X-7,俗称"小红帽"。可是这种反坦克导弹还没来得及批量生产和装备部队,德国便一败涂地。但是谁也没有想到,正是这种看似"短命"的反坦克导弹,却成为反坦克武器从"无控"到"有控"的里程碑,一个属于反坦克导弹的时代悄然来临。

第二次世界大战后的1946年,深受德国装甲部队"闪电战"之苦的法国开始投入力量研制反坦克导弹。1949年,法国比方航空公司研制的SS-10反坦克导弹试验成功,于1955年装备部队,在1956年的阿尔及利亚战场上使用,法国因此成为世界上第一个建立反坦克导弹部队的国家。反坦克导弹初登战场便显示了它强大的威力,此后诸多国家竞相研制,反坦克导弹很快发展了起来。反坦克导弹因第四次中东战争而出名,在这场战争中,苏制反坦克导弹"萨格"AT-3"一鸣惊人"[①]。

---

① "萨格"AT-3在苏联称作GIM14,20世纪60年代中期开始在苏军中服役,1965年在红场阅兵首次公开亮相。该导弹的射程为500~3000m,能穿透150mm的均质钢板,在第一代反坦克导弹中属于出类拔萃者。1973年10月6日下午2时,埃及人突然从苏伊士运河西岸发动强大攻势,强渡苏伊士运河,在以色列人认为坚不可摧的"巴列夫防线"上打开了许多缺口。以色列军队为了防止埃军第二波渡河部队的攻击行动,在开战当天夜里就用坦克部队发动了反击,双方的战斗极为惨烈。埃及"萨格"反坦克导弹操纵手阿卜杜勒·阿·阿奇和另外两名操纵手隐藏于西奈半岛纵深17km处,受领的战斗任务是消灭以军坦克,阻止渡河部队前进。当这三名士兵发现以军5辆M-60式坦克向他们驶来时,他们选择了最佳的发射时机,相继发射了3枚"萨格"导弹,准确无误地击中了3辆坦克,另外2辆坦克见势不妙,立即掉头撤退。没过多久,又有3辆M-60式坦克冲了过来,他们又发射了"萨格"导弹,其中的2辆坦克起火,以军遗弃坦克慌忙撤退。在这一天的战斗中,3名埃军士兵凭借丰富的经验和高超的技术,用"萨格"导

由于二战后美、苏两大军事集团长达40多年的冷战和世界各地连绵不断的局部战争,使得苏、美、英、法、德等国家在此基础上,研制、生产、装备和改进了近百种上百万枚各类反坦克导弹。经过半个多世纪的发展,反坦克导弹已经成为各国家和地区研制发展种类最多、生产装备数量最多、在实战中使用最多的一类战术导弹武器,并取得了骄人的战绩[①],发挥了重要作用。到目前为止,反坦克导弹已发展了四代,共计80多个型号,近70个型号先后装备部队,主要是第三代和第四代。

弹一举击毁以色列装甲部队的23辆坦克。战后,埃及国防部长伊斯梅尔将军在开罗战利品展览会上,称赞这3名士兵是"整个埃及士兵的榜样,是埃及人民的英雄"。10月8日,以色列军队为了扭转不利战局,派出了"王牌部队"第190装甲旅,增援困守在菲尔丹附近孤立据点的以军。在旅长亚古里上校的指挥下,120辆美国新式M-60型坦克组成坦克群,以50km/h的速度向前推进,与埃及第2步兵师的先头部队遭遇后,以军先后发动三次攻击,都被埃军击退。更令亚古里旅长痛心的是,不仅进攻受阻,且有35辆坦克被对方击毁,损失惨重,大出意料。但他已打红了眼,就将剩下的85辆坦克集结在第二防线,决心孤注一掷,与埃军决一死战。埃军则采取了诱敌深入的战术对付敌坦克群。他们派遣伏击部队,以携带"萨格"导弹等轻型武器,隐蔽在以军前进道路的两侧,以逸待劳。亚古里上校一向不把埃及军队放在眼里,根本没想到会中埋伏,只顾一个劲地往前冲,结果全旅85辆坦克全部钻进了埃军布置好的口袋里。埃军一声令下,只见一枚枚反坦克导弹从隐蔽的沙丘、掩体后呼啸而出,和其他反坦克武器火力互相配合,像利剑一般射向以军坦克。战场上顷刻之间便硝烟弥漫、爆炸声此起彼伏。仅5min时间,以军的所有坦克便变成了一堆堆废铁,以军第190旅全军覆没,亚古里旅长也成了埃军的俘虏。根据估算,当时的一枚反坦克导弹约2000~3000美元,一辆主战坦克至少25万美元。各国军事家一致认为,用反坦克导弹对付坦克非常合算。军事评论家惊呼,反坦克导弹的大最使用,使坦克主宰战场的时代一去不复返了。

① 在20世纪70年代以来的历次局部战争中,反坦克导弹均有良好的表现,是经过多次实战检验的一种有效的作战武器。除了第四次中东战争中"萨格"的出色表现外,在越南战争后期美军将刚刚研制成功的"陶"式反坦克导弹应用于越南战场,取得了良好的作战效果,并坚定了美军发展直升机机载反坦克导弹以对抗华约集团强大的装甲突击力量的决心;在80年代的英阿马尔维纳斯群岛战争和两伊战争中,"米兰""霍特""陶""龙"等导弹各显身手,发挥了重要作用,还多次出现反坦克导弹击落武装直升机的成功战例。与此同时,在阿富汗的苏联军队发现了反坦克导弹的另一个用途,即用于攻击隐藏在地堡、工事和山洞中的游击队员和圣战者,效果非常理想,从而开辟了反坦克导弹应用的新领域;1991年的海湾战争中,美国大量使用"海尔法"导弹。美国国防部报告对海湾战争中"阿帕奇"直升机和"海尔法"导弹的评价是"在首次实战检验中性能稳定、发挥正常,具有极高的实战价值"。海湾战争期间,多国部队投放了9300多枚激光反坦克导弹,其中"海尔法"(AGM-114)系列导弹即有4000多枚,取得突出战绩。据美军介绍,仅在4天时间的地面战中,伊拉克部署在前线的4800辆坦克就被击毁了3700辆,2800辆装甲车被击毁了2000辆,其中被激光制导武器摧毁的为多。战争中,美军首次使用100多枚射程在4~20km的"铜斑蛇"激光反坦克导弹,摧毁了伊军许多坦克、装甲车和防御工事。在一次作战中,"阿帕奇"直升机挂载"海尔法"导弹共发射107枚,有102枚命中目标。在3月2日的一次进攻中,美军第24机动步兵师的一个"阿帕奇"AH-64直升机营对伊拉克共和国卫队的装甲部队展开轮番进攻,共摧毁了84辆坦克和装甲车,4个防空导弹系统、8门火炮和38辆车辆,而美军仅仅损失1架"阿帕奇"直升机,且没有人员伤亡;2002年11月4日,美国在也门首次用"捕食者"无人机发射"海尔法"导弹,击中1辆行驶中的汽车并炸死车上6名"基地"组织成员;在阿富汗战争和伊拉克战争中,进入阿富汗和伊拉克的美军,除了装备"陶"式与"海尔法"导弹外,更是首次将先进的"标枪"反坦克导弹投入战场,并取得了良好的作战效果。阿富汗战争中,美军首次将载有"海尔法"导弹的"捕食者"无人机用于实战。在伊拉克战争期间,美国CNN电视台多次播放了美军士兵发射"标枪"导弹攻击伊军掩体的实战画面,使得"标枪"导弹引起了世界的广泛注意。同时,伊拉克军队在战斗中使用了"短号"反坦克导弹。目前已经确认的战果为美国第三机械化步兵师的2辆先进的M1A2主战坦克被"短号"导弹击毁。

(一) 发展阶段划分

反坦克导弹的问世标志着反坦克武器从"无控"时代进入"有控"时代。尔后经历的历次局部战争,特别是海湾战争表明,反坦克导弹是当今最为有效的反坦克武器。反坦克导弹的发展历史大体上可分为三个阶段共四代。第一阶段约在20世纪50年代到60年代,其主要产品为第一代导线制导的手控反坦克导弹;第二阶段约在70年代到80年代,此阶段的主要产品是红外半自动有线制导的反坦克导弹;第三阶段是80年代后期至今,典型特点是"发射后不管"。

1. 第一代反坦克导弹——导线制导的手控导弹

第一代反坦克导弹是指在20世纪50年代开始研究和生产的目视瞄准,目视跟踪,有线传输指令,手控制导的反坦克导弹。SS-10反坦克导弹作为第一代反坦克导弹的典型代表,一经问世,便引起世界的轰动,并在世界范围内掀起一股研制反坦克导弹的热潮。至60年代初,德国、英国、意大利、瑞典、苏联等军事强国几乎都装备了自己开发研制的第一代反坦克导弹。这一时期各国生产的反坦克导弹,虽然在具体战技术指标上有诸多不同之处,但导弹的制导方式是相近或一致的,因此,世界各国普遍把手控式导线制导导弹称为第一代反坦克导弹。

(1) 主要优点。第一代反坦克导弹与同时期其他类型的反坦克武器相比(主要是指无后坐力炮、反坦克火箭等)有诸多明显优点:一是威力大。第一代反坦克导弹破甲战斗部的破甲厚度多在500mm左右,如"萨格尔"反坦克导弹的破甲厚度为500mm,"斯瓦特"为450mm,法制SS-11为600mm,英制"威基兰特"为560mm。而当时坦克上的反坦克炮破甲厚度也仅有400mm,无后坐力炮、反坦克火箭筒的破甲厚度则不足300mm,足见反坦克导弹在破甲威力上的优势。二是射程远。第一代反坦克导弹直射距离多在3000m左右,而坦克炮、无后坐力炮、反坦克火箭筒则分别为1500m、400m和200m。三是重量轻、易携带。第一代反坦克导弹最初是为单兵反坦克作战而发展的,因此充分体现了重量轻、易携带、发射方式简单的设计思想。

(2) 主要缺点。一是操作控制困难。从第一代反坦克导弹的制导原理中不难看出,射手起着非常关键的作用,在导弹制导飞行过程中,射手必须同时跟踪目标和导弹,必须根据目标和导弹的相对位置主观判断导弹偏离瞄准线的大小,还必须凭手感给出控制信号。由于导弹的飞行速度约为100m/s,射手执行这一程序的时间是极短的,而射程又在3000m左右,射手必须高度紧张地多次重复上述动作,因此,控制导弹极为困难。二是命中率不高。导弹能否命中目标完全取决于射手的技术水平,只要射手的操控稍有不适,导弹就不能命中目标。第一代反坦克导弹命中率最高也不过70%。三是速度低。第一代反坦克导弹的飞行速度只有100m/s左右,要飞行3000m的距离则需要30s的时间,与装载在坦克上的坦克炮相比(坦克炮的初速多在1000m/s)速度显得低了很多,这样一来,第一代反坦克导弹的发射阵地就容易被压制火力摧毁,而且坦克可以以规避机动的方式,避开反坦克导弹的打击。

(3)典型代表。1973年爆发的第四次中东战争开创了反坦克导弹在实战中大量运用的成功战例,也正是由于这场坦克与反坦克导弹大战,才使得美国等西方国家由对反坦克导弹不够重视,转变为高度重视,从而导致了多种第二代反坦克导弹的诞生。典型代表:苏制AT-1/2/3"甲鱼"、"萨格尔"导弹、美制"橡树棍"导弹、英制"旋火"导弹、法制SS-10导弹、日本的64式导弹、我国的红箭-73导弹(图4-1)等。

图4-1 红箭-73反坦克导弹

红箭-73反坦克导弹于1978年研制成功,并陆续装备部队填补了我国反坦克导弹装备的空白。[①] 该导弹是目视跟踪、三点导引、手动控制、导线传输指令的我国第一代反坦克导弹武器系统,可攻击500～3000m距离内的坦克、装甲目标或暗堡。全弹重11.3kg,弹长840mm,弹径120mm,翼展349mm,最大飞行速度120m/s,射速2枚/min,空心装药单锥型战斗部重2.5kg,破甲威力150mm/65°。红箭-73反坦克导弹于1978年设计定型,经各种条件下的试验检测,基本能够满足我军一线作战部队的要求。但是,其同样存在着第一代反坦克导弹的普遍弱点,即命中率较低。该弹定型以后,其改进工作一直在进行,陆续改制成功了A/B/C等数个改进型号。

A型与原型相比,专门研制了电视测角仪和数字式地面控制箱,制导方式从人工手动控制转变为半自动控制,升级成为了第二代反坦克导弹。导弹发射后,射手无需手动操纵导弹飞行,只要将"十字线"压在目标上,导弹就会自动沿着瞄准线飞行,提高了命中精度、降低了对射手操作熟练程度的要求,红箭-73反坦克导弹未改进之前,射手要经过严格训练和挑选,命中率才能达到60%左右。改进以后,稍加训练的射手命中率基本上都能达到90%左右。

[①] 早在20世纪60年代末珍宝岛冲突发生之时,我军发现装备的单兵反坦克武器已不能有效击穿苏联T-62坦克的主装甲。面对这一严峻威胁,提出了对新型反坦克武器的需求。我国于1958年开始研制265-Ⅰ型反坦克导弹,该弹以法国的SS-10反坦克导弹为参照,借鉴了苏联的AT-1"甲鱼"反坦克导弹的设计经验,科研人员在其原理样机两次飞行试验后,掌握了初步的反坦克导弹原理。1962年,我国开始研制J-201反坦克导弹,J-201类似于法国SS-10/11反坦克导弹,但没有大量装备部队。1968年后我国在苏联AT-3"耐火箱"基础上研制成功了红箭-73反坦克导弹。

B型的改进主要是对付日益增多的反应装甲,采用了串联战斗部。第一级装药用来引爆敌坦克上披挂的反应装甲,第二级主装药直接摧毁敌人的坦克主装甲。B型与A型的区别主要在战斗部和引信上,B型的串联战斗部,在原来风帽内外罩前端增加了探杆内外罩,一是增加了战斗部的长度,使炸高更有利;二是在探杆内罩里装有前级战斗部,用来攻击反应装甲盒。B型还保留了手动操作功能,必要时也可以像第一代反坦克导弹那样操作使用。

C型的改进主要有四个方面:一是与B型相比,主战斗部(第二级主装药)的威力大幅度提高,并且通过优化金属聚能罩外形和装药结构、调整炸高等措施,破甲威力接近国外重型反坦克导弹的水平,以对抗第三代新型主战坦克。二是改进了火箭发动机,使用了更高比冲的火箭发射药。虽然改进后的导弹比原型增重约1kg,但飞行速度反而比原型提高了15%。三是增加了红外热成像仪,大大提高了夜战能力。四是研制了随动发射架,可实现导弹与瞄准具的联动。C型可以说是整个红箭-73系列中最为成功的一个型号。虽然其依然采用架式发射,但在一些主要性能指标上比国外多数第二代反坦克导弹都好。首先,兼容性好,地面制导设备兼容以前所有型号;其次,威力大,在世界各国的便携式反坦克导弹中居前列;再次,抗干扰能力强,其电视测角仪采用了独特的抗干扰技术,可以不受战场上其他杂乱光源的影响;最后,性价比好。因此,C型受到了部队广大指战员的欢迎,也开拓了很好的军品外贸市场。

2. 第二代反坦克导弹——红外半主动制导的导弹

第二代反坦克导弹是指20世纪60年代开始研究和生产的光学瞄准,红外跟踪,有线传输指令的半自动反坦克导弹,与第一代导弹相似,在发射时后面常常会拖着一根线[①]。其发射制导设备除瞄准具外,还有红外测角仪、指令计算机和发射架等。导弹飞行时,射手只需将瞄准镜的十字线对准目标,目视观测导弹

---

① 这根线是制导系统的信号线。第一代和第二代反坦克导弹多采用有线制导方式,因为当时激光制导和红外制导技术都不成熟,而无线电制导设备太过笨重,且容易被干扰,利用有线制导是最简单实用的制导方式。有线制导系统主要由制导控制装置、光学瞄准镜、操作手柄和控制导线组成。导弹发射出去后,操作手通过瞄准镜瞄准目标,同时跟踪导弹,判断导弹的飞行偏差,然后用操作手柄修正偏差,引导导弹飞向目标。操作手柄发出的指令是通过与导弹尾部连接的信号线进行传输,所以导弹在飞行过程中,一直拖着一根线。第一代导弹的有线制导系统使用时,需要射手同时观察目标位置与导弹的飞行位置来判断偏差,非常不方便。到第二代时,不仅金属信号线换成了更轻的光纤导线,控制系统还增加了红外测角仪,能够自动追踪导弹并计算出导弹飞行方向与瞄准线的偏角,因而射手不用再分心观察导弹的飞行状况,只需把瞄准系统上的十字线压在目标上,就能引导导弹飞向目标,大大简化了操作。随着技术的发展,部分第三代反坦克导弹和第四代反坦克导弹上,都采用了激光制导和红外制导技术,可使用激光束进行引导或是自动寻找,导弹也不再需要信号线。但随着数据链技术的普及,一些新近研制的反坦克导弹又拖上了线,不过这根线的作用已经从传统的单向指令传输,变成了双向的指令图像传输,即射手能以导弹导引头的视角进行观察,从而可以识别伪装,大大提高了精度。

的工作由红外测角仪所代替。红外测角仪通过接收弹尾红外辐射源提供的信息,测出导弹相对瞄准线的偏差。指令计算机根据偏差算出制导指令,经导线传给导弹,控制导弹飞向目标。

(1) 主要优点。一是操控简单。从第二代反坦克导弹的制导原理中可以看出,射手的唯一任务就是瞄准目标,只要能把瞄准具内的十字分划始终对准目标,导弹就能确保命中。这样从根本上减轻了射手的负担,射手掌握要领也容易了许多。二是死区小。由于第二代反坦克导弹是从发射管中发射出去的,所以,发射管自身就能赋予导弹的初始弹道,这种无后坐力发射方式不仅可以使导弹很容易地进入与发射管同轴的红外测角仪视场,而且可以使导弹的死区降低到25～75m之间。三是命中率高。因为导弹的跟踪是由测角仪来进行的,导弹偏离瞄准线的偏差被计算机加上各种延迟补偿后才变成控制指令,所以导弹的导引精度高,一般命中率为90%以上。四是机动性好。第二代反坦克导弹有了轻型和重型之分,轻型导弹重量仅有几千克,射程却达到2000m,单兵和步兵小组携带使用非常方便;重型导弹尽管弹重在20kg左右,但由于是配备在专用车辆和直升机上的,因而实现了车辆(直升机)机动与导弹大威力(破甲厚度在600mm以上)、远射程(达4000m)的有机结合,使导弹演变成为延滞集群坦克进攻的重要手段。

(2) 主要缺点。一是发射时易暴露射手位置。第二代反坦克导弹因其在飞抵目标的整个制导过程中,射手必须在发射装置处始终用瞄准镜瞄准目标,加上导弹的速度每秒钟只有二三百米,从发射到击中远方位目标需要20s左右的时间,所以发射阵地容易暴露,射手易遭到敌方火力攻击;二是破甲威力不足。随着复合装甲、附加装甲的出现,坦克的防护力相当于800mm均质钢甲,少量的坦克可达到1000mm以上,第二代反坦克导弹在这些坦克面前就显得力不从心。如苏制"AT"系列破甲能力不足700mm;美制"陶"式、"龙"式导弹破甲威力仅为800mm;法制"霍特"也只能穿透800mm厚的钢甲。此外,第二代反坦克导弹由于目标和导弹同时存在于测角仪视场内,易遭受不良天气、烟雾和红外诱饵等的干扰。这类导弹系统较复杂,价格较贵。

(3) 技术改进措施。20世纪70年代以来,由于装甲防护技术的迅速发展,出现了装备复合装甲、贫铀装甲、披挂式反应装甲等先进装甲的新式主战坦克。同时,针对第二代反坦克导弹的红外测角仪,出现了车载红外干扰诱饵、激光照射报警装置等主被动防护手段。为了能够有效地抗击装备新型装甲和干扰、报警装置,主战坦克、反坦克导弹逐渐进入了第二代改型,并向第三代过渡。为了对抗先进的装甲技术,第二代反坦克导弹主要采取了两种不同的思路进行改型。一种是配装可以对抗反应装甲的串联战斗部,加大主战斗部的口径,配装探杆以提高炸高等,如"龙"式、"陶"式、"米兰"等都有多种这样的改型;另一种是改变导弹的攻击方式,由传统的攻击正面装甲,改为攻击较为薄弱的顶装甲。导弹在瞄准线上方一定高度飞行,当导弹接近目标时,向下斜置的破甲或爆炸成型战斗部被启动,直接攻击目标顶装甲,这样可以大大提高对装甲目标的毁伤效能。采用此方案的反坦克导弹有美国的TOW-2B、"掠夺者"(Predator)及瑞典的"比尔"(Bill)反坦克导弹(图4-2)

图4-2 瑞典"比尔"反坦克导弹

等。为了提高二代反坦克导弹的抗干扰能力,还研制开发了激光驾束反坦克导弹,采用"三点法"半自动指令制导方式,但此时导弹偏离瞄准线的偏差不是由测角仪测出,而是由导弹从调制后的激光束内得到的。由于此时目标处施放的诱饵无法干扰偏差测量信号,故此类导弹的抗干扰能力较强。同时,各型导弹还通过配装微光(或红外)夜视仪、抗干扰装置、改模拟式控制系统为数字式控制系统等加强夜战能力,提高系统抗干扰能力和可靠性。虽经各种改型,由于制导体制上的固有缺陷,很多问题无法从根本上解决,提高的余地已经不多。

第二代反坦克导弹经过技术改进后,其服役年限延长到了90年代,甚至21世纪还有些国家在使用,节约了大量经费。如美国把"陶"式反坦克导弹的战斗部直径加大到152mm,战斗部质量从3.6kg增至5.9kg,使之改进成为可对付苏式T-80坦克前装甲的"陶2"式反坦克导弹;德国把"霍特"反坦克导弹战斗部直径从136mm加大到150mm,改进后的导弹破甲厚度达1000mm,能有效地对付T-80改进型坦克。

(4)典型代表。苏制AT-4/5导弹,美制"龙"式、"陶"式导弹,法、德联合研制"米兰""霍特"导弹,日本的79式导弹,我国的红箭-8系列导弹等。

红箭-8反坦克导弹是我国自行研制的第一种反坦克导弹,也称为我国第二代反坦克导弹,见图4-3。与红箭-73相比,红箭-8反坦克导弹虽然也采用有线制导方式,但射手无需操作控制手柄去修正导弹的飞行方向,而是利用红外测角仪跟踪导弹,自动形成控制指令,更加智能化。

红箭-8反坦克导弹采用世界上第二代反坦克导弹常用的制导方式,即"目视瞄准、红外跟踪、自动形成遥控指令、有线传输制导指令。"射手只需将瞄准镜的十字线对准目标并在导弹的飞行过程中一直跟踪目标,导弹便能自动导向瞄准线而击中目标。该反坦克导弹可架设在三脚架上发射,也可挂载在飞机、坦克

图4-3　红箭-8反坦克导弹(不同平台发射)

上发射。与红箭-73反坦克导弹相比,红箭-8不仅操作过程简便,而且命中率也较高。红箭-73在400~600m时的命中率约为60%,在600~3000m时的命中率接近90%;红箭-8在100~500m的命中率为70%,在500~3000m时的命中率为90%。筒装导弹质量25kg,导弹质量11.2kg,弹径130mm,导弹长875mm,翼展320mm,续航段平均飞行速度210m/s,射程3000m,平均飞行时间13~15s。战斗部为空心装药聚能破甲战斗部,外部直径120mm,总质量3.1kg,主药柱1.3kg,副药柱0.2kg。低温常温时对180mm/68°均质钢板的穿透率为90%,高温状态时穿透率为80%,垂直入射时静破甲深度达到800mm。引信采用触发式引信,保险解脱距离为30~70mm。导弹的尾部安装有线管,线管内设有制导导线,导线全长3010m,当导弹发射后,制导导线从导弹尾部放出。

红箭-8反坦克导弹改进型较多,并且大量用于出口。截止到目前,改进的型号主要有红箭-8A、红箭-8B、红箭-8C、红箭-8D、红箭-8E、红箭-8F、红箭-8L、红箭-8FAE等,见图4-4。

红箭-8A是专为某型武装直升机开发的型号,1991年进入陆军航空兵服役,用于攻击500~3000m的装甲目标。

红箭-8B亦装载在某型武装直升机上,其最大射程增加到4000m,1993年投产。与红箭-8A相比,红箭8B的主要改进之处是采用串联式聚能战斗部,质量增至4kg,以提高破甲威力,对付反应装甲。另外还设有热成像观瞄仪,提高了夜间和低能见度气象条件下的攻击能力,并使控制系统数字化,提高了制导精度和抗干扰能力。

红箭-8C于1993年在巴黎航展上首次公开亮相。该导弹采用新型聚合装药战斗部,针对反应式装甲,在战斗部前部加装有触杆,可以保证战斗部在最佳爆炸高度时起爆。

红箭-8E在威力方面有较大提高,静破甲威力增至1000mm以上,导弹指令改用数字传输。为保障夜间和能见度不佳条件下的有效使用,安装了PTI-32热成像观瞄仪,该热成像观瞄仪质量8kg,探测目标距离4000m,识别距离2000m,既能安装在三脚架发射装置上便携使用,又能安装在陆基载体和直升机上使用。

直升机弹药概论

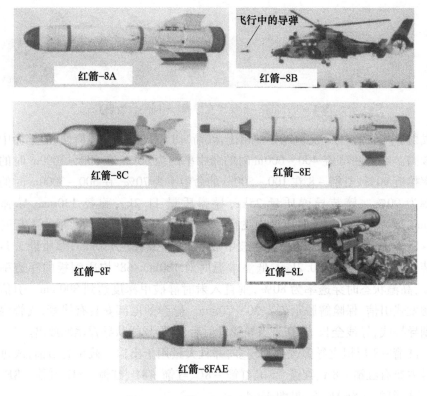

图4-4 红箭-8系列反坦克导弹

红箭-8F于2002年研制成功,与此前型号的主要区别在于导弹的战斗部结构。此前型号使用的聚合装药战斗部主要是为了对付装甲目标,但对付战场上其他类型目标的效果不够理想,比如野战工事、楼房和掩体等。红箭-8F导弹则具有破甲和爆破杀伤两种功能,前部的破甲战斗部能穿透88mm倾斜均质钢板,后部的爆破杀伤战斗部能够钻入装甲车辆或野战工事内部爆炸,对敌造成极大的杀伤效果。

红箭-8L在红箭-8E的基础上加以适当简化,被称为"一名士兵就可携带和操作的反坦克导弹"。该导弹系统除了反坦克外,还配有汽油爆炸弹,可有效用于城市巷战,特别是用于攻击建筑物、碉堡及小股步兵。其制导方式采用光学瞄准镜或热成像仪进行观察瞄准,通过电视或热成像仪测角,通过数字式控制箱产生指令,由导线传输指令,控制导弹飞行并命中目标。另外,该导弹瞄准发射方式采用潜望式,士兵可卧姿发射,便于射手隐蔽,提高战场生存率。

红箭-8FAE采用温压战斗部,这种导弹能摧毁掩体、楼房和其他工事,以及消灭城市建筑群内的敌有生力量,最大射程4000m,总质量26kg。其能使用此前所有型号的发射制导装置,包括红箭-8L 的轻型发射制导装置。

3. 第三代反坦克导弹——自动导引的导弹

第三代反坦克导弹指 70 年代初开始研制和生产的所谓"发射后不管"的反坦克导弹。第三代反坦克导弹广泛采用红外成像、激光半主动指令、主动和被动毫米波等当代领先的制导技术,多数产品还配有人工智能装置。如美国研制的"海尔法"反坦克导弹,发射出去后,弹上的人工智能机可对目标进行自动搜索、识别,一旦发现目标特征与计算机内储存的图像完全一致时,就会立即对目标实施跟踪和攻击。在 1989 年美军入侵巴拿马的战争中,代表第三代反坦克导弹的"海尔法"首次运用于实战,并成功地摧毁了巴拿马国防军司令部。海湾战争中,加挂在 AH-64 型攻击直升机上的"海尔法"导弹得到了更为广泛的应用,不仅打响了"沙漠风暴"的第一枪,而且在作战行动中,从远在 6km 的距离上就对伊军坦克实施攻击,以 95% 的单发命中率,击毁了大量伊军坦克。

(1) 主要优点。一是自动导引,"发射后不管"。由于激光器和发射装置处于不同的位置,因此装有发射装置的直升机(或车辆)发射导弹后便可随意机动,这种"发射后不管"的能力,从根本上克服了第二代反坦克导弹在飞行过程中必须始终瞄准目标和易遭火力反击的弱点。在微电子技术和计算机技术的推动下,各种制导体制的新型反坦克导弹纷纷亮相(如激光指令/驾束制导、激光半主动制导、光纤/无线电传输的图像制导、红外成像制导、毫米波制导)。其特点是利用弹上的制导装置,接收目标辐射或反射的光、热、无线电(雷达)波等信息,确定导弹相对于目标的位置,产生控制信号,自动导向目标。其制导方式按接收目标信息的来源不同,又可分主动寻的、半主动寻的和被动寻的三种。无论是上述的第一代还是第二代反坦克导弹,导弹发射后,一直到命中目标,射手必须始终瞄准目标直到命中。由于导弹飞行速度低,飞行时间长,因而射速不可能太高,射手和发射制导装置容易遭到敌方火力的还击。第三代反坦克导弹,从技术上讲比前两代反坦克导弹更先进,自动化程度更高,是全自动导引的导弹,当导弹发射出去之后,就不再需要射手的任何操纵了。二是命中精度高。第三代反坦克导弹在发射前锁定目标,导弹在接收到目标反射的激光后射出,并沿激光束射向目标,因而命中概率极高。三是威力大、射程远。第三代反坦克导弹能穿透 1000mm 以上均质装甲,机载(车载)射程也在 4km 以上。如美制"海尔法"导弹可击穿 1400mm 均质钢甲,最大射程达 7.7km(机载),可有效保证直升机在敌单兵防空导弹、高射机枪等火器的有效打击之外来打击装甲目标,大大提高了直升机的生存能力和对敌方目标的打击能力。

(2) 主要缺点。一是造价昂贵、研制周期长。如美制"海尔法"导弹从 1970 年开始研制,至 1983 年投入生产,历经十余年时间,每枚导弹的造价达到十几万美元;西欧研制的"崔格尔"同样历时十余年,耗资数十亿美元。世界其他国家生产的第三代反坦克导弹单价也多在十万美元左右,如此高的造价是发展中国家难以承受的,即使是发达国家也受到资金困扰。二是结构复杂、技术难度大。虽然第三代反坦克导弹在命中率、射程、威力等方面较前二代都有大的提高,但仍然面临诸多技术上的问题,且有些缺陷是不可避免的。如采用激光半主动制导的导弹在发射过程中,激光器仍需不停顿地对目标进行照射,而一旦激光器受到干扰,导弹就会失去准头;采用热成像技术的反坦克导弹有视场受限、难以发现目标等弱点。

(3) 典型代表。美国的"长弓海尔法""标枪",俄罗斯的"短号""旋风",法国的"米兰""艾力克斯""霍特",欧盟联合研制的"崔格特",瑞典的"比尔",英国的"硫黄石",西班牙的"托莱多",意大利的"马福",以色列的 NT-G、NT-S 等。

4. 第四代反坦克导弹

第四代反坦克导弹采用智能复合制导方式,在自主攻击目标的基础上增加发射受控性能,可转换攻击目标,具有多个目标攻击能力。

主要技术特点是采用光导纤维把导弹制导部分的电视摄像系统或红外传感系统搜索和探测到的目标信息传回射手,而控制指令也由光导纤维传输给导弹,若原锁定目标有误或已经被其他攻击武器摧毁,射手可重新选择目标和转换攻击目标。目标图像和指令都通过光导纤维传输,让敌方难以实施侦察和干扰。由于数据处理装置放在发射平台上,使发射平台可以重复使用,既简化了弹上设备又大大降低了导弹成本,典型代表是以色列"长钉"反坦克导弹等。

(二) 发展特点

进入 21 世纪,各国反坦克导弹的装备与发展呈现出四代同堂的局面。一方面,采用新的制导技术的第四代反坦克导弹逐渐装备;另一方面,对大量装备的第二代、第三代反坦克导弹进行改装升级,其也将在很长一段时间内继续服役。对于许多第三世界国家,目前还装备着不少的第一代、第二代反坦克导弹,如苏联的"萨格"反坦克导弹等,有不少国家通过改造,将其改造为第二代制导体制,并增加战斗部威力,也将继续服役一段时间。纵观反坦克导弹的发展历程及未来走向,其主要特点是:

一是在火力配系上,实现了由超近程向超远程发展;在制导精度上,精确制导能力和发射后不管能力不断提升。海湾战争后,美军逐渐形成了以"快速决定性作战"、"基于效果作战"和"网络中心战"等理论为主体的作战理论体系。在实现"基于效果作战"的过程中,精确制导武器发挥了关键作用。它从组织上、功能上和技术上把目标侦察、目标处理、信息传输与火力打击结合在一起,从而使精确打击火力可以有选择地摧毁重点目标,并达到预想的毁伤效果。[①] 为进一步提高"标枪"的精确打击能力,标枪合资(JJV)公司启动了一个三阶段螺旋研制项目,旨在研制出重量更轻、功能更强、精度更高的"标枪""发射后不管"反坦克导弹系统——"标枪"G-模式(FGM-148G)。螺旋1阶段在2015年完成验证,主要工作是去除老化部件、升级控制驱动系统,以减轻重量同时,将模拟系统替换成数字系统,便于未来的现代化和改进,也可使整装弹保存到2050年。螺旋2阶段,同样在2015年进行验证,将集成多功能战斗部,在保留"标枪"系统核心反坦克性能的同时,增加多目标打击能力。螺旋3阶段将成为G-模式,将长红外制冷导引头替换成非制冷导引头,完成新一代"标枪"系统。另外,JJV公司还对轻型指挥发射装置(CLU)进行了改进,改进内容包括使轻型CLU具有网络化能力,可共享态势和目标信息;通过软件、硬件和算法升级,增强系统的目标打击能力。以色列为进一步提高"长钉"-NLOS的精度,在现有白光—红外/CCD双模导引头的基础上,引入了激光半主动制导模式,以提高对时敏目标的精确打击能力。激光制导模式命中精度更高,适应性更好,且具有"发射后不管"能力。

二是在发射平台上,更加灵活、多样。一种负载在多种平台使用,可以有效实现武器系统的多功能性和弹药的通用性,简化后勤保障和部队训练,便于部队的作战管理、战术指挥、火力控制,也有利于武器的研制、改进与生产。随着各种陆军武器平台的应用,反坦克导弹配用平台日益多样化。除了传统的步兵便携、吉普车、轮式与履带式装甲车、直升机等平台继续发展外,还出现了可以从固定翼飞机、无人机上发射的反坦克导弹,显著提升了其作战效能。

美国陆军"海尔法"导弹可以利用多种作战平台发射,除主要装载在AH-64系列攻击直升机上使用外,也可以装载在AH-1"眼镜蛇"系列(图4-5)、OH-58、UH-60A等直升机和固定翼飞机以及各种地面车辆上使用,并且还可装载在水面舰艇上使用。为了使"海尔法"导弹具备多种作战功

图4-5 美国"超级眼镜蛇"直升机携带"海尔法"导弹

---

① 美军将圆概率误差在10m以内的打击称为精确打击,圆概率误差在10~50m的称为准精确打击。目前,美国陆军已经确立了由10km以下、10~40km和40~300km三个火力区间构成的精确打击火力体系,其中,空基和地基反坦克导弹负责提供近程精确打击火力。

能,多年来美国一直重视陆地发射型"海尔法"导弹的发展工作,美国陆军曾将"海尔法"导弹发射架装在"悍马"车和M113履带式装甲人员输送车上进行试验,并获得成功。美国陆军还利用"小懈树"地空导弹发射架对"海尔法"进行发射试验,以期将其作为一种轻便的牵引式防空武器。此外,美国还考虑将"海尔法"导弹装在战斗机上作为空对空导弹,以及装在轻型舰艇上作为反舰导弹。2014年6月,洛克希德·马丁公司利用车载远程监视与攻击炮塔武器系统进行了"海尔法"B导弹的发射试验,导弹命中了6.4km外的目标。2014年,俄罗斯开始装备9K132"突击手"(Shturm)-SM自行式反坦克导弹系统,该系统是目前唯一能在地面车辆、飞机和舰船上部署的反坦克导弹系统。"突击手"-SM是"突击手"(AT-6"螺旋")的改进型,基型"突击手"导弹系统采用无线电指令制导,而"突击手"-SM反坦克导弹系统采用红外成像制导,具有昼夜全天候作战能力,配用破片杀伤战斗部。该系统还可以发射所有型号的9M120"攻击"反坦克导弹,9M120导弹采用激光制导,配用串联破甲战斗部或温压战斗部。

  三是在弹药性能上,向多功能发展,更加注重多任务能力。过去,反坦克导弹主要用于攻击坦克、装甲车辆等高价值点目标。进入21世纪,多用途/两用性成为了反坦克导弹发展的一个重要方向,反直升机/反坦克、海岸防御/反坦克、攻坚武器/反坦克和多功能通用导弹也在研制。在对阿富汗战争、车臣战争和俄格战争等在内的历次军事冲突的数据进行分析后,俄军事专家认为,未来地面战场上反坦克导弹的目标只有1/3是敌坦克装甲车辆,而多数是各类掩体、防御工事、建筑物和人员,甚至包括一定数量的空中目标。因此,既要破甲又要攻坚的反坦克导弹必须具备多任务能力。与此相适应,反坦克导弹配装的战斗部,也从以对付装甲目标为主,向着多用途战斗部方向发展。一方面,为对付装甲目标,从传统的成型装药聚能破甲战斗部、二级串联破甲战斗部甚至三级串联破甲战斗部,发展到自锻成型破甲战斗部、长杆体动能穿甲战斗部、引战配合掠飞击顶破甲战斗部、动能穿甲—聚能破甲战斗部等多种战斗部以对付日益先进与坚固的坦克装甲;另一方面,配装杀爆、破片、温压、云爆、攻坚、燃烧战斗部的反坦克导弹,将为步兵在战斗中提供强大攻坚力量与精确打击火力。而对于那些被赋予反武装直升机、反舰艇的双重作战任务的反坦克导弹,所配装的战斗部也各有特色,包括近炸预制破片、半穿甲等。

  以色列国防军面对的是高强度的战斗和持久的武装暴乱。拉斐尔武器发展局为满足国防军的要求,于20世纪80年代初发展了"长钉"第四代反坦克导弹家族,用于打击坦克、非装甲车辆和建筑物。"长钉"家族包括六种型号:"长钉"—微型(Mini),"长钉"—近程(SR),"长钉"—中程(MR),"长钉"—远程(LR),"长钉"—增程(ER)和"长钉"—间瞄(NLOS)。其中,除了新近推出的

"长钉"—微型和"长钉"—近程分别是单一功能的攻坚和破甲型外,其他四种都兼具攻坚和破甲的多任务能力。目前,为了实现"长钉"—微型的多能性,拉斐尔公司正在研制具有反装甲能力的高爆反坦克战斗部。波兰梅思科公司正在研制一种名为"海盗"的新型近程反坦克导弹系统,采用半主动激光制导方式,将配用爆破战斗部、双用途(杀伤/爆破)战斗部和温压战斗部等三种类型的战斗部。导弹发射筒长1180mm,重15kg,导弹自重10kg,弹径107mm。波兰陆军目前装备有以色列"长钉"–LR导弹,射程为4km,而"海盗"射程为2.5km,陆军认为可以满足波兰战术作战环境的要求,可作为前者的补充。为满足波兰陆军对于可用于下车步兵和中空无人机装备的操作简便、成本低廉的新型反坦克导弹的需求,"海盗"系统最终将发展出两种型号,一种用于下车步兵,另一种用于无人机。另外,"长钉"–LR导弹的单价为13万美元,而"海盗"的价格在其1/3以内。

四是在发展理念上,强调武器系统整体发展,突出技术的创新性与继承性的有机统一。研制发展一种反坦克导弹,通常是在一定作战背景下按照作战需求,提供一整套系统的解决方案,强调"成系统、成建制",形成"战斗力"和"保障力"。特别是注重加强战场信息的感知、获取、加工、处理、分发与共享能力,信息与网络技术已成为提高反坦克导弹作战能力的倍增器。如美军正在装备的"长弓—海尔法"导弹,就是与"长弓"火控雷达和AH–64D"长弓—阿帕奇"武装直升机一起构成一个完整的武器系统的;"陶"式导弹由于配装了"改进的目标捕获系统"(ITAS),增强了夜视捕获、抗干扰、标准接口和战场态势感知能力,从而大大提高了战斗力。同时,在技术运用上,强调技术的创新性与继承性的统一。如"长弓—海尔法"与"海尔法","米兰"与"崔格特"、"米基斯"与"米基斯"–M,甚至在俄罗斯图拉仪器仪表设计局的"短号"反坦克导弹、"棱堡"炮射导弹和"涡旋"机载反坦克导弹上,都能发现许多技术上的继承性和设计理念上的一致性。

二、分类

(一)按射程分类

反坦克导弹按射程分类,可分为远程、中程和近程。

远程:射程一般在6km以上,一般为超视距间瞄武器,如美国的"海尔法"导弹,射程8km。

中程:射程一般在2~6km,一般为直瞄武器,如美国的"陶"、法国的"米兰"、以色列的"长钉"–MR(图4–6)等。

近程:射程一般在2km以内,甚至为几十米,如法国的"红沙蛇"(图4–7)

和俄罗斯的"米基斯"等。

图4-6 以色列"长钉"-MR　　　　图4-7 法国"红沙蛇"
反坦克导弹(射程4km)　　　　反坦克导弹(射程600m)

(二) 按发射平台分类

按发射平台分类,可分为便携式、车载式和机载式。

典型的便携式产品有美国的"标枪"、"龙"、法国的"米兰"(图4-8)、法德英的"崔格特"等。

图4-8 美国"龙"式和法国"米兰"反坦克导弹

典型的车载式产品有美国的"陶"、"海尔法"和法国的"霍特",见图4-9。

图4-9 车载AGM-114K"海尔法"和不同底盘的"霍特"反坦克导弹

机载式可分为直升机机载式、固定翼机载式和无人机机载式。美国的"海尔法"导弹先后装备于直升机和无人机,美国的"幼畜"和英国的"硫黄石"则大量装备于固定翼飞机,见图4-10、图4-11。

图4-10 携带"海尔法"导弹的AH-64D和携带"幼畜"导弹的F-16D

图4-11 英国"硫黄石"反坦克导弹

在实际发展中,一种型号常常被扩展到多种平台使用,如美国的"陶"式实际上既有便携式,也有直升机机载式;我国的红箭-8反坦克导弹也先后发展了便携、车载、直升机机载等多型产品。

(三)按制导体制(技术)分

制导技术是衡量导弹技术水平和战术使用性能的重要标志之一,也是提高导弹性能最有潜力的领域。①

1. 激光制导

由激光获取制导信息或传输制导指令。$0.8 \sim 1.8 \mu m$ 波段的激光易被烟尘、云、雾、雨、战场烟雾等吸收,不能全天候作战。若使用 $10.6 \mu m$ 的长波激光,则可在能见度不良的天气下使用。在第二代反坦克导弹基础上去掉导线,适当提

---

① 反坦克导弹的关键技术很多,如总体技术、制导技术、战斗部技术、控制技术、火箭推进技术、发射技术以及其他一些相关技术。但在各种关键技术中,最核心的是制导技术(含抗干扰技术)和战斗部技术。战斗部威力是实现武器系统作战效能的最终体现,是武器系统技术性能最重要指标。

高导弹飞行速度和射程,且采用激光半主动寻的制导时,发射装置与制导站可分离配置,提高了战场生存能力。发射后射手用瞄准镜瞄准并跟踪目标,其制导方式同第二代反坦克导弹。主要有激光传输指令制导、激光半主动寻的制导、激光架束制导和激光指令/激光驾束复合制导。目前,激光制导技术比较成熟并得到广泛的应用。

1) 激光传输指令制导

激光传输指令制导是在红外有线传输指令制导的基础上发展起来的一种制导技术。工作原理是地面(载机)红外测角仪(或电视测角仪)接收弹上的红外辐射信号,并自动测出导弹偏离瞄准线的角偏差,由地面控制装置计算出修正指令,经过编码,并由激光发射器发出激光指令。弹上激光接收机接收指令,经过解码形成控制舵机的指令,使导弹沿着瞄准线飞行,直至击中目标。主要优点是取消了制导导线,导弹的飞行速度可以提高,能缩短导弹的飞行时间,提高自身的生存能力,主要缺点仍然是射手在导弹飞行过程中始终瞄准和跟踪目标。抗干扰能力优于红外半自动有线制导方式,与下面的激光半主动制导方式相比,在抗敌主动干扰方面,也稍强一些。

2) 激光半主动寻的制导

激光半主动寻的制导工作原理是用(位于空中或地面的)激光照射器瞄准与照射目标,即向目标发射编码激光,激光碰到目标后,反射回来,导弹的激光寻的导引头接收从目标反射的回波,并作为制导信息形成控制指令,从而控制导弹飞行直到击中目标。

3) 激光驾束制导

激光驾束制导的工作原理是射手用光学瞄准镜瞄准并跟踪目标,并用与光学瞄准镜同轴的激光器向目标发射激光波束,然后将导弹发射导入激光束,使导弹沿瞄准线飞行。导弹上的激光接收器接收激光并给出其偏差,产生偏差信号,经弹上计算机变成控制舵机的指令信号,以修正弹道直至命中目标。与红外有线指令制导相比,激光驾束制导的特点:一是激光驾束制导只需要一个信息传输通道,不但结构简单,而且操作也简单;二是由于接收系统在导弹上,背向敌方,光束投射部分不用接收导弹信标的信息,因此不易被敌方干扰,而且战场干扰信息特征不同于制导信息,因此也不易起作用;三是去掉了导线可提高导弹飞行速度,导弹可以飞越水面、峡谷、高压线等障碍物;四是精度高,作用距离远。但是与"发射后不管"的先进的制导方式相比,激光架束制导也存在着一些不足,如在作战时要求发射点与目标之间有通视条件,在摧毁目标前要求一直向目标投射激光束,激光投射器与导弹发射器一般在同一操作地点等。

4) 激光指令/激光驾束复合制导

如美国和瑞士联合研制的"阿达茨"（Adats）属于这种方式，初始段是激光传输指令制导，以后是激光驾束制导。

2. 毫米波制导

由弹上毫米波导引头接收目标反射或辐射的毫波信息，捕获跟踪目标，导引导弹命中目标，可射前锁定目标、发射后不管。工作波段有8mm和3mm，能全天候作战、进行目标识别与成像。采用毫米波雷达制导的优点：一是器件尺寸小，重量轻，而且波长越小，器件也越小，可以满足体积小、重量轻的要求；二是具有全天候作战的能力，因为毫米波穿透大气、雨、雾、浓烟和尘埃的能力强；三是具有较强的抗干扰能力，主要是毫米波的窄波束，不易受地物的干扰，不易被敌方捕获和监视，同时毫米波频带宽，可选用的频率多，增强了抗干扰能力；四是可以隐蔽发射，并且有"发射后不管"的能力，自我生存能力强；五是具有跟踪与制导精度高，抗电子干扰能力强的优点。导弹可以昼夜全天候遂行战斗任务，克服了激光半主动制导受天气因素影响较大的缺点。主要有毫米波指令传输和寻的制导，寻的制导有主动式、半主动式、被动式。有的导弹采用了主动/被动复合式，导弹发射后先用主动式制导，距离目标 300～500m 时制导系统自动转换为被动式制导。如"长弓—海尔法"导弹较"海尔法"导弹的最大改进是采用了毫米波主动雷达寻的制导，使其成为了一种真正的"发射后不管"导弹，载机发射导弹后可以立即机动或对下一个目标展开攻击，大大提高了载机的战场生存率和作战效率。

1) 毫米波无线电指令传输制导

主要特征是用毫米波无线电指令传输制导代替有线传输指令制导，如美国从1984年开始发展新一代"陶"式反坦克导弹就采用这种制导方式。与此同时，美国论证的"陶"-2B 和"陶"-2N 仍然采用毫米波无线电指令传输制导。美国在改进"陶"-2 导弹的同时，仍然在实施其远程第三代反坦克导弹的计划——先进的重型反装甲武器系统，以及美国、西班牙联合研制的"阿里斯"（Aries），同样也是采用这种制导方式。

2) 毫米波主动寻的制导

导弹的导引头装有毫米波发射机和接收机，导弹在飞行过程中，不断向目标发射毫米波，同时又接收从目标反射回来的回波，以此测出导弹与目标之间的偏差，产生控制指令，操纵导弹自动命中目标。目前，采用这种制导方式的有美国的"沃斯普"（Wasp）远程反坦克导弹、英国的"莫林"末制导炮弹。美国为了使"幼畜"成为一种全天候作战的武器系统，正在将其发展成为毫米波制导。主动寻的毫米波制导与被动式的相比，作用距离比较远，但在跟踪状态下，当导弹接近目标时,受目标闪烁噪声的影响较大,从而对命中精度有较大影响。

3) 毫米波被动寻的制导

被动式寻的导引头又称为毫米波辐射计,工作方式是被动式,导引头不发射能量,而只接收目标辐射的能量。这种跟踪方式,探测与跟踪目标不易被敌方发现,因而抗主动干扰的能力很强,而且也克服了主动式末段跟踪受目标噪声的影响,提高了跟踪精度,但其作用距离比较近。

4) 主动/被动结合式寻的制导

导弹发射后,按主动寻的方式进行工作,当导弹飞行至目标一定的距离(300m左右)转换成被动寻的方式。这种结合方式,是发挥了主动式和被动式两种导引头各自的优点,也克服了各自的缺点,既增大了作用距离,又提高了跟踪精度。由于它具有突出的优点,因此,在反坦克导弹、火炮弹药和多管火箭上都有应用。如美国"黄蜂"空地反坦克导弹就采用了这种寻的制导方式。

3. 红外制导

依据目标与背景的热图像,通过红外导引头实现捕获、跟踪目标,将导弹引向目标。能进行目标识别与成像,对目标进行边搜索边跟踪,工作波段有 $3\sim5\mu m$ 和 $8\sim14\mu m$。红外制导具有射前锁定目标,识别目标能力强(红外探测器能测出 $0.01\sim0.02$℃ 的温度变化,灵敏度高),探测距离远,命中精度高,射程远,适合全天候作战,具有"发射后不管"的自动寻的能力,抗干扰能力强等特点,为当今反坦克导弹的主流。

1) 红外有线传输指令制导

导弹尾部安装一个红外辐射器,导弹飞行时,红外辐射器辐射出红外光。红外辐射器相当于弹标光源,它标识着导弹在空间的位置。发射装置上装有红外探测器件,探测弹上的红外辐射,红外探测器件通常为硫化铅光敏电阻,它将探测的光信号转换为电信号。为了确定导弹在空间相对红外光轴的位置,必须对信号进行调制,从而得到导弹偏离红外光轴的角偏差。再将此偏差信号输给指令编码器编制出控制指令。通过导线传输到弹上。经放大,驱动舵机工作,纠正导弹偏差,使其飞回到红外光轴上来。发射装置上的瞄准轴与红外轴平行设置,导弹沿红外轴飞行,也就是沿瞄准轴飞行。射手只要瞄准目标,导弹便可击中目标。

2) 红外成像制导

由于目标和背景有温差,所辐射的红外光有差异,红外成像导引头利用这种差异获得清晰的目标图像形成信号,将导弹引向目标。

4. 电视制导

电视制导是利用导弹头部或制导站的电视摄像机获取目标图像或导弹位置

坐标信息的制导。主要优点是：一是分辨率高，可提供清晰的目标图像，便于识别真假目标；二是制导精度高，因为电视导引头离目标越近，其图像就越清晰，误差处理就越准确；三是可以采取隐蔽的发射方式，并且有"发射后不管"的功能，所以生存能力强；四是由于电视制导属被动导引，抗干扰能力较好；五是作用距离大，且为曲射弹道，可实施俯冲击顶，毁伤效果好。主要缺点是：不能夜间作战；对能见度的要求比较高，在能见度低时，作战效能将降低。目前，采用这种制导方式的有美国的"幼畜"空地反坦克导弹和以色列的"蝰蛇"反坦克导弹。电视制导主要有电视寻的制导、电视遥控制导、电视跟踪制导。跟踪可以有两种方式：一种是由地面控制，即地面控制装置计算出跟踪指令，再通过无线载波传到弹上，以实施跟踪；另一种是由弹上自行控制，即射手选择目标后锁定，由导弹上的计算机自动计算出偏差，控制导弹飞行。

5. 光纤制导

电视制导与红外成像制导的信号传输有两种方式：一种是无线电传输；另一种是光纤传输，利用光纤传输的就称为光纤制导。用光导纤维代替第二代导弹的传输导线，光纤导线容纳的信息量比铜线大得多（5000∶1），既可传送视频信号，又可传输光电信号。导弹飞向目标的过程中，可通过光纤导线将导弹寻的器获得的地面目标图像传送到导弹发射阵地，并将图像显示在荧光屏上供射手观看，同时，还可将制导指令从发射阵地传送至导弹，控制导弹飞抵目标。采用电视/光纤制导的导弹有法、德的"玻利菲姆"，采用红外/光纤制导的有美国 FOG – M（光纤制导）导弹。

光纤制导与其他制导方式相比，主要优点是：一是在整个作战过程中都能体现射手的意图，即射手不仅能选择目标，而且能在导弹飞行过程中转换攻击目标，从而大大提高作战效果；二是导弹可以垂直倾斜发射，弹道较高，可在 150～200m 的高度上做巡航飞行，可以避开直瞄导弹对透视度的要求，可以打击用地形、地物遮蔽的目标，可以实施顶部攻击，打击目标防护薄弱的部位；三是射手能从隐蔽阵地发射导弹，发射装置的位置可以偏离进攻方向，导弹有"发射后不管"的功能，从而提高生存能力；四是光纤制导是图像制导，有极高的命中率；五是光纤数据传输安全、可靠、保密性强，敌方无法实施干扰；六是光纤传输信息量大，比最好的同轴电缆约大 10 倍，所以才能实现导弹发射后，观察战场情况，确定攻击目标。

光纤制导是一种有人参与在制导回路中的制导方式，是人的智能与计算机相结合的非瞄准线制导系统。与红外有线指令制导相比，虽同为有线指令传输，但光纤制导无需射手始终直接瞄准目标和跟踪目标，目标一旦被锁定，导弹可执行自动跟踪，如果目标被丢失，还可以重新捕获或跟踪其他目标。之所以具备这种特有的功能,是因为在导弹上装有电视型或前视红外型的摄像机和能够传输光信息的光纤光缆。在导弹飞行过程中,摄像机不断摄取它所"看到的"的一切景物,并将这种信息以视频方式经光纤下行发送给地面控制站,以图像的形式如实显示给操作手,操作手依据屏幕上实时显示的场景,手动或自动地对目标进行探索、捕获、识别和跟踪,经计算机处理后产生的控制指令再经这条光纤上行传给导弹,指令导弹锁定并跟踪目标,直至命中目标。

6. 多模制导或复合制导

多模制导是指同一制导段,同时采用两种或两种以上频段方式工作。复合制导是指不同制导段采用两种频段方式交替工作。如红外/毫米波制导在性能上互补,具有发射后不管、全天候作战、抗干扰能力强的优点。毫米波天线口径受弹体限制,天线波束较宽,利于搜索;红外波束窄,可获得高精度位置信息,满足高精度制导。

三、发展趋势

反坦克导弹的主要作战对象是坦克、装甲车辆等高防护目标。影响反坦克导弹发展的因素除战争形态的变化和科学技术的发展外,还有就是因为装甲技术"盾"的发展,促使反坦克导弹"矛"的发展。进入 21 世纪,坦克、装甲车辆综合防护理念得到广泛认可,伪装技术的推进,新材料技术的革新,主动防护技术的发展,各种先进电子技术的应用,以及显著提高的突击力和快速反应能力,都大大增强了坦克的生存力。相比较坦克技术的进展,反坦克导弹的发展略显迟缓,尤其是在最近几场非对称局部战争中,低成本反坦克武器发挥了较大作用,这使得价格相对昂贵的制导反坦克武器被抢了"风头"。基于现代战争对机载精确制导反坦克武器系统的基本要求[①],反坦克导弹仍是装甲与反装甲"火拼"的必需装备。为适应未来战争需求,反坦克导弹的总体趋势是向射程远、精度高、威力大、重量轻、机动性强的方向发展。

(一)采用先进推进技术,提高动能和射程

提高远程精确打击能力是反坦克导弹的重要发展方向。动能穿甲弹最突出的特点是飞行速度极高,靠巨大动能击毁装甲目标。它不配备聚能装药战斗部和引信,而代之以穿甲弹头,并且自身带有动力装置,可保持全射程加速,能有效对付复合装甲(多层间隔装甲和反应装甲等)。反坦克导弹通过采用先进推进

---

① 现代战争对机载精确制导反坦克武器系统的基本要求是:机载精确制导武器系统为提高其战场生存力,射程要远,以便能够在敌防空火力范围外发射;能够在昼夜恶劣天气和强电磁/光电干扰情况下有效使用;通过超声速的飞行速度和齐射能力获得单位时间内最高的作战效能。

技术,瞄准和制导技术等,将使导弹的射程和精度有较大幅度提高。如发展光纤制导反坦克导弹,由于光纤导线的信息容量大,可以远距离传输清晰的战场图像和控制指令,射手可从显示屏上控制导弹搜索、跟踪和攻击目标,导弹射程可达十几千米。以色列增程型"长钉"导弹采用动力更强的新型火箭发动机后,射程从8km提升至25km,大幅提高了作战效能。美国洛拉尔公司研制的LOSAT导弹飞行速度大于1500m/s。瑞典的"布斯特"超速动能导弹最大飞行速度达2000m/s,其弹头采用碳化钨弹芯,具有极强的穿甲能力。

(二)采用多种制导技术,提高制导精度

现已发展的制导技术主要有微波制导、红外制导、光纤制导、激光制导、毫米波制导、电视制导等。这些技术的应用,使反坦克导弹对装甲目标实施精确打击成为可能。未来的反坦克导弹将采用复合制导系统或模块式导引头,可根据战场情况选用制导方式,从而进一步提高导弹的抗干扰能力、使用的方便性和命中精度,并使其具有全天候、全天时作战能力和"发射后不管"的能力。

当前,激光制导机载反坦克导弹重受重视。特别是在局部军事冲突中,对付躲藏在人口密集城区环境中目标的情况并不少见,为避免造成附带毁伤,机载反坦克导弹需具有较高的精度。为提高打击精度及对时敏目标的打击能力,激光制导导弹渐成新宠。尽管红外成像制导与电视制导方式能够精确打击目标,但在打击地面目标方面,激光制导在这几种方式中精度最高。对于藏匿于人口密集城区环境中的目标,由于热源比较难以辨别,为降低附带损伤,不宜使用红外成像制导导弹。电视制导导弹拥有足够的精度,可对建筑物的指定部位实施精确打击,但与激光相比,其精度和适应性略差,且不具备激光制导导弹的"发射后不管"能力。激光制导导弹方便与其他飞机、地面部队或无人机上的指示器配合使用,显著提高效能。美国机载"海尔法"反坦克导弹采用激光制导方式,导弹可在直升机机载观察员和地面观察员的配合下使用。通过观察员用激光指示器指示目标,载有"海尔法"导弹的攻击直升机不必看到目标便可发射导弹。"海尔法"导弹在伊拉克战争中被大量使用,其改型导弹已被应用于无人机。美国海军空中作战中心研制的"道钉"通用导弹是一种小型、轻型导弹,采用激光、电视和惯性制导的三模制导方式,具有"发射后不管"能力,美国陆军计划安装在无人机上。另外,美国陆军主导研制的联合空对地导弹在第一阶段的研究成果采用了激光半主动+毫米波的双模制导方式,在经过大量的试验验证后,证实可满足军方所有技术指标的要求。在英国参与的伊拉克、阿富汗和利比里亚军事行动中,其作战条令随着作战环境的改变而发生了变化,为此,需要装备低当量、精确制导、有"人在回路"控制能力的对地打击弹药。英国皇家空军发布了一项对改进型"硫黄石"导弹的紧急作战需求,为"硫黄石"加装激光半主动导引

头,以便能在复杂环境下打击各种静止和高速运动的目标。基型"硫黄石"导弹是冷战背景下为满足摧毁大规模集群装甲目标的要求而研制的一种全天候防区外"发射后不管"导弹。该导弹以 AGM – 114F"海尔法"导弹为基础,为适应高速固定翼战斗机要求而专门进行了多项改进,配用英国研制的毫米波雷达导引头。以色列为进一步提高"长钉"的性能及与空中、陆基和海基发射平台的兼容性,对"长钉" – NLOS 和"长钉" – LR 进行了改进。拉斐尔公司在"长钉" – NLOS 导弹白光—红外/CCD 双模导引头的基础上,引入了激光半主动制导模式,以提高打击精度及对时敏目标的打击能力。土耳其洛克特萨公司在研制完成机载"乌姆塔斯"(UMTAS)红外成像制导反坦克导弹后,又于 2013 年开始研制激光制导型"乌姆塔斯",命名为 L – UMTAS。此外,还有一些国家在研的机载反坦克导弹也采用半主动激光制导方式,如 MBDA 公司研制的采用惯性制导 + 激光半主动制导方式的系列化欧洲模块化导弹、波兰梅斯科公司研制的近程激光半主动制导"海盗"反坦克导弹以及南非迪奈尔公司研制的"莫克帕"(Mokopa)半主动激光制导无人机载反坦克导弹。

(三) 采用先进战斗部,提高毁伤效能和多种作战能力

为摧毁带有爆炸反应装甲的复合装甲,采用双级或多级串联聚能装药战斗部将成为未来反坦克导弹的重要发展方向。串联战斗部在命中目标时先由前端小型战斗部击毁爆炸反应装甲,接着再由主战斗部击毁坦克主装甲。此外,爆炸成型弹药技术的发展,也将推进反坦克导弹的发展。为有效杀伤、摧毁大纵深内的敌方集群坦克,需要利用子母弹技术。改造后的反坦克导弹可以将多枚反装甲子弹药运至目标区域上空,运用子母弹抛撒技术适时释放反装甲子弹药。而后利用反装甲子弹药自身携带的传感器,对地面一定面积内的目标进行扫描探测,发现目标后便自动攻击装甲目标的顶部、毁伤目标。同时,由于战场目标、作战任务的多样化,以及战场环境的多变性,未来反坦克导弹应采用多功能战斗部,既能承担主要的反坦克作战任务,又能遂行其他作战任务。努力提高其"一弹多用"的能力,使其不仅能对付性能先进的主战坦克和各种装甲目标,还可用于攻击直升机、低空飞行目标以及掩体等多种目标。

多用途机载反坦克导弹受到青睐,在对阿富汗战争、车臣战争和俄格战争等在内的历次军事冲突的数据进行分析后,俄军事专家认为,未来地面战场上反坦克导弹的目标只有 1/3 是敌坦克装甲车辆,而多数是各类掩体、防御工事、建筑物和人员,甚至包括一定数量的低空目标。由此,对机载反坦克导弹的多功能性提出了强烈需求。美国陆军于 2012 年列装了增强型多功能 AGM – 114R"海尔法"反坦克导弹,该导弹采用了具有 4 种攻击模式的多功能战斗部,集成 AGM – 114K 的锥形装药反坦克性能、AGM – 114K2 的增强型破片效应、AGM – 114M 的

爆炸/破片效应以及 AGM-114N 的金属增量装药弹头的高温/爆炸/高压效应，可摧毁这四种不同型号的"海尔法"导弹应对的一系列目标，包括主战坦克和装甲车等装甲目标，工事、建筑物、敌方人员等软目标，以及小吨位水面舰艇、低空亚声速空中目标。另外，由美国陆军牵头，海军及海军陆战队共同参与的空地导弹项目——联合空地导弹（JAGM[①]，原 JCM）是一种可搭载在直升机、固定翼飞机和无人机的多功能导弹，能够在任何天气及昼夜环境中对抗多种干扰，打击装甲、防空目标、巡逻船、火炮、弹道导弹运输和发射/竖起装置、雷达站、指挥控制节点、掩体/仓库以及城市和复杂地形中的建筑物。

以色列国防军面对的是高强度的战斗和持久的武装暴乱。国防军一般使用直升机发射型导弹作为在城区内对付巴勒斯坦武装分子的武器。拉斐尔武器发展局为满足国防军的要求，于20世纪80年代初发展了"长钉"NT 第四代反坦克导弹家族，用于打击坦克、非装甲车辆和建筑物。NT 家族采用了基于通用系统的结构框架，指挥发射装置、红外成像/充电耦合装置寻的头以及部分电子元件对于家族中的多数成员都是通用的。而且，串联战斗部、火箭发动机和飞行控制原理也相类似。NT 家族中"长钉"-ER 是一种多用途光电制导导弹，可供多种武装直升机挂载使用。该导弹采用穿甲、爆破和杀伤战斗部，可以在城市和反恐战斗中、低强度战斗中以及在打击高价值目标的过程中成为有效且附带毁伤最小的武器系统。导弹能采用"发射后不管""发现—观察—更新"和"发射+控制"三种模式，即使在低能见度条件下和夜间，系统也具有很高的精度。

欧洲 MBAD 公司在完成远程"崔格特"第三代直升机载反坦克导弹的研制、鉴定和批量生产之后，计划发展系列化欧洲模块化导弹。在初步设计方案中，欧洲模块化导弹将用于打击低信号目标、半硬目标和基础设施等目标，采用模块化弹体，并借用远程"崔格特"导弹和 MBAR 公司现有及在研的技术和零部件。欧洲模块化导弹的所有变型都将能用现有远程"崔格特"导弹的发射器发射，导弹配用杀爆战斗部和多效应战斗部，可以打击不同类型的目标。

（四）采用新型技术和改变发射平台，提高战场生存能力

一是积极探讨新的发射原理和无烟推进剂，努力实现"软发射"，以尽量减少声、光、烟等发射信号特征，增强发射时的隐蔽性。另外，"软发射"导弹能从掩体、建筑物等狭窄空间内发射，这既有利于提高射手和武器系统的生存能力，

[①] JAGM 项目始于2003年，2004年终止，2008年军方重启此项目并命名为 JAGM。洛克希德·马丁公司与雷声—波音公司团队在2010—2011年进行了大量的试验。2012年8月，美国陆军与洛克希德·马丁公司签订价值6400万美元的合同，以扩展开发 JAGM 技术项目，历时27个月。2014年2月底，洛克希德·马丁公司对双模导引头进行了演示，证实该导引头可满足军方的技术指标要求。2015—2016年后，联合空地导弹进入了下一个研究阶段。

又有利于提高战术运用的灵活性,满足未来日益增多的市区和居民点反坦克作战的需要。

二是尽量缩小导弹系统的外形尺寸,降低其火线高度,以尽量减少其暴露面积;通过提高导弹飞行速度,缩短射手在发射阵地的滞留时间,提高战场生存力也是未来发展方向之一。

三是改变发射平台,即一种负载在多种平台使用,可以有效实现武器系统的多能性和弹药的通用性,简化后勤保障和部队训练,便于部队的作战管理、战术指挥、火力控制,也有利于武器的研制、改进与生产。随着各种陆军武器平台的应用,反坦克武器及弹药的配用平台日益多样化。除专用发射车、直升机外,反坦克导弹还能配用在反坦克炮、步兵战车、主战坦克和无人机等平台上。如反坦克导弹与武装直升机配套使用,将大大提升其作战效能。反坦克直升机不受地形条件限制,既能隐蔽迅速地投入战斗,又能及时迅速地撤出和转移发射阵位。直升机视野开阔,通视距离远,居高临下容易发现地面目标。机载导弹可以充分发挥其最大射程,能从远距离实施攻击,并且火力猛,一次出动可以摧毁多个目标。反坦克直升机集火力、机动力和生存力于一身,是一种非常有效的反坦克武器系统。目前国外装备有一批性能先进的专用反坦克直升机,最具有代表性的有美国的 AH-64"阿帕奇"、AH-64D"长弓阿帕奇",俄罗斯的米-28、卡-50,以及意大利的 A129 等。

另外,由于微型处理器技术和综合集成技术的推进,反坦克导弹呈现智能化、小型化、模块化的特点。在不久的将来,灵活机动、成本低廉、毁伤能力强及适应多种作战条件的反坦克武器会不断涌现。

第二节 结构与原理

一、战技性能要求

战技性能要求主要指反坦克导弹为完成特定的战术任务而必须保证的性能指标总和,包括战术性能、技术性能、技术经济条件和使用维护条件等[①]。

(一)射程范围及攻击区

反坦克导弹的射程范围由最大有效射程和最小有效射程来决定。一般地总

---

① 是否需要发展一种新的反坦克导弹,要根据当前和今后战争的需求来确定。如果需要发展新型导弹,通常由军方提出研制新型导弹的任务,并提出各项具体要求,这些要求即称之为战术技术要求,并以"某型导弹研制总要求"文件的形式加以明确。战术技术要求尽管由军方提出,但也需要工业部门的技术支持,是需求牵引和技术推动联合作用的结果。

是希望具有尽可能宽广的射程范围,即尽可能大的最大有效射程及尽可能小的最小有效射程。反坦克导弹的最大有效射程一般不小于3km,有的可达12km,反坦克导弹最大有效射程远,可做到先敌开火,为赢得战场上的主动权创造有利条件。

(二) 命中概率

对于反坦克导弹来说,一般只有直接命中目标才可能摧毁目标。同一型号的反坦克导弹在一定的射程上进行大量的射击,在全部无故障地飞抵目标附近的导弹之中,有的命中了目标,有的没有命中目标。对其结果进行统计就可得到命中概率测试值。

$$命中概率 = \frac{命中发数}{可靠飞行的导弹总数} \times 100\%$$

为了比较导弹的命中概率,必须规定一个标准的靶。反坦克导弹固定(静止)目标靶的尺寸规定为 $2.3m \times 2.3m$,对于横向机动目标靶的尺寸规定为 $2.3m \times 4.6m$。

反坦克导弹的命中概率在不同的射程上是不同的。一般在中、远射程上命中概率较高。第一代反坦克导弹在2000~3000m距离内,其命中概率为70%,第二代反坦克导弹可以达到90%。

(三) 威力

反坦克导弹的威力表现为在命中并可靠起爆战斗部的条件下,使敌坦克失去战斗力的程度及概率。因此,反坦克导弹的战斗部必须首先穿透钢甲,然后进一步杀伤其乘员,破坏其内部设备,引燃其弹药或油箱等。一般常以战斗部能击穿的钢甲厚度作为衡量其威力的主要指标,如某型反坦克导弹战斗部的威力指标是180mm/68°,其含意是导弹能穿透弹着点靶板的法线与弹轴夹角68°,厚为180mm的钢板靶。上述指标表示战斗部穿透靶板的能力,为了衡量战斗部穿透靶板后,对坦克内部人员和设备的毁伤情况,常在靶板后面放一层或几层薄钢板或胶合木板,用来观察后效。

(四) 可靠性

可靠性是指导弹武器系统,从投入战斗开始,到击毁敌方目标终止的整个使用过程中不出现故障能可靠工作的程度。用概率表示的可靠工作程度称为可靠度。

$$可靠度 = \frac{全系统无故障地正常工作发数}{总的发射发数}$$

导弹使用中,会出现各种故障,如导弹发射后,可能由于制导导线断线,或者由于其他部件发生故障等原因,使导弹不能正常飞行,而中途落地。一枚导弹是由许多零部件组成的,任何一个零部件发生故障,一般都会影响导弹的正常飞行。因此导弹的可靠性是由诸元件的可靠性决定的。

(五)摧毁目标的概率

综合考虑命中概率、威力及可靠性,就会导出摧毁概率的计算方法。当导弹能够可靠地飞行,准确地命中目标,战斗部确实地穿透钢甲并摧毁钢甲后面的敌人和装备时,目标才能被摧毁。因而单发导弹的摧毁目标概率＝可靠度×命中概率×战斗部击毁目标概率;有时把摧毁概率的倒数称为摧毁一个目标平均所需要的导弹数,即:

$$摧毁一个目标平均所需弹数 = \frac{1}{摧毁概率}$$

(六)射击的快速性

在反坦克战斗中,敌方可能集中大量坦克于狭窄的阵地面上,进行突然冲击。同时,坦克的行驶速度相当高(速度可达60km/h),几分钟之内可冲过3～4km的纵深。因此,反坦克导弹的射手必须争取在短暂的战机之内,尽量多地发射导弹。第一代和第二代反坦克导弹由于受制导方式限制只能单发操纵,而第三代反坦克导弹的射击速度大大提高,一个射手可同时发射并操纵两枚以上导弹实现连续发射。

二、基本构造

反坦克导弹主要由战斗部、动力装置(发动机)、弹上制导装置(导引头、组合导航装置、弹载计算机、执行机构)和弹体组成。

(一)战斗部

战斗部是导弹的"爪牙",作为导弹的有效载荷被运送到目标位置,执行摧毁目标的任务,一般有攻坚、杀爆、破甲、穿甲、温压等多种类型。有的导弹依靠高速飞行储备的动能,采用直接碰撞方式摧毁目标,可将整个弹体视作战斗部。战斗部通常采用空心装药聚能破甲型;有的采用高能炸药和双锥锻压成型药型罩,以提高金属射流的侵彻效率;还有的采用自锻破片战斗部攻击目标顶装甲。破甲威力主要用静破甲厚度和动破甲厚度表示,有的导弹战斗部静破甲厚度可达1400mm。

(二)动力装置

动力装置通常指安装在导弹上的发动机,用固体推进剂产生推力,以保证导弹获得所需的速度和射程。发动机是导弹的动力来源,由发动机壳体和燃料等组成,一般有固体火箭发动机和涡喷发动机等多种形式。在导弹飞行的不同速度段上,发动机推力不同,起飞段(亦称增速段)推力较大,续航段推力较小。有的反坦克导弹上安装两台发动机,其中起飞发动机赋予导弹起始速度,续航发动机用于保持导弹飞行速度。有的只装增速发动机,导弹增至一定速度后便作无动力惯性飞行。还有的只装续航发动机,导弹射出发射筒后具有一定速度,由续航发动机提供保持这一速度的续航力。

(三) 弹上制导装置

弹上制导装置是导弹制导系统的一部分,由弹上控制仪器、稳定飞行装置和控制机构等组成。其作用是将导引系统传输来的控制指令综合、放大,驱动控制机构,从而改变导弹飞行方向。寻的制导的反坦克导弹制导系统全部装在弹上。反坦克导弹的"感官"包括导引头和组合导航装置。导引头的基本功能是获取目标信息,为导弹提供指引和导向,告诉导弹"向哪飞",通常安装在导弹的头部。导引头工作体制有电视、红外、激光、射频等多种模式,可采用单模或多模组合;组合导航装置的作用则是指示导弹当前位置、速度、姿态等信息,确认"我在哪",一般由惯导系统和卫星导航系统组合而成。导引头和组合导航装置为制导控制系统提供制导、控制信息。弹载计算机是导弹的"大脑",在它上面运行着导弹制导、导航与控制所需的软件,处理导弹各"器官"采集的信息,向执行机构发出控制指令。执行机构是导弹的"手脚",它接收制导控制系统发出的指令,并负责执行到位,一般有气动舵机、电动舵机、燃气舵机和开环、闭环控制等多种形式。

(四) 弹体

弹体是具有一定气动外形的壳体,由弹体外壳、弹翼、舵和尾翼组成。多数导弹弹体头部为尖形或椭圆形,中间呈圆柱形,尾部是接锥形。弹翼通常为十字形,弹体气动布局有无尾式、正常式、尾舵式三种类型,无尾式弹体的弹翼兼做尾翼,舵在弹翼后缘,弹翼提供升力及稳定力矩。这类弹体结构简单,适合于弹身短的导弹,为大多数反坦克导弹所采用。正常式弹体的弹翼和尾翼分开,尾翼兼做舵,适用于弹身较长的反坦克导弹,如我国的某型反坦克导弹就是采用这种弹体。尾舵式弹体没有弹翼,尾翼兼做舵,适用于超声速的反坦克导弹。制作弹体的材料通常用铝合金、玻璃钢或特种塑料。

三、工作原理

机载空地导弹武器系统在实施攻击时,能够根据获取的目标信息、自身运动信息以及它们的相互关系、目标特征和各种约束条件,按照预定的导引规律和(或)设定的程序,实时校正自身的飞行轨迹(弹道),飞向(飞近)目标的易损部位并适时启动战斗部,以最大限度地摧毁目标。导引(敏感)系统是机载制导武器的"眼睛",其功能是在复杂的战场环境中探测和识别目标及目标易损部位,通常包括光波(激光、红外)探测器和电波探测器(雷达)等;控制系统是机载制导武器的"大脑",负责信号处理、资料获取、分系统管理、驱动控制和火力决策等一系列重要工作。因此,可以说机载空地导弹武器就好像是长有神经系统、眼睛和翅膀的武器。

(一) 有线制导反坦克导弹

第一代反坦克导弹武器系统一般由导弹和制导设备两大部分组成,制导设备有瞄准具、带控制手柄的控制盒等。制导原理是目视瞄准、目视跟踪、导弹传输指令、手控制导。发射时采用三点法导引规律(即射手、导弹和目标三个点),如果导弹能在瞄准线上飞行,那么导弹就能命中目标。射手通过瞄准镜捕捉到目标后,发射导弹。在导弹飞行过程中,射手通过瞄准镜同时跟踪目标和飞行中的导弹,凭着射手的感觉来判断导弹与目标的相对位置,如果导弹飞离了瞄准线,射手就估计偏差量的大小,同时凭手感扳动控制箱上的手柄,给出修正指令,此时指令经控制箱变成电信号后,通过连接导弹和控制箱之间的导线传给导弹,经弹上接收机放大后加到舵机上,由舵机产生控制力,改变导弹的飞行姿态,使导弹返回到瞄准线上飞行,直到命中目标。从整个操作过程看,射手要想准确命中目标,需花费一定的时间去训练掌握发射要领,这也是第一代反坦克导弹操控困难、命中率不高的主要原因。即使优秀射手,导弹命中率也只有70%左右,故射手训练困难,命中精度低。采用有线制导,导弹飞行高度不高,飞行速度较低(一般为 $80 \sim 120 \text{m/s}$),飞行时间长,增加了射手和导弹被击毁的危险。

第一代反坦克导弹从发射到命中目标所飞行的弹道可分为三段:起飞段、导入段和导引段。起飞段是指导弹在起飞发动机点燃后的推力作用下,从静态向动态急剧变化,有一个加速和爬高的过程,由于导弹在这一段的弹道是无控制的,人们又称这一段为无控段弹道;导入段是指导弹在无控段飞行达到最大速度时,肯定偏离了瞄准线,因此必须对导弹加以控制。导弹在地面控制信号的指令下开始听控飞行的这一点叫起控点,导弹从起控点返回到瞄准线上飞行的这一段叫导入段。事实上,第一代反坦克导弹从起飞段到导入段的飞行距离一般不少于400m,也就是说,第一代反坦克导弹的最小射程多在400m左右,这个400m的距离军事上又称之为死区,导弹在死区内是打不了坦克的。显然,第一代反坦克导弹存在着死区大的问题。如苏联产"萨格""斯拿波"及法国的 SS-11 反坦克导弹死区为500m,德国的"柯布拉"死区为400m,即使死区最小的英国产品"威基兰特",其死区也达到180m。所以说,虽然第一代反坦克导弹射程达2000m以上,但弹道死区大的问题也相当突出;导引段是指导弹经导入段飞回到瞄准线上以后在射手的控制下作制导飞行的弹道。如我国产红箭-73导弹的射程为500~3000m，就是这一段弹道的距离。

（二）红外半主动制导反坦克导弹

第二代反坦克导弹的武器系统的总体设计与第一代反坦克导弹截然不同。第二代反坦克导弹的弹体采用筒装，发射方式为管式，利用半自动制导原理，其发射装置的结构、控制箱内的电子设备也复杂了许多。第二代反坦克导弹的制导原理是：当导弹处于战斗状态时，通过瞄准镜看出去的瞄准线和装在发射装置上的筒装导弹发射管纵轴及红外测角仪的轴线都是同轴的。射手利用瞄准镜捕捉目标，当射手用瞄准具的十字分划对准目标时即可发射导弹。而且导弹飞行过程中，只要射手能够用瞄准镜始终跟踪目标，导弹就会自动命中目标。

如某型反坦克导弹武器系统采用筒式发射、四轴整体稳定、激光测距、电视/热像观瞄、电视测角、半自动有线指令制导。采用三点法导引，在制导过程中，射手只需将瞄准线中心对准并跟踪目标，导弹便自动沿瞄准线飞向目标。发射前，射手通过综合显示器观察电视或热像图像，操纵手柄，瞄准目标；电视观瞄/测角仪和热像仪的瞄准线由光电转塔进行空间稳定。飞行员操纵直升机对向目标并要满足发射条件。当构成发射条件时，射手按下空地导弹发射按钮，导弹按预定的发射程序发射出去。导弹飞出弹筒后，约几秒后左右进入电视测角大视场，而后转入电视测角小视场。在导弹飞行过程中，电视测角仪不断测量导弹尾部的辐射器辐射出的光，经处理后给出导弹偏离瞄准线的角偏差信号，并输出给制导电子箱，制导电子箱同时接收来自导弹的陀螺脉冲、来自昼夜观瞄装置的瞄准线与机轴夹角和瞄准线角速度信号、来自载机的横滚角信号，综合形成控制指令，该指令由导线传输到弹上，通过改变发动机喷流方向控制导弹飞行，导弹在瞄准线上方一定高度处飞行直至命中目标，命中目标时战斗部起爆，摧毁目标。

"陶"式反坦克导弹的工作原理如图4-12所示。导弹飞行时，从内部线轴上放出两根细如发丝的导线传输操纵信号，导弹自动地飞向射击员用瞄准具对准的目标。导弹跟踪系统的基本工作是：导弹离开发射管后，导弹后部的光源点亮。于是，与瞄准具校正了的发射器光学传感器能跟踪导弹，并测量导弹飞行方向与实际瞄准线之间的夹角，然后由计算机将这个偏差转换成制导坐标和指令，通过两根导线把控制信号传给导弹。由射击员操纵"陶"式导弹系统，使望远镜式瞄准具处于低倍位置搜索目标，一旦发现目标，射击员接通12×高倍方式辨认目标制导导弹，高倍光学设备有十字线，射击员准备发射时，打开导弹系统的保险并按下武器开动按钮，使"攻击"旗显示在望远镜式瞄准具中和飞行操纵指示器上，这时飞行员注意把直升机保持在方位±2.5°、俯仰±6°（有些装置上是±2°）的发射限制内。这些限制用格子表示在飞行员操纵指示器上，当直升机处于限制之内时,显示"准备"旗,在望远镜瞄准具上显示类似的旗。当"准备"旗出现时,射击员可发射导弹。在发出发射指令后 1.5s 内,导弹的陀螺和电池进入工作状态,然后发射定时器点着导弹助推发动机,燃烧 55ms 后将导弹推出发射管。一离开发射管,导弹十字形翼面在弹簧的作用下展开,导弹尾部的红外源开通,"准备"旗由"发射"旗所代替。这个信号告诉飞行员可在方位 ±110°、俯仰 +30°/ -60° 范围内机动。导弹离开发射器大约 7m 远,导弹主发动机点燃,燃烧 1.5s 使导弹达到它的最大速度 300m/s。然后导弹自由飞行,在 3750m 最大射程内,其速度不低于 120m/s,在导弹整个飞行过程中制导,通过操纵翼面可使导弹产生 1g 的横向加速度,即使在最大射程上也能达到这个值。不断地测量瞄准具十字线与导弹红外源之间的偏差,向导弹发出制导指令。

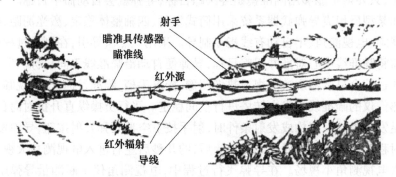

图 4 - 12 "陶"式导弹作用原理示意图

(三) 自动导引反坦克导弹

第三代反坦克导弹的武器系统一般由导弹、发射装置(机载或车载)和激光指示器三部分组成。导弹由导引头、自动驾驶仪、动力装置和制导系统组成。其工作原理是:激光瞄准目标后,立即招呼导弹发射装置发射导弹,在导弹飞行过程中,激光束向目标不停地发射激光,激光束遇到目标后就要反射,导弹上的激光导引头便接收从目标反射来的激光,追踪目标,实现命中。

如某型机载反坦克导弹武器采用激光半主动制导体制、三通道姿态控制 + 比例导引、气动比例舵机、串联破甲战斗部和单室双推力固体火箭发动机。载机进入攻击区域,手动搜索目标,发现目标后,进行瞄准跟踪并测距;飞行员将直升机方位角、横滚角、载机速度和目标距离调整到允许发射的范围,构成发射条件,射手按下"击发"按钮。当导弹飞离导轨后,导引头自动跟踪目标的视线角速度信号同时送给导弹控制系统,控制系统按一定的导引律输出控制指令,导弹上的陀螺仪敏感弹体的俯仰角、倾斜角和偏航角,控制系统根据导引头输出的弹目线角速度信号及陀螺仪测量的弹体姿态信号按控制律综合形成控制指令,舵机按控制指令偏转舵翼,控制导弹飞向目标。导弹撞击坦克后,战斗部前级装药击爆反应装甲,为主装药射流清除障碍,战斗部主装药形成射流,射流击穿坦克装甲,摧毁车内人员、设备及弹药。

四、主要特点

第二次世界大战期间,坦克之间的大战往往决定一场战役的胜负。在之后的冷战中,人们依然认为下一次战争主要还是常规战争,坦克部队之间的厮杀将不可避免,如何大量消灭敌方坦克是决定战争胜负的关键。在这种思想影响下,反坦克导弹取得了长足的发展,并在之后的数次局部战争中彰显了威力。如在1973年的"赎罪日战争"中,埃及反坦克分队使用苏制AT-3"耐火箱"反坦克导弹消灭了百余辆以色列国防军坦克。2006年爆发于黎巴嫩的"七月战争"再次见证了反坦克导弹的巨大威力,在此次战争中黎巴嫩军队共消灭了23支以色列国防军装甲部队,其中有15支装甲部队是被反坦克导弹歼灭的。反坦克导弹还击中了14辆装甲人员输送车,另有14名以色列步兵被从建筑物中发射的反坦克导弹命中。随着科技的进步,尤其是制导系统和推进系统的改进,使反坦克导弹的性能获得很大提升。现代反坦克导弹与传统的反坦克火箭筒、反坦克火炮及普通火炮发射的穿甲弹、炮射导弹相比,具有以下三个特点。

一是射程更远,穿甲能力更强。现代反坦克导弹的最大射程可达12km,普通导弹的有效射程都在5km左右;采用空心装药聚能破甲弹,有的采用高能炸药,以提高金属的侵彻效率,还有的采用自锻破片战斗部攻击目标顶装甲,能穿透数百毫米到上千毫米的均质钢甲。如美国AH-64"阿帕奇"武装直升机发射的"海尔法"导弹,最大射程达8km,采用双锥聚能破甲战斗部,静破甲厚度达1400mm;"长弓—海尔法"导弹采用毫米波主动雷达寻的制导,配用两用高爆战斗部或串联聚能破甲战斗部,可破轧制均质装甲1400mm;俄罗斯图拉仪器设计局研制的"混血儿"-M1导弹是一种中程反坦克导弹,采用改进型9M131M导弹,新型战斗部可以穿透带有爆炸反应装甲防护的950mm厚的坦克装甲,还可以安装串联聚能装药战斗部和温压战斗部;"短号"-E导弹可以打击5.5km内的目标,其聚能战斗部能击穿1200mm厚的装甲。以色列"长钉"反坦克导弹中,"长钉"-ER超长射程型,最大射程为8km,"长钉"-NLOS非瞄准线型,最大射程可达25km。

二是可靠性好,命中精度高。现代反坦克导弹采用各种先进制导技术,使命中概率达到90%以上。如"海尔法"反坦克导弹采用激光半主动制导、比例导引,空气舵控制,命中概率在96%以上,可靠性达95%;携带"长弓—海尔法"导弹的直升机具有发射前锁定目标和发射后锁定目标的能力,采用毫米波主动雷达寻的制导,空气动力控制,真正做到"发射后不管"。

三是重量轻。通常条件下,反坦克导弹以车载、直升机载或班组式发射为主,重量都不是很大,整个发射系统全重只有几十千克到几百千克,与防空导弹、地地导弹、反舰导弹等其他导弹比较,反坦克导弹属于重量很轻的。如"标枪"便携式反坦克导弹武器系统是第三代便携式发射后不管反坦克导弹,逐渐取代"龙"式导弹,成为美军在21世纪前20年的中程反坦克武器的主力,可在多种平台使用,并具有攻击直升机的能力,其全重22.3kg,导弹重量11.8kg,见图4-13。装备于AH-64D武装直升机的"长弓—海尔法"导弹全重49kg,可有效对付坦克装甲车辆或空中目标。

图4-13 美国"标枪"中程反坦克导弹

第三节 典型直升机机载反坦克导弹

随着空地一体化联合作战理论的发展和实践检验的不断深入,机载反坦克导弹在实战中发挥了越来越重要的作用,使用和采购数量显著增加,其研制和列装速度也在不断加快。机载反坦克导弹的射程通常在8~10km左右,不仅可远离敌方火力打击范围,提高生存能力,实现"零伤亡"作战思想,也能满足作战需求,填补精确火力打击空白。能从直升机发射的反坦克导弹,除早期法国的SS-10/11导弹外,目前大量装备的主流型号有美国的"陶"式系列、"海尔法"系列,俄罗斯的AT-9、AT-12等,法、德联合研制的"霍特"系列,以及英、法、德等联合研制的"崔格特"反坦克导弹等。美国在历次战争中大量使用直升机载"海尔法"反坦克导弹和无人机载"海尔法"反坦克导弹。泰利斯公司为满足英军的需求,研制了直升机轻型多用途导弹(LMM),配用于"野猫"直升机。英国在伊拉克的作战行动中,利用"死神"无人机发射了293枚"海尔法"导弹。2014年,美国政府向伊拉克出售了价值7亿美元的5000枚"海尔法"导弹;德军采购680枚远程"崔格特",用于装备"虎"式攻击直升机;韩国国防采办管理局宣布,将为新采购的8架AW159"野猫"海上作战直升机装备"长钉"-NLOS导弹,以便在敌人突然发起的登陆作战中,使用该导弹迅速摧毁对方火箭炮、火炮、气垫船和登陆舰等装备;印度紧急采购8000多枚直升机载"长钉"—增程反坦克导弹。

一、美军直升机机载反坦克导弹

美国生产和装备了大量反坦克导弹,如"标枪"便携式导弹、"掠夺者"超近程导弹、"罗赛特"视线导弹、"陶"式导弹、BAT智能导弹、"海尔法"激光半主动导弹、"长弓—海尔法"毫米波制导导弹等。其中机载反坦克导弹主要是"海尔法"和"陶"式。

(一)"海尔法"反坦克导弹

"海尔法"导弹是美国洛克威尔公司研制的一种直升机载、激光半主动重型第三代反坦克导弹。1972年开始研制,历经十余年,于1984年装备美国陆军,1985年具备初始作战能力,每枚3.8万美元。它和第一代、第二代产品的一个明显区别,就在于去掉了前两代产品的那条又细又长的"辫子"—传输指令的导线,也不需要射手一直瞄准目标,1min内可以发射16枚。后经洛克威尔公司改进,"海尔法"导弹可根据战术要求换装红外成像导引头或3mm波导引头,真正实现了"发射后不管"。经过二十多年的改进发展,目前已发展成包括多种型号、多种作战功能的导弹家族,并且仍在继续拓展衍生,在战争中大显神威,订货量和装备量非常大。[①] 主要派生型号有:

AGM-114A型,是"海尔法"导弹的原型,配备在AH-64武装直升机上,现

[①] 2003年伊拉克战争中,美国及其盟军使用了1000多枚"海尔法"导弹,成为近程攻坚的重要利器。之后,为弥补库存的不足以及满足反恐、维稳的需要,美军不断购进"海尔法"导弹。2005年,美国陆军斥资9000万美元采购"海尔法"导弹,包括900枚配用金属增强装药战斗部的半主动激光制导型"海尔法"Ⅱ导弹、180枚配用聚能破甲战斗部的导弹、训练弹以及相应的训练和保障设备。2006年,美国陆军与"海尔法"系统有限责任公司签订了一份价值1.7亿美元的合同,采购2642枚"海尔法"导弹,同时,该合同还包含了一个实施追加的导弹生产备选方案,包括在2006财年追加订购1320枚导弹,2007财年追加2069枚,2008财年追加2070枚,由此将合同总价提升至5亿美元。截至2006年,"海尔法"Ⅱ导弹的总产量已达21000枚以上,除美国外,还有13个国家(地区)购买了该型导弹,主要装备在攻击直升机上。2008年,美军又采购了431枚"海尔法"Ⅱ导弹,耗资2900万美元。2013年,美国宣布将向英国出售AGM-114N和AGM-114P两种类型的"海尔法"导弹,共计500枚,价值约为9500万美元。AGM-114P已装备在英军MQ-9"死神"中空长航时无人机上。英国在伊拉克的作战行动中,利用"死神"无人机发射了293枚"海尔法"导弹,库存数量已所剩无几。此份军售案可提升英军应对威胁的能力,通过空地一体联合作战有效对抗敌人的攻击。2014年6月,有消息称,美国政府同意向伊拉克出售价值7亿美元的5000枚"海尔法"导弹,该订单包括AGM-114/K/N/R"海尔法"导弹与相关装备、配件、训练和后勤保障,以提高伊拉克安全部队的作战能力,更好地完成当前的地面行动。美国提供给伊拉克的导弹都装备了最新型的战斗部,以帮助他们消除在与"伊斯兰国"组织(IS)激进分子进行作战时遭遇的困扰。据报道,2013年12月,75枚"海尔法"导弹运达伊拉克空军,伊拉克空军在不间断的战役中使用"海尔法"打击了激进组织。2014年1月,美国政府又为伊拉克补充了780枚"海尔法"导弹,7月,随着战事的逐步升级,有466枚导弹投入作战使用。

正在服役,在"海尔法"系列中飞行弹道最高。

AGM-114B型,是"海尔法"导弹的另一种原型,主要配备在AH-1直升机及其改型AH-1W直升机上,在AGM-114A基础上稍加改进而成,采用少烟发动机,加装安全与解保装置(为舰载贮存安全),还对激光导引头的低能见度进行了改善。

AGM-114C型,与AGM-114B型相似,但改进了激光导引头,改善了低能见度时的性能,将聚能破甲战斗部改成带有延迟引信的战斗部。

AGM-114D型,带有毫米波导引头。

AGM-114F型,与AGM-114A的主要区别是将战斗部改成对付反应装甲的串联式两级聚能破甲战斗部,即激光导引头与主战斗部之间加一个聚能破甲战斗部。海湾战争中,美国陆军AH-64A"阿帕奇"、OH-58"基奥瓦"和海军陆战队的AH-1W"超眼镜蛇"等直升机都装备了这种导弹。

AGM-114K型,主要特点是采用新型数字式自动驾驶仪和新型抗干扰导引头信号处理器,并对战斗部和电子引信进行了改进。导弹在长度和重量上与AGM-114A型一致,但射程更远,能攻击500~9000m距离内的目标。

AGM-114L型,原为AGM-114D,现又称"长弓—海尔法",采用主动毫米波雷达导引头,见图4-14。战斗部有深侵彻聚能战斗部和聚能装药战斗部两种,可根据作战要求选用。"长弓—海尔法"是在"海尔法"反坦克导弹的基础上,通过换装毫米波导引头,联合研制的世界上第一种采用毫米波雷达主动寻的制导、由直升机载发射、发射后不管的远程反坦克/反直升机导弹。其中,毫米波导引头由英国马可尼公司研制。载机是装有"长弓"毫米波火控雷达的AH-64D"长弓阿帕奇"武装直升机。"长弓—海尔法"导弹具有发射前锁定目标和发射后锁定目标的能力,真正做到"发射后不管",可有效穿过雨、雪、雾、烟等战场屏障。同时毫米波导引头还可以起近炸引信的作用,在接近目标最佳炸高时,引爆战斗部摧毁目标。由毫米波系统组成的武器系统将提高"阿帕奇"直升机的目标识别能力、对空和对地攻击能力以及生存能力,典型攻击时可在1min内将所携带的16枚"长弓—海尔法"导弹全部发射出去。美国陆军航空兵经分析得出结论,装备"长弓—海尔法"导弹和"长弓"毫米波雷达的"长弓阿帕奇"武装直升机比装备"海尔法"导弹的"阿帕奇"武装直升机的作战效能提高4倍,战场生存率提高7倍。

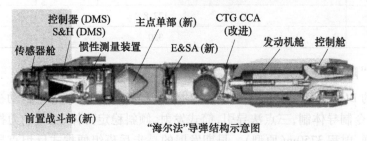

"海尔法"导弹结构示意图

图 4-14 AGM-114L"长弓—海尔法"反坦克导弹

"海尔法"系列导弹曾在1991年初爆发的海湾战争中广泛用于攻击伊拉克的坦克、装甲车，共发射4000枚左右，取得突出成绩[1]，导弹基本性能见表4-1。

表 4-1 AGM-114 系列导弹性能

导弹型号	AGM-114A	AGM-114B	AGM-114C	AGM-114F	AGM-114K	AGM-114L
最大射程/km	8					9
最小射程/m	1500					500

---

[1] 1991年的海湾战争，不论是在空袭行动前的长途奔袭，摧毁伊地面雷达站为空中打击力量开辟安全走廊，还是在地面战过程中的集团出击，对伊装甲部队进行毁灭性的打击，武装直升机都发挥出了举足轻重的作用。开战之初，伊拉克拥有4000辆坦克，美军只有2000辆坦克，在数量上处于劣势。为对付伊拉克的坦克优势，多国部队运去不少先进的反坦克导弹。美军一个AH-64直升机营在攻击伊军一个坦克师时，仅用50min就摧毁了伊军坦克和装甲车辆84辆、火炮8门、汽车38辆。一架美军的AH-64直升机甚至创造了一次出动单机摧毁23辆伊军坦克的骄人记录。战争期间，美军共有274架AH-64直升机参战，共飞行18700h。伊军损失的3700多辆坦克中很大部分是被"阿帕奇"摧毁的，美制"海尔法"反坦克导弹充当了主力，而只有一架"阿帕奇"被伊军击落。"阿帕奇"在地面战中发射了2876枚"海尔法"反坦克导弹，宣称击毁了800辆坦克与装甲车、500辆其他车辆以及无数的防空与炮兵阵地。

续表

导弹型号	AGM-114A	AGM-114B	AGM-114C	AGM-114F	AGM-114K	AGM-114L
最大速度/Ma	1.0				1.1	
使用高度/m	610					
制导系统	半主动激光				惯导+毫米波雷达	
引信	触发引信					
战斗部重/kg	双锥形聚能破甲			串式初始爆破/主聚能破甲		
动力装置	1台固体火箭发动机					
弹重/kg	45.7			48.6	45.4	49.03
弹长/mm	163			180	165	174
弹径/mm	177.8					
翼展/mm	330					

(二)"陶"式反坦克导弹

美国的BGM-71"陶"式导弹(TOW)[①]是一种光学瞄准,红外半自动视线跟踪,有线指令制导体制,三点法导引,筒式发射,倾斜稳定弹体、空气动力控制的反坦克导弹,射程3750m(原型)。早期发展的是步兵班组便携式反坦克导弹系统,用以攻击装甲车辆和坦克等目标,必要时也可攻击碉堡、防御工事等硬目标。后来在便携武器系统基础上,又发展了车载武器系统和直升机载武器系统,见图4-15。"陶"式导弹最初由休斯飞机公司在1963—1968年研制,美军编号为

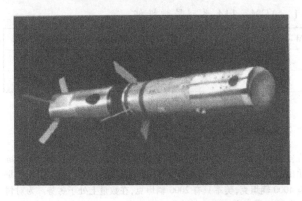

图4-15 美国"陶"式反坦克导弹

---

① "陶"式是"管式发射、光学跟踪、有线制导"(Tube-launched Optically-tracked Wire-guided)的英文首字母缩略语。

BGM-71，设计目标是希望让地面和直升机都能使用。1970年起大量装备部队，已形成系列化产品，世界上共有40多个国家和地区装备了60多万枚"陶"系列导弹。1972年首次在越南战争中使用，尔后在中东战争、两伊战争和海湾战争中多次使用，发挥了巨大作用。[①]

在第四次中东战争的最初三天，"萨格"导弹的出色表现，使以色列装甲兵一些军官认识到第190装甲旅的惨败，既是因为离开其他军兵种的密切配合，也是因为缺乏足够的反坦克导弹。于是，以色列政府向美国政府紧急求援，美国政府迅速派C-130运输机，把在联邦德国拉姆施泰因琴等处的"陶"式和"龙"式两种反坦克导弹迅速运往以色列，在战争中发挥了重要作用[②]。"陶"式和"龙"式均属于第二代反坦克导弹，在一些主要性能上已超越第一代，而"陶"式的综合性能在第二代反坦克导弹中属于佼佼者。第一代反坦克导弹的射程小，近距离射击死区很大，"陶"式导弹显著扩大了有效射击范围，最大射程达到3000m，最小射程缩减到65m。飞行速度平均可达350m/s，导弹重19kg，弹径152mm，发射方式灵活，既可步兵便携发射，也可车载发射，还可在直升机上发射，破甲厚度达500mm，制导方式改为有线半自动制导。它的发射制导设备包括瞄准具、红外测角仪、指令计算机和发射架等。为了让"陶"式导弹在21世纪继续担任重任，雷声公司积极推出了"陶"式导弹的几种最新的改型："陶"-2B和发射后不管的"陶"-3，见图4-16。直到现在，"陶"式导弹的改进仍在持续，从改进战斗部装药到增加探杆，再到串联装药战斗部，其主要型号如下。

[①] 越南战争后期，美军派了3架AH-1武装直升机，携载"陶"式导弹攻击越军坦克。在不到12个月的时间内，共发射101枚反坦克导弹，其中89枚击中目标，命中率超过88％。在被击中的目标中，40％是坦克，60％是卡车、火炮、弹药库等目标。1982年，在两伊战争的一次战役中，伊朗击毁伊拉克坦克360辆，"陶"式导弹在其中发挥了重要作用。伊朗陆军航空兵使用美制的"眼镜蛇"武装直升机，发射"陶"式导弹，5min之内便击毁伊拉克坦克18辆。

[②] 1973年10月14日，掌握了战局主动权的埃及军队开始对以色列军队发动总攻，没想到幸运之神从这天开始又悄悄地离开了他们。以色列人根据自己手中两种反坦克导弹数量不多的实际情况，采取了与前一段时间不同的新战术，进行反坦克防御战，以坦克打坦克为主，以反坦克导弹打坦克为辅。以军在防御阵地构筑了大量的坦克掩体，坦克在这些掩体中利用主炮来打击埃军装甲部队，打一枪换一个地方，使对方的"萨格"导弹无法准确地捕捉目标。以军的反坦克手们隐蔽在防御阵地的纵深地带，利用"龙"式和"陶"式反坦克导弹，机动灵活地对埃军坦克进行攻击。埃军的"萨格"反坦克导弹员不怕电子干扰，但由于采用目视有线制导，瞄准需要10~15s时间，操纵手往往成为敌方打击的目标。如果操纵手为躲避打击低一下头，那么导弹瞄准就要受到影响。因此，在以军各类火力交叉压制下，埃军的"萨格"导弹再也无法施展绝技。面对埃军的大规模进攻，以军扬长避短。"陶"式导弹的发动机燃烧时，没有明显的烟迹，导弹飞行时，目视观察导弹的工作由红外测角仪所代替，提高了射击的命中率。以军充分发挥自己的优势，仅用两个小时，就用坦克炮火和"陶"式导弹击毁对方260辆坦克，其中约有50％是"陶"式导弹击毁的。

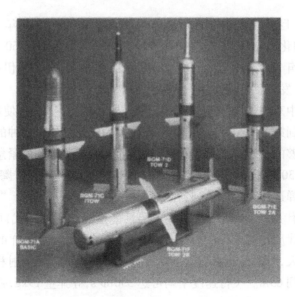

图4-16 美国"陶"式反坦克导弹

BGM-71A,基本型,管射光学追踪线控导引导弹。

BGM-71B,改进型,增大了射程,1978年问世。

BGM-71C,改进型,改良锥形装药弹头。

BGM-71D,称为TOW2,改良导引、引擎和加大主弹头,1983年问世。

BGM-71E,称为TOW2A,使用纵列弹头,可有效击毁反应装甲,1987年问世。

BGM-71F,称为TOW2B,改变了战斗部攻击目标的方式,采用两个爆炸成型战斗部从目标顶部攻击,1987年问世,1991年装备美军。该导弹装有双模目标传感器和新型战斗部,外观上与TOW2A相似,只是没有探杆。采用两个自锻(爆炸成型)穿甲战斗部,两个战斗部同时起爆,一个垂直向下,另一个稍微倾斜,以获得最大的命中概率,战斗部为具有在被毁目标内发火燃烧效果的材料。

BGM-71H,BGM-71E改型,为对抗加固建筑而生产的"碉堡克星"。

发射后不管"陶"-3,是"陶"式导弹的最新改型,通过引入发射后不管技术,为经过实战检验的"陶"式重型反坦克/反装甲导弹家族增添了新的一员。通过为"陶"式导弹增加红外焦平面成像导引头和自动目标跟踪功能,并去掉了原有的制导导线,明显地增强了射手的生存力和武器系统的杀伤力。已经装备部队服役。

武装直升机载"陶"式导弹见图4-17,已在超过13个国家和地区服役,超过2100套武器系统交付使用,可装配在英国"山猫"、意大利A129"猫鼬"、美国的贝尔206L、"休伊"UH-1、AH-1"眼镜蛇"等直升机上。

(三)联合通用导弹

为了满足反恐作战的需求,美国陆军于2008年重启了曾于2004年终止的联合通用导弹(JCM)项目,并重新命名为联合空地导弹(JAGM)项目。JAGM是一种可搭载在直升机、固定翼飞机和无人机上的多功能导弹,能够在任何天气及昼夜环境

图4-17 武装直升机载"陶"式导弹

中对抗多种干扰,打击装甲/防空目标、巡逻船、火炮、弹道导弹运输和发射/竖起装置、雷达站、指挥控制节点、掩体/仓库以及城市和复杂地形中的建筑物。JAGM研制之初,由雷声公司和洛克希德·马丁公司参与竞标,前者的方案采用激光半主动+毫米波+红外成像的三模导引头,后者采用激光半主动+毫米波的双模导引头。后因经费削减和技术方面的原因,该项目只保留了洛克希德·马丁公司。2012年8月,美国陆军与洛克希德·马丁公司签订价值6400万美元的合同,以扩展开发JAGM技术项目历时27个月。2014年2月底,洛克希德·马丁公司对双模导引头进行了演示,证实该导引头可满足军方的技术指标要求。2014年6月,美国陆军对JAGM项目制定了三阶段发展计划。增量Ⅰ阶段,采用洛克希德·马丁公司的双模导引头和"海尔法"Ⅱ导弹的火箭发动机和弹头,2015年春天进入工程制造和研制阶段,2017年冬进行小批量生产,2019年开始交付海军陆战队;增量Ⅱ阶段,采用三模导引头,射程为12km,2018年后开始服役;增量Ⅲ阶段,射程增大到16km,固定翼机载型的射程要达到28km,2020年后服役。

二、俄军直升机机载反坦克导弹

(一)"强攻"系列反坦克导弹

"强攻"(Shturm,俄文ШTYPM)是俄罗斯科洛姆纳机器制造设计局(KBM)研制的一种无线电传输视线指令制导反坦克导弹武器系统。俄罗斯(苏联)赋予武器系统代号9K114,导弹代号9M114。北约代号为AT-6,绰号"螺旋"(Spiral)。"强攻"导弹系统于1973年开始装备苏联军队,最初是作为武装直升机机载空地反坦克导弹使用。20世纪90年代后,科洛姆纳机器制造设计局推出了其改型,使其也可以从地面车辆上发射。"强攻"导弹有时也被译为"突袭"、"强袭"、"突击"、"突击手"等,或音译为"斯图拉姆"。

目前,"强攻"系列反坦克导弹系统主要有:"强攻" – A,基本型和配装反工事/掩体战斗部型,导弹为9M114(AT – 6A);"强攻" – B,可对付反应装甲的直升机机载空中发射型,导弹为9M114M1(AT – 6B);"强攻" – C,地面车载发射型,导弹为9M114M2(AT – 6C)。另外,俄罗斯为了促进对外军售,在"强攻"导弹的基础上,又最新推出了外贸型"ATAKA"导弹系统。"强攻"反坦克导弹主要用于与固定和运动的装甲目标交战,如现代主战坦克、步兵战车、反坦克导弹发射车、防空导弹发射车、坚固硬目标等;也可以攻击地面防御工事如碉堡、混凝土与土木炮台等;以及低空低速飞行的空中目标,如直升机等。

直升机机载型"强攻" – B 反坦克导弹系统可以装于米 – 24"母鹿"、米 – 28"浩劫"和卡 – 29 武装直升机上,其中米 – 24"母鹿"的标准载弹量是 8 枚,而米 – 28"浩劫"直升机最多可载 16 枚"强攻"导弹(图 4 – 18),与美军的 AH – 64A"阿帕奇"武装直升机相当。

图 4 – 18　装备于米 – 28 武装直升机的"强攻"反坦克导弹

"强攻"反坦克导弹采用红外半自动跟踪、无线电指令制导体制。导弹尾部有用于制导系统跟踪的红外辐射器,红外辐射器的工作波长为特殊选定的,且为脉冲式,对抗敌方主动干扰具有很好的保护作用。制导系统向导弹传输的无线电指令又是经过编码的,因此,对于敌方各种干扰具有很高的鲁棒性。"强攻"反坦克导弹配备了"尘埃"软件程序,可以保证导弹在目标瞄准线上飞行,直到快接近目标时,再调整下来。采用"尘埃"弹道的优点是,可以使射手在有限的能见度条件下捕获并保持跟踪目标,并不易被对方发现。

"强攻"反坦克导弹(基本型),有效射程 400～5000m、直径 130mm,采用光学跟踪、无线电指令制导,单级空心装药破甲战斗部,导弹以平均 400m/s 的超声速接近目标,破甲穿深560mm。采用鸭式气动布局,弹体呈稍有一点头细尾粗过渡的细长圆柱体,导弹头部为圆锥曲线旋转体。在导弹头部是两片用于控制导弹飞行的鸭式舵,舵片平时折叠收入弹体,导弹发射后自动弹出。导弹尾部是四片卷弧尾翼,与一般的卷弧尾翼卷向一个方向不同,这四片卷弧尾翼分成两组,分别同轴安装在弹体两侧,同组的两片尾翼,分别向对方卷绕,四片尾翼在弹体横切面呈轴对称与中心对称分布。

"强攻"导弹的不同改型,对于导弹总体布局与结构没有大的变化,所不同的只是,增加了导弹的长度、重量,以增大射程。最重要的改进则主要体现在战斗部的变化上。"强攻"-B系统的导弹9M114M1(AT-6B)及"强攻"-C系统的9M114M2(AT-6C)都采用了串联破甲战斗部,提高了对披挂反应装甲的坦克目标的打击能力。ATAKA导弹(ATAKA就是英文"ATTACK"(攻击)的俄文音译),俄罗斯编号9M120,北约命名为AT-9,是"强攻"导弹的最新改进型,可由现有的"强攻"导弹发射车发射。战斗部可选择串联聚能破甲战斗部,用于对付披挂爆炸反应装甲的现代主战坦克;也可以选择高爆战斗部用于攻击轻型装甲车辆、野战炮兵阵地、小型舰船;另外还可选择连杆式战斗部用于对付直升机等空中目标。ATAKA导弹也装备于米-28N"浩劫"战斗直升机,主要将用于对外出口,见图4-19。

图4-19 AT-9反坦克导弹

(二)"涡旋"机载反坦克/多用途导弹

"涡旋"(VIKHR,俄文 Вихрь)是俄罗斯图拉仪器仪表设计局开发研制的第一种专门为武装直升机和固定翼攻击机设计的机载远程反坦克/多用途导弹系统。该系统从20世纪80年代中期开始研制,1991年首次在阿联酋迪拜的航空展上向外界展示,可用于攻击坦克、步兵战车、小型舰艇、直升机和低速固定翼飞机等目标。目前,主要已在俄罗斯空军和陆军航空兵部队少量装备,主要佩备俄罗斯卡-50、卡-52系列武装直升机和苏-25T攻击,见图4-20。"涡旋"有时也被译为"旋涡"或"龙卷风",或音译为"维赫里",俄罗斯编号为9K121,北约代号AT-16,绰号"青葱"(Scallion),昵称"旋风"(Whirlwind)。

图4-20 "涡旋"机载反坦克导弹

该弹于1990年开始服役,标准的发射装置为上下叠放的6联装发射器,可同时挂载6枚筒装导弹。每架卡-50武装直升机与苏-25T攻击机标准带弹量为12枚"涡旋"导弹,具有很强的攻击力。沿用了图拉设计局的一贯设计风格,从导弹头部,依次为冲压式舵机进气口、前置战斗部、冲压式舵机、固体火箭发动机、战斗部、制导电子舱及激光接收机等。导弹采用导管发射方式,弹头露在发射管外,无扁平头盖。采用电视/红外热成像瞄准、激光制导,具有同时制导2枚导弹攻击同一个目标的能力、对坦克命中概率0.8~0.85,对直升机为0.75~0.8(在正常情况下,2枚导弹同时攻击1个目标的摧毁概率接近为1)。导弹自重45kg,发射筒重14kg,筒装导弹重59kg。动力装置为单室双推力固体火箭发动机,最大飞行速度马赫数1.8,最大射程12km。该弹采用串联聚能破甲/杀爆/破片杀伤战斗部,战斗部重8kg,装药4kg,配有触发/近炸引信,破甲厚度1000mm(带一层反应装甲),每分钟可攻击3~3.5个目标。

"涡旋"导弹系统的特点是:可方便地安装在武装直升机、运输直升机以及固定翼攻击机上;可有效摧毁各种目标,如坦克、步兵战车、小型舰艇、直升机和低速固定翼飞机等;增大的射程和超声速的飞行速度大大提高了载机在敌人防空系统威胁下的生存力;具有昼夜发射能力,在恶劣气象和强干扰情况下的作战能力;导弹制导控制系统也可以为机载航炮和航空火箭弹提供高精度的火力控制。

"涡旋"导弹武器系统由"涡旋"筒装导弹和机载光电稳定瞄准驾束制导系统组成。"涡旋"导弹采用鸭式气动布局,弹体呈细长圆柱状,弹体头部为较为尖细的圆锥曲线旋转体。在弹体前部有 4 片鸭式舵片,在弹体尾部有 4 片尾翼,舵片与尾翼在发射筒中时,分别向前折入弹体内和靠尾翼根部的弹簧机构及尾翼的弹性包卷在弹体表面,导弹发射后,舵片、尾翼迅速张开,呈"×-+"配置。"涡旋"导弹,在结构设计上秉承了图拉仪器仪表设计局激光驾束制导导弹的一贯设计风格,从导弹头部,依次为冲压式舵机进气口、前置战斗部、冲压式舵机、固体火箭发动机、战斗部、制导电子舱及激光接收机等。主要技术特点:一是采用冲压式气动舵机。人们在很早的时候,就提出了冲压式空气舵机的概念,希望在导弹头部开特设的进气口和压缩空气回路,利用导弹高速飞行的冲压压差,将由导弹头部进气口冲入的空气压缩成高压空气,进而成为推动舵机工作的工作能源。冲压式气动舵机的主要特点是:它的工作气源不是由弹上高压气瓶提供,而是借助导弹飞行速度,直接从大气中获得。舵机只需在唯一的直流电源的作用下就能顺利工作。因此,舵机结构简单,重量轻,便于安装。但是由于技术与应用上的种种限制,冲压式舵机在西方国家一直没有进入实际应用。俄罗斯图拉仪器仪表设计局开发了冲压式舵机的独特技术,技术非常成熟,它的许多种导弹都采用了这种控制方式,如"巴斯基昂"炮射导弹、"米基斯"反坦克导弹等。二是火箭发动机及喷管口位于弹体中部。采用发动机中置的好处是对于采用激光驾束制导的导弹,弹体尾部将安装激光接收机,为了防止发动机尾焰和羽烟对激光波束的干扰,应将发动机及喷管位置前移;发动机位于弹体中部,可以保证像"涡旋"这样的大长细比导弹的质心不会随发动机的燃烧而产生大的变化;发动机前置,主战斗部位于发动机之后,可以充分利用发动机长度提高战斗部等效炸高,从而提高破甲威力。三是高效的单室双推力固体火箭发动机为"涡旋"导弹提供了强大的动力,使其成为一种真正的超声速导弹。"涡旋"导弹的单室双推力发动机构成了起飞和续航两个推力方案,它们使导弹迅速加速并保持超声速的速度飞向目标。"涡旋"导弹飞到 8000m 距离的平均速度是超声速,而一般的反坦克导弹只是最大速度才接近声速。飞行速度的提高可以大大提高交战效率并降低载机的暴露时间,从而提高战场生存率。

三、其他国家军队直升机机载反坦克导弹

(一)"霍特"反坦克导弹

"霍特"反坦克导弹是法国与联邦德国联合研制的第二代有线制导的反坦克导弹,见图 4-21。1963 年法、德两国政府签署协议,决定联合发展两种新型反坦克导弹"米兰"(MILAN)和"霍特"(HOT),分别为"轻型步兵反坦克导弹"和"高亚声速、导管发射、光学跟踪、有线制导"的法文缩写的音译,前者主

要用于陆军步兵反坦克作战,后者主要用于直升机和地面车辆装载反坦克作战。

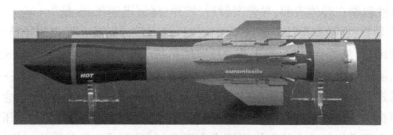

图4-21 "霍特"反坦克导弹

"霍特"导弹的制导系统为红外半自动有线指令制导,攻击距离达4km。经过短时训练的一般射击员就能使用这种导弹。其制导系统的主要特点是:导弹启动、试验和工作的所有必要系统组成一个排列整齐的装置;用光学瞄准具搜索与跟踪目标,导弹飞行过程中射击员要把十字标线压在目标上;红外定位器通过跟踪导弹尾部闪光确定导弹位置,也就是相对瞄准线的偏差;利用定位器发出的偏差信号,计算机自动地确定适当的指令使导弹保持在正确的瞄准线轴上,用连接导弹的导线传递数据。直升机能在悬停或前飞状态发射该导弹,考虑到红外制导系统和直升机的方向机动性,发射斜轨在方位上是固定的,直升机本身必须大致对准目标。直升机的俯仰角可以改变而不管目标的方向怎样,它与所选择的飞行方式(悬停或前飞)有关。发射装置可挂四个发射管,并能在±20°范围内以15°/s的速度转动。直升机能携带两具这种发射装置。

导弹和发射管是作为一个整体来交付的。玻璃钢制发射管又用作导弹贮存和搬运的容器,所以导弹和发射管可作为一枚弹来对待。导弹由战斗部、中段和后段三个主要部分组成。战斗部在导弹的头部,有空心装药和发火引信,导弹撞击倾斜角65°时,引信仍有效。另外,保险装置在导弹飞离发射载机30~40m才解除战斗部的保险;中段外部装有折叠翼,外壳内装固体推进剂的助推器和主发动机;后段装有导弹的所有制导设备和发火触发系统、接收机与译码器(处理制导数据,使控制信号与导弹旋转协调)、基准陀螺、稳定装置、稳定组件(它提供导弹发射后的初始制导)、主发动机喷管和偏转器、制导线(绕在转轴上)、红外跟踪闪光灯(它使定位器能在昼夜探测导弹位置)。

"霍特"于1977年服役,经过20年的不断改进和发展,在基本型HOT1的基础上,形成了一个包括HOT2、HOT2T、HOT2MP、HOT3型在内的完整的反坦克导弹系列,主要战术技术性能见表4-2。

第四章 机载空地导弹

表4-2 HOT系列反坦克导弹主要战术技术性能

最大射程/km	4(车载)/5(机载)	翼展/mm	310
最小射程/m	75(车载)/400(机载)	弹径/mm	160
最大速度/(m/s)	260~280	弹重/kg	23.5
动力装置	1台固体火箭发动机加 1台固体火箭助推器	弹长/mm	1.27(HOT1) 1.3m(HOT2/2T/2MP)
制导系统	有线指令(HOT1/2/2MP) 红外成像(HOT3)	战斗部	聚能破甲,口径136mm(HOT) 串式战斗部,口径150mm (HOT2/2T/2MP)
引信	触发引信(HOT1/2/2MP) 红外近炸引信(HOT2T)		

HOT2型:仍为有线指令制导型,为基本型HOT1的改进型,称之为"霍特"2,由于其口径增至150mm,故亦称之为"霍特"150(HOT K150)。1980年开始改进,1985年开始投产,同年进入现役。其主要改进之处是:战斗部口径由原来的136mm增至150mm,同时改进锥形装药,故其破甲威力增强;改进了制导控制系统,减轻了重量;性能水平比基本型有一定的提高,属于过渡性第二代半成品。

HOT2T型:仍为有线指令制导型,为HOT2的改进型,称之为"霍特"2T,1987年开始改进,1992年进入现役。其主要改进之处是战斗部,采用了能穿透"抗爆炸反应能力装甲"(EAR)的新型串式战斗部,故破甲能力增强,在性能水平上仍属于过渡性第二代半成品。

HOT2MP型:仍为有线指令制导型,为HOT2T的改进型,称之为"霍特"2MP,1987年开始改进,1992年进入现役。其主要改进之处是战斗部,采用了新型多功能战斗部,故使导弹对付的目标范围增大,在性能水平上仍属于过渡性第二代半成品。

HOT3型:为红外成像制导型,称之为"霍特"3,1990年开始发展,属于第三代反坦克导弹,很可能已被正在研制的第三代反坦克导弹"崔格特"ATGW-3LR所取代。

(二) 崔格特"(TRIGAT)反坦克导弹

"崔格特"(TRIGAT)反坦克导弹,是英、法、德等欧洲国家联合研制的第三代反坦克导弹,见图4-22。该弹由欧洲导弹动力集团负责开发研制,该公司由法国玛特拉宇航公司、英国玛特拉宇航动力公司和德国戴姆勒-克莱斯勒宇航公司共同组成。导弹在德国编号为PARS-3,法国编号为AC-3G。"崔格特"导弹包括两种型号:步兵便携式中程"崔格特"(TRIGAT-MR,拟取代"米兰"导弹)和直升机载远程"崔格特"(TRIGAT – LR 拟取代"霍特"、"旋火"和"陶"式导弹)。"崔格特"导弹发展计划的可行性研究完成于 1980—1981 年。随后,在 1983—1986 年进行了项目定义试验。1988 年英、法、德三国政府签署了联合研制"崔格特"导弹的谅解备忘录。法国负责研制中程"崔格特"导弹,英国和德国负责研制远程"崔格特"导弹,比利时和荷兰于 1989 年也参加到这个项目中来。

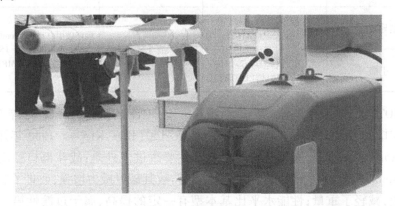

图 4 – 22 "崔格特"反坦克导弹

1. 中程"崔格特"(TRIGAT – MR)

TRIGAT – MR 于 1998 年 7 月完成各项试验,2002 年服役,用于替换 1973 年生产装备的"米兰"反坦克导弹。该弹重 18.2kg,筒装导弹重 27kg,热像仪重 10.5kg,发射制导装置重 17kg,武器系统重 44kg;弹长 0.95m,筒装导弹长 1.2m,直径 0.152m,翼展 0.18 米;串联聚能破甲战斗部重 5kg,装有激光近炸引信,破甲厚度 1200mm,混凝土 3m;最大飞行速度 290m/s,有效射程 200~2400m;采用激光制导,命中概率 90%~95%;采用单兵便携或车载发射,重新装弹时间 5s,发射速度 3 枚/min。

2. 远程"崔格特"(TRIGAT – LR)

TRIGAT – LR 是武装直升机专用的反坦克导弹,是法、德"虎"式武装直升机的标准装备,见图 4 – 23。研制远程"崔格特"导弹的目的是要替代由欧洲导弹公司于 1978 年开始生产装备的"霍特"反坦克导弹、雷声公司于 1970 年开始生产装备的"陶"式导弹以及玛特拉宇航公司于 1967 年开始生产装备的"旋火"导弹等,是西欧国家目前主要装备的直升机机载反坦克导弹,使得英、法、德等欧洲国家的远程反坦克能力得到较大的提高。该弹采用红外成像制导方式,具备"发射后不管"能力,其主要战术技术性能见表 4 – 3。

图4-23 远程"崔格特"反坦克导弹

表4-3 远程"崔格特"反坦克导弹的战术技术性能

最大射程/km	8	翼展/mm	430
引信	触发引信	弹径/mm	159
最大速度/Ma	>1	弹重/kg	49
动力装置	1台两级推力固体火箭发动机	弹长/mm	1570
制导系统	红外成像	战斗部	串联聚能破甲战斗部
命中精度	90%~95%	破甲厚度/mm	1200

远程"崔格特"导弹的主要特点是：①采用先进的红外焦平面成像制导体制，是一种真正的发射后不管导弹。导弹安装有红外焦平面成像导引头，可以发射前锁定目标，也可以发射后锁定目标，一旦发射导弹，载机可以立即机动隐蔽，或继续进行下一次攻击。机载型远程"崔格特"导弹在作战中主要采用发射前锁定目标方式，由驾驶员参与目标的捕获、识别与锁定，可以最大限度地避免误杀伤和重复杀伤，并减少附带损伤。发射后锁定目标的方式主要依靠图像处理与软件的方法进行目标的识别与锁定。②采用桅杆式全被动目标搜索、捕获与火力控制系统，使得射手在捕获目标时能够清楚地看到目标，而直升机却处于隐蔽的位置，战场生存率高。在弹道选择上，远程"崔格特"导弹，不像中程"崔格特"导弹采用激光驾束制导体制那样，导弹必须沿瞄准线飞行，正面直接攻击目标，可以有更大的灵活性。对于坦克等装甲目标，可以采用曲射弹道，导弹发射后首先爬升，然后转入平飞，待接近目标后，转入俯冲末制导，从装甲目标上方进

行攻击；对于武装直升机或低空低速固定翼飞机，则可以采用直接攻击弹道；③可以在昼夜和恶劣的气象条件下发射使用；④具有很强的抗电子与光电干扰能力；⑤最大射程8000m，可做到在敌低空防空火力防区外发射，载机安全性高；⑥可攻击主战坦克、步兵战车等装甲目标，也可攻击武装直升机和低空低速飞行的固定翼飞机；⑦以直升机载为主，也可车载发射使用。

2000年12月7日，远程"崔格特"导弹在法国首次成功地进行了直升机上发射试验，1枚导弹从飞行高度30m、前飞速度82m/s的"黑豹"直升机上发射，准确地击中了2600m距离的模拟坦克目标，命中精度被称为可以"击中牛眼"。2002年远程"崔格特"导弹武器系统完成了发射装置电子系统和导弹的设计定型工作，并于同年12月在法国开始了部队试验。德国陆军已经决定为其采购的80架反坦克型"虎"式直升机配装该型导弹，认为只有使用这种导弹才能完全发挥出"虎"式直升机的作战性能①。远程"崔格特"导弹已于2003年开始小批量生产。

欧洲MBDA公司在完成远程"崔格特"第三代直升机载反坦克导弹的研制、鉴定和批量生产之后，计划发展系列化欧洲模块化导弹。MBDA法国公司原计划在中程导弹的基础上，研制射程更远的远程导弹，以满足法国陆军替换其"小羚羊"多用途直升机上装备的"霍特"导弹的需求，2018年完成研制，2020年装备到法国"虎"式攻击直升机上。与此同时，德国装备的"霍特"导弹在2017年之后退役，需要寻求替换武器。为此，MBDA法国公司与MBDA德国公司决定整合两国的需求，联合提出系列化欧洲模块化导弹概念。在初步设计方案中，欧洲模块化导弹将用于打击低信号目标、半硬目标和基础设施等目标，采用模块化弹体，并借用远程"崔格特"导弹和MBDA公司现有及在研的技术和零部件。欧洲模块化导弹的所有变型都将能用现有远程"崔格特"导弹的发射器发射，导弹配用杀爆战斗部和多效应战斗部，可以打击不同类型的目标。

（三）NT系列反坦克导弹

以色列NT系列反坦克导弹是由拉斐尔（RAFAEL）公司导弹分部研制发展

---

① 远程"崔格特"导弹最初是作为直升机载远程反坦克导弹而发展的，标准载机是英、法、德三国联合研制的"虎"式武装直升机，每架反坦克型"虎"式直升机可携带2个标准的四联装发射箱，共8枚导弹。"虎"式直升机发射远程"崔格特"导弹发射采用"地狱判官"桅杆式红外CCD器件被动成像瞄准具，由SFIM工业公司研制，既可用于发射制导"霍特"导弹，也可用于发射远程"崔格特"导弹。"地狱判官"桅杆式光电目标捕获系统可以提供被动探测、识别与确认目标的能力。桅杆式瞄准具在一个陀螺稳定平台上安装了红外CDD热像仪和CCD电视摄像机。目标识别采用人在回路的主动识别方式，通过高度自动化的火控系统，射手可以在荧光屏上选定目标，相应的这个目标就被导弹导引头在发射前锁定了。远程"崔格特"武器系统的红外光电搜索、瞄准系统为系统昼夜/全天候作战提供了保证，可以齐射，齐射速度为8s中发射4枚导弹。

的发射后不管/发射后观察的第四代反坦克导弹产品（亦有认为该导弹属于第三代产品）。20世纪80年代初开始研制，到1992年为止，拉斐尔公司已经研制出了NT导弹的原型，并于1993—1994年开始了小批量生产。在希伯来语中NT（Nun Tet的缩写）这两个字母代表"反坦克"。NT系列反坦克导弹是一系列采用图像制导与光纤制导技术相结合的"发射后不管"的反坦克导弹，其设计思想就是要在制导方式上取得比有线制导和半自动视线指令制导有根本性的飞跃。该系列导弹广泛装备于步兵、快速反应部队、地面部队和武装直升机，主要打击坦克、装甲车、坚固掩体和低飞的直升机等目标。

NT系列反坦克导弹由结构相近、又具有各自不同功能的三种导弹组成：NT-G"吉尔"（Gill）单兵便携式反坦克导弹系统、NT-S"斯派克"（Spike）便携/车载/直升机载反坦克导弹系统和NT-D"丹迪"（Dandy）直升机载反坦克导弹系统。三种导弹的关系是："斯派克"导弹是"吉尔"导弹的射程增长型，增加了光纤数据链路，但两种导弹重量相同，并共用同一种发射装置。"斯派克"导弹有时被意译为"长钉"，相应的"吉尔"导弹，作为"斯派克"导弹的近程型，也被称为"短斯派克"或"短钉"。而"丹迪"导弹则是"斯派克"的机载增程放大型。2002年，为加强在国际市场上的竞争力，拉菲尔公司将原来NT家族更名为"长钉"反坦克导弹家族，主要包括"长钉"-SR（NT-G）、"长钉"-MR（NT-S）、"长钉"-LR（NT-C）、"长钉"-ER（NT-D）。"长钉"-SR、"长钉"-MR、"长钉"-LR均为轻型便携式反坦克导弹系统，由导弹、发射控制单元、热成像仪和三脚架组成，发射系统全部通用。导弹重14kg，发射控制单元重5kg，三脚架重2.8kg，电池重1kg，热成像仪重4kg，放大倍率3.5倍，最大探测距离3000m，昼间光学瞄准镜视场5度，放大倍率10倍。采用红外成像或电荷耦合电视成像制导，可采取跪姿、坐姿卧姿和半蹲姿等射击姿势，战斗准备时间10s。

1. "长钉"-SR（NT-G"吉尔"）

"长钉"-SR为"长钉"家族的新成员，SR是英文"Shot Range"的缩写，意为短程。该弹是一种低成本、"发射后不管"的便携式反坦克导弹系统，不仅用于攻击装甲目标，还可攻击掩体、混凝土工事等多种目标，主要装备步兵、特种部队和快速反应部队，有效射程50~800m，用于弥补单兵反坦克火箭和中程反坦克导弹之间的火力空白。射手可以选择肩扛发射，而无须架起三脚架，导弹再装填时间不超过15s。

2. "长钉"-MR（NT-S"斯派克"）

"长钉"-MR为原来的"吉尔"反坦克导弹，MR是英文Middle Range的缩写，意为中程。筒装导弹长1.2m，弹径0.11m，导弹配有串联战斗部，采用红外成像或电荷耦合电视成像制导，有效射程200~2500m，入射角30°时可击穿厚度

800mm 的均质钢装甲。

"斯派克"NT-S 便携/车载/直升机机载反坦克导弹,也是世界上第一种装备使用的光纤制导导弹,见图 4-24。该弹采用红外成像制导方式,传感器可将目标图像经双向光纤传输给射手,既可采用"发射后不管"的模式,也可采用发射后观察再更新等多种模式,提高了攻击目标的准确性和灵活性。导弹弹重 32kg,最大破甲厚度 980mm,最大射程 6000m。该导弹的最大缺点是飞行速度较慢,只有 150~180m/s,4000m 全射程飞行时间为 24s(平均速度为 166.7m/s),远远低于目前一般认为的反坦克导弹的最佳巡航速度,主要是由于采用光纤制导,光纤的抗拉强度与光纤线轴放线速度限制了导弹速度的提高。

3. "长钉"-LR(NT-C)

"长钉"-LR 为原来的"长钉"导弹,LR 是英文 Long Range 的缩写,意为远程,是"长钉"家族中的远程型号,有效射程 200~4000m,在夜间或者恶劣气候条件下,受热成像仪有效作用距离的限制,射程下降为 3km,见图 4-25。该弹装备有光纤通信制导系统,可将射手的意图以数字形式传给导弹,同时也可将导弹导引头看到的画面以图像形式传给射手。导弹在飞行过程中,射手可以修正瞄准点,也可以允许射手改变攻击目标。此外,射手借助光纤通信链系统,通过实时图像可以评估杀伤效果。该弹既可以安装在汽车脚架上作为便携式反坦克导弹使用,又可以架设在轻型战斗车辆上,还可以打击如直升机等低空飞行目标。

图 4-24 以色列"长钉"-MR
反坦克导弹

图 4-25 以色列"长钉"-LR
反坦克导弹

4. "长钉"-ER(NT-D"丹迪")

"长钉"-ER 为原来的"丹迪"反坦克导弹,ER 是英文 Extended Range 的缩写,意为增程,最大射程 8km。该弹可安装在轻型战斗车辆和直升机上,也可拆下安装在三脚架上,还可安装在轻型水面战斗舰艇上作为近程反舰导弹使用。该弹新增发射/控制模式,导弹发射前不需要锁定目标,直升机飞行员可以在发射后再选择目标。导弹重 32kg,车载发射装置重 30kg,机载发射装置重 55kg,破甲厚度1000mm。此外，于2009年公布的新型非瞄准线型"长钉"-NLOS，最大攻击距离可达25km。

"丹迪"直升机载光纤制导反坦克导弹系统被称为远程"斯派克"，是"斯派克"的增程放大型，用于直升机机载发射。与"斯派克"导弹一样，"丹迪"也采用光纤图像制导体制，具有热像导引头和光纤数据链路，射手可通过光纤在全射程控制导弹。以色列空军正在用"丹迪"取代装备于AH-IG"眼镜蛇"和AH-1W"超级眼镜蛇"武装直升机的"陶"式反坦克导弹。

（四）轻型多用途导弹

英国泰利斯公司研制的直升机轻型多用途导弹（LMM）配用于"野猫"直升机。该导弹采用激光驾束制导方式，带有多用途爆炸/破片式战斗部，可对付轻型履带、轮式车辆以及建筑物、固定设施等静止目标。轻型多用途导弹配用激光近炸引信，可对付雷达信号特征非常小、但能够反射激光的"软"目标，如橡皮艇或无人机，引信起爆距离可根据目标的不同在1~3m之间进行调节。轻型多用途导弹采用二级固体火箭发动机，发射时导弹可被加速到510m/s，最大射程为6~8km，最小射程400m。泰利斯公司计划将轻型多用途导弹应用于多种平台，包括"星光"导弹所有的传统肩射式和车载式发射架、AH-64"阿帕奇"攻击直升机。该公司新研制的名为"罗神"（Fury）的变型无人机上有临时使用的用螺栓固定的悬挂点，能够挂载4枚轻型多用途导弹。目前，泰利斯公司正在与土耳其一家公司合作为轻型多用途导弹提供一种远程遥控式舰载发射系统"阿萨赛"（Aselsan），该发射系统可安装在小型舰艇、岸上军事基地或石油钻塔上。

第五章 机载空空导弹

空空导弹是以飞机或直升机为发射平台,用于攻击空中目标的导弹。空空导弹是空中搏击的"敏捷拳手",也是现代空战"一锤定音"的关键。由于空空导弹的发射平台和打击目标都处于运动之中,因此它是导弹家族中独具特色的一个分支,也是较早应用精确制导技术的导弹。随着直升机飞行性能的提高和机载武器的发展,世界各国在注重对地攻击能力的同时,也越来越重视其自身的防御。空空导弹因攻击范围广、格斗能力强、命中精度高、杀伤威力大等特点正逐渐成为武装直升机空战的主战武器之一。武装直升机间利用空空导弹进行的空中格斗,既是攻击的需求,也是自我保护、提高自身生存能力的手段。

武装直升机机载空空导弹主要为红外型空空导弹,它是直升机重要的空战武器,是空空导弹家族中的重要一支,具有体积小、重量轻、适用性强、维护和使用方便,可以不需要复杂的雷达火控系统配合,可以装备小型廉价的战斗机等特点。正由于这些特点,红外型空空导弹自20世纪50年代初问世以来长盛不衰,是世界上装备最广、生产数量最多的导弹。自20世纪80年代两伊战争中直升机空战发生以来,美、俄、法等国迅速开始研究和分析直升机空战的各种战术及相应的武器系统。经过多年的发展,直升机空战模式(先敌发现、先敌发射、先敌命中)和机载空空导弹的性能有了大幅提升。

我国于20世纪50年代后期,在分析"响尾蛇"导弹残骸的基础上开启了研制红外型空空导弹的征程,历经测绘、分析、仿制、引进,逐步走上了自主设计的道路。先后研制了四代红外型空空导弹,包括PL-2(PL-2A、PL-2乙)、PL-3、PL-5(PL-乙、PL-5E、PL-5EⅡ)、PL-6、PL-7、PL-8、PL-9(PL-9C)、PL-10(PL-10E)及TY90(天燕)等系列型号;发展了多种雷达型空空导弹,包括PL-1、PL-4、PL-11、PL-12、PL-15等,为固定翼飞机、武装直升机等提供了空战武器,为国防现代化做出了重要贡献。

第一节 空空导弹概述

现代战争离不开制空权的支持,而性能先进的空空导弹是夺取制空权的重要保证,在现代空战中发挥着越来越显著的作用。精确制导技术最早应用于空空导弹,1958年空空导弹就用于实战,并在以后的越南战争、中东战争、英阿马岛战争、海湾战争等较大规模的军事冲突中大量使用。尤其是近20年来的局部战争实践证明,空空导弹已成为击落敌空中目标的首要手段。

一、发展简史

空空导弹的发展,从20世纪40年代开始经历了数十年。空空导弹的"雏形"起源于第二次世界大战时的德国,1944年4月德国研制了世界上第一种有线制导空空导弹X-4,见图5-1。X-4采用固体火箭发动机推进,利用位于两片弹翼顶端的控制导线进行制导,利用另外两片弹翼顶端的曳光管观察航迹。战斗部杀伤半径为7.5m,但该空空导弹未能投入实战使用,德国就战败了。

二战结束后,美国和苏联将德国的技术资料和技术人员接收后,对空空导弹进行了研究。1953年,美国研制的AIM-9A"响尾蛇"(Sidewinder)[①]空空导弹首次发射试验成功,成为世界上第一种被动式红外制导空空导弹,也是第一款有击落目标记录的空空导弹。

1956年,苏联研制的K-5型(又名K-5M)空空导弹投入批量生产,见图5-2。1957年首次装备米格-17歼击机。西方给这种雷达制导的导弹取名为AA-1,绰号"碱"。导弹长1.88m,弹径0.178m,舵翼翼展0.32m,弹翼翼展0.58m,弹重82kg,战斗部重13kg,射程5~7km,最大速度$Ma=2$,使用高度16km左右。

图5-1 德国X-4空空导弹

图5-2 苏联K-5M空空导弹

[①] 美洲大陆有一种特有的毒蛇——响尾蛇。尽管响尾蛇的视力极差,但却能在漆黑的夜晚捕捉到活蹦乱跳的田鼠、松鼠等小动物,奥秘在于其面颊处的两个颊窝。颊窝对周围温度极其敏感,不仅能感受到周围温度极微小的变化,而且可准确判断发热物体的位置,也被形象地称为"热眼",响尾蛇正是利用这一独特功能来捕获动物。在此启发下,美国物理学家麦克利恩博士设计出了红外探测器,并研制出了第一代红外型空空导弹,命名为"响尾蛇"空空导弹。

空空导弹从 1958 年首次投入实战①,在 20 世纪 60 年代越南战争开始大量用于空战,经历了 20 世纪 80 年代的马岛之战、贝卡谷地空战,以及 90 年代海湾战争的考验,空空导弹已成为高技术条件下空战的主要武器②。自从空空导弹诞生以来,按作战对象、作战性能和对空战战术的影响不同,普遍认为空空导弹已发展四代有上百种型号。从目前世界各国装备情况看,第三代空空导弹仍在服役,第四代空空导弹已成为主战装备,而世界军事强国都在积极研发第五代空空导弹。

(一) 第一代空空导弹

第一代空空导弹是针对自卫火力较强的亚声速轰炸机目标(B-52、伊尔-28 等),从 20 世纪 40 年代后期开始研制,50 年代初期开始装备。典型的有美国的 AIM-9B"响尾蛇"、AIM-4A 和 AIM-7"麻雀"导弹,苏联的 AA-1 导弹,法国的 R-04/R-05 和 AA-20/AA-25 导弹,英国的"闪光"和"火光"导弹等,其最大射程 3.5~8km,最大飞行速度 $Ma=2.5$,最大使用高度 15km,主要用于尾追攻击,攻击区一般限制在尾后 ±25°范围内。由于当时处于空空导弹发展初期,世界各国采取严格的保密措施,各国所采取的关键技术差异较大。例如,制导方式有被动红外寻的、雷达波束导引、雷达半主动寻的和无线电指令制导四类;导引规律有三点式、追踪式和比例导引三类;发动机有液体火箭和固体火箭两类;战斗部均采用预制破片杀伤型,引信有纯触发型、无线电近炸型和红外近炸型三类。

PL-1 空空导弹是 20 世纪 50 年代末期我国空军战斗机最早装备使用的第一型雷达型短距空空导弹③,见图 5-3。PL-1 导弹采用鸭式气动布局,头部为

---

① "响尾蛇"AIM-9B 空空导弹是世界上第一种实战使用的空空导弹。1958 年 9 月 24 日,国民党空军出动 24 架 F-86F 飞机,携带美制"响尾蛇"AIM-9B 空空导弹分两路窜犯浙江省温州、瑞安、乐清地区上空。我海军航空兵某部米格-15 飞机从路桥机场起飞进行拦截,双方展开激烈空战。我飞行员王自重与企图偷袭的 12 架敌机相遇,王自重驾驶的飞机被 F-86F 发射的 5 枚 AIM-9B"响尾蛇"空空导弹中的 1 枚击中,王自重不幸牺牲。

② 1973 年的第四次中东战争,以色列空军共击落阿拉伯国家飞机 335 架,其中 275 架是用空空导弹击落的。1982 年的英阿马岛战争,英军"鹞"式舰载战斗机共发射 AIM-9L"响尾蛇"空空导弹 27 枚,击落阿根廷空军"幻影"战斗机 24 架。1991 年的海湾战争,伊拉克空军共有 44 架飞机被多国部队击落,其中 42 架是被空空导弹击落的。1999 年的科索沃战争,南联盟在空中损失的 6 架米格-29 战机全部是被北约战机用空空导弹击落的,这些飞机都是刚刚起飞就被预警机引导下的北约战机用 AIM-120 先进中距空空导弹击毁的。

③ 我国在 1958 年引进苏联米格-19 战斗机的同时也引进了配套的 K-5 导弹,并开始仿制该弹。K-5 导弹又名 K-5M,是苏联研制的第一种空对空导弹,北约代号 AA-1,于 1955 年研制成功,首先用雅克-25 截击机试射,后来用于米格-19PM。我国将该型导弹命名为 PL-1,于 1963 年 11 月进行定型试验,1964 年 4 月正式定型并投入批量生产。

锥形，弹体中部呈圆柱形，尾部为卵形。导弹长 2.5m，弹径 200mm，翼展 580mm，弹重 82kg，战斗部杀伤半径 11~15m，发射距离 4~6km，使用高度 2.5~16.5km。导弹与机载雷达配合使用，发射后由机载雷达波束控制导弹飞行，采用三点法追踪制导方式。PL-1 定型后，1964 年正式投入批量生产，截至 1970 年停产，共生产了 1000 多枚导弹装备部队使用。该弹研制成功，为我国雷达型空空导弹的发展培养了人才，并为后续研制奠定了技术基础。

图 5-3　PL-1 空空导弹

1962 年，我国开始研制第一代红外型空空导弹——PL-2，见图 5-4。1967 年 7 月，PL-2 空空导弹靶试成功，并于 11 月转入小批量生产，标志着我国具备了自主研制红外型空空导弹的能力①。该导弹是我国空军装备的第一种红外型空空导弹，采用钝头、鸭式气动布局，弹体呈圆柱形，两对三角形舵面位于导弹前部并与位于尾部的两对梯形弹翼呈串列式布置。导弹使用高度 0~21.5km，飞行速度 $Ma=2.2$，杀伤半径 9m，外挂于战斗机机翼下，用于从尾后攻击战斗轰炸机和中型轰炸机等目标，能在昼夜及普通气象条件下使用。导弹由红外控制舱、红外近炸引信、破片式战斗部和固体火箭发动机及舵面、翼面组成。导弹的控制系统直接利用舵机力矩与舵面铰链力矩的平衡，实现对横向过载的控制和控制增益的稳定。同时，通过尾翼上的四个气动陀螺舵，控制弹体的滚动速率，减小两个控制通道之间的交叉耦合，避免控制时发生坐标错乱。导引头采用调制盘体制和硫化铅光敏探测器，舵机为二通道燃气舵机，近炸引信为光学引信，战斗部为破片式，发动机采用双基推进剂的固体火箭发动机。导弹只能采用

---

①　1958 年 9 月 24 日，解放军海军航空兵某部中队长王自重因座机被敌 F-86 飞机发射的美制"响尾蛇"空空导弹击中而血洒长空。同年 10 月，国家先后调集了有关单位 200 多人，对被击落敌机所携带的 AIM-9B"响尾蛇"导弹残骸进行测绘、分析，但因缺乏经验和必要的工业技术基础最终未能完成仿制。苏联根据其在华专家带走的分析资料和残骸，于 1961 年仿制成功，取名为 K-13 空空导弹。1961 年 3 月，我国在购买苏联米格-21 飞机的同时购买了少量 K-13 空空导弹、地面测试设备和相关技术资料。1962 年，我国决定仿制 K-13 空空导弹，命名为 PL-2 导弹；1967 年 7 月，导弹靶试成功，同年转入小批量生产。至 1983 年停产，中国先后建起了四条 PL-2 导弹生产线，累计生产导弹 12000 多枚。

定轴瞄准/定轴发射的方式在目标的尾后进行攻击，主要性能见表5-1。

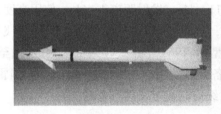

图 5-4　PL-2 空空导弹

表 5-1　PL-2 空空导弹主要战技性能

项目	指标	项目	指标
攻击投影比	目标后半球 0/4~3/4	战斗部威力半径/m	10~11
最大允许发射距离/km	7	发动机类型	固体火箭发动机
导引头最大探测距离/km	7.5	弹径/mm	127
导引头最大跟踪角速度/(°)/s	8	弹长/m	2.8
导引精度/m	<9	质量/kg	75.3

PL-2A 导弹是在特定历史条件下，针对特定目标的特殊要求而对 PL-2 导弹所做的改型①。1964 年 10 月，航天六院五所组织人员进行调研、着手论证 PL-2 导弹的改进方案，并于 1965 年 1 月，以代号"15 号任务"正式开始研制，后定名为 PL-2A 空空导弹，见图 5-5。PL-2A 导弹弹长减为 2.1m，质量减为 67kg，舵面和翼面改成了大后掠角并增大了面积，使用高度增加到 23km，同时提高了控制系统的快速性和引信的灵敏度，以满足尾后攻击高空低速飞机的作战要求。

图 5-5　PL-2A 空空导弹

---

① 1964 年，美制 U-2、RB-57 高空侦察机和 USD-5"火蜂"无人驾驶高空侦察机频繁窜扰我国大陆进行侦察活动，而我空军的歼-7 飞机配 PL-2 导弹由于受性能限制无法对其攻击，因此对付高空、低速飞行目标，成为当时空军作战的一个重要课题。1966 年 3 月 18 日，一架"火蜂"无人驾驶高空侦察机入侵南宁边境地区，我空军一架歼-7 飞机挂两枚 PL-2A 导弹起飞截击，导弹一举击伤敌机，敌机降低高度后逃离边境，在距帆港东北约 400km 处坠入公海，这是中国空军首次使用空空导弹击落敌机。

PL-2乙导弹是参照AIM-9E"响尾蛇"导弹的相应技术,对PL-2导弹进行的改进,见图5-6。三机部202厂于1978年1月经总参谋部和国防工办批准开始研制PL-2乙导弹,1981年6月通过鉴定靶试,同年12月转入批产。截止到1986年停产,累计生产900多枚。PL-2乙导弹改进的重点是导引头和引信,缩小了位标器尺寸,导引头壳体改为锥形,改善了气动外形;采用制冷硫化铅探测器,增大了截获距离,提高了抗太阳和天空背景干扰的能力;提高了近炸引信的可靠性。

图5-6 PL-2乙空空导弹

第一代空空导弹服役后,一些人认为空空导弹主宰空战的时代已经到来,航炮射程近,火力弱,命中率低,而空空导弹只要发射,便可将敌机击毁。为此,美国和苏联空军开始拆除机载航炮,只挂空空导弹。然而,20世纪60年代开始的越南战争彻底宣告了"空空导弹万能"的预言破产。在空战中,许多仅挂导弹的美军飞机被越南飞机的航炮击落,而挂载空空导弹的美军战机仅击落数架敌机,以至于有人认为"导弹不如炮弹,空中还靠拼刺刀"。

(二)第二代空空导弹

第二代空空导弹是针对超声速轰炸机目标(B-58、图-22等)和歼击轰炸机目标,按全向攻击(拦射)和尾追攻击机动目标(最大过载约$4g$)设计的拦射导弹和尾追导弹,20世纪50年代后期开始研制,60年代初期开始装备使用。鉴于第一代红外型空空导弹在探测能力、机动能力上的不足,第二代红外型空空导弹开始发展。采用制冷硫化铅探测器提高导弹探测能力,其探测灵敏度和机动过载能力比第一代红外型空空导弹有一定的提高,可以从尾后稍宽的范围内对目标进行攻击。国产第二代空空导弹主要特点是采用了制冷探测器,使导引头的探测灵敏度有了提高,虽然仍只能从目标的尾后进行攻击,但攻击范围扩大了,导弹的截获距离、跟踪能力和机动性能也都得到了提高。

典型的拦射导弹有美国的AIM-7D/E"麻雀"导弹、苏联的AA-3/AA-5导弹、英国的"红头"导弹、法国的R550"玛特拉"导弹等,最大射程26km,最大飞行速度$Ma3$,攻击目标最大过载为$3g$,最大使用高度25km。采用雷达半主动寻的或被动红外寻的制导体制、比例导引规律、固体火箭发动机、连续杆或预制破片战斗部、微波或红外近炸引信。雷达型采用圆锥扫描体制导引头,连续波制导,主要用于中距拦射和全天候使用;红外型采用单元、中波($3\sim5\mu m$)、制冷锑化铟探测器,主要用于前侧向拦射攻击和尾后攻击。拦射导弹的出现,使中距空战成为可能。

典型的尾追型空空导弹有美国的 AIM-9D/E"响尾蛇"导弹、以色列的"蜻蜓"Ⅱ导弹等,主要是根据第一代空空导弹在局部战争中的使用情况,对导弹机动和探测性能进行局部改进,攻击区扩大到 ±45°,攻击机动目标能力提高到过载为 4g。仍采用红外被动寻的制导、单元硫化铅探测器,但对探测器进行了制冷,提高了灵敏度,扩大了探测距离和范围;增大了导引头跟踪角速度,提高了捕获、跟踪机动目标的能力;改进了气动布局,增加了舵机功率,提高了导弹的机动能力;改进了发动机,采用了新型推进剂,增加了推进剂的装填量,提高了动力射程。受到导弹性能和使用灵活程度的限制,第二代"响尾蛇"AIM-9D/E 导弹的使用战绩不佳,在越南战争中,发射成功时命中率为 18.2%~34.5%。

PL-5 乙空空导弹自 1966 年 3 月 17 日开始研制至 1986 年 9 月 6 日批准设计定型,历时 20 年。① 前后共试制了 6 批样机,进行 27 次地面、空中试验,共发射各类导弹 196 枚。导弹定型后,于 1989 年起开始大量生产,装备空军和海军航空兵的歼-7、歼-8 飞机,截至 2000 年停产,共计生产 2200 余枚。导弹直径 127mm、弹长 2892mm、导弹质量 84kg,见图 5-7。导弹使用高度为 0.5~21.5km,攻击投影比为尾后 0/4~3/4,最大截获距离为 16km,位标器的最大跟踪场为 ±38°,导引精度小于 9m,战斗部的杀伤半径为 11m。导弹由控制舱、战斗部、红外引信、发动机四个独立舱段及舵、翼面组件构成。导弹头部采用小钝角的气动外形,减小了飞行阻力,增大了动力射程;导引头采用了制冷探测器和浸没透镜,改进了光学系统,使导引头探测距离大大提高;导引头跟踪角速度比 PL-2 导弹提高了 1 倍,发动机装药采用了高比冲的复合推进剂,直接在壳体内浇注成形,增加了装药量,较大地提高了导弹的动力射程。

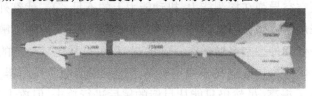

图 5-7 PL-5 乙空空导弹

---

① 1966 年 3 月 17 日,国防科委召开专题会议,确定由三机部六院抓总,按照"立足国内,补充设计"的原则,组织相关的厂、所、院校 100 多个单位开展了技术协作和研制,任务代号为"317"。1966 年 4 月,设计人员用两个月的时间完成了大部分的补充设计。经过大量试制和试验,至 1974 年最终确定了导弹各分系统技术状态。1981 年 6 月,正式开始定型靶试,但由于出现引信早炸,经过多次技术攻关,直到 1985 年 7 月,最终以 10 发 9 中的结果通过了设计定型。1986 年 9 月,国务院、中央军委常规工业产品定型委员会批准 PL-5 乙导弹定型。

PL-7导弹是红外近距格斗导弹,和法国R·550"玛特拉"空空导弹性能相当,能在目标尾后较大范围内进行攻击。1977年由三机部331厂承担研制PL-7空空导弹。1981年,根据歼-7M型飞机出口的需要,331厂正式研制出口型PL-7导弹。1986年11月,PL-7导弹以4发4中的成绩圆满完成鉴定靶试,其中击落靶机2架。1987年4月,通过设计鉴定,开始批量生产和出口,先后出口到巴基斯坦、孟加拉、巴西等国家,共300多枚。导弹外形为双鸭式布局,具有双舵面和可旋转后翼。制导系统由红外导引头、陀螺仪表和电动舵机组成,导引头采用锑化铟(InSb)制冷探测器,工作波段为$3\sim5\mu m$;由滚转速率陀螺控制导弹的滚转。引战系统由红外近炸引信、破片式战斗部等组成,近炸引信采用硫化铅光敏元件,通过无源制冷剂保证引信工作温度的稳定性;战斗部装药为浇注的黑索金和梯恩梯混合炸药,杀伤半径不小于10m。导弹的动力装置为单级推力固体火箭发动机,动力射程为14km。导弹直径157mm、长度2.7m、质量90kg,见图5-8。

图5-8　PL-7空空导弹

(三) 第三代空空导弹

第三代空空导弹是针对高空、高速和低空大表速两极突防的高性能多用途战斗机和巡航导弹等目标,按照高速战斗机格斗要求设计的近距格斗导弹和有效拦截多用途战斗机和巡航导弹目标设计的兼有近距格斗能力的中距空空导弹,从20世纪70年代初期开始装备、使用,经过不断改进完善,目前仍在大量装备、使用。第三代红外型导弹使用了锑化铟制冷探测器,探测灵敏度和跟踪能力较之第二代红外导弹有较大的提高,不仅可以探测飞机发动机尾喷口的红外辐射,还可以探测飞机尾喷流和机身的红外辐射,从而实现了对目标的全向攻击;导弹的机动能力可以达到$30\sim40g$,保证了近距格斗的要求;同时位标器可以和雷达、头盔随动,以离轴方式瞄准和发射,大大方便了飞行员捕获战机;电子线路采用了先进的半导体器件,大大提高了导弹的可靠性。

典型的近距格斗导弹有法国的R·550Ⅱ"魔术"导弹,美国的AIM-9L/M"响尾蛇"导弹,以色列的"怪蛇"Ⅲ导弹,南非的U-DATER导弹等。主要特点有:一是采用中波红外被动寻的,制冷单元或正交四元锑化铟探测器,修正的比例导引规律,微波或激光近炸引信,适于全向探测、交会,攻击范围大于±90°。二是采用单室双推力固体火箭发动机,提高了平均速度,改善了速度特性,中低空尾追攻击最大动力射程达 6km。三是采用双鸭式(双三角舵面单鸭式)气动布局或推力矢量控制,明显提高了导弹的机动能力,最大机动过载 35g 以上,最小发射距离 300～500m,可有效攻击第三代战斗机这种大机动目标。四是增大了导引头扫描、跟踪角速度,可自主扫描或与雷达、头盔瞄准具随动,扩大捕获视场,具有较强的离轴瞄准/发射能力。

典型的中距拦射空空导弹有法国的 R530F/D 导弹、美国的 AIM-7F/M"麻雀"导弹①、英国的"天空闪光"导弹、意大利的"阿斯派德"导弹和苏联的 P-27P1/T1"白杨"导弹等。除苏联的空空导弹保留红外型外,其他均为雷达型。主要特点是:一是采用半主动雷达寻的,单脉冲体制导引头,倒置接收机,连续波或高重频脉冲多普勒制导,具有较高的灵敏度和杂波下能见度,可有效下射攻击几十米高的目标。二是采用修正的比例导引规律和角噪声抑制,改善了弹道特性和导引精度。三是采用连续杆和全预制破片高效战斗部、主动脉冲多普勒微波近炸引信,提高了引战协调性和单发杀伤概率。四是改进了气动布局,提高了舵机功率,机动能力明显提高,最大可用过载 35g 以上,不仅可用于中距拦射,而且可用于近距格斗。

我国从 20 世纪 80 年代后期,在自力更生的基础上借鉴和引进国外先进技术,开始了第三代红外型空空导弹的研制,主要研制 PL-9C 和 PL-5E 及 PL-5EⅡ。在 2002 年 2 月 26 日至 3 月 3 日举行的新加坡航展上,中国的 PL-5E 和 PL-9C 空空导弹公开亮相,引起了广泛的关注。PL-5E 是红外型近距格斗空空导弹,具有后半球攻击和发射后不管能力。② 鸭式布局的 PL-5E 全弹长 2896mm、弹径 127mm、翼展 617mm、弹重 83kg,见图 5-9。由于质量较轻,该弹可挂装各种战斗机、歼击轰炸机和教练机,1999 年设计定型后出口到多个国家

---

① 美国与利比亚的空战发生于 1989 年。美国的 2 架 F-14 战斗机与利比亚的 2 架米格-23 战斗机交战,相距大约 22km 时,F-14 长机向米格-23 长机发射了第 1 枚 AIM-7M"麻雀"空空导弹。米格-23 受到攻击后,下降高度。12s 后,两机相距约 18.5km 时,F-14 长机又向米格-23 长机发射了第 2 枚"麻雀"空空导弹,但 2 枚导弹均未命中目标。F-14 长机下令分开,长机向左,僚机向右。2 架米格-23 这时直逼 F-14 僚机。F-14 僚机调整高度,在相距约 9km 处,发射 1 枚"麻雀"空空导弹,正面击中米格-23 僚机。10s 后,F-14 长机右转弯机动占位,绕到米格-23 长机尾后。在相距约 2.8km 处,F-14 长机发射 1 枚 AIM-9M"响尾蛇"空空导弹,从后侧击中目标。整个空战从发射第 1 枚空空导弹到退出战斗,仅用 1min16s。海湾战争中,伊拉克共有 44 架飞机被击落,其中 A1M-7F/M"麻雀"导弹击落 28 架。"麻雀"空空导弹的成功使用表明超视距空空导弹在战争中发挥越来越重要的作用。

② 20 世纪 80 年代末,为了使空空导弹形成高、中、低档搭配的格局,满足空军提出的体积小、重量轻、价格廉、挂机性能好、维护使用方便的要求,我国利用"七五"预研成果并吸收 PL-9 导弹的先进技术,在 PL-5 乙导弹的基础上设计了新型近距格斗导弹—PL-5E 空空导弹。1991 年国防科工委批准 PL-5E 空空导弹研制立项,1998 年 8 月,以 9 发 7 中的结果通过了定型靶试,1999 年 11 月,PL-5E 导弹设计定型。

并在空战中击落敌方战机。该弹装有一台固体火箭发动机,提供的动力可使导弹的速度达到 $Ma2$ 以上;采用红外制导,激光引信,主要用于近距格斗,可全天候作战,具有多种攻击模式。

PL-5EⅡ是改进型第三代全向攻击红外格斗导弹,见图 5-10。导弹采用锑化铟多元双色探测器和数字信号处理系统,抗红外诱饵与背景干扰能力强,杀伤概率高。该弹重量轻,使用、维护简单,软件可根据目标和干扰的变化不断升级,能满足现代空战环境的需求。两种导弹主要性能对比见表 5-2。

图 5-9 PL-5E 空空导弹　　　　图 5-10 PL-5EⅡ空空导弹

表 5-2 PL-5E 和 PL-5EⅡ空空导弹性能对比表

项目	PL-5E	PL-5EⅡ
弹长/m	2.89	2.89
弹径/mm	0.127	0.127
质量/kg	83	83
制导体制	红外	多元红外
引信	红外	主动激光
战斗部	12kg 破片	12kg 破片
动力装置	固体火箭发动机	固体火箭发动机
射程/km	14	14

PL-9 空空导弹是国产第三代红外型近距格斗导弹[①],采用锑化铟探测器、鸭式气动布局、气动舵机,位标器可与机载雷达随动,具有自动截获与跟踪、发射

[①] 20 世纪 70 年代后期,随着机载武器技术的发展和设计完善,空空导弹在越战中暴露出来的问题得到了有效解决,通过中东、马岛等局部战争的检验,其作战优势已经充分显现,先进的空空导弹已经成为夺取制空权的关键,世界发达国家的空军已经装备了 AIM-9L 等第三代空空导弹,并已经开始研发第四代空空导弹。80 年代初,国防科工委、总参、空军为了迅速实现国防现代化,形成先进的作战能力,缩短和发达国家在空空导弹方面的技术差距,通过对国外第三代空空导弹的全面分析和考察,我国决定自行研制第三代空空导弹。1987 年,确定了 PL-9 导弹的技术状态。1993 年 7 月,鉴定靶试中以 5 枚导弹击落靶机 2 架和 3 个"红外无线电伞靶"的优异成绩圆满结束。

后不管、抗背景干扰、全向攻击和离轴发射能力,既可用于夺取制空权的空对空作战,也可用于弹炮结合武器系统的近程野战防空、要地防空和舰艇防空。PL-9导弹继承"霹雳"系列空空导弹的典型气动布局,即鸭式气动外形、双三角舵面、梯形弹翼、导弹直径增大到160mm。红外导引头采用氮气制冷锑化铟探测器,探测波长3~5μm;整流罩采用氟化镁光学材料;电子组件采用微电子技术,模块电路和半导体器件结合;舵机为二通道冷气舵机,导弹内部设置高压贮气瓶;近炸引信为无线电引信,采用多普勒原理;以预置钢珠为破片战斗部;发动机为单室二级推力固体火箭发动机。导弹的迎头探测距离为3km,跟踪角速度达20(°)/s,最大跟踪范围在挂机时±30°,发射后±40°;导弹机动性可达到40g,制导精度7m,战斗部威力在7m半径内全杀伤。导弹直径160mm、弹长2.99m、质量120kg,见图5-11。

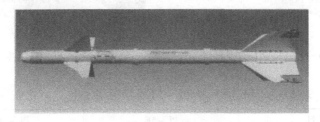

图5-11　PL-9空空导弹

PL-9C空空导弹是PL-9导弹的改进型,采用多元锑化铟探测器,改善了探测性能,具有抗红外诱饵干扰的能力,是一种改进型第三代红外多用途导弹[①]。高速数字信号处理系统使得目标识别、导引信息处理和抗干扰算法的实现更加快速、有效。该弹可靠性高、杀伤概率高,使用、维护简单,能有效对付目前和未来的空中威胁,是现代空中对抗与面空防御系统的理想武器。PL-9C的体积稍大些,弹长2.90m,弹径0.157m,全弹重115kg,战术技术性能比PL-9有显著提高,被称为三代半空空导弹,见图5-12。它采用3~5μm红外探测系统和数字信号处理技术,实现了智能化,具有较强的反红外干扰能力。PL-9C迎面探测距离为PL-9的2倍,单发命中率达90%,最大射程20km,采用固体火箭发动机,战斗部为11kg破片。

---

① 20世纪90年代后,红外诱饵干扰弹作为抗红外导弹的有效手段被各国空军所采用,大部分作战飞机配备了红外诱饵干扰投放装置,因此不具备抗红外诱饵干扰能力的红外导弹的作战效能将大为降低。1999年12月,我国在四元导引头预研技术的基础上,对PL-9导弹进行改进,型号为PL-9C;2000年9月初,在第一次科研批靶试中,2枚攻击靶机的导弹都抗住了靶机投放的诱饵干扰弹将靶机击落,导弹的抗干扰能力得到了验证。2002年5月,定型靶试以5枚导弹击落2架靶机和3个伞靶的成绩圆满完成任务,当年投入生产。

图 5-12　2004 年珠海航展上的 PL-9C 空空导弹

（四）第四代空空导弹

第四代空空导弹是根据 1975 年美国所进行的 F-14、F-15 战斗机配备 AIM-7F/M"麻雀"中距空空导弹与 F-5F 战斗机配备 AIM-9L"响尾蛇"近距空空导弹空战模拟结果，针对 1985—2005 年可能出现的第四代战斗机和新一代巡航导弹目标，在复杂的电子对抗条件下，保持和提高空战优势，按先发制人、多目标攻击和发射后不管要求设计的先进中距空空导弹，以及按真正全向格斗、抗人工红外干扰要求设计的红外成像制导格斗导弹。先进中距空空导弹已从 1994 年开始投入装备使用，红外成像制导近距格斗导弹从 2004 年开始投入装备。第四代空空导弹的出现，将使未来空战战术发生较大变化。空战更具有进攻性，前半球攻击和超视距攻击机会明显增多，格斗比例显著减少，重量优势作用增大。自 20 世纪 80 年代以来，带有红外导引头的近距格斗导弹在实战中的命中率超过了 50%；到 20 世纪 90 年代，雷达制导的中距空空导弹有了较大突破。远距拦截导弹采用复合制导，可在距目标 100km 以外连续发射数枚，攻击不同方向的数个目标。海湾战争中，中距空空导弹击落的飞机数量第一次超过近距格斗导弹。

典型的红外成像制导格斗导弹有欧洲合作研制的先进近距空空导弹 AIM-132、美国的 AIM-9X"响尾蛇"导弹，英国的 ASRAAM、德国的 IRIS-T 和南非的 A-DARTER 导弹等。其性能对比见表 5-3。这些导弹采用了大量高新技术，具有以下特点：一是采用扫描或凝视红外成像导引头，明显提高了灵敏度，扩大了瞬时视场，增强了捕获目标能力，改善了抗人工、背景干扰的能力。二是采用长波（8～14μm）蹄镉汞或双波段（3～5μm、8～14μm）红外探测器，可有效探测飞机的气动加热，具有真正的全向探测能力和良好的目标识别能力。三是采用无弹翼的正常式气动布局，利用大迎角飞行时的弹体升力，采用推力矢量控制技术，具有更好的速度特性、更大的动力射程和更好的机动性能。四是采用大规模、超大规模集成电路和数字控制技术，在保证导弹性能、功能增加的前提下，提高导引精度,保持导弹质量仍在 90kg 左右。

表 5-3 第四代红外型空空导弹性能对比

导弹型号	AIM-9X	ASRAAM	IRIS-T	A-DARTER
国别	美国	英国	德国	南非
弹径/mm	127	166	127	166
弹重/kg	85	87	85	89
导引方式	凝视焦平面	凝视焦平面	线列扫描	线列扫描
最大跟踪范围/(°)	±90	±90	±90	±90
机动能力/g	60	70	60	100
惯导系统	捷联惯导	捷联惯导	捷联惯导	捷联惯导
控制方式	推矢/气动	推矢/气动	推矢/气动	推矢/气动
近炸引信	激光引信	激光引信	激光引信	无线电引信
战斗部	离散杆战斗部	破片战斗部	离散杆战斗部	破片战斗部
主要装备机种	F-22/F-18/F-15/F-16	"台风"	"台风"	"幻影"F-1
服役时间	2002 年	2002 年	2004 年	不详

PL-10 是我国自主研制的国产第四代近距格斗空空导弹,采用红外成像制导模式,可以有效区分敌机和热焰干扰弹,见图 5-13。PL-10 具备大离轴发射能力,可由飞行员佩戴的头盔瞄准具控制发射,实现"看哪打哪"的战术。PL-10 采用了推力矢量技术,弹体可承受 60g 以上的机动过载,从而打击机动性更强的五代机。弹长 3.69m、弹径 203mm、翼展约 80cm、弹重 220kg、弹头为 33kg 高爆碎裂弹体,采用单级固体发动机,最大射程 20km,最大飞行速度达马赫数 4。

PL-10E 是中国自主研制的国产第四代近距格斗空空导弹,这是中国空军着眼于歼-20 等第五代作战飞机的配套而研制的新一代格斗空空导弹,技术水平位于世界最前列,见图 5-14。导弹采用红外热成像制导,可配合头盔瞄准/显示器发射,弹体采用推力矢量技术,具有极高的使用过载,性能超过了美国 AIM-9X"响尾蛇"导弹。PL-10E 导弹的部分设计思想类似美英联合研制的 AIM-132 先进格斗导弹,导弹的尾喷口内安装燃气舵,具有矢量推力能力。采用常规气动布局,大边条主翼,碟形尾翼,特点是升阻比较高,可用攻角较大,弹体对于全弹升力贡献增加,导弹在低空可以获得较好的机动性能,在高空攻击性能也得到有效提高。这样的气动布局使该弹在近距离内具有很强的过载能力,同时又能兼顾大射程上的较好机动能力。PL-10 导弹的中低空过载可以超过 55g,在高度超过 1.5 万米、速度超过马赫数 1.5 的超声速作战包线下,仍可以获得 15g 以上的过载,完全可以有效打击美国 F-22 等第四代战机。采用红外成像制导模式,最大射程20km,弹径160mm、翼展296mm、弹重105kg。

图5-13　PL-10空空导弹　　　　　图5-14　PL-10E空空导弹

典型的雷达型空空导弹有美国的AIM-120A"先进中距空空导弹"、法国的MICA"米卡"导弹、俄罗斯的R-77"蝰蛇"导弹和我国的PL-12,其性能对比见表5-4。这些导弹大都采用了大量的高新技术,具有以下特点:一是采用捷联惯导+指令修正中制导和主动雷达末制导的复合制导体制,具有多目标攻击能力、发射后不管能力、较大的制导距离、攻击隐身目标的能力和较强的抗电子干扰能力。二是采用高能、少烟、单室双推力固体火箭发动机,提高了平均飞行速度,扩大不可逃逸攻击区。三是采用正常式气动布局、大迎角飞行和弹体升力,以及电动舵机、超大规模集成电路,在导弹射程、飞行速度、功能等增加或不变的情况下,明显减小了导弹尺寸、质量,具有良好的挂机适应性。四是采用主动脉冲多普勒导引头,对低空飞行目标具有良好的全向探测性能。五是采用全数字信息处理、误差补偿和最优导引规律,明显提高了导引精度和攻击大机动目标的能力。AIM-120空空导弹是第一种真正实现"发射后不管"的中距空空导弹,经过多年的研制和生产,AIM-120空空导弹已经出现了A/B/C/D多种改进型号,逐步提高了导弹作战性能和目标适应性,使其成为美军现役的主要装备之一。

表5-4　第四代雷达型空空导弹性能对比

导弹型号	AIM-120	R-77	"流星"(Meteor)	PL-12
国别	美国	俄罗斯	欧洲	中国
弹径/mm	178	200	180	203
弹重/kg	158	175	185	199
最大攻击距离/km	75	80	大于100	70
机动能力/g	35	35	40	38
制导方式	捷联惯导+数据链+主动雷达	捷联惯导+数据链+主动雷达	捷联惯导+数据链+主动雷达	捷联惯导+数据链+主动雷达
推进方式	固体火箭发动机	固体火箭发动机	固体火箭发动机	固体火箭发动机
主要装备机种	F-14/F-15/F-16/F-18	苏-30/米格-29	"台风"/"阵风"/"鹰狮"	JF-17

PL-12空空导弹(外贸型号SD-10A,"闪电"-10,多届珠海航展都有展示)是中国自主研发的第四代主动雷达型中距空空导弹,制导精度和杀伤概率高,抗电子干扰能力强,具有全天候、全高度、全方位攻击能力以及超视距发射和发射后不管能力,既能中距拦射,又能近距格斗,可在电子战环境下攻击大机动目标、低空目标、多目标和群目标。目前,PL-12导弹可挂装中国的各型战机,用于攻击有人驾驶飞机、无人驾驶飞机和巡航导弹,见图5-15。导弹采用正常气动布局,细长弹体,小展弦比三角形弹翼,五边形舵面,头部为抛物线形的天线罩。弹翼与舵面都处于两个相互垂直的平面内,在载机悬挂时,呈×-×形。导弹长3.6m,弹重199kg,最大发射距离70km,最大速度$Ma=4$,最大使用过载$38g$,作战高度25km,具有全向攻击能力和很好的下视下射能力,综合性能指标与美国AIM-120、俄罗斯R-77等先进中距空空导弹相类似。

PL-15空空导弹是中国最新研制的超远程导弹,相比于PL-12,PL-15导弹的尺寸大了一圈还多,因而射程极远。PL-15导弹全长为3.9m左右,弹径200mm,质量为240kg左右,见图5-16。动力装置为可变流量的固体火箭冲压发动机,采用双下侧二元进气道,弹体中部有两片弹翼。弹体主要由导引头天线罩、电子系统舱、战斗部舱以及整体式固体火箭发动机舱四部分组成。数据链接收机安装在两个进气道之间,数据链天线则安装在弹体的尾部。与美军AIM-120等空空导弹不同,PL-15导弹采用了吸气式冲压发动机为动力,其射程是目前常规的先进中距空空导弹的2~3倍,射程优势让我军战机可以先敌开火,然后立即脱离战场,保存实力,这在现代化体系对抗空战中就是巨大的作战优势。该弹的主要载机为歼-10B/C、歼-11B/D、歼-15、歼-16和歼-20战斗机,主要用于在150~300km内攻击敌方远程轰炸机、预警机、电子战飞机和空中加油机,打断敌方的空中保障梯队,弄瞎敌方"空中的眼睛",扰乱敌方空中作战的指挥中枢。

图5-15　PL-12空空导弹

图5-16　PL-15空空导弹

二、分类

空空导弹有多种分类方法,通常根据作战使用和采用的导引方式分类。另外,研制过程中还需要研制各种试验弹,装备部队时还需要各种用途的训练弹。

(一) 根据作战使用分类

根据作战使用可以分为近距格斗型空空导弹、中距拦射型空空导弹和远程空空导弹。

1. 近距格斗型空空导弹

近距格斗型空空导弹主要用于空战中的近距格斗,它的发射距离一般在 300m~20km。近距格斗型空空导弹通常不追求远射程,而是导弹的机动能力、快速响应和大离轴发射、尺寸、质量以及抗干扰能力等性能。近距格斗型空空导弹一般采用红外制导体制。

2. 中距拦射型空空导弹

中距拦射空空导弹最大发射距离一般为 20~100km,它更关注导弹的发射距离、全天候使用、多目标攻击、抗干扰等性能。中距拦射导弹通常采用复合制导体制扩大发射距离,中制导采用数据链+惯性制导,末制导一般采用主动雷达制导。

3. 远程空空导弹

远程空空导弹最大发射距离通常应达到 100km 以上,采用复合制导体制,动力装置目前多采用固体火箭冲压发动机。

(二) 根据导引方式分类

根据导引方式可以分为红外型空空导弹、雷达型空空导弹和多模制导空空导弹。

1. 红外型空空导弹

红外型空空导弹采用红外导引系统,具有制导精度高、系统简单、质量轻、尺寸小、发射后不管等优点;其主要缺点是不具备全天候使用能力,迎头发射距离较近。

2. 雷达型空空导弹

雷达型空空导弹采用雷达导引系统,具有发射距离远、全天候工作能力强等优点。根据导引头工作方式又可以分为主动雷达型空空导弹、半主动雷达型空空导弹、被动雷达型空空导弹。

3. 多模制导空空导弹

多模制导空空导弹采用多模导引系统,目前常用的多模制导方式有红外成像/主动雷达多模制导、主/被动雷达多模制导以及多波段红外成像制导等。多模制导可以充分发挥各频段或各制导体制的优势,互相弥补对方的不足,对于提高导弹的探测能力和抗干扰能力具有重要意义,可以极大地提高导弹的作战效能。

(三) 特殊用途的空空导弹

在研制、使用过程中，需要有多种特殊用途的导弹，主要有训练弹、遥测弹、程控弹、模拟弹、火箭弹等。它们与战斗弹有明显的区别，没有像战斗弹那样具有完备的分系统。

1. 训练弹

训练弹用于训练飞行员驾驶飞机在空中占位、捕获目标、发射导弹等。

由于训练弹不发射、不攻击目标，所以训练弹的发动机、战斗部、舵机等均可为模拟件。使用训练弹时要模拟实战情况构成发射条件，所以弹上有些部件的功能、性能应与战斗弹相同。不同类型的导弹，其发射条件是不一样的。红外型导弹，发射前导引头一般应捕获、跟踪目标并给出音响信号；雷达半主动型导弹，发射前要完成接收机的频率调谐，并给出返回指示信号。目前较先进的空空导弹，发射前要对导引头、惯导装置等进行自检。所以不同类型的训练弹应设置有相应的部件，其功能、性能应与战斗弹相同。

训练弹设置有记录装置，可安装在战斗部舱位置，记录导弹的一些工作信号、飞行员按压发射按钮的动作信号、导弹离机信号等。根据记录结果，判断飞行员的操纵动作是否正确，评价训练效果。随着载机性能的提升，部分功能可由载机实现。

2. 遥测弹

遥测弹用于在导弹研制过程中，验证导弹在实际飞行中工作是否正常，其性能、参数是否达到要求。所以遥测弹在导弹研制过程中扮演了非常重要的角色，是必不可少的。

根据不同遥测目的，可使用不同类型的遥测弹，如制导系统遥测弹、引战系统遥测弹等。遥测弹要考核的部件必须是真实的。遥测弹设置有遥测舱，一般把战斗部舱改为遥测舱。遥测舱由传感器把各种被测参数变成电信号，经无线电多路传输系统，调制成一个多路综合信号，通过遥测发射机变成射频信号，由遥测发射天线辐射出去。地面遥测接收站接收到射频信号后，经解调得出多路综合信号，再经解调分路恢复出各个被测信号，供分析鉴定用。遥测弹用于空中或地面发射，其几何外形、质量、质心、各舱段连接形式均与战斗弹相同。

3. 程控弹

程控弹在弹上设置程序控制装置，给出导弹飞行控制指令，它是一种试验弹。程控弹用于考核导弹弹体结构在大过载飞行状态下是否安全可靠，引信、安全与解除保险机构及弹上其他装置在大过载作用下的工作状态，考核导弹飞行控制系统在程控飞行指令控制下，其稳定与操纵性能是否满足要求等。

4. 模拟弹

模拟弹的各舱段均可用模拟件代替,但全弹质量、尺寸、外形与战斗弹相同。模拟弹主要用于考核载机挂弹后对其飞行性能的影响。

5. 火箭弹

火箭弹可用于地面发射,也可用于空中发射。地面发射主要考核导弹发动机工作是否正常、发射时导弹脱离发射装置是否正常、导弹的气动特性是否稳定等;空中发射主要考核载机在飞行中发射导弹时导弹脱离发射装置是否正常、初始弹道是否稳定以及导弹发动机工作时喷出的燃气流对飞机发动机的影响等。

三、发展趋势

自 20 世纪 80 年代两伊战争中直升机空战发生以来,美、俄、法等国一直在研究和分析直升机空战的各种战术及相应的武器系统。经过 40 多年的发展,无论是直升机空战模式还是空战武器都取得了长足的进步。然而光电对抗技术以及新的作战使命致使现有直升机机载空空导弹作战效能越来越难以发挥,同时直升机空战中"先敌发现、先敌发射、先敌命中"原则使得现有的直升机机载空空导弹已不能完全有效控制低空及超低空制空权,因此发展新一代直升机机载空空导弹迫在眉睫,其发展趋势也引起世界各国的广泛关注。

(一)增大射程,拓展攻击范围

通过增大射程,拓展攻击范围,可以有效提高空空导弹对各种近、中、远目标的打击能力。近、中距离空空导弹射程增加,能攻击较远的目标,新一代中距离空空导弹的射程达 100km 以上;远程空空导弹不仅能攻击远距离目标,而且能攻击近距离目标,最远攻击距离超过 400km,最近可小于 300m,并且范围还在进一步扩大。为此,现代空空导弹通过增加发动机装药和总冲、减轻导弹无效载荷质量、减小气动阻力、优化导弹速度特性等一系列措施综合提高导弹有效射程。冲压发动机与固体火箭发动机相比,可以提供更高的比冲;现代空空导弹基本上采用单级或双级固体推进剂火箭发动机作为推力系统,其固体燃料燃烧时间短、发动机工作效能相对较低,远距离作战时动力不够。未来空空导弹将采用脉冲或整体冲压固体火箭发动机,使用能量高、工作时间长、化学性能好的推进剂,采用高强度的合金钢作弹体和高升阻比的气动外形,增加了导弹的射程;采用燃气流量调节技术,可延长发动机工作时间,使空空导弹在交战末端保持全速,再配以进气道调节和控制算法等措施,可以进行推力大小的调节和能量的分配,适应各种高度和速度下的推力需求。在直升机机载空空导弹方面,为实现"先敌发现、先敌发射、先敌杀伤",敌我双方都尽可能增加导弹的有效射程。现有的直升机机载空空导弹均为近距空空导弹,主要在低空、超低空作战使用,且要求高速飞行、快速命中目标,飞行阻力较大,增加射程的难度较大,因而需要采取各种措施增大攻击距离。

(二) 利用(反)隐身技术,提高突防和生存能力

空战中,武装直升机的生存率直接取决于其隐蔽性能的好坏,同时空空导弹采用隐身技术可以有效提高其突防能力和生存能力。随着导弹技术的发展,未来作战行动中从发现到摧毁目标的时间差将不断缩短,因而在作战中先被对方发现将面临极大的被动。同时伴随光电隐身技术的不断发展,直升机机载空空导弹作为武装直升机的火力单元,除应充分考虑自身隐身性能外,更应该具有反隐身作战的能力。导弹隐身技术主要包括雷达隐身、红外隐身和等离子体隐身等。雷达隐身主要采用外形隐身设计和涂敷吸波材料;红外隐身主要采用发动机红外抑制技术和使用红外隐身材料;等离子体隐身主要采用等离子体包进行隐身,即在导弹表面形成一个等离子体气包,还可以在导弹的弹头和壳体部位采用等离子体涂料隐身;反隐身技术措施主要包括雷达反隐身技术、光学反隐身技术、声学反隐身技术等,注重多种探测体制的结合是今后反隐身武器的发展方向。

(三) 利用各种手段,提高抗干扰能力

为适应复杂环境,各国战机都在不断发展各种无源和有源干扰手段,新型干扰技术不断出现(拖曳式诱饵干扰、伴飞干扰、激光干扰等),为此空空导弹只有进一步增强抗干扰能力和目标识别能力,能够克服各种主动、被动干扰和周围环境所引起的干扰,才能在复杂的电磁、光电复合的干扰环境下有效打击目标。武装直升机凭借其特有的贴地机动性能,依靠地形杂波在一定程度上可使其行踪隐蔽。另外,未来武装直升机一般都将携带电子对抗系统和红外干扰装置。因此,未来直升机机载空空导弹应具有良好的抗地杂波以及人工诱饵等干扰的能力,才能在空战中取得优势。直升机机载空空导弹的抗干扰技术随着干扰形式的多样化也必将多样化,如多光谱导引、红外成像等技术。多光谱导引是根据不同目标或同一目标的不同部位的热特征不同,利用导引头探测、跟踪目标和诱饵在不同波段上的辐射差别来识别区分的,从而增强了抗干扰能力。而红外成像制导技术则是以探测到的目标与背景间的微小温差所生成的热图像作为制导信息,系统分辨能力和抗干扰能力更强。

(四) 发展小型化、通用化、多用途导弹,提高多样化打击目标能力

未来直升机机载空空导弹的主要作战目标是直升机,还应兼顾打击低空无人机、固定翼飞机和巡航导弹等目标。由于载弹量有限,在发展小型化、模块化、通用化、多用途空空导弹,以便挂装更多导弹的同时,还要最大程度地满足作战任务需求。小型化作为直升机机载空空导弹的基本要求,其指标要求将会越来

越高,同时微机电系统、嵌入式等新技术的不断发展促使空空导弹的关键性元件逐步走向小型化、微型化,也加快了直升机机载空空导弹小型化的进程。作为直升机机载武器系统一部分的未来空空导弹在最初设计时还应考虑导弹武器系统与其他武器系统及其载机发射平台的兼容性,从而为整个直升机武器系统的经济性、可靠性、可维护性的提高创造条件。另外,现今武器系统的模块化、通用化和多用途设计要求在很大程度上可缩短直升机机载空空导弹的研制周期,延长导弹系统服役时间,同时还可大大降低武器系统的生产、使用和维护成本。如一些固定翼飞机发展多用途空空导弹,大大提升了作战能力。美国的"双用途空中优势导弹"(JDRADM),具备空对空和空地反辐射作战能力;"双射程导弹"(AADRM)既可近距格斗又能超视距攻击,具有高空超声速发射超视距拦截能力和中低空声速发射近距格斗能力[①]。模拟分析和战例统计表明,与直升机对抗的最有效手段依然是直升机本身。在打击低空、低速、小型目标方面,直升机机载空空导弹具有独特优势,加之很多无人机具有与直升机相似的旋翼特性,用直

---

① 为了继续保持空中优势,美国在完成第四代中距空空导弹 AIM – 120 和第四代近距格斗空空导弹 AIM – 9X 的研制后,一方面积极改进现有的中距空空导弹和近距格斗空空导弹,另一方面积极探索未来新一代的空空导弹技术。通过对未来作战环境、攻击对象、保障效能的综合考虑后,在 1997 年提出了"双射程导弹"(AADRM)的新概念。所谓"双射程导弹"就是既可近距格斗又能超视距攻击的空空导弹,要求其具有高空超声速发射超视距拦截能力、中低空亚声速发射近距格斗能力。"双射程导弹"可以对付 450m ~ 185km 范围内高机动目标,其设计目标是:在最大射程为 185km 时,可进行 30g 的全方位机动飞行(发射高度 9000m,发射速度 Ma0.9 ~ 1.5);从 3000m 高度、Ma0.8 速度飞行的载机发射时,发射后 5s 内能够拦截初始斜距 450m、离轴角 45°、过载达 9g 的迎头目标。双射程项目的研究合同在 1997 年 4 月由美国空军授予雷声公司,2000 年 3 月结束,仅进行了概念研究和关键技术攻关,未进入型号研制。在双射程项目之后,美国空军提出了研发联合"双用途空中优势导弹"(JDRADM)的计划。JDRADM 是为适应第四代战斗机和未来空战需求计划研制的下一代机载武器,计划装备于四代机和无人作战飞机上,代替完成 AIM – 120 和 AGM – 88(空地反辐射导弹)的作战任务。2006 年 9 月,美国空军研究试验室分别与雷声公司、洛克希德·马丁公司和波音公司签订了为期 5 个月的 JDRADM 第一批初步论证合同。2007 年美国空军选择了波音公司进行第二阶段论证工作。该导弹计划于 2012 年开始研制,2020 年前投产。JDRADM 可全向攻击空中目标和敌方地面防空设施,作战距离为 1.5 ~ 180km。执行空空作战任务时,导弹既可大离轴发射,也可攻击超视距目标,安装双向数据链;导弹由载机提供瞄准信息,可以采用头盔瞄准具等多种方式,或者使用联合作战中其他平台所提供的网络数据;具备后半球攻击能力;具备利用多频谱传感器融合进行目标识别的能力。JDRADM 的主要特点:具有远距攻击能力;具有增强的毁伤能力;具有良好的动力性能和机动能力;具备空空和空地反辐射作战能力;可挂装于 F – 22、F – 35、无人作战飞机及三代机。与"双射程空空导弹"相比,"双用途空中优势导弹"在任务需求和作战能力上的主要差别:一是强调在满足空对空作战能力的同时具备空地反辐射攻击能力;二是在空对空攻击能力方面,不强调对近距格斗能力的要求,最小攻击距离要求由 450m 放宽到 1.5km。2010 年 9 月,美国国防预先研究计划局(DARPA)授予雷声公司和波音公司各自一份价值 2100 万美元的合同,启动"三类目标终结者"(T3)导弹的研制,要求两家公司在一年内完成全尺寸样弹研制,2014 年开始飞行试验,T3 导弹被描述成一款"可打击高性能飞机、巡航导弹和防空目标的高速远程导弹',可内埋于隐身喷气式轰炸机、F – 35 或者 F – 15E,也可外挂于传统的喷气式战斗机、轰炸机和无人机。T3 导弹将可使任何飞机快速地在空空与空地模式之间进行转换,其速度、机动性和网络中心能力将增强飞机的生存能力,提高单位架次摧毁目标的数量与类型。

升机机载空空导弹反无人机将成为一种行之有效的手段。在条件允许的情况下，武装直升机还可以结合地形地貌，对低空飞行的运输机、轰炸机等固定翼飞机实施突然隐蔽攻击。在网络技术装备的支持下，近层空间武装直升机以其高灵活性和高机动性占据着霸权地位，充分发挥空中作战平台的机动性，使用直升机机载空空导弹拦截来袭巡航导弹，将作为未来层次化反巡航导弹作战体系中的一个较为有效的重要环节。

具有多目标攻击能力，能够"三全"作战。一方面，未来的空战中谁具备了多目标攻击能力，谁就能在空战中占据主动。多目标攻击能力不仅仅是指机载雷达应具备边扫描边跟踪的能力，还必须要有与之相配的空空导弹。因此，未来发展的空空导弹必须具备多目标攻击能力。另一方面，现代空战环境复杂，作战空间范围广、气象条件不同，作战对象各异。空空导弹不但要保证在各个高度层、各种气象条件下都能正常使用，而且要能够攻击具有高度差和低空、低速的目标。新一代空空导弹采用大功率主动雷达和先进的焦平面阵列式红外成像导引头新技术，进一步提高了导弹的探测跟踪、大离轴发射和抗干扰能力，使其"全天候、全高度、全方位"的作战能力大大提高，真正实现了"瞄准"即"命中"。其中具备全向发射能力是根本，因为以往空战中，飞机的侧后方历来是敌方攻击的有利部位、己方防守的弱点，极易被对方偷袭，处于被动状态时只能机动摆脱。而未来空战，不能对侧后方目标进行攻击，遭偷袭时生存的机会将为零。新一代空空导弹为实现"全向发射"主要采用了两种方法：在载机上装备能转180°的发射架，需要时将导弹向后发射；在载机上装备后视雷达，将空空导弹设计成能按程序控制发射的武器，使发射的导弹可以绕过飞机或从其上部飞过，攻击后方目标，也就是所谓的"越肩发射"。俄罗斯的苏－27飞机挂载R－73空空导弹，可实现"后向发射"，攻击后半球目标。同时新一代空空导弹还应提高识别能力，自动地对目标进行敌我识别；提高抗干扰能力，采用隐身技术，增强在复杂电磁环境中的生存能力。总之，为了适应未来空战的发展，夺取战争的制空权，远程精确打击、多模复合制导、多目标攻击、隐身与反隐身、全方位、全高度、全天候攻击、定向精确引炸已经成为未来空空导弹发展的主流。

（五）改进制导技术，改变使用方式，提升精准打击能力

虽然红外制导技术拥有命中精度高、抗干扰能力强等诸多优点。但是仅仅依靠单一的红外制导技术仍然难以应对当今的战场环境，一方面红外制导技术本身并不具备全天候作战的能力，且视场也不是全方位无盲区的；另一方面目前乃至未来可以预见的战争需求对红外制导技术也提出了更高的要求。为了提高空空导弹的制导精度和抗干扰能力，下一代空空导弹将对现有的空空导弹制导技术加以改进，主要是采用的复合制导技术和多模制导技术。

同时，在使用方式上强调具有较强的机动和离轴发射能力。未来战场环境瞬息万变，空战中飞行员不仅要抢占最佳的攻击位置，而且要尽可能随时监控战场发展动态。通过各种机载、地面设备发现、识别敌方目标并掌握最佳攻击时机。而直升机空战大多是近距格斗，当敌机进入视野范围，发射的导弹首要是具有较大的机动能力，尽可能先敌命中目标。另外高机动、全向攻击格斗弹的广泛使用使得飞行员的负担愈加沉重，而离轴发射能力在很大程度上不仅增加了攻击机截获、跟踪和攻击目标的范围，还可使攻击机置于更为有利的攻击位置，这不仅大大改善了驾驶员的工作环境，而且使其有可能战胜性能更好的直升机。因而增强导弹的机动能力和离轴发射能力以提高导弹的格斗性能，将极大提高武装直升机的作战效能。

二是具有较高的命中精度，能够实现"发射后不管"。超视距空战已成为现代空战的主要作战样式，空战过程已简化为"发现"和"攻击"两个步骤，交战双方往往仅需一个回合的较量就能决定胜负。在这种情况下，空战中不仅要力争先机，发现在前，射击在前，而且还要确保首攻必中，为此准确的命中精度就成了夺取空战胜利的必要保证。未来空空导弹全面采用复合制导，引导导弹准确地击中目标。末制导段采用主动雷达或红外成像制导，或两者兼而有之，可自动准确地锁定目标。再加上自动化引信，不仅能对各种空中目标进行精确的探测和识别，还能感知目标在导弹的何方，爆炸时弹片定向飞向目标，实施定向爆破。由于采取了这些措施，有效地扩大了导弹的不可逃逸攻击区，确保了准确的命中精度。同时，新一代空空导弹采取多种技术提高制导精度，如采用主动雷达或被动红外作为末端制导，能够在发射后自动截获目标，使载机能真正做到发射后不管，而去执行下一个作战任务。

（六）提升空中格斗能力和发射后截获能力

目前，红外型近距格斗导弹主要采用发射前截获模式，构成导弹发射的先决条件是导弹导引头必须先截获目标，由于受载机与目标相对方位的影响，导弹导引头无法截获被载机机体遮挡的目标或位于载机后方的目标，导致导弹对上述目标无法构成发射条件。另外，当超声速发射时，导弹射程会大于导引头截获距离，无法充分利用导弹的射程。发射后截获模式是指导弹发射前导引头不需要截获目标，发射后使用载机传感器提供的目标定位数据，指引红外导引头截获目标。因此，与发射前截获模式相比，发射后截获模式一方面可以充分利用导弹的射程，在尽可能远的距离发射导弹；另一方面还避开了载机机体对导弹导引头的遮挡，使导弹可以攻击被载机机体遮挡的目标，甚至攻击位于载机后半球的目标。

（七）采用高效能战斗部，提升多样化打击目标能力

传统战斗部主要有破片战斗部、连续杆战斗部和离散杆战斗部。大都采用

轴对称结构,侧向爆炸方式,形成的破片沿周向均匀向外飞散,只有小部分破片作用在目标上,破片利用率较低。为提高导弹的杀伤效能,战斗部应由传统的侧向爆炸方式改为定向爆炸方式,集中高密度的破片打击目标,提高破片利用率,提高杀伤威力和对目标的毁伤概率;为适应多任务导弹对空和对地攻击的需要,还可采用双模战斗部,将不同毁伤功能组合在一起,以满足对空中或地面不同目标的毁伤需求;另外,战斗部、引信和制导将向一体化的方向发展,由导引头代替引信的近距探测功能,给出弹目交会时的目标方位信息,并对起爆时机进行预估,精确地定向引爆战斗部。

此外,空空导弹还应具备远距离探测能力和双射程能力;具备全天候作战能力,可以在复杂气象条件下及在夜间作战;具备全向攻击能力,可以从各个不同的方向对目标进行攻击等。

第二节　结构与原理

一、战技性能要求

直升机机载空空导弹是武装直升机对空攻击、夺取超低空制空权的主要武器装备,以射程远、命中精度高、自主能力强及使用机动灵活等特点被广泛用于空战,成为当今空战的主要武器。由于武装直升机作为平台有其自身优势特点[1],根据对空攻击的战术使用要求[2],主要完成武装直升机间的空中格斗任务,对坦克集群、机械化部队的护航任务,对直升机编队的护航任务,超低空域的战

---

[1] 直升机空空导弹在对敌直升机进行打击、夺取超低空制空权作战中有很大的优势,主要体现在四个方面:从武器平台看,直升机具备良好的超低空飞行能力,能利用地面上的各种地物做贴地隐蔽飞行。因此,当直升机飞临攻击目标上空时,地面防御往往措手不及。而在空中防御作战时,则可以在一定高度上及时发现和攻击敌直升机;从机体结构看,武装直升机具备较强的防护能力,其要害和易损部位都有很好的防护能力,而空中攻击时可选择攻击其防护的薄弱环节,如旋翼、驾驶舱等,提高摧毁概率;从探测能力看,目前近距攻击中使用红外导引头的导弹占大多数。红外型空空导弹跟踪的重点部位是直升机的发动机。直升机的发动机喷口位于机体的上方,一般加装了红外抑制装置,仰视时辐射源大部分被机体遮挡,限制了地空导弹的攻击特别是迎头攻击的能力。而这一点在空中攻击中则大为改观;从作战环境看,直升机的作战环境复杂,能见度差,在地面不易捕获目标,即使能捕获到目标,战斗准备的时间也很短,因此地面防空武器的作用发挥受限。而直升机则居高临下,视野开阔。

[2] 我军认为直升机空战高度贴近地面,属于近距机动空战;发现目标距离范围较大,优势属于先敌发现的一方,胜利属于先使对方进入自己武器允许发射区的一方,数量优势十分明显。美国陆军航空司令部将直升机空战归纳为:充分利用地形隐蔽条件,实施突然攻击;空战的持续时间很短,攻击是一次性的,一旦遭遇,要脱离是很困难的,因此只有主动坚决进攻才是有效保护自己的手段;单机对抗和双机对抗是直升机群空战的基本形式;直升机飞越前线时通常离地高度为5~10m,双方遭遇高度为18~30m,空战空域高度为30~300m;组成以武装直升机为主,辅以适量强击机的空战小分队,实战效果最好。

场拦截等任务。"道高一尺,魔高一丈",随着作战飞机隐身能力和机动能力的不断提高,现役空空导弹在攻击现役先进战机时能力已显不足。美、俄及西欧国家为了抢占未来空战的主动权,纷纷加大了对空空导弹的研究力度,采用许多新技术和新概念,提高空空导弹的战技性能,使得空空导弹的近距格斗能力更强、迎头攻击距离更远、抗干扰能力更强,并能攻击大机动目标及隐身目标。战技性能要求主要指空空导弹为完成特定的战术任务而必须保证的导弹的性能指标的总和,包括战术性能、技术性能、技术经济条件和使用维护条件等。

(一) 主要作战使用要求

(1) 主要作战使命。空空导弹主要用于空战,主要作战使命是夺取和保持空中优势,应明确导弹的作战任务是用于中远距拦射,还是用于近距格斗,以及挂装的载机、攻击的典型目标和兼顾的目标等。新型空空导弹还要求具有多任务能力,在对空攻击的同时,还要求具有对地攻击能力,以实施防空压制。

(2) 主要作战能力。包括发射后不管能力,多目标和编队目标攻击能力,抗干扰能力,末端博弈能力,上射、下射能力。这些要求都有具体的技术指标,形成的设计方案必须满足这些指标。这些能力的实现还需要导弹武器系统的配合。

(3) 主要作战使用模式。包括单一制导模式、复合制导模式、发射后不管模式、被动模式、非全仪表(载机的部分设备不正常)状态攻击模式等,不同的使用模式都有具体的技术指标,是确定相应的制导系统方案的依据。

(4) 适应载机。规定具体的型号,明确是外挂还是内埋挂装,据此确定发射包线和机弹安全分离应采取的措施;明确载机对导弹的要求,如导弹的外形尺寸等,这是导弹气动外形设计的约束条件。

(5) 攻击目标。包括目标类型和典型目标。目标类型规定了目标的飞行高度范围、速度范围、机动能力、雷达反射特性、红外辐射特性等。典型目标用于进行典型弹道、截获概率、杀伤概率的计算。目前空空导弹攻击目标类型为各种有人驾驶飞机、无人驾驶飞机、直升机和巡航导弹等。

(二) 主要战术技术指标

(1) 发射方式。目前直升机机载空空导弹主要采用导轨式发射,发射装置适用于机翼下挂装。

(2) 允许发射条件。主要包括:高度范围、速度范围、载机机动过载限制、载机姿态限制等。

(3) 典型攻击距离。包括最大发射距离、最小发射距离、不可逃逸攻击距离、发射后不管距离等,每种攻击距离都与具体的载机、目标的飞行高度、飞行速度、攻击方式、目标机动过载、机动方式、机动时间等有关。典型攻击距离是导弹

(4) 制导方式。近距格斗导弹一般采用红外制导;中远距拦射一般采用雷达制导,未来发展将采用数据链+捷联惯导+主动雷达导引的复合制导方式。

(5) 制导精度。一般以正常发射无故障的导弹落入以目标为中心、半径为 R 的圆内的概率来表示。它是制导系统和引战系统设计的依据。

(6) 战斗部。是导弹的有效载荷,一般规定战斗部的类型、质量和有效杀伤距离等。

(7) 单发杀伤概率。一般规定对典型目标的单发杀伤概率不小于多少,如不小于 0.8。

(8) 抗干扰能力。主要针对敌方装备的干扰空空导弹的设备,包括抗无源干扰、自卫式有源干扰、支援式干扰等的能力,有具体的抗干扰类型和指标。同时,也要规定导弹抗自然背景干扰(如太阳、云、地面、海面的干扰等)的能力。雷达型空空导弹的自卫式有源干扰包括噪声阻塞式干扰、噪声瞄准式干扰、速度拖引干扰、距离拖引干扰、断续噪声干扰、多重距离拖引干扰、多重速度拖引干扰、应答式多普勒闪烁干扰、角度欺骗干扰,不同干扰形式的组合式干扰、拖曳式干扰等。自卫式无源干扰常用的是箔条干扰。支援式干扰要规定干扰机的功率、距离、偏离弹目视线的角度;红外导弹的干扰常用的是红外诱饵弹和红外闪烁人工干扰。

(9) 尺寸和质量。规定弹径、弹长、翼展、舵展、质量等,其主要受载机挂装能力的限制。

其他还有可靠性、寿命、可互换性、测试性、维修性、安全性、电磁兼容性、环境适应性等多项指标。

二、基本构造

空空导弹通常由导引系统、飞行控制系统、引战系统、推进系统、能源系统、数据链和弹体系统等构成,导引系统和飞行控制系统又构成制导与控制系统(简称制导系统),在导弹的研制过程中还要设计遥测系统。典型近距格斗导弹组成,见图 5-17。

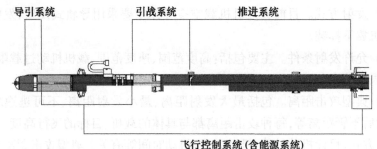

图 5-17 典型近距格斗型导弹组成示意图

（一）导引系统

导引系统位于导弹头部，是用于探测目标的分系统，相当于导弹的"眼睛"。导引系统接收并处理来自目标、机载火控系统和其他来源的目标信息，跟踪目标并产生制导指令所需的导引信号送给飞行控制系统。

导引系统按使用的信息种类分为红外导引系统、雷达导引系统、惯性导引系统和多模导引系统等。

1. 红外导引系统

红外导引系统通过敏感目标发动机喷口、发动机尾焰以及机体的红外辐射能量来探测、截获和跟踪目标。红外导引系统已经由早期的单元导引发展到多元导引和成像导引，成像导引根据成像原理可以分为扫描成像和凝视成像两种体制。根据探测的红外波段分类，红外导引系统有近红外($0.76 \sim 3 \mu m$)、中红外($3 \sim 6 \mu m$)、远红外($6 \sim 15 \mu m$)以及两个以上波段复合等几种。目标红外辐射能量在大气中传输会被吸收和散射，尤其是大气中的二氧化碳、水汽对红外能量有明显的衰减作用，所以红外导引系统的使用受到气象条件的限制，在雨、雪、雾的条件下不能使用，无全天候性能。

2. 雷达导引系统

雷达导引系统通过接收来自目标的电磁波，探测、截获和跟踪目标。与红外导引系统相比，雷达导引系统具有能够全天候使用的优势。按照雷达体制的不同，雷达导引系统可以分为脉冲体制、连续波体制和脉冲多普勒体制；按照电磁波的来源分类，有主动雷达导引系统、半主动雷达导引系统、被动雷达导引系统等。根据目标辐射或反射能量的电磁频谱波长，可分为微波和毫米波两类。

3. 惯性导引系统

惯性导引系统利用惯性器件测量的导弹运动参数和机载火控系统提供的目标运动参数，形成控制指令，控制导弹按预定的规律飞行。受惯性器件精度的影响，并且随发射距离的增大，惯导误差随时间积累，导致惯性导引系统精度不高。由于机载火控系统不能连续准确地提供目标运动参数，一般不能满足中远程空空导弹末制导对制导精度的要求，所以惯性导引系统通常使用在复合制导导弹的中制导阶段。

4. 多模导引系统

多模导引系统指同时使用两种或两种以上不同信息来源的导引系统，例如，红外/雷达多模导引系统、主/被动雷达多模导引系统等。多模导引系统能够综合利用不同导引体制的优点，通常在探测性能和抗干扰能力方面比单一模式导引系统有一定的优势。

(二) 飞行控制系统

飞行控制系统相当于导弹的"大脑",用来稳定弹体姿态和控制导弹质心按控制指令运动。飞行控制系统通过对弹体的俯仰运动、偏航运动以及横滚运动的控制,使导弹在整个飞行过程中具有稳定的飞行姿态和快速响应制导指令的能力,控制导弹按照预定的导引规律飞向目标。

对于轴对称的空空导弹,一般采用侧滑转弯(Slid to Turn,STT)控制。通常有三个控制通道。根据导弹工作原理不同,横滚控制有横滚角度控制和横滚角速度控制两种形式;对于面对称的空空导弹通常采用倾斜转弯(Bank to Turn,BTT)控制方式。

传统导弹的机动一般通过舵面偏转产生气动力矩实现,气动力矩的大小与导弹飞行状态密切相关,导弹在低速或高空飞行时气动控制的效率很低。AIM-9X等先进的第四代近距格斗导弹采用了推力矢量控制技术,推力矢量控制是通过改变推力方向来产生控制力矩,它只与发动机的推力和偏转角度有关,推力矢量控制具有机动能力大和反应速度快的优点。但它只能在主动段(发动机工作段)使用,主要用于近距格斗导弹修正初始航向误差。

(三) 引战系统

引战系统由引信、安全和解除保险机构以及战斗部三部分组成。引战系统的功能是在导弹飞行至目标附近时,探测目标并按照预定要求引爆战斗部毁伤目标。

空空导弹一般都装有近炸引信、触发引信和自炸引信三种引信,分别在导弹脱靶量满足要求、导弹直接命中目标、脱靶三种情况下产生战斗部引炸信号。近炸引信可分为光学引信(红外引信、激光引信等)、无线电引信(连续波多普勒引信、脉冲多普勒引信、频率调制引信、脉冲调制引信等)和复合引信(毫米波与红外复合引信等)三大类。

安全和解除保险机构用于导弹在地面勤务操作中、挂飞状态下及导弹发射后飞离载机一定的安全距离内,确保导弹战斗部不会被引炸,而当导弹飞离载机一定的时间和距离后,确保导弹能够可靠地解除保险,根据引信的引炸信号引爆战斗部。

战斗部是导弹的有效载荷,导弹对于目标的毁伤是由战斗部来完成的,其威力大小直接决定了对目标的毁伤效果。目前,空空导弹的战斗部主要有破片式、杆式(离散杆和连续杆)和定向杀伤式三种。

(四) 推进系统

推进系统为导弹飞行提供动力,使导弹获得所需的飞行速度和射程。近距格斗空空导弹和中距拦射空空导弹推进系统都采用固体火箭发动机,固体火箭发动机分为单级推力发动机和双级推力发动机。为了实现空空导弹高速度、远射程和大机动的要求,采用了综合固体火箭发动机和冲压发动机两种发动机特点的整体式固体火箭冲压发动机。这种发动机具有比冲高、工作时间长、结构一体化等优点,在远程空空导弹的设计中得到广泛应用。

(五) 能源系统

能源系统提供导弹系统工作时所需的各种能源,主要有电源、气源和液压源等。

电源有化学热电池、涡轮发电机等种类,主要用于给发射机、接收机、计算机、电动舵机、陀螺和加速度计、电路板、引战系统等供电。

气源有高压洁净氮气或其他介质的高压洁净气源和燃气,主要用于气动舵机、导引头气动角跟踪系统的驱动以及红外探测器的制冷等。

液压源主要用于液压舵机、导引头角跟踪系统的驱动等。

(六) 数据链

数据链用于空空导弹的中制导,它接收载机发送的目标位置、速度和类型信息及载机信息,发送给飞行控制系统,形成中制导控制指令,实时修正导弹航向,控制导弹飞向目标。数据链有单向和双向两种,单向数据链只接收载机发送的信息,不回传导弹的信息,双向数据链不仅接收载机发送的信息,也回传导弹的信息给载机,回传信息包括导弹的位置和工作状态等。随着导弹发射距离越来越远,以及其他机制导协同作战的需要,空空导弹需要采用双向数据链,即具备接收和发送的功能。

(七) 弹体系统

弹体系统将导弹各个部分有机地构成一个整体,由弹身、弹翼和舵面等组成。导弹各个舱段组成一体形成弹身,弹身、弹翼是产生导弹升力的主要结构部件,舵面的功能是按照制导系统的指令操纵导弹飞行。弹体系统通常具有良好的气动外形以实现阻力小、机动性强的要求,具有合理的部位安排以满足使用维修性要求,具有足够的强度和刚度以满足各种飞行状态下承力要求。

(八) 遥测系统

空空导弹在研制过程中进行飞行试验、批生产交付检验靶试以及部队进行导弹发射训练时,为了解和评价导弹的飞行性能,通常要加装遥测系统。在试验出现故障时,遥测数据是分析故障的主要依据,遥测装置通常安装在导弹战斗部的位置。在研制过程中进行空中挂飞试验时,通常需要加装记录系统,记录导弹各种工作参数,为分析故障、鉴定产品性能和改进产品设计提供依据。交付部队使用的战斗弹是没有遥测装置和记录系统的。

三、工作原理

空空导弹是典型的精确制导武器,其基本工作原理是:导弹导引系统接收来自目标反射的无线电波或辐射的红外波,从中获取制导信息,飞行控制系统进行信息处理后,根据导弹和目标的相对运动关系按预定的导引律形成控制指令,控制舵面偏转,操纵导弹飞向目标。对于中程和远程空空导弹,由于导引系统探测距离有限,在远距离上不能获得目标信息,需要载机火控系统给导弹装订飞行任务,并通过数据链实时提供目标指示,以将导弹引导到导引系统可以捕获目标的一个特定区域。弹目交会时,引信对目标进行探测和识别,并适时引爆战斗部,用杀伤元素去毁伤目标,工作原理见图5-18。根据其作战过程,一般可分为7个阶段(根据导弹具体型号不同,包括全部或部分阶段),见图5-19。

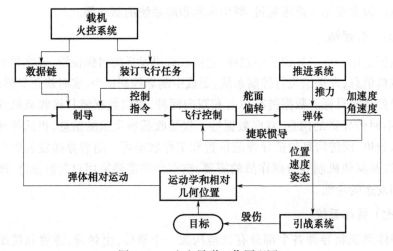

图5-18 空空导弹工作原理图

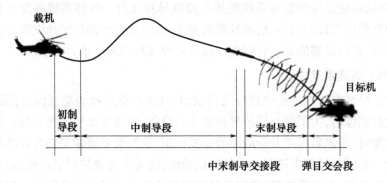

图5-19 复合制导空空导弹工作过程示意图

(一) 随机飞行和发射前阶段

载机根据作战指令,携带导弹飞向作战空域。载机在作战空域内搜索到目标后,做机动占位飞行,以构成空空导弹的发射条件:满足导弹发射距离的要求,使载机与目标间的距离小于导弹的最大允许发射距离、大于导弹的最小允许发射距离;使载机的发射轴线满足允许的发射瞄准误差要求,包括方位角误差、俯仰角误差。同时还要做好发射前的准备工作。

(二) 发射阶段

当载机的位置、姿态满足了导弹的发射要求,并完成了导弹发射前的准备工作时,即可发射导弹。飞行员按下导弹发射按钮,首先激活弹上的电源及其他能源。当弹上的电源工作正常后,载机切断给导弹的供电,导弹开始自供电。导弹采用导轨式发射方式时,立即点燃导弹发动机,导弹在发动机推力作用下,飞离载机;导弹采用弹射方式发射时,启动弹射装置,导弹在弹射装置的作用下弹离载机,在离载机一定距离后点燃导弹发动机,导弹飞向目标。

在导弹飞向目标过程中,根据不同的制导规律,其弹道可分为程控段、中制导段、中末制导交接段、末制导段及截击目标段。

(三) 程控段

导弹飞离载机后,尚未进入中制导(不设置中制导的导弹,为尚未进入末制导)之前有一程控段,其时间不长,一般不超过1s。不同类型的导弹,程控段的作用也不同。

1. 归零段

设计弹道归零段的目的是确保载机的安全,要求导弹在飞离载机后的一段时间内,不做机动飞行,以免造成因导弹的机动飞行而与载机相撞的危险。在归零段时间内,导引头输给飞行控制舱的操纵信号被切断。如以色列的"怪蛇"Ⅲ导弹设置有归零段弹道。

2. 非制导状态飞行

非制导状态飞行是使导弹做一定的机动飞行,有意避开载机。具体做法是:悬挂在右机翼的导弹,发射后向载机右下方机动飞行;悬挂在左机翼的导弹,发射后向载机左下方机动飞行。这样就比导弹不做机动飞行更能有效地避免与载机相撞。另外,由于导弹做机动飞行,导弹发动机工作时喷出的废气流不会或较少进入飞机的进气道,避免因发射导弹而引起飞机发动机停车。

非制导状态飞行的操纵信号,在导弹发射前由机载火控系统给出。火控系统根据发射时载机的高度、速度、飞机攻角等,以电信号的形式输给导弹飞行控制舱。导弹脱离载机后,舵面就偏转一定的角度,导弹做很短时间机动飞行。在导弹非制导状态飞行阶段,为了避免载机气动干扰影响导弹飞行,飞行控制舱的稳定系统处于工作状态。

3. 回避主波束机动飞行

雷达半主动制导及惯性中制导的空空导弹,在导弹发射离开载机后,均需机载雷达为其提供直波照射。导弹离载机较近时,如果导弹落在雷达主波瓣范围内,由于雷达主波瓣方向上的电磁辐射能量很大,使导弹的直波接收天线耦合接收的电磁辐射能量很大,可能会损坏导弹的直波接收机。为避免这种现象的出现,在初始段导弹要做回避主波束的机动飞行,如美国的 AIM - 54"不死鸟"导弹在飞离载机后就会做回避主波束机动飞行。

4. 初始航向误差修正飞行

中距拦射弹的发射方式一般采用前置发射方式,这种发射方式对载机在方位上的瞄准要求较低,允许有一定的误差。该误差的大小与发射距离、发射时的进入角等有关。美国的 AIM - 7E/F"麻雀"导弹、英国的"天空闪光"导弹、意大利的"阿斯派德"导弹,均设计有初始航向误差修正弹道。

(四) 中制导段

中远程导弹一般设置有中制导段,其目的是为了增加导弹的作用距离,弥补末制导作用距离的不足。中制导的模式有数据链 + 惯性制导、惯性制导、雷达半主动制导等,如美国 AIM - 120 先进中距导弹的中制导是数据链、惯性制导;美国的 AIM - 54"不死鸟"导弹采用的是雷达半主动中制导。中制导将导弹导引至导引头可捕获到目标的末制导区域,使目标落在导引头的作用范围内,并使中制导弹道平稳过渡到末制导弹道。

(五) 中末制导交接段

该阶段是中制导到末制导的过渡阶段,它的任务是使导引头可靠地截获目标且弹道不产生太大的波动。如果中制导使用半主动雷达制导,末制导使用主动雷达制导,且中、末制导使用相同的导引律,那么中制导到末制导的转换就比较简单,只要弹上的主动雷达发射机适时开机就可以了。如果中制导使用惯性制导或数据链 + 惯性制导,末制导使用主动雷达制导,交接段必须在导弹目标的距离达到导引头截获距离时,由飞行控制系统给出允许截获指令、导引头加高压指令、目标的角度指示和导弹目标的多普勒频率指示(速度指示),以使导引头能顺利地截获目标。若导引头不能截获目标,还要按一定的逻辑进行多普勒频率搜索和角度搜索。对末制导使用红外被动制导的导弹,给出目标的角度指示就可以了,截获不了目标再进行角度搜索。中制导和末制导最好用相同的导引律。末制导开始时由于信噪比小,弹道上的过载会产生波动,可使用滤波方法或中、末制导产生的控制指令加权过渡的方法保持弹道平稳。

(六) 末制导段

空空导弹的末制导有雷达半主动、雷达主动及红外被动等,末制导的导引规律目前均为比例导引或修正的比例导引。近期的一些导弹采用了惯导技术、数字信号处理技术,可将更多的目标参数引入到导引规律中,如导弹与目标间的相对速度、目标加速度、导弹剩余飞行时间等,使导引精度有明显的提高。

采用红外导引体制的导弹,在末制导的最后阶段,快接近目标时,有的还采用了超前偏置技术,使导弹不是飞向目标发动机喷口处,而是飞向目标的要害处,这样可提高杀伤概率。超前偏置控制方式有两种:一种是由导引头自身给出,例如以色列"怪蛇"Ⅲ导弹,在导弹快接近目标时,导引头自身给出超前偏置信号,使导弹飞行转向目标要害处;另一种是俄罗斯的 P-73 导弹,它由飞行员控制,在飞机座舱内有大目标和小目标电门,飞行员根据所攻击目标的类型,在按发射导弹按钮之前,由相应的电门启动超前偏置控制信号。如果攻击的目标是小目标歼击机,则超前偏置控制信号起作用,导弹做转向机动飞行。

(七) 弹目交会

在导弹飞向目标的最后时刻,当与目标的距离、相对速度、导弹的姿态及与目标交会的几何关系满足要求时,近炸引信给出引炸信号,经一定的时间延迟后引爆战斗部,毁伤目标。如果导弹直接命中目标,则触发引信给出引炸信号,引爆战斗部,毁伤目标。

四、主要特点

空空导弹攻击的目标通常都在高速运动,发射平台也是运动的,且都有很强的攻防对抗性。同时,为便于载机携带,又要求空空导弹尺寸小、质量轻等,这都对空空导弹的设计提出了很高的要求。第三代、第四代空空导弹具有以下特点。

(一) 飞行速度快

为满足攻击高速目标的要求,空空导弹必须具有较高的飞行速度,以迅雷不及掩耳之势对目标进行打击。目前,大多数导弹的最大飞行速度都在 $Ma4$ 以上,有的最大飞行速度超过了 $Ma5$ 甚至 $Ma6$ 以上,并且要求空空导弹具有较高的平均飞行速度。

(二) 机动能力强

考虑到目标机动能力的不断提高以及大离轴发射甚至"越肩"发射的需要,要求空空导弹具有较强的机动能力,即要完成对大机动目标的攻击,必须具有远大于目标的机动能力才能不被目标甩掉。目前,中距拦射导弹的最大机动过载达 40g 左右,近距格斗导弹的最大过载可达 60g 以上。

(三) 制导精度高

空空导弹战斗部受到尺寸和质量的限制只有几千克到几十千克,有效杀伤半径一般只有几米到几十米。为保证有效摧毁目标,空空导弹都具有极高的制导精度,如第四代中距拦截导弹主要采用惯导 + 数据链 + 主动雷达制导方式,制导精度在 10m 以内。

(四) 尺寸小,质量轻

由于受载机的限制,空空导弹一直采用集成化和模块化的设计思路,具有较小的物理尺寸和质量。目前,空空导弹的弹长大多在 4m 以内,质量只有一二百千克,甚至几十千克。

(五) 抗干扰能力强

空空导弹具有较强的对抗性,在空空导弹技术不断发展的同时,世界各国针对红外制导和雷达制导的空空导弹,发展了红外诱饵弹、红外和无线电干扰机、箔条干扰弹、拖曳式诱饵、红外/微波复合诱饵等各种干扰手段。

(六) 发射准备时间短

由于发射平台和目标都在运动,目标都属于"时敏"目标,构成发射条件的时间短,空战态势瞬息万变,要想在战斗中取得先机,空空导弹必须具有快速准备和发射能力,能够先视先射,射击准备时间尽量短。

(七) 环境适应能力强

空空导弹能适应各种恶劣环境,包括温度、湿度、压力、淋雨、盐雾等气候环境条件和霉菌等生物环境条件,包括挂飞振动、自主飞振动、着陆冲击、加速度等动力环境条件和电磁环境条件等。

第三节 典型直升机机载空空导弹

作为直升机空战的主战武器,直升机机载空空导弹在世界主要军事强国均已大量装备。从 20 世纪 80 年代开始,直升机空空导弹已成为夺取超低空制空权的主要武器之一。目前国内外已经装备的武装直升机机载空空导弹主要有以下三种。一是直接使用装备于固定翼飞机的近距空空导弹,如美国的"响尾蛇"等。二是由便携式防空导弹改进研制的空空导弹,如美国的"毒刺"等。三是专门为直升机研制的空空导弹,如中国的 TY-90(天燕-90)等。

TY-90 空空导弹是我国于 20 世纪 90 年代研制的一种武装直升机专用小

型红外近距格斗空空导弹①,见图5-20、图5-21。主要配挂在武装直升机,也是世界上首种专门为武装直升机而开发的,具有自动截获与跟踪、发射后不管、抗红外诱饵与背景干扰和全向攻击能力,用于拦截低空、超低空飞行的直升机、固定翼飞机和巡航导弹,夺取超低空制空权,完成空中格斗、编队护航和战场拦截等作战任务的空对空导弹。也可与高炮结合,组成弹炮结合防空系统,实现要地防空;也可配装在高机动车辆或舰艇上,实现移动式近程防空。TY-90采用多元锑化铟探测器,能够探测到较远距离的低红外辐射目标;制导系统采用变系数比例导引,并在制导律中引入动态重力补偿和末端控制,不仅保证了导弹在全弹道上均有良好的动态品质,而且有利于实现较高的制导精度。在控制体制上,导弹采用电动舵机和三通道(俯仰、偏航和横滚)稳定控制方案,能够更加精确、快速地控制导弹的飞行姿态。高速数字信号处理系统使得目标识别、导引信息处理和抗干扰算法的实现更加快速、有效。该弹具有优异的抗干扰性能和全向攻击能力,对直升机目标的探测距离可达3km,进入角为0°~360°,迎头攻击无死角,具有自主发射能力,发射后不管。最大使用过载达$20g$,最大飞行速度大于$Ma2$,在低空、超低空具有优良的近距格斗能力。导弹采用鸭式气动布局,前舵采用电动驱动,控制曲线更平稳,控制精度高;后弹翼可绕弹体旋转,以保持飞行中的横滚稳定。采用旋转尾翼,以减小作用在弹体上的横滚力矩。导弹具有较大的动力射程,攻击范围为500~6000m,作战高度为0~6000m,攻击范围大。导弹还具有体积小、质量轻等特点,弹长1.86m、弹径90mm、弹重20kg,具有良好的挂机适应性,由于质量轻,载机可以挂更多的导弹。战斗部为3kg离散杆式战斗部,可产生圆形杀伤环,杀伤半径为5m,在攻击离地数米悬停的直升机时可有效切断其旋翼叶片,其单发杀伤概率为80%,并可保证在直升机的薄弱之处(如发动机、飞机座舱、旋翼等)爆炸,以确保最大杀伤效能。引信为近炸、触发及自炸引信组成,以保证导弹具有较高的命中率。该导弹可有效对付以AH-64、米-28、卡-50/52、"虎"、A-129等为代表的武装直升机,还可以有效对付低空飞行的苏-25、A-10等攻击机。与其他改装的空空导弹相比,该导弹具有更远的射程、更大的作战高度和威力更大的战斗部,作战效能更高。而以战斗机用空空导弹发展的直升机用空空导弹,由于体积质量大,性能不适合直升机使用而停止了发展。

---

① TY-90空空导弹系统于20世纪末正式立项并转入型号研制,经历了方案设计、工程样机研制、地面摸底靶试、抗诱饵干扰试验和设计定型靶试。2006年5月TY-90空空导弹通过了设计定型审查,战术技术性能符合研制总要求的规定。

图5-20 2008年珠海航展上的TY-90

图5-21 直升机挂装和发射TY-90

美国、俄罗斯在空空导弹领域的研发实力不相上下,其武装直升机及其武器装备各有所长。另外,欧洲、南非等国的实力也不容小觑。俄罗斯宣称,已经开始第五代武装直升机的研制工作。第五代直升机将具有轻巧、远航程、低噪声以及隐身性等技术特点,并装备发射后不管的智能化武器控制系统,速度达到500~600km/h,使武装直升机在执行反坦克或对地火力支援任务的同时,具有一定的空战能力。

一、美军直升机机载空空导弹

(一)AIM-9"响尾蛇"

AIM-9"响尾蛇"是美国研制的一种近距红外自动导引式空空导弹,自1956年7月第一代AIM-9B"响尾蛇"导弹装备部队以来,多次在战争中使用,该导弹不断进行改型,形成了一个大的系列,其战术技术水平在红外导弹的领域里总是处于领先地位,因此被很多国家采用和仿制。经历了几代的发展,投产了AIM-9B、AIM-9D、AIM-9E、AIM-9G、AIM-9H、AIM-9J、AIM-9L、AIM-9M等型号,其主要战术技术性能见表5-5,总产量超过20万枚,出口超过5万枚,在40多个国家和地区服役。

表5-5 "响尾蛇"系列导弹的战术技术性能

导弹型号	AIM-9B	AIM-9C	AIM-9D	AIM-9E	AIM-9G	AIM-9H	AIM-9J	AIM-9L	AIM-9M	AIM-9X
最大射程/km	3.2	17.7	17.7	4.2	17.7	17.7	17.7	17.7	17.7	18

续表

导弹型号	AIM-9B	AIM-9C	AIM-9D	AIM-9E	AIM-9G	AIM-9H	AIM-9J	AIM-9L	AIM-9M	AIM-9X
最小射程/m	1500	—	900	900	900	900	900	500	500	500
最大速度/Ma	2.5	2.5	2.5	2.5	2.5	2.5	2.5	2.5	2.5	3.0
最大过载/g	11	15	15	15	25	25	25	35	35	50
弹长/m	2.83	2.87	2.87	3.0	2.87	2.87	3.07	2.85	2.85	3.02
弹径/mm	127	127	127	127	127	127	127	127	127	127
翼展/mm	559	630	630	559	630	630	559	630	630	279
弹重/kg	70.4	83.9	88.5	74.5	86.6	84.5	78	85.3	86	85
战斗部重/kg	4.5	10.2	10.2	4.5	10.2	10.2	4.5	9.5	11.4	11.4

AIM-9L 是雷声公司为美国空军和海军研制的第三代近距空空导弹[①],见图 5-22。该弹在 AIM-9H/9J 的基础上改进而成。1971 年 1 月开始研制,1978 年 5 月装备部队。

AIM-9M 是对 AIM-9L 的改进,采用了新的制导与控制部件,提高了抗红外干扰能力,100m 高度射程约 5km,离轴攻击角达 20°,见图 5-23。

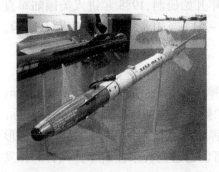
图 5-22 美国 AIM-9L 空空导弹

图 5-23 美国 AIM-9M 空空导弹

AIM-9X 是雷声公司为美国空军和海军研制的用于取代 AIM-9M 的先进近距空空导弹,1994 年 12 月开始演示验证,1996 年 12 月开始工程研制,见图 5-24。该弹采用 128×128 元的凝视焦平面红外成像导引头和推力矢量控制技术(TVC),具有全向攻击能力,可使用先进的头盔瞄准具,其发射离轴角达到 ±90°,从而使导弹具有先射、先击毁的能力。为了减少研制与采购经费,该弹

---

① 1982 年英阿马岛战争中,英国"海鹞"舰载垂直起降战斗机共发射 27 枚 AIM-9L 空空导弹,其中 24 枚击中阿根廷战斗机。相比第二代红外型空空导弹 AIM-9D,AIM-9L 空空导弹的命中率有明显提高,达到 88.9%。

采用 AIM-9M 的发动机、战斗部和引信，制导体制为红外凝视成像，引信为主动激光近炸引信。2000 年 12 月开始小批量生产，2003 年 11 月在美国空军服役，2004 年 5 月获美国海军批准进入批量生产。

图 5-24　美国 AIM-9X 空空导弹

AIM-9X BlockⅡ是该弹的最新改型，采用了新的处理器、电池、电子点火安保机构和 DSU-41/B 激光引信/（双向）数据链组件，其 OFS9.313 软件增加了弹道管理功能，改进了发射后锁定和重新截获目标的能力。BlockⅡ已于 2015 年 3 月具备初始作战能力，2015 年 8 月获准进入批量生产。截止到 2015 年 12 月，雷声公司已向国内外用户交付导弹 7333 枚。该弹已出口到韩国、波兰、瑞士、丹麦、芬兰、土耳其、沙特、澳大利亚等国家。

（二）"毒刺"FIM-92

美国的"毒刺"（Stinger）FIM-92 空空导弹是由美国通用动力公司（现已并入雷声公司）研制的便携式肩射低空导弹。目前已发展了"毒刺"FIM-92 的空空型（ATAS），装备美军的直升机及无人机，用于攻击低空或超低空飞行的固定翼飞机、直升机及无人机。该导弹于 1978 年开始研制，1988 年进入美国陆军直升机部队服役，1989—1990 年开始在 AH-64"阿帕奇"武装直升机上试验，1991 年完成飞行试验。

1. 结构及特点

该导弹是红外/紫外双色寻的导弹，导弹长 1.52m，弹径 70mm，翼展 90mm，发射质量 10.1kg，射程 0.5~4.5km，能够拦截飞行高度 100~3800m 内的目标。导弹采用筒式发射，气动外形为鸭式布局，弹体前部有 4 个可折叠进弹体的矩形前翼，其中一对为固定翼，另一对为舵面，可以通过偏转来控制导弹飞行。在发动机的后部安装有 4 个环列梯形可折叠尾翼，导弹离开发射筒后，在弹簧和弹体滚转产生离心力的作用下，尾翼自动张开并锁定。导弹采用美国大西洋研究公司（ARC）制造的助推器和主发动机，装有破片式战斗部和触发引信，战斗部为圆柱形壳体，内装引信组件和高爆炸药及破片，质量为 3kg，见图 5-25。

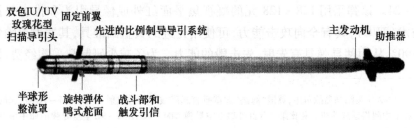

图 5-25　"毒刺"FIM-92C 导弹结构图

"毒刺"导引头采用制冷硒化铝红外探测器，波长 4.1～4.4μm。其推进装置为大西洋研究公司生产的 2 台固体火箭发动机。助推发动机使导弹获得一定的初速度飞离发射筒，并以 10r/s 的转速滚转运动，然后在离开导弹发射筒后一定距离与弹体分离，主发动机随之点火工作。助推段时，主发动机两级推进剂同时点火燃烧，使导弹加速到最大速度。巡航段时第二级推进剂继续燃烧，使导弹获得足够的命中目标的速度。战斗部为预制破片式，引信为触发式。该弹采用双管发射筒，筒长 1.83m，内径 70mm，由玻璃纤维制成。筒的两端均有易碎密封盖，前盖的红外透过率很高，使筒内的红外导引头能正常工作。

装备"毒刺"空空导弹的武装直升机的常规空空作战方式为：驾驶员目测到敌人目标或目标群时，启动"毒刺"空空导弹并进行机动飞行，使目标处于瞄准显示装置的"+"线上，然后解锁释放导引头，发射第一枚导弹，此后系统又回到待发下一枚导弹的状态。导弹发射后，导引头开始正常工作，跟踪目标的尾气流。由末端偏置电路引导导弹偏离发动机尾气流，从而使导弹穿透目标机身。

2. 改进情况

该导弹在 FIM-92 ATAS 的基础上有四种改型弹，其改进情况主要如下：

(1) FIM-92R POST，即"被动光学导引头技术"型，1987 年开始服役。其主要改进是采用红外/紫外双色导引头、有 2 个工作波段，并利用导引头内的微型计算机对图像进行玫瑰形扫描，从而提高对目标的探测能力。紫外波段用于区分目标与天空背景，可在有红外干扰和不利背景条件下向目标发射导弹；红外波段用于探测跟踪目标，可在导弹发射后对目标进行自动跟踪、拦截。共生产了约 600 枚。

(2) FIM-92 RMP 是在 POST 型导弹的基础上加入两台可编程微处理机，提高对武装直升机的探测能力和抗干扰能力，随着红外干扰威胁的变化，修改了 6 个微处理器中的软件逻辑，软件可以经由一个外置插头接口进行升级、导弹能够识别诱饵弹和地面杂波，能从全方位截获大多数直升机目标，甚至可以比较和锁定两个热源中较大的那个目标。1990 年开始配备新软件，使导弹能够在干扰环境下识别高速低空飞行的武装直升机。

(3) FIM-92 Block1，也称为毒刺 RMP-1，1993 年开始改进，主要包括使用环形激光陀螺仪滚转传感器，升级计算机的软件及内存，采用锂电池代替铬酸钙电池，增强了攻击低信号目标的能力，使导弹的制导精度和抗干扰能力进一步提高，主要承担打击巡航导弹和无人机等小目标的任务，于 1996 年服役，目前仍在生产。

(4) FIM－92 Block2,即"毒刺"第2批改进型,又称 FIM－92E。这是美国陆军对"毒刺"导弹的彻底改进,安装一个与 ASRAAM 和 AIM－9X 空空导弹 128×128 焦平面阵列导引头类似的红外成像导引头,以提高导弹在地面杂波环境中的性能以及抗红外干扰的能力,极大地增加了导弹的截获距离。通过改进导引头,导弹可用于打击低特征巡航导弹和无人机,同时具有更好的夜间作战能力。该导弹可能采用了一种新型发动机来提高射程。

"毒刺"空空导弹主要装备美国陆军的 OH－58、UH－60A、AH－64A 等武装直升机。完整的"毒刺"空空导弹系统包括 FIM－92"毒刺"导弹、发射装置以及火控与瞄准系统。意大利陆军用 FIM－92 Block1 空空导弹装备其 A129 武装直升机。

二、俄军直升机机载空空导弹

俄罗斯的武装直升机及其武器系统的研发实力雄厚,卡－52、米－28N 等武装直升机已进入当今世界上最先进的武装直升机行列。但因为俄罗斯国内经济没有起色,军工企业一直资金短缺,有限的经费主要用于改进或完善其现役武器系统。如卡－52 武装直升机挂载的是 2~4 枚 R－73 型近距空空导弹或者 8~16 枚"针"系列近距空空导弹。

(一) R－73"射手"和 RVV－MD 空空导弹

R－73 是俄罗斯温贝尔设计局(现隶属于俄罗斯战术导弹集团)研制的红外型空空导弹(北约国家称之为 AA－11"射手"),于1987年服役,见图 5－26。导弹采用两元锑化铟红外导引头和燃气舵推力矢量控制,能利用来自飞机雷达、红外搜索与跟踪装置(IRST)和驾驶员头盔瞄准具的输入数据,在发射前以 45°离轴角锁定目标,进入飞行状态后能跟踪离轴角为 75°的目标。该弹以高机动能力而著称,曾经成为西方国家竞争的目标,弹长 2.90m,弹径 0.170m,弹重 105kg,引信为主动雷达或激光,战斗部 7.4kg 连续杆,射程 30km。

RVV－MD 是 R－73 的最新改进型,由俄罗斯温贝尔设计局设计和生产,该导弹曾在 2009 年的莫斯科航展上展出过,导弹的推出将进一步提高俄罗斯空空导弹在国际武器市场的竞争力,见图 5－27。RVV－MD 导弹是近距格斗型空空导弹,用于装备歼击机、强击机和武装直升机。导弹可在敌方实施主动干扰的情况下,在地面背景下全天候全向摧毁各种空中目标(歼击机、强击机、轰炸机、军用运输机和直升机)。RVV－MD 的气动布局、结构和外形质量特性与 R－73E 导弹相同。导弹可通过导轨式发射装置 P－72－1D(P－72－1BD2)实现在载机上的挂载、挂飞过程中的供电、格斗发射和应急投放。

图5-26 俄罗斯的R-73"射手"

图5-27 2009年莫斯科航展上的RVV-MD

RVV-MD弹长2.92m,比其原型长0.02m,发射质量为106kg,比原型增加1kg。弹径0.17m,翼展0.51m,与其原型相同。引信为激光近炸引信(RVV-MDL)和无线电近炸引信(RVV-MD)。发动机为单推力固体火箭发动机,该火箭发动机的喷管仍保留了现在的推力矢量系统。杆型战斗部质量为8kg。导引系统为可进行复合气动力控制的全向被动红外导引头。该导引头由乌克兰的兵工厂设计局研制,代号为Impuls,安装在导弹头部,采用双色设计,工作在3~5μm和8~14μm波段。目标指示角±60°,导引头位标器偏转角为±75°。与R-73相比,RVV-MD机动性更强,攻角更大。该导弹具有增强的抗干扰性能,其中包括抗光学干扰,从而保证了导弹在复杂条件下(包括敌方在地面从任意方向实施主动干扰的情况)的有效使用。最大射程为40km(而R-73E仅有30km),最小射程为300m。打击目标的高度范围为0~200m,目标的机动过载可达12g。

(二)"针"Igla系列空空导弹

俄罗斯的"针"系列导弹,由俄罗斯KBM(现为FSUE KBM)公司研发,是"针"系列便携式防空导弹的改型。"针"系列导弹包括9M313 Igla-1(北约称为SA-16"手钻"),9M39 Igla(北约称为SA-18"松鸡"),以及最新型的9M342 Igla-S,见图5-28。9M313、9M39和9M342采用通用化设计,既能作为地空导弹使用,也能作为空空导弹使用。9M313为最早型号,9M39导弹在20世纪80年代服役,9M342于21世纪初服役。

9M39 Igla导弹是Igla-1导弹的后继型,进行了导引头性能的改进,配备了9E410双色红外导引头。0.47kg的

图5-28 "针"Igla-S导弹及其发射装置

爆炸/破片式战斗部由延迟触发引信触发,触发引信系统还可用于触发火箭发动机的剩余装药以增强导弹的爆炸效果。导弹配置有发射助推器和用于巡航的双脉冲固体火箭发动机,9M39 导弹的最大射程不小于 5200m。

9M342 Igla-S 导弹是 KBM 公司在 Igla 导弹上的改型设计,该导弹被 KBM 公司定义为第四代武器系统。9M342 Igla-S 导弹的研发开始于 1991 年下半年,但直到 2002 年中期都未能服役。9M342 Igla-S 导弹通过安装于导引头顶部的针状物来减小空气阻力。该导弹配备了 LOMO 9E435 双色红外导引头,具备智能目标定位能力。由电池供电进行基于氮气的导引头制冷。0.57kg 重的爆炸/破片式战斗部由触发/激光近炸引信触发,引信由 RFYaTs-VNIIF(俄罗斯联邦原子能中心)提供。导弹被发射管中的助推器从发射管推出。导弹在飞行中由双脉冲(加速/续航)固体火箭发动机提供动力。在迎头攻击时,9M342 Igla-S 导弹可以攻击速度达 400m/s 以上的目标,在尾后攻击时,可以攻击速度为 320m/s 以上的目标,还可以攻击达到 8g 过载的机动目标。9M342 的有效射程大于 6000m。导引头及相关系统的使用准备约需 5s。"针"系列导弹性能是基于地面发射型便携式防空导弹进行说明的,而空射型导弹的交会速度和有效射程会比上述引用的数据更优。9M342 和 9M39 导弹可装备于卡-50/52,也可装备在升级的米-24 和米-28N 武装直升机上。

三、其他国家军队直升机机载空空导弹

(一)法国"西北风"空空导弹

"西北风"(Mistral)导弹是由法国马特拉公司(现 MBDA 公司)研制的三军通用导弹,主要用于拦截超低空、低空直升机和固定翼飞机。"西北风"导弹的空空型(即 ATAM)于 1986 年开始研制,1990 年在法国 SA342M"小羚羊"直升机上第一次进行发射试验,1991 年海湾战争中首次投入使用,1994 年正式装备法国陆军的武装直升机,见图 5-29。随后在 1995 年研制了改进型的"西北风"2 空空导弹,提高了导弹的机动性,增加了飞行速度,于 2000 年服役。

图 5-29 "西北风"空空导弹

导弹的主要性能特点:一是采用多元红外导引头,灵敏度高。采用比例导引

和前置角修正,红外导引头灵敏度高,装有4个锑化铟红外探测元,不但能跟踪目标发动机的尾焰,还能跟踪热燃气发出的 3.5～5μm 的红外辐射。因此,"西北风"可以攻击 6km 距离的飞机。在对固定目标瞄准时,红外导引头的视场角在 1°以内;锁定目标后,跟踪角进一步缩小,可以把各种干扰源排除在导引头的红外视场以外,使"西北风"具有较强的抗红外干扰能力。四元探测装置可通过探测目标与诱饵之间的速度差和图像差来区别它们。此外,"西北风"还采用了红外/紫外"双色"多光谱导引头。二是气动布局合理,速度快,机动能力强。"西北风"空空导弹采用鸭式气动布局,从头至尾依次为导引头、舵机舱、电池、引信舱、战斗部和发动机。弹长 1.86m,弹径 90mm,翼展 180mm,发射质量 19.5kg,导弹头部呈锥形,导引头采用多元红外(InAs)/紫外复合导引头,信号处理组件可分辨曳光弹和背景。其新型红外导引部分增加了灵敏度,可以探测低红外信号,例如距离在 4km 之内的直升机排气信号。有 4 片可向后折叠嵌入弹体的矩形弹翼,尾部有 4 片可横向折叠紧贴弹体表面的梯形弹翼。三是威力大。采用激光近炸引信和触发引信,确保战斗部准确起爆;战斗部为破片杀伤式战斗部,质量 3kg,由炸药、钢套和钢套周围的 1500 个钨球组成,爆炸时,钨球速度可达 1500m/s。有效杀伤半径为 3m,可在 50cm 距离上击穿 6mm 厚的钢板。四是"西北风"导弹装在一次性使用的发射筒内,既可用于导弹发射,又可用于运输和存储,发射时打开头部起保护作用的圆顶形调节片。发射筒为双管发射筒,筒长 1.85m,内径 90mm,质量 3.0kg,由玻璃纤维制成,筒两端均有密封盖,前盖为活动眼睑式,发射时上下两半张开,使筒内的红外导引头能正常工作;五是操作简便,反应时间短,紧急情况下,两人操作可在 1min 后投入战斗。

"西北风"导弹最大射程是 6km,能拦截不超过 3km 高度的目标,可以全方位攻击目标。"西北风"2 空空导弹有着相似的尺寸和外形,新型发动机将其飞行速度增至 $Ma2.7$。其他改进包括红外导引头和数据处理、新弹翼和新后翼,最大射程增至 6.5km。该导弹可以装备法国 SA342M "小羚羊"直升机、"虎"式武装直升机,也能装备波音公司的 AH-64"阿帕奇"武装直升机以及丹尼尔公司的 CSH-2"石茶隼"武装直升机。当装备轻型直升机时可装 4 枚,中型直升机时可装 8 枚。作战时,直升机两侧各有 1 枚导弹的红外导引头开始搜索目标,1 枚导弹锁定目标,另 1 枚导弹则关闭其导引头。在直升机上可安装 2 套或 4 套双联发射装置,悬挂在 2 个相距 365mm 的吊耳上、攻击时,两侧 2 枚导弹可同时发射,有 2 种瞄准装置为导弹指示目标。远距离作战时用带陀螺稳定装置的瞄准望远镜,该装置在目标实施战术机动时,由于受视角条件和地形条件的限制,较难发现和捕捉目标,故需要有搜索和预警系统。近距离作战时用头盔式瞄准具,射手不需要精确的瞄准。

(二) 法国"魔术"(Magic) R – 550 空空导弹

"魔术"R – 550 导弹,是法国马特拉公司 20 世纪 60 年代中后期自行研制的第一种红外制导空空导弹,是一种专门用于中低空近距格斗的空空导弹,其基本设计参考了 AIM – 9"响尾蛇"导弹,代号 R – 550,见图 5 – 30。

1966 年,马特拉公司自筹经费开始研发一种可以和美国"响尾蛇"导弹竞争的产品。1968 年,法国空军对这一项研究计划表示兴趣并拨款给予协助;1970 年年底生产出样弹;1972 年 1 月,在朗德试验中心开始对导弹进行各种发射试验;1973 年,由"幻影" – 3 战斗机首次试射。1974 年开始生产交付;1975 年开始服役;1985 年停产,共生产 8188 枚。

图 5 – 30 "魔术"R – 550 空空导弹

"魔术"R – 550 导弹有两种型号:"魔术"1(R – 550 – 1)和"魔术"2(R – 550 – 2),其战术技术性能见表 5 – 6。"魔术"2 是在"魔术"1 基础上发展的近距全向格斗的空空导弹。改进工作开始于 1978 年,1983 年初首次试飞,1984 年 7 月法国空军进行了作战使用鉴定,1985 年正式在法国空军服役。"魔术"2 采用多元红外导引头和新式固体火箭发动机,射程 0.5~10km,配备高能炸药破片战斗部,具有自主发射、昼夜作战和全向攻击能力。该弹采用双鸭式气动外形布局,4 片固定式三角形前翼位于导弹头部,其后为 4 片活动式前段梯形/后段三角形组成的舵面,4 片后掠梯形旋转式弹翼位于导弹尾部,各翼面和舵面呈十字形配置并位于同一平面。该弹虽然在设计概念上参考了"响尾蛇"导弹,但总体性能略优于 AIM – 9L。战斗部装药 4kg,破片数 900 块,飞散角很小,有效杀伤半径 10m。载机在高度 9km 以上和以下发射导弹时的最大过载分别为 5~7g 和 3g,导弹横向过载达到 35g,离轴发射角达到 ±35°,均超过美国的"响尾蛇"空空导弹。该弹于 1986 年开始外销,先后出口到阿根廷、巴西、印度、伊拉克、科威特、巴基斯坦、南非、西班牙、比利时等 18 个国家和地区。

表 5 – 6 两种"魔术"R – 550 导弹战术技术性能

导弹型号	"魔术"1(R – 550 – 1)	"魔术"2(R – 550 – 2)
制导系统	红外制导(单元探测器)	红外制导(多元探测器)
最大射程/km	6	10(有效射程5)
最小射程/m	500	
最大过载/g	35	50
使用高度/m	21000	

续表

导弹型号	"魔术"1(R-550-1)	"魔术"2(R-550-2)
战斗部重/kg	12.5(破片杀伤)	13(破片杀伤)
引信	红外引信	主动雷达引信
动力装置	固体火箭发动机	
弹重/kg	90	89
弹长/m	2.74	2.75
弹径/mm	157	
翼展/mm	660	

(三) 英国"星光"(Starstreak)空空导弹

"星光"空空导弹是英国肖特导弹系统公司研制的装备武装直升机的激光型空空导弹,是一种筒式发射、目视跟踪、指令制导、带分导子弹(制导子弹)的新型通用导弹。全弹由发射筒和导弹组成,结构独特。发射筒为双筒式,既用作导弹的发射装置,又用作导弹的运输和贮存箱。该弹采用无弹翼、旋转稳定、尾部控制的气动外形,以及带制导子弹的子母式战斗部。战斗部的头罩内,沿中轴支柱间隔排列3发标枪式小弹,各小弹由栅格阵列式激光器分别导向目标。4片可横向贴于弹体的矩形尾部控制翼面位于导弹的中后部,后部为火箭发动机尾喷管和无线电指令接收装置。

"星光"空空导弹主要用于装备英国陆军购买的AH-64"阿帕奇"武装直升机。导弹飞离发射筒后,折叠式弹翼打开,使导弹在飞行中旋转稳定,并在射手目视跟踪、无线电指令操纵下飞向目标,在接近目标时抛掉导弹头罩,弹射出3枚标枪式制导子弹,由各自的栅格阵列式激光器分别导向目标,以接近马赫数4的速度,依靠高动能及内装的少量高爆炸药直接命中并摧毁目标。"星光"导弹还能用于AH-1系列、RAH-66、A129、"虎"及"小羚羊"等武装直升机。

在1995—1998年期间,肖特导弹公司对"星光"空空导弹进行了一系列评估和发射试验。评估该弹与"阿帕奇"武装直升机的兼容性,生产一种能与"阿帕奇"武装直升机武器系统兼容的机载发射装置;并在高地杂波环境、经常遇到的作战距离以及动态条件下进行了6次制导发射试验,靶标均被击中。"毒刺"和"西北风"空空导弹的红外导引头易受地杂波信号和地面反射信号的干扰,对付迎面目标时,导引头最大锁定距离下降到几千米并且无法锁定树后或释放红外干扰信号的目标。与之相比,"星光"导弹的抗干扰能力更强,只需2~3s就能锁定目标,并且飞行时间非常短。

参考文献

[1] 中国军事百科全书编审委员会. 中国军事百科全书[M]. 北京:军事科学出版社,2015.
[2] 全军军事术语管理委员会. 中国人民解放军军语[M]. 北京:军事科学出版社,2011.
[3] 《世界弹药手册》编辑部. 世界弹药手册[M]. 北京:兵器工业出版社,1990.
[4] 王儒策. 弹药工程[M]. 北京:北京理工大学出版社,2002.
[5] 李向东,钱建平,等. 弹药概论[M]. 北京:国防工业出版社,2004.
[6] 李向东,王议论,等. 弹药概论(第2版)[M]. 北京:国防工业出版社,2007.
[7] 姜春兰,等. 弹药学[M]. 北京:兵器工业出版社,2000.
[8] 尹建平,王志军. 弹药学[M]. 北京:北京理工大学出版社,2014.
[9] 苗昊春,杨栓虎,等. 智能化弹药[M]. 北京:国防工业出版社,2014.
[10] 王颂康,朱鹤松. 高新技术弹药[M]. 北京:兵器工业出版社 1997.
[11] 王儒策,刘荣忠,等. 灵巧弹药的构造及作用[M]. 北京:兵器工业出版社,2001.
[12] 陶敏. 航空弹药[M]. 济南:黄河出版社,1992.
[13] 杨光. 弹药构造与勤务[M]. 北京:国防大学出版社,2015.
[14] 《炮兵及弹药》编委会. 炮弹及弹药[M]. 北京:航空工业出版社,2010.
[15] 赵文宣. 弹丸设计原理[M]. 北京:北京工业学院出版社,1988.
[16] 赵国志,等. 常规战斗部系统工程设计[M]. 南京:南京理工大学,2000.
[17] 马宝华. 引信构造与作用[M]. 北京:国防工业出版社,1983.
[18] 张合,李豪杰. 引信机构学[M]. 北京:北京理工大学出版社,2014.
[19] 郝志坚,王琪. 炸药理论[M]. 北京:北京理工大学出版社,2015.
[20] 金泽渊,詹彩琴. 火炸药与装药概论[M]. 北京:兵器工业出版社,1988.
[21] 欧育湘. 炸药学[M]. 北京:北京理工大学出版社,2014.
[22] 王玉玲,余文力. 炸药与火工品[M]. 西安:西北工业大学出版社,2011.
[23] 崔庆忠,刘德润. 高能炸药与装药设计[M]. 北京:国防工业出版社,2016.
[24] 张世中. 引信概论[M]. 北京:北京理工大学出版社,2017.
[25] 黄寅生. 炸药理论[M]. 北京:北京理工大学出版社,2016.
[26] 邓汉成. 火药制造原理[M]. 北京:国防工业出版社,2013.
[27] 李向东,郭锐. 智能弹药原理与构造[M]. 北京:国防工业出版社,2016.
[28] 黄正祥,肖强枪. 弹药设计概论[M]. 北京:国防工业出版社,2017.
[29] 曹兵,郭锐,杜忠华. 弹药设计理论[M]. 北京:北京理工大学出版社,2016.
[30] 胡双启,赵海霞,肖忠良. 火炸药安全技术[M]. 北京:北京理工大学出版社,2014.
[31] 王凤英,刘天生. 毁伤理论与技术[M]. 北京:北京理工大学出版社,2009.

[32] 黄正祥,祖旭东. 终点效应[M]. 北京:科学出版社,2014.
[33] 周慧钟. 机载武器[M]. 北京:航空工业出版社,2008.
[34]《机载制导武器》编委会. 机载制导武器[M]. 北京:航空工业出版社,2009.
[35] 叶文. 航空武器系统概论[M]. 北京:国防工业出版社,2016.
[36] 谭东风,等. 武器装备系统概论[M]. 北京:科学出版社,2015.
[37] 王兆春. 图说世界火器史[M]. 北京:解放军出版社,2014.
[38] 董从建,等. 战争之神——火炮[M]. 北京:化学工业出版社,2009.
[39] 赵承庆,姜毅. 火箭导弹武器系统概论[M]. 北京:北京理工大学出版社,1996.
[40] 韩珺礼,王雪松. 野战火箭武器系统概论[M]. 北京:国防工业出版社,2015.
[41] 韩珺礼. 野战火箭武器系统精度分析[M]. 北京:国防工业出版社,2015.
[42] 李臣明,刘怡昕. 野战火箭技术与战术[M]. 北京:国防工业出版社,2015.
[43] 柯金友,韩树楷. 火箭弹构造与作用[M]. 北京:北京理工大学出版社,1994.
[44] 孟宪昌,等. 弹箭结构与作用[M]. 北京:兵器工业出版社,1989.
[45] 周长省. 火箭弹设计理论[M]. 北京:北京理工大学出版社,2014.
[46] 汤祁忠,李照勇. 野战火箭弹技术[M]. 北京:国防工业出版社,2015.
[47] 刘兴堂,戴革林. 精确制导武器与精确制导技术[M]. 西安:西北工业大学出版社,2009.
[48] 祁载康. 制导弹药技术[M]. 北京:北京理工大学出版社,2002.
[49]《兵典丛书》编写组. 导弹:千里之外的雷霆之击[M]. 哈尔滨:哈尔滨出版社,2017.
[50] 李斌. 经典导弹武器装备[M]. 北京:中国经济出版社,2015.
[51] 白晓东,等. 空空导弹[M]. 北京:国防工业出版社,2014.
[52] 王狂飙. 走向新世纪的反坦克导弹[M]. 北京:航空工业出版社,2003.
[53] 刘代军,天光. 最新空空导弹彩色图片集[M]. 北京:国防工业出版社,2016.
[54]《军事视点编》. 全球导弹100[M]. 北京:化学工业出版社,2017.
[55] 任宏光,吕振瑞,等. 直升机机载空空导弹发展趋势[J]. 航空兵器,2016.
[56] 葛致磊,王红梅,等. 导弹导引系统原理[M]. 北京:国防工业出版社,2016.
[57] 沈如松. 导弹武器系统概论(第2版)[M]. 北京:国防工业出版社,2018.
[58] 张红梅. 红外制导系统原理[M]. 北京:国防工业出版社,2015.
[59] 崔佳. 一本书读完人类兵器的历史[M]. 北京:中华工商联合出版社,2014.
[60] 周旭. 弹药毁伤效能试验与评估[M]. 北京:国防工业出版社,2014.
[61] 夏建才. 火工品制造[M]. 北京:北京理工大学出版社,2009.
[62] 舒远杰,霍冀川. 炸药学概论[M]. 北京:化学工业出版社,2011.
[63] 王凯. 空中利箭:空战导弹[M]. 西安:未来出版社,2018.
[64] 韦爱勇. 常规弹药[M]. 北京:国防工业出版社,2019.